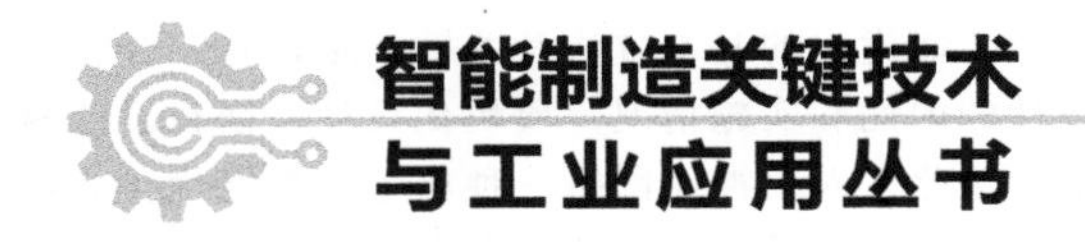

可持续设计与智能优化

Sustainable Design and
Intelligent Optimization

张秀芬　蔚 刚　编著

化学工业出版社
·北京·

内容简介

本书主要阐述了产品可持续设计与智能优化的基本方法和关键技术，并配合相关的工程案例进行了解析。主要涵盖可持续设计的内涵和实施情况，模块化设计、创新设计两种常用的可持续设计方法和遗传算法、粒子群优化、人工神经网络三种典型的智能优化方法，并从产品层角度论述了减量化设计、可拆卸设计、再制造设计、增材制造设计、全生命周期评价、低碳设计等可持续设计关键技术，最后从系统层论述了服务系统可持续设计方法，并整理了一些成功的可持续设计案例供读者参考赏析，理论与应用相结合，实用性强。

本书既是产品设计人员、工程技术开发人员的技术参考书，又是机械工程等专业教师、高年级本科生、研究生的参考书。

图书在版编目（CIP）数据

可持续设计与智能优化/张秀芬，蔚刚编著. —北京：化学工业出版社，2023.9（2025.6重印）

（智能制造关键技术与工业应用丛书）

ISBN 978-7-122-43767-9

Ⅰ.①可… Ⅱ.①张…②蔚… Ⅲ.①设计-研究 Ⅳ.①TB21

中国国家版本馆CIP数据核字（2023）第120645号

责任编辑：金林茹　　文字编辑：林　丹　吴开亮

责任校对：宋　玮　　装帧设计：王晓宇

出版发行：化学工业出版社（北京市东城区青年湖南街13号　邮政编码100011）

印　　装：北京机工印刷厂有限公司

710mm×1000mm　1/16　印张22¾　字数434千字　2025年6月北京第1版第2次印刷

购书咨询：010-64518888　　售后服务：010-64518899

网　　址：http：//www.cip.com.cn

凡购买本书，如有缺损质量问题，本社销售中心负责调换。

定　　价：128.00元

前言

日益严重的环境污染严重威胁着人类的生存。据统计，造成环境污染的 70% 的废弃物来自制造业。为了遏制环境污染，各种严格的环境法律法规陆续出台，对制造业形成了强制性约束。因此，保护环境、有效利用资源是制造业可持续发展的必由之路。

在环境、经济、立法等多元驱动下，可持续设计日益受到关注。可持续设计是一种先进的设计理念，涉及社会、经济、环境可持续性三个方面。为支持可持续设计，需要从产品结构、材料、产品服务系统等角度进行设计，过程复杂，新理论、新技术仍在不断发展。为了帮助产品设计人员、研究生和高年级本科生等快速地了解可持续设计方法及关键技术，本书从方法基础、关键技术、案例等角度介绍了产品可持续设计的相关内容以及智能优化方法在可持续设计中的应用。

本书是根据编著者及其科研团队多年的研究成果和国内外相关文献资料撰写而成的。本书共 9 章，第 1、4、5、6、7 章由内蒙古工业大学张秀芬编写，第 2、3、8、9 章由内蒙古机电职业技术学院蔚刚编写。第 1 章介绍了可持续设计的内涵和实施情况；第 2 章介绍了模块化设计、创新设计两种常用的可持续设计方法和遗传算法、粒子群优化、人工神经网络三种典型的智能优化方法，为后续的内容奠定基础；第 3～7 章从产品层角度论述了减量化设计、可拆卸设计、再制造设计、增材制造设计、全生命周期评价、低碳设计等可持续设计关键技术；第 8 章从系统层论述了服务系统可持续设计方法；第 9 章整理了一些成功的可持续设计案例供参考赏析。在本书的编写过程中，引用和参考了一些专著、教材、期刊论文、硕博学位论文等文献资料，并将主要参考文献附在书尾参考文献部分，在此谨向有关作者致谢。

本书的研究内容得到了国家自然科学基金（51965049）、内蒙古自治区关键技术攻关计划（2021GG0261）和2021年度自治区教育科学研究“十四五”规划课题（NGJGH2021084）的资助，在此表示感谢。

由于可持续设计是一门涉及多个学科、多个领域的交叉学科，内容博大精深，编著者的知识水平与实践经验有限，书中可能存在不足之处，敬请广大读者批评指正，反馈邮箱 zhangxf@ imut. edu. cn。

编著者

目录

第 1 章 绪论 001

1.1 可持续发展的历程和影响 001
- 1.1.1 可持续发展历程 001
- 1.1.2 可持续性的影响 002

1.2 可持续设计的内涵 004
- 1.2.1 可持续设计的定义 004
- 1.2.2 可持续设计的金字塔架构 005

1.3 可持续设计的实施 009
- 1.3.1 实施案例 009
- 1.3.2 实施的障碍 013
- 1.3.3 实施的关键 013

1.4 本书的组织结构 014

第 2 章 可持续设计与智能优化方法基础 016

2.1 模块化设计方法 016
- 2.1.1 模块化设计基本思想 016
- 2.1.2 模块化设计关键技术 019
- 2.1.3 汽车座椅的可持续模块化设计 023

2.2 创新设计方法 041
- 2.2.1 创新设计方法的理论基础 041
- 2.2.2 创新设计主要工具 044

2.2.3 知识数据库 052
2.2.4 螺丝刀的可持续创新设计 057
2.3 智能优化方法基础 061
2.3.1 遗传算法 062
2.3.2 粒子群优化 067
2.3.3 人工神经网络 068

第3章 减量化可持续设计 074

3.1 减量化可持续设计的基本思想 074
3.2 减量化可持续设计实现途径 076
3.2.1 轻量化材料的选择 077
3.2.2 结构优化 079
3.2.3 超物质化设计 081
3.3 减量化可持续设计常用工具 082
3.4 高速机床工作台的减量化可持续设计 084

第4章 面向拆卸的可持续设计 086

4.1 概述 086
4.1.1 智能拆卸 086
4.1.2 基于可拆卸准则的可持续设计 089
4.1.3 嵌入式拆卸可持续设计 094
4.1.4 主动拆卸可持续设计 096
4.1.5 拆卸可持续设计关键技术 097
4.2 拆卸可持续设计信息模型 098
4.2.1 拆卸混合图模型 098
4.2.2 拆卸混合图模型的构建与简化 101
4.2.3 注塑机合模装置拆卸混合图模型 107
4.3 多体协同拆卸序列智能规划技术 109
4.3.1 多体协同拆卸序列规划问题的数学描述 109

4.3.2 基于分支定界法的多体协同拆卸序列规划与案例分析 110
4.3.3 基于遗传算法的多体协同拆卸序列规划与案例分析 114
4.3.4 基于模糊粗糙集的多体协同拆卸序列规划方法 119
4.4 局部破坏模式下的并行拆卸序列规划技术 125
4.4.1 问题描述 125
4.4.2 退役产品多重失效约束拆卸信息模型 126
4.4.3 基于遗传算法和多重失效的拆卸序列与任务规划方法 127
4.4.4 洗衣机的局部破坏性拆卸序列规划 129
4.5 非破坏模式下的可拆卸性评价与反馈 134
4.5.1 多粒度层次可拆卸性评价方法 134
4.5.2 波轮式洗衣机的可拆卸性评价 140
4.6 局部破坏模式下的可拆卸性评价与反馈 144
4.6.1 局部破坏拆卸可行性判断方法 144
4.6.2 帕萨特发动机的拆卸可行性判断 151
4.7 基于拆卸准则的转盘式双色注塑机合模装置可持续设计 156

第5章 面向再制造的可持续设计 162

5.1 面向再制造的可持续设计概述 162
5.1.1 再制造工程 162
5.1.2 面向再制造的可持续设计 169
5.2 基于准则的再制造设计方法 170
5.2.1 再制造设计准则 171
5.2.2 基于失效准则的再制造优化策略 174
5.2.3 梯度寿命再制造设计 174
5.3 基于评价工具的再制造设计方法 175
5.3.1 再制造性影响因素识别与量化 175
5.3.2 再制造设计综合评价方法和设计反馈 178
5.4 基于拆卸分析的再制造设计方法 178
5.4.1 再制造拆卸的特性与预测 179
5.4.2 再制造设计优化策略 181
5.5 再制造反演设计方法 182
5.5.1 典型再制造设计约束的获取 182
5.5.2 再制造性约束靶向映射模型 184

5.5.3 关键再制造设计约束的靶向识别方法 191
5.5.4 回收决策分析与筛选 192
5.5.5 再制造反演设计多色模型 196
5.5.6 再设计策略多色推演方法 200
5.5.7 再制造反演设计方法流程 201
5.6 再制造设计评价与反馈 202
5.6.1 基于图像的零部件表面失效程度量化方法 202
5.6.2 基于图像的电梯导靴表面失效特征表征应用 211
5.6.3 多维递阶再制造性评价方法 213
5.6.4 帕萨特 B5 发动机多维递阶再制造性评价案例 219
5.7 应用研究 224
5.7.1 QR 轿车变速箱的再制造设计 224
5.7.2 电梯的再制造反演设计 227

第 6 章
面向增材制造的可持续设计 238

6.1 概述 238
6.1.1 增材制造原理与技术 238
6.1.2 面向增材制造的可持续设计内涵 242
6.2 增材制造可持续设计准则 244
6.2.1 结构设计准则 244
6.2.2 支撑设计准则 245
6.2.3 聚合物零件的增材制造可持续设计准则 246
6.2.4 金属零件的增材制造可持续设计准则 249
6.3 增材制造可持续设计方法 251
6.3.1 基于组件的增材制造设计 251
6.3.2 基于装配体的增材制造设计 252
6.3.3 创成式设计 252
6.4 增材制造可持续设计案例分析 253
6.4.1 汽车座椅安全带支架的设计 253
6.4.2 米其林的 3D 打印轮胎 255
6.4.3 液压歧管组件的设计 256
6.4.4 悬臂枢轴的再设计 257

第 7 章 面向全生命周期的可持续设计 259

7.1 生命周期评价 259
7.1.1 生命周期评价简介 259
7.1.2 生命周期评价流程 263
7.1.3 生命周期评价工具 268
7.2 低碳设计 272
7.2.1 低碳设计概述 272
7.2.2 碳足迹概述 273
7.2.3 基于连接结构单元的碳足迹递阶量化法 274
7.2.4 基于结构单元进化的低碳设计框架 281
7.3 生态可持续设计案例分析 283
7.3.1 增材制造液压阀块的生命周期评价 283
7.3.2 液晶显示器的低碳设计 294

第 8 章 服务系统可持续设计 298

8.1 服务系统概述 298
8.1.1 系统定义 298
8.1.2 服务系统的内涵 299
8.1.3 服务系统分类 300
8.1.4 服务系统设计工具 301
8.2 服务系统可持续设计准则 303
8.2.1 服务系统可持续设计的内涵 303
8.2.2 服务系统环境可持续设计准则 304
8.2.3 服务系统经济可持续设计准则 305
8.2.4 服务系统社会可持续设计准则 305
8.3 服务系统可持续设计方法 306
8.3.1 策略分析 307
8.3.2 机会点探索 309
8.3.3 系统概念设计 311

8.3.4　系统详细设计　312
8.3.5　交流　313
8.4　服务系统案例分析　314
8.4.1　应用于分布式食物生产的可持续产品服务系统　314
8.4.2　微型电动汽车可持续产品服务系统　315

第9章
可持续设计案例赏析　318

9.1　可持续设计案例　318
9.1.1　涡流自清洁水管　318
9.1.2　蚕丝剃须刀　319
9.1.3　环保回收小工具　320
9.1.4　环保塔楼积木　320
9.1.5　REBORN　321
9.1.6　AQUS 系统　321
9.1.7　健康电能健身自行车　321
9.1.8　海洋废物收集器　321
9.1.9　洗手站　322
9.1.10　可持续性外墙 Wind Digester　322
9.1.11　电动船舶充电站 E-HARBOUR　323
9.2　服务系统可持续设计作品　323
9.2.1　工业灯具的可持续服务系统　323
9.2.2　“租衣吧”可持续服务系统　326

附录
新 TRIZ 矛盾矩阵　328

参考文献　350

第1章

绪论

1.1 可持续发展的历程和影响

1.1.1 可持续发展历程

可持续发展的概念诞生于20世纪60年代，1962年，Rachel Carson出版了《寂静的春天》，明确提出DDT的使用会造成野生动物的死亡，人类对还不完全熟知的自然系统妄加干涉，会造成一系列严重的环境破坏后果。

1969年，地球之友作为一个非营利性宣传组织成立。

1971年，绿色和平组织在加拿大成立，污染者自付原则面世，《只有一个地球》出版。

1972年，联合国人类环境会议在斯德哥尔摩举办，聚焦于欧洲北部的区域污染和酸雨问题，通过了《人类环境宣言》，为可持续发展奠定了思想基础。同年，罗马俱乐部出版了报告《增长的极限》，预测不放缓经济发展会造成严重的后果。

1973年，经济学家弗里茨·舒马赫首次出版新书《小即是美》，指出环境污染和经济发展是互相关联的，需要用适当的科技来为发展中国家解决问题。

1980年，联合国环境规划署颁布了《世界自然资源保护大纲》，指出贫穷、人口压力、社会资源不平等是人类栖息地被破坏的原因，建议建立稳定动态的世界化经济。

1982年，联合国大会发布了《世界自然宪章》，呼吁人类要意识到人类与自然之间密不可分，应节制对大自然的开采。

1983年，联合国建立了世界环境与发展委员会（World Commission on Environment and Development，WCED）。

1985年，世界气象组织、联合国环境规划署、国际科学理事会组织会议，预测人类未来将遭遇全球性变暖问题。同一年，科学家发现了南极洲上空的臭氧层空洞。

1987 年，挪威首相布伦特兰夫人主持的世界环境与发展委员会发布了《我们共同的未来》，即“布伦特兰报告”，首次对可持续发展下了定义：既满足当代人的需求，又不对后代人满足其需求的能力构成危害的发展。

1992 年，里约热内卢会议通过了《里约环境与发展宣言》和《21 世纪议程》两个纲领性文件，可持续发展思想逐渐被公众接受。同年，“企业永续发展论坛”发布了《变化》一书，引发了商业界推动可持续发展实践的兴趣。

1993 年，联合国可持续发展委员会第一次会议召开。

1995 年，联合国社会发展世界首脑会议在哥本哈根举办，首次对消除绝对贫困做出明确的承诺。

1997 年，在《联合国气候变化框架公约》第三次缔约方大会上，各代表签署了《京都议定书》，为降低温室气体排放设定了目标，为发达国家建立了排放权交易，为发展中国家建立了清洁发展机制。

1999 年，第一个全球可持续发展指数——道琼斯可持续发展指数被提出，用以追踪世界各地领先企业的可持续发展实践，为实施可持续发展理念的企业和确定可持续发展投资的投资者提供了一个有效的沟通桥梁。

2002 年，第二届可持续发展世界首脑会议在约翰内斯堡举行，与会人员在水源与卫生、能源、全球变暖、自然资源与生物多样性、贸易、人权与健康等方面签署了合作协议。

2019 年 9 月，联合国秘书长呼吁社会各界在三个层面上开展“行动十年”，呼吁采取可持续解决方案来应对世界面临的贫困、性别、气候变化、不平等等重大挑战，到 2030 年实现全球可持续发展目标。

2021 年 10 月 21 日，在联合国南南合作办公室的推动下，“脱贫和可持续发展全球智库网络”成立，共有来自 12 个国家和地区的 21 家智库参加，旨在提升发展中国家智库的话语权和国际影响力，助推可持续发展。

2021 年 9 月，联合国秘书长发起了《我们的共同议程》，展望了未来 25 年的前进道路，描绘了开创多边主义的愿景。2022 年 2 月，联合国大会对该报告进行审议，呼吁全球必须努力挽救可持续发展目标。

1.1.2 可持续性的影响

制造业是将可用资源（包括能源）通过制造过程转化为可供人们使用和利用的工业产品或生活消费品的产业。制造业为人类制造了大量财富，但同时也产生了大量废弃物，消耗了大量资源和能源，这些废物占用了土地、污染了空气和水体，对人类健康造成了威胁，对环境造成严重污染，是当前环境污染的主要源头。

对我国而言，情况更为严重。据发展和改革委网站显示，我国2021年的国内生产总值（GDP）为1143670亿元，世界排名第二。我国是世界的制造大国，例如，全球80%的空调、90%的计算机、75%的太阳能电池板产自中国。中国制造业的附加值达2.2万亿美元，制造业占我国GDP的40%左右。我国单位国内生产总值能耗自2012年至2021年间累计降低24.6%，相当于减少能源消费12.7亿吨标准煤。但从2020年总体能源效率来看，我国单位GDP能耗仍然是世界平均水平的1.5倍、发达国家的3倍，能效提升仍存在较大空间。

我国力争2030年前实现碳达峰、2060年前实现碳中和，这是党中央经过深思熟虑做出的重大战略决策。“十四五”时期是工业实现绿色低碳转型的关键期，工业和信息化部颁布的《“十四五”工业绿色发展规划》强调深入实施绿色制造，全面提高资源利用率。

人类赖以生存的资源、能源越来越少，而人类对资源和能源的消耗却越来越多，这个矛盾将越来越尖锐。传统的产品开发模式只注重产品性能、成本、质量等要求，忽略了与环境的协调发展，产品的设计与制造是造成上述危机的主要根源，为此，各国政府纷纷出台了越来越严格的环境法律法规。

欧盟国家（包括荷兰、丹麦、瑞典、比利时、意大利、芬兰、德国等）于2003年1月27日正式公布了《报废电子电气设备指令》（WEEE-2002/96/EC），主要内容是要求2005年8月13日起欧盟市场上流通的电子电气设备的生产商必须在法律上承担起支付报废产品回收费用的责任，并且规定各成员应该在2006年年底之前达到至少回收70%废弃电子电气设备与回收再利用50%以上废弃电子电气设备材料与组件（各类电器回收率目标不同）的目标。例如：大型家用电器（洗衣机等）回收率达80%，再利用再循环率达75%。

欧盟WEEE指令最新修订版——2012/19/EU废弃电子电气设备指令于2012年7月在欧盟官方期刊上正式公布。要求欧盟各成员必须于2014年2月14日前将其转成国内法律，制定相应法规及行政规定，以确保符合该指令的要求。新指令——2012/19/EU正式施行，旧WEEE指令——2002/96/EC于2014年2月15日同时废除。

RoHS指令是《电气电子设备中限制使用某些有害物质的指令》（*the Restriction of the Use of Certain Hazardous Substances in Electrical and Electronic Equipment*）（RoHS-2002/95/EC）的英文缩写，其主要目的是减少电气及电子设备的废弃物并建立回收及再利用系统，从而降低这些物质在废弃、掩埋及焚烧时对人体及环境可能造成的危害及冲击。规定自2006年7月1日起，所有WEEE指令中规定的电子电气产品在进入欧洲市场时，不能含有RoHS指令中提到的有害物质（如铅、汞、镉、六价铬、多溴联苯及多溴联苯醚）。

2011年7月1日，欧盟正式公布了修订版《电子电气设备中限制使用某些有害物质的指令》(2011/65/EU)。新版RoHS指令将所有电子电气产品涵盖在管控范围内（包括线缆和备用零部件），新增了部分重点关注物质——六溴环十二烷（HBCD）、邻苯二甲酸二（2-乙基己基）酯（DEHP）、邻苯二甲酸丁基苄酯（BBP）、邻苯二甲酸二丁酯（DBP），将RoHS纳入CE（欧洲统一的安全标志）管理。

一些大公司已经注意到RoHS指令并开始采取应对措施，如SONY公司的数码照相机已经在包装盒上声明：本产品采用无铅焊接；采用无铅油墨印刷。

欧盟新版RoHS指令的实施对所有进入欧盟市场的电子电气产品产生了很大影响，尤其对我国电子电气产业影响较大。欧盟是我国最大出口产品市场，其中机电产品占60%以上，而电子信息产品又占机电产品60%以上。欧盟旧版RoHS指令于2006年7月1日实施后，监管一直没有到位，致使相当一部分并没有达到欧盟RoHS指令要求的电子电气产品仍进入了欧盟市场。欧盟新版RoHS指令实施后，这部分产品若不能改进，将难以进入欧盟市场。另外，我国电子电气产品进入欧盟市场的成本大幅增加。生产环节对原材料的要求提高，必将提高制造成本。欧盟新版RoHS指令引入了CE认证，要求标示制造商信息等，将使出口产品的管理成本增加。

在20世纪80年代末至90年代初掀起了大规模发展可持续设计的浪潮。可持续设计越来越受到人们的关注，在公众绿色消费意识和环境法律法规的制约下，一些新兴工业企业已经将可持续设计作为国际竞争策略的一部分。

1.2 可持续设计的内涵

1.2.1 可持续设计的定义

虽然大多数国家开始积极推行可持续设计的相关研究，但是对于可持续设计的内涵尚无统一认识，归纳起来，可以从以下几方面进行理解。

① 单纯的环境可持续不等于可持续，可持续还要考虑社会可持续、经济可持续。一部分学者认为造成不可持续的原因是我们现在拥有的物质文明。以交通工具为例，机动车排放是造成空气污染、石油枯竭的原因之一，如果我们以自行车代替机动车是否是可持续的？机动车是社会需求的产物，机动车为长距离运输提供了方便，为经济的快速发展提供了媒介。显然上述观点只关注了环境可持续，而忽略了社会可持续和经济可持续。

② 可持续性要从产品整个生命周期、产品中的每个零件评价判断。产品可持续性的评价是一个复杂的问题。例如，陶瓷杯和纸杯哪个产品的可持续性好？

陶瓷杯似乎更环保，可持续性较好。但事实上，它不可生物降解，而且烧制过程中会消耗大量能源，对环境污染严重，可以重复使用，但是需要清洗。纸杯的内衬不可降解，使用过程中无需清洗，生成成本低，但无法重复使用。因此，这两款水杯没有绝对的可持续性，需要根据使用场合判定，陶瓷杯适用于使用周期长、频率高的场合，而一次性纸杯不适合居家使用。

③ 产品的使用模式与可持续性密切相关。例如，空调是不是可持续性的？这个不能简单地根据空调的能效标识判断，需要根据使用模式及运行时间长短确定。低能耗的产品在不合理的使用模式下也会造成能源浪费，影响其可持续性。

综上所述，可持续设计是一种侧重于环境、社会、经济要素等的设计和开发方法，而不是制造可以被回收和再利用的产品，或者是使用回收再利用的资源制造产品那么简单。

环境可持续是指在一系列空间和时间范围内生态环境系统保持自我恢复、改善健康状况及适应变化的能力。将生态环境因素纳入产品设计系统综合考虑，是为了在确保可持续发展的前提下提高生活品质。在产品设计及商业活动中，应提倡适度消费，减少一次性消费，要加强资源的重复利用，要把地球的其他生命物种看作维系人类社会发展的基础和伙伴，为子孙后代的生存和发展留下绿水青山，留下丰富的可供永续利用的生态环境资源。

人类个体通过各种关系构成的总和称为人类社会，由社会制度、社会群体、社会交往、道德规范、宗教信仰、国家法律、社会舆论、风俗习惯等社会因素构成。社会发展的目标是减少脆弱性、提高公平性、满足基本需求，因此，社会可持续指的是减少社会及文化系统的脆弱性，保持自我恢复能力，维持抗冲击能力。设计为人类社会发展提供了助力，不同的产品设计也潜移默化地改变着人们的生活方式、思维方式、行为方式、价值观，在产品设计中考虑社会因素是为了促进人类命运共同体的构建。

经济是人类社会的基础，事关国计民生，是构建并维系人类社会的必要条件。可持续设计的首要对象和基本任务就是经济的可持续发展，即“对希望拥有的产品或服务的支付意愿与能力”。在产品设计活动中，关于经济因素的作用主要从经济环境和产品本身的经济价值两方面体现，要促使经济更为发达。具体到产品及产品服务系统设计实践，在计算成本时涵盖全生命周期内的其他社会成本和环境成本，迫使生产商减少使用对环境影响大的原材料；合理使用新型技术可在减少环境影响的同时增加经济效益。

1.2.2　可持续设计的金字塔架构

根据文献资料，可持续设计的实施可以分为 4 个阶段，由低到高呈金字塔状，如图 1-1 所示。

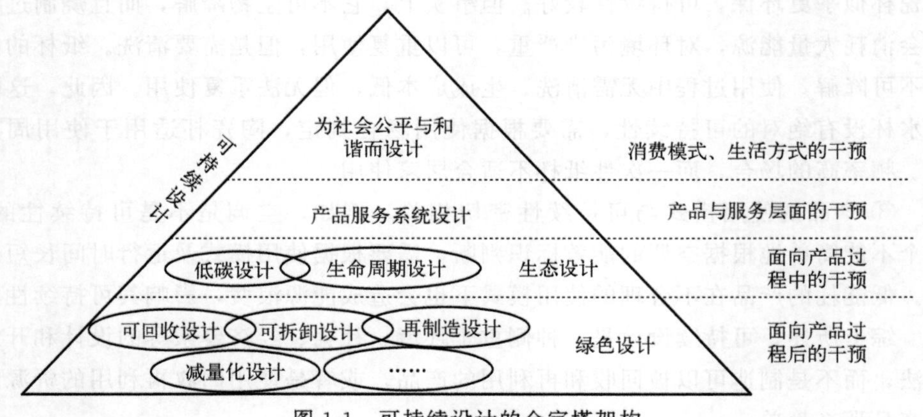

图 1-1　可持续设计的金字塔架构

阶段 1 为绿色设计（green design，GD）。绿色设计的概念由 Avril Fox 和 Robin Murrell 于 1989 年在出版的 *Green Design* 一书中正式提出，这是 20 世纪 80 年代末出现的一股国际设计潮流，它源于人们对现代技术文化所引起的环境及生态破坏的反思，反映了设计师对生态环境的关注和责任感。绿色设计的核心是“3R”（reduce——减少、reuse——重新利用、recycle——循环）。“reduce”是在产品设计中尽量减少体积、重量，简化结构，去掉一切不必要的用材；在制造中减少能源消耗，降低成本；减少消费中的污染。“reuse”则是保证产品部件结构自身的完整性、产品主体的可替换性、结构的完整性和产品功能的系统性。“recycle”包含了立法、建立回收运行机制、可回收的结构设计、利用回收资源再设计生产的一整套工程。绿色设计要求在产品设计的全过程中，产品的基本技术性能属性与环境资源属性、经济属性并重，且环境资源属性优先；在设计阶段应充分考虑产品在使用废弃后的可拆卸性和回收利用性；提出了产品设计者和生产企业在环境保护、节约资源方面应承担的社会责任，即对大宗工业产品，企业不但要生产产品，同时，还应在可能的范围内承担产品回收和再利用的义务。绿色设计是对传统设计方法、设计理念的发展和创新，体现了人类对机械产品设计学科认识的深化。绿色设计主要以产品改良设计为主，包括可拆卸设计、可回收设计、再制造设计、减量化设计等，是一种过程后的干预活动。

绿色设计旨在设计出绿色产品，目前，并没有明确的绿色产品的定义。“绿色”是一个相对的概念，很难有一个严格的标准和范围界定，它的标准可以由社会习惯形成、社会团体制定或法律规定。本质上，绿色产品是在其生命周期全过程中，符合特定的环保要求，对生态环境无害或危害很小，资源利用率很高，能源消耗低的产品。绿色产品不仅要对环境友好，具有宜人的使用方式，而且还要为人们的健康生活方式服务，倡导绿色消费文化。绿色产品在传统产品的基础上，使产品与环境（自然环境和社会环境）、产品与消费者的关系更加密切。

但按照国际惯例，只有授予绿色标志的产品才算是正式的绿色产品。如德国的绿色产品共分为 7 个基本类型，下面是其中的一些重点产品类别。

① 可回收利用型。包括经过翻新的轮胎、回收的玻璃容器、再生纸、可复用的运输周转箱（袋）、用再生塑料和废橡胶生产的产品、用再生玻璃生产的建筑材料、可复用的磁带盒和可再装上磁带盘、以再生石制作的建筑材料等。

② 低毒低害的物质。包括非石棉垫衬、低污染油漆和涂料、粉末涂料、锌空气电池、不含农药的室内驱虫剂、不含汞和镉的锂电池、低污染灭火剂等。

③ 低排放型。包括低排放的雾化燃烧炉、低排放燃气禁烧炉、低污染节约型燃气炉等。

④ 低噪声型。包括低噪声割草机、低噪声摩托车、低噪声建筑机械、低噪声混合粉碎机、低噪声低烟尘城市汽车等。

⑤ 节水型。包括节水型清洗槽、节水型水流控制器、节水型清洗机等。

⑥ 节能型。包括燃气多段锅炉和循环水锅炉、太阳能产品及机械表、高性能隔热玻璃等。

⑦ 可生物降解型。包括以土壤营养物和调节剂合成的混合肥料，易生物降解的润滑油、润滑脂等。

如要实现绿色产品设计，必须充分考虑产品在原材料、制造、运输、销售、使用与服务、退役回收等方面对环境的影响，采用相应的方法，使产品在满足产品功能等要求的基础上具有环保性能。

阶段 2 为生态设计（ecological design，ED）。有关生态设计的概念可以追溯到 Victor Papanek 于 1971 年出版的 *Design for the Real World*：*Human Ecology and Social Change* 一书，书中批判了当时产品设计忽略社会和环境因素，并提出了“social design”“social quality”和“ecological quality”等与生态设计相关的概念。产品生态设计的实质是一种基于产品整个生命周期，并以产品的环境资源属性为核心的现代设计理念和方法，在设计中，除考虑产品的功能、性能、寿命、成本等技术和经济属性外，还要重点考虑产品在生产、使用、废弃和回收的过程中对环境和资源的影响，以废弃物减量化、产品寿命延长化、产品易于装配和拆卸、节省能源为目的。生态设计要求设计师按照生态学原理和生态思想，设计事物的形式和功能，使所设计事物从生产设计到生产过程、生产技术的采用、产品使用后的回收等都要有生态保护的观点，将生态保护融入设计中，从而使产品与环境融合，希望以最小的代价实现产品“从摇篮到再现”的循环，是一种过程中的干预。

低碳设计是一种典型的生态设计，该设计理念起源于建筑设计领域，Jong-Sung Song 在 2010 年发表的一篇学术论文首次将低碳概念引入了产品设计领域，提出了低碳产品设计系统（low-carbon product design system）的概念。该系统主要由六大部分组成：①确定温室气体的减排目标；②建立材料组成清单；③确定温室气体排放构成清单；④产品温室气体排放评估；⑤鉴别出有问题的部分；⑥替代品的选择和新产品温室气体排放评价。通过该系统可以计算出温室气体的排放量，以支持低碳产品的设计。

英国设计咨询公司 WAX 董事、全球低碳设计专家卡斯特·格雷（Casper Gray）在《21 世纪商业评论》中认为低碳设计是一个追求更有效、更明显的碳减排过程，每一代产品都比前一代产品有明显的碳排放量的降低。中国机械工程学会将低碳设计定义为“在保证产品应有的功能、质量和寿命等前提下，综合考虑碳排放和高效节能的现代设计方法”。

各种低碳设计概念都将降低碳排放作为产品设计的目的之一，在总结归纳上述概念的基础上，本书将低碳设计定义为在保证产品应有的功能、质量、寿命等前提下，在产品整个生命周期综合考虑有效降低碳排放的现代设计方法。

低碳产品是全生命周期中碳排放少、高效节能的产品。目前，低碳产品必须是通过低碳产品认证的产品。所谓低碳产品认证，是以产品为核心，政府通过采取向产品授予低碳标志的政策措施，鼓励企业创新并努力开发低碳技术，同时推进以顾客为导向的低碳产品采购和消费模式，向低碳生产模式转变，最终达到减少全球温室气体排放的效果。

目前，一些国家已经开展了低碳产品认证，低碳产品认证是一种手段，如何获得低碳产品是关键。低碳产品设计是以减少产品全生命周期温室气体排放为宗旨的一种产品设计方法，在降低温室气体排放量方面具有巨大潜力和推广价值。

低碳设计是从源头有效降低产品碳足迹的重要途径，但低碳设计面临重重困难。

① 低碳设计由于给产品设计加入了环境因素的约束，使产品开发、制造、工艺面临许多新的挑战。

② 低碳设计在有效削减产品碳排放的同时可能会与使用、维修维护、开发成本、回收等产生冲突，消解冲突难度大。

③ 低碳设计是一个涉及全生命周期、多学科、多领域知识的复杂过程。另外，低碳设计知识的获取和碳足迹测度困难。

阶段 3 为产品服务系统设计，这是一种产品服务系统层面的干预，旨在用服务代替产品或系统融合产品和服务以满足顾客功能需求，降低环境影响和资源消耗。例如租车代替买车，这是联合国环境规划署（United Nations Environment Programme，UNEP）推荐的可持续设计战略。产品服务系统可利用更少的资源消耗实现可持续发展，同时满足用户的需求。随着“互联网＋”信息技术的发展，已形成了万物互联的状态，在此背景下产品的内涵和外延发生着改变，传统的面向大批量生产的产品概念延伸为无形、非物质的服务。企业的发展诉求逐步向非物化的服务转变，即通过向消费者提供解决问题的功能，而不是一定要用户通过购买产品才能实现功能需求。用户获得的是解决需求问题的服务和功能，而不再局限于物的本身。

阶段4为为社会公平与和谐而设计，包括环境可持续、社会可持续、经济可持续三个方面，旨在通过生活方式、消费模式等层面的干预实现可持续设计。

1.3 可持续设计的实施

1.3.1 实施案例

国内外许多著名企业（如富士施乐、佳能、福特、IBM、惠普、DELL、三洋、东芝、松下、索尼等）非常重视产品可持续设计的研究与应用，已在企业的生产经营过程及研发的多种产品中采用其技术，特别是针对欧盟相关指令已经有一些有效的应对方法与措施，不仅提高了产品技术含量和市场竞争力，而且树立了良好的企业形象。

(1) 富士施乐（Fuji Xerox）公司的可持续设计实践

为满足日本生态标志（Eco-Mark）及国际能源之星计划（Energy Star Program）的要求，富士施乐公司为了减少产品的环境影响，从产品的设计、选材、生产、包装、运输乃至回收利用，均融入了可持续设计的思想。以复印机为例，为了尽可能减少产品对环境的影响，主要从减少资源的使用量、提升回收效率、营造良好的办公环境等要点出发，通过减少有害物质的使用，增加产品的耐用性，提升回收、再利用的比例等方式完成产品的可持续设计。

富士施乐公司实施可持续设计的主要技术手段包括以下几项。

① 减少物料使用。富士施乐公司除采用小型化与轻量化设计准则外，利用了高质量的复印技术进一步减少原材料的使用。

② 采用回收设计进行产品设计。富士施乐公司归纳整理了回收设计的相关准则，加强产品设计人员对回收设计的理解，并配合完善的回收制度与程序，尽可能地提高产品的再利用率。富士施乐公司从1995年开始在产品中使用回收零部件，多种零部件被回收利用在不同产品设备中，由于采用了回收组件，大幅减少了新产品制造时的能耗与原料使用。通过生命周期分析，估计当采用回收零件达到2200t时，可减少约13317t二氧化碳的排放。

③ 完善的回收程序。富士施乐公司建立了完善的回收程序，首先，消费者淘汰的废弃产品被送到专门的分类工厂进行初分类，分为零部件回收与材料回收两部分。对于材料回收部分，先剔除有害物质的成分，进行材料回收或热回收

等，尽可能实现零排放；而零部件回收则通过清洗、检测，回收可用的零部件，或将其破碎作为原材料用于新产品壳体或包装的生产，以实现内部回收循环。

④ 调色技术的创新。富士施乐公司采用乳化聚合碳粉新技术，可使颜料与蜡质混合得更加均匀，可将印刷网点呈现得更加细致与圆润，使用该类碳粉的产品，不仅对纸张的适应性特别强，打印质量高，大幅度降低二氧化碳的排放量，墨粉的使用效能大幅提高，废粉量大幅减少，而且在要求相同印制质量时，可减少调色的使用，减少复印时能源与资源的消耗。富士施乐公司采用自行制定的管理标准对有害物质（如六价铬、铅、卤素阻燃剂等）进行管理与控制。

（2）佳能（Canon）公司的可持续设计实践

佳能公司采用的可持续设计技术包括以下几点。

① 在新产品设计中选用回收材料或轻量化设计来减少原材料的使用。如在激光打印机中，已有部分零部件由100%的PET回收材料制成，并在扫描仪产品的研发中应用了LIDE专利技术减少原材料用量。

② 制订了产品的回收计划，并在1992年全面采用塑料标识制度，以便未来的回收、分类及再利用。1999年提出了三明治回收模式，即以回收的材料与原始材料混合制造新的塑料板，以减少原材料的使用，该技术已应用于多款复印机机型中，约可减少30%的原材料使用量。

③ 采用锡、银及铜来取代铅锡焊等工艺，并成功应用在F9000BJ打印机中。

④ 严格控制有害物质材料。

（3）索尼（Sony）公司的可持续设计实践

索尼公司将产品设计的环境因素以P-D-C-A方式融入环境管理系统中，采用生命周期设计评估方法，实现了产品的持续改善。

索尼公司实施可持续设计的关键技术如下。

① 节能设计。改善产品待机与使用时的电能消耗，如某掌上型摄像机，其在能源消耗上比原款型减少约10.5%，待机状态只有0.2W的功率。

② 低毒害设计。如掌上型摄影机采用无铅焊接工艺，产品所用印制电路板上约90%的元器件均实现了无铅化，电路板中也不含卤素阻燃剂。产品的整体包装也采用100%回收的杂志纸作为包装材料。

③ 绿色包装设计。采用回收的杂志纸作为包装材料，而外部包装则采用不含挥发性溶剂的植物性油基印制，包装缓冲部分采用纸浆制品取代原本的PS发泡包装材料。此外，设计了新型的包装形式，例如，加强碰撞点包装，即针对产品在搬运过程中较易碰撞的点，加强产品包装的保护性，这样可省去产品整体包装材料的使用；其所采用的单件式外盒设计，仅采用单张硬纸板制成的产品包装外盒，已在日本及其他产品销售国受到好评且已获得包装方面的多个奖项。以六角形的电视外包装替代四角形包装。

(4) 戴尔 (DELL) 公司的可持续设计实践

戴尔公司采用生命周期方法将绿色准则融入产品设计过程中，主要采取以下措施。

① 在制造过程中，不使用破坏臭氧层的CFCS或HCFCS等物质，削减产品中受限制的阻燃剂、RoHS所禁用的重金属物质、PVC材料的使用。

② 进行拆卸及回收性设计。通过模块化、可升级化设计将部分零部件设计成易于拆卸的结构，以利于维修与产品升级；产品中的大部分零部件采用卡扣设计，仅在部分连接处采用螺钉组装；较大的塑料组件印上回收标志；内部的机壳部分采用回收钢材制成。

(5) IBM公司的可持续设计实践

IBM公司采用产品生命周期分析方法，使产品具有较高的能源效率，可再利用、回收或安全处置的特性，降低产品对环境的影响。

IBM公司采用了以下主要措施。

① 采用回收材料。产品生产过程中尽可能地减少对空气、水体的废弃物和有毒有害物质的排放，从产品生命周期观点出发，提高产品能源效率，便于废弃后的回收利用。

② 产品的减量化设计。例如，IBM的Net Vista X40台式计算机，采用15in (1in＝25.4mm) 液晶屏幕设计及系统整体规划，与传统台式计算机相比，体积减小约75%；其他产品，如X40系列产品，质量可减少约34%，不仅减少了塑料件、金属及其他材质的使用量，而且也增加了办公室的使用空间。

③ 能源效率。IBM公司约有80%的产品通过了能源之星标准，而所有个人计算机系列产品均应用了能源管理技术，减少了能源的消耗。除台式及笔记本型计算机产品外，其打印机及显示器产品也获得了能源之星标志。

④ 包装计划。制定了绿色包装材料准则，如包装中禁止使用破坏臭氧层的物质及重金属，排除使用对环境有影响的阻燃剂，减少了有毒有害物质的使用；确认包装设计及方法程序，以减少包装材料的使用量；尽量采用可再使用、再生利用的包装材料。

⑤ 产品回收计划。自1989年开始率先在欧洲地区实行产品回收计划，为了进一步扩展产品回收效益，IBM公司推行了打印机回收计划，将部分零部件回收再利用或再制造，避免打印机的墨水夹直接进入填埋系统。

⑥ 公布产品环境信息。IBM公司采用欧洲计算机制造协会的TR/70格式（即产品环境特性宣告，以鉴别和说明信息、通信等消费类电子产品的环境特性与相关的测量方法），主动宣告公司产品的环境特性，使消费者了解IBM产品的环境表现，并对绿色产品有更进一步的认识。

(6) 福特公司的可持续设计实践

福特汽车将绿色环保的理念落实到设计研发、生产制造和销售回收等产品的全生命周期，并一直走在可持续发展的前沿。福特汽车宣布计划 2050 年之前在全球业务范围内实现碳中和，并且也是目前唯一一家致力于遵守《巴黎协定》以减少二氧化碳排放，并与加利福尼亚州合作推进实施更为严格的温室气体排放标准的美国全车型汽车制造商。福特汽车公司采用生命周期评估方法，积极寻求使用低污染原材料及清洁生产技术，为供货商提供必要的信息与协助，降低限用物质的使用量。福特汽车公司采取以下可持续设计措施。

① 回收设计。为了达到福特汽车全球环境承诺，所有车型的平均回收率必须达 85%（以重量计）的要求。因此，在产品设计初期，尽可能使材料单一化，并易于拆卸，以便以后的回收。

② 用沙丁镍取代六价铬。福特部分车型的内装门把手已使用沙丁镍取代了六价铬，但沙丁镍的耐候性较六价铬差，因此不适合应用在外装零件上，仅用于内装件。目前，福特公司正在试图用三价铬电镀取代六价铬。

③ 使用回收材料。福特汽车多款车型，如蒙迪欧、福睿斯和锐界等的座椅面料使用了由 100%回收材料（如矿泉水瓶等）制作成的 REPREVE 循环再生纤维材料。截至目前，由于使用了这种座椅面料，福特汽车公司在全球帮助减少填埋近 2500 万个矿泉水瓶。福特汽车公司还大量应用生物基材料制造汽车部件，包含椰壳纤维复合材料，用于制作门嵌式板的洋麻纤维复合材料，用于制造前照灯外壳等部件的咖啡豆外壳复合材料和用于制作汽车座垫、头枕的大豆基发泡材料等。

④ 可回收包装材料设计。原来的整车零部件都是采用木制包装容器，不但需要砍伐树木，而且回收困难。福特公司与有关企业合作，不仅取代原有木制包装，还采用折叠式回收料架及可回收塑料填充材料，既减少了废弃物产生，又大量节约了仓储体积。

⑤ 限用物质管制标准。福特公司制定了汽车零件 RSMS 限用物质管制标准，希望能通过零部件的供应体系限用重金属等有毒物质，降低产品对环境的影响。为此，其将限用物质的管制标准列入采购合同的内容中，并对相关供货商进行宣传与说明，以规范供货商的原材料来源。

⑥ 聚氨酯（Polyurethane，PU）回收体系。现行 PU 供货商的下脚料及不良品废料很多，利用有关回收工艺方法将废料以二次料添加到新产品中使用，减少了废弃物的产生，降低了生产成本。

⑦ 采用无铅涂料。防锈底漆涂料中含有重金属铅，考虑到对操作者健康及环境影响，将防锈底漆涂料由有铅涂料逐步改为无铅涂料，既消除了重金属污染，又使防锈能力保持不变。

1.3.2 实施的障碍

可持续设计是实现可持续发展的有效途径之一，但是可持续设计内涵广泛，涉及政府、企业、消费者以及产品、社会系统、生态环境等多方面、多层次利益和需求，实施可持续设计面临诸多障碍。

(1) 轻视产品可持续设计

虽然可持续设计的研究与应用取得了良好的进展，一些企业实施可持续设计后取得了显著的社会效益和经济效益，但是，大部分企业轻视产品可持续设计，不愿意投入较多的时间和精力。为了缩短产品上市时间和获得眼前的经济利益，企业不断地压缩产品设计时间和精力。

(2) 缺少便于实施的可持续设计方法与工具

目前，很多企业在产品设计阶段就注重产品的环境属性要求，但是，一般都是产品设计人员根据以往产品开发的经验和教训进行局部的改进设计，尚缺乏可以系统实施的可持续设计方法、工具和可供参考的工程案例。

(3) 缺乏可持续设计方面的人才

可持续设计的实施对工程师的要求极高，要求设计工程师熟悉装配、制造、维修、拆卸、再制造、材料回收、环境法律法规等方面的知识，这需要时间和经验的积累，同时需要多领域人才的协同合作。目前国内尚缺乏这样的人才，企业和教育机构需要培训这方面的人才。

(4) 错误的消费导向和消费模式

由于大部分消费者往往以产品的性价比作为购买产品的评价指标，而忽视了产品全生命周期对环境造成的严重影响，不良消费习惯导致产品的不可持续性。另外，满足客户需求是企业秉承的一贯原则。为了尽可能地克服这种错误的消费导向对可持续设计的阻碍，还需要普及可持续设计知识，增大环保意识的宣传力度。

1.3.3 实施的关键

可持续设计要求设计出既能够满足人们的需求又尽量减少对生态环境造成危害的产品或系统。该过程涉及多学科知识、多领域人才、多个方法和工具等的支持和有机融合，企业实施可持续设计的关键在于以下几点。

(1) 转变思想观念

企业必须改变原有的短期利益的思想，积极参与到与环境相关的绿色革新潮流中，逐渐提高环境责任意识。特别是企业管理层和决策层要认可和支持开展产品可持续设计，加大产品可持续设计阶段的投入。

(2) 进行产品可持续设计的培训和辅导

产品可持续设计实施的障碍之一就是缺乏产品可持续设计的专业人才，因此，参与产品设计的人员应该参加专业的培训和辅导，了解可持续设计概念、方法、技术和工具的使用。同时，可持续设计培训和辅导还需要加深相关研发人员对可持续设计及相关法律法规的认识，设计人员可以通过考虑材料利用率、能源效率、消耗品及电池、化学排放、材料等方面降低产品对环境的影响。

(3) 建立产品可持续设计团队

可持续设计的开展涉及企业多个部门，企业需要建立一个包括产品研发经理、机械设计人员、电气设计人员、产品销售人员、可持续设计工程师、环境专家等成员的可持续设计团队，并进行团队角色分配。如管理层角色进行可持续设计战略决策；项目负责人角色协调和控制可持续设计项目的进程；产品设计人员角色进行产品设计改进；环境专家角色确保让团队得到正确的环保信息和工具，并确定环境对企业的重要性和将环境问题融入企业战略中及项目完成时进行评价；营销经理角色让消费者了解新产品的环境优势，并激发消费者的绿色消费意识。

1.4 本书的组织结构

在环境、经济、立法等多元驱动下，产品设计需要由传统的以功能为主的设计模式转变为考虑环境、社会、经济的可持续设计。

可持续设计涉及面广，本书以产品为研究对象，主要介绍了可持续设计的基本含义、基本方法、相关工具等，依照可持续设计的四阶段金字塔架构依次从绿色设计、生态设计、产品服务系统设计、为社会公平与和谐而设计详细展开论述，并搜集整理了相关的工程案例以增强对该内容的理解，最后给出了可持续设计案例供设计人员参考。

本书以可持续设计工程案例为载体，将相关设计理论、方法、关键技术与智能优化方法融为一体，理论与实践紧密结合。本书的主要内容及组织结构如图 1-2 所示。

我国对可持续设计的研究取得了一定的进展，但在应用层面尚缺乏大量可持续设计方面的人才，而且，可持续设计目前还处于不断的丰富发展之中，尚无系统的理论与方法体系。因此，本书旨在帮助产品设计人员、高年级大学生、机械工程师等相关人员快速地了解可持续设计及关键技术，具体体现在以下几个方面。

① 可持续设计是一种先进的设计理念，需要进行产品结构、材料、布局及服务系统等方面的改变，设计涉及面广，过程复杂。本书从理论和工程案例两个

角度介绍了可持续设计的相关内容，理论知识旨在为读者未来的发展提供可持续提高的知识保证，工程案例旨在帮助读者理解如何应用理论知识解决实际问题。

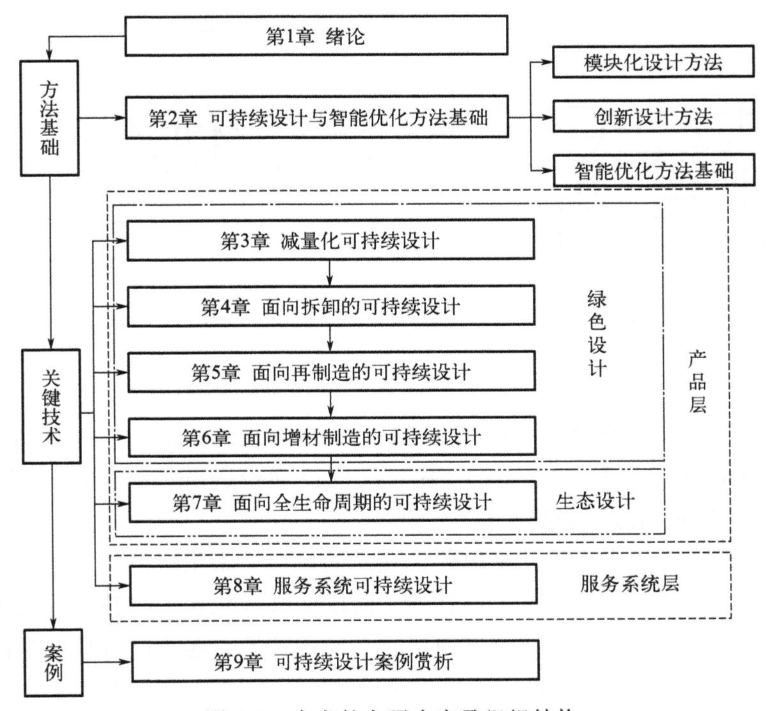

图 1-2　本书的主要内容及组织结构

② 可持续设计新方法、新理论、新技术层出不穷，本书是在汇集国内外可持续设计领域的研究资料和作者科研成果的基础上编著而成，便于读者了解学科前沿，对自己感兴趣的问题进行深入思考，拓展思路，提出新观点、新方法和新技术，并能在自己的研究领域渗入可持续设计的思想。

③ 本书将可持续设计理念融入产品设计及服务系统中，有助于读者系统快速地了解可持续设计相关内容及关键技术，培养可持续设计意识。

第2章

可持续设计与智能优化方法基础

设计是解决问题的过程，产品设计是将需求转变为产品的系列活动，典型的产品设计理论包括 Pahl 和 Beitz 的系统化设计理论、Suh 的公理化设计理论、Altshuller 的发明创造问题解决理论（TRIZ）等。

系统化设计理论中，设计是由若干独立的设计要素组成的系统，包括明确任务、概念设计、详细设计和施工设计四个阶段。公理化设计以独立性公理和信息公理为基础，强调设计域之间及域内层次之间的转换，包括顾客域、功能域、物理域和过程域等。TRIZ 理论总结了发明创造、解决技术问题的科学原理和方法，用以指导产品创新性设计。

可持续设计方法是以已有的典型产品设计理论为指导，考虑可持续性约束的一种设计理念，与上述各种设计理论相融合，形成不同的可持续设计方法。本章主要介绍可持续设计中应用最广的模块化设计、创新设计等方法，以及遗传算法、粒子群优化和人工神经网络等智能优化方法。

2.1 模块化设计方法

2.1.1 模块化设计基本思想

模块是指具有独立功能和结构的要素，有不同用途（或性能）和不同结构且能互换的基本结构单元，它可以是零件、组件、部件或系统，如机床卡具、联轴器。模块化设计方法是在综合考虑产品系统的基础上，把其中含有相同或相似的功能结构单元分离出来，用标准化规则进行统一、归类和简化，从而形成模块，并以通用单元的形式储存，通过各模块的不同组合、替换可以构成不同功能规格的产品的设计过程。模块化设计与产品标准化设计、系列化设计密切相关，即所谓的“三化”。“三化”互相影响、互相制约，通常合在一起作为评定产品质量优劣的重要指标。

模块化设计中，同一种功能的单元是若干个可互换的模块，从而使所组成的产品在结构和性能上更为协调合理。同一功能模块可以在基型、变形、跨系列、跨类别产品中使用，具有较大的通用化特征；模块化设计中将功能单元设计成较小的标准模块，并将与其连接的模块之间的连接形式、结构要素一致化或标准化，以便装配和互换。

模块化设计的指导思想是“以少变应多变”“以组合求创新”，它适应现代社会对产品品种、规格、结构、式样、功能、性能等多样化的需求。模块化设计便于组件拆卸、保养、维修、升级，进而延长产品生命周期，降低产品制造成本，缩短产品上市时间，对于产品绿色设计意义重大。模块化设计满足了多品种发展的需要，同时由于产品按功能划分成模块，同一功能模块加工时易得到零件形状、尺寸等方面的相似性，使单件小批生产的产品变成相当批量的组件生产，成组技术在此显示出了极大的优越性。

目前，模块化设计应用广泛，如机床、工业汽轮机、起重运输机械、工业机器人、离心气泵、汽车等。图 2-1 为某型微型机床，通过给定的模块可以组合出木工机床、磨床、卧式铣床、金属机床、钻床、裁板机六种机床。

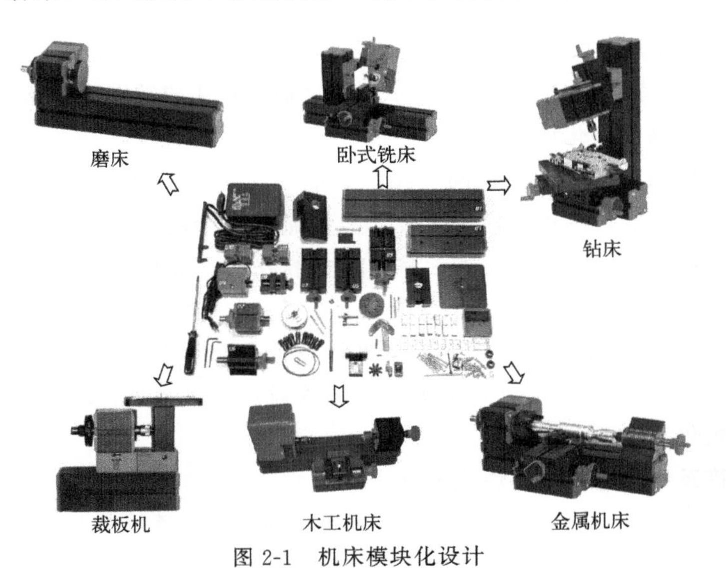

图 2-1　机床模块化设计

模块化设计方法是实现可持续设计的途径之一。例如，某电吹风采用模块化设计方法，经过重新设计，使产品中的紧固件数量由 7 个减少到 2 个，紧固件种类由 3 种减少为 1 种，产品零件数量由 20 个减少到 12 个，产品的模块数量由 11 个减少到 6 个，在不影响产品功能的情况下，简化了产品结构，如图 2-2 所示。

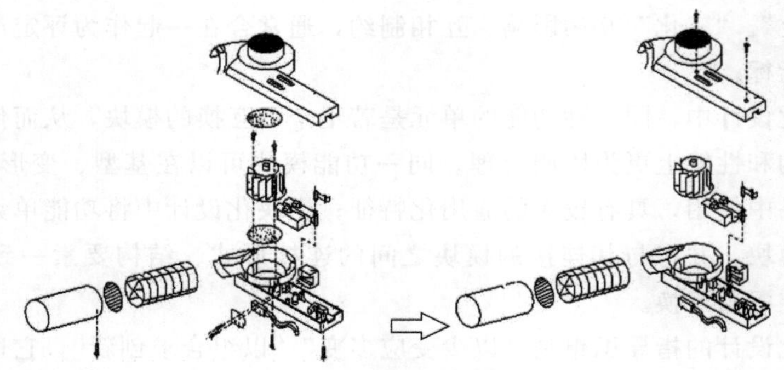

图 2-2　电吹风的模块化设计

（1）横系列模块化设计

横系列模块化设计是指在同一规格的基础上在变形产品范围内进行模块化设计，即在基型产品的基础上，通过变更、增减某些可互换的特定模块而形成变形产品。特点是不改变基型产品的动力参数等主参数，仅改变某些功能、结构、布局、控制系统或操纵方式。设计时需要在结构上采取必要的措施，如留出足够的位置、设计合理的接口、预先加工出连接的定位面和孔等，以便在产品变形时可顺序增减和更换各种模块。例如，圆柱齿轮减速器有九种装配形式，其纵系列产品的结构相同，参数、尺寸之间有一定的比例关系。在此基础上更换圆锥齿轮模块，发展相交轴的横系列产品，并按模块化原则进行设计。再如，端面铣床的铣头，可以加装立铣头、卧铣头、转塔铣头等，形成立式铣床、卧式铣床或转塔铣床等。

（2）纵系列模块化设计

纵系列模块化设计是指在同一类型产品中，在某一规格的基型产品的基础上，对不同规格的产品进行模块化设计。特点是主参数不同（如功率），从而导致结构形式或尺寸的不同。例如，将与动力参数有关的零部件设计成相同的通用模块，必将造成强度或刚度的冗余或不足；为此，常将与动力参数有关的模块（如主轴、齿轮）采用分段通用的方法进行设计，而对于与动力和尺寸无关的模块（如控制模块），则可使其在更大的范围内通用。纵系列模块化设计难度大于横系列模块化设计。

（3）跨系列及全系列模块化设计

在横（纵）系列模块化的基础上兼顾部分纵（横）系统模块化的设计称为跨系列模块化设计；而在全部纵、横系列范围内的模块化设计则称为全系列模块化设计。例如，德国沙曼机床厂生产的模块化镗铣床，除可发展横系列的数控及各型镗铣加工中心外，更换立柱、滑座及工作台，即可将镗铣床变为跨系列的落地镗床。跨系列模块化的产品具有相近的动力参数（如电动机的 P、$T_{\max}$、v、$I_{\max}$），设计时有两种模块化方式可选择：①在基本相同的基础件结构上选用不同模块而构成跨系列产品；②在不同基础件结构的跨系列产品上，对具有同一功能的单元选用相同的模块。

全系列模块化设计实现难度较大。例如，德国某厂生产的工具铣，除可改变为立铣头、卧铣头、转塔铣头等形成横系列产品外，还可改变床身、横梁的高度和长度，得到三种纵系列的产品。

2.1.2　模块化设计关键技术

模块化设计体系如图 2-3 所示，其关键技术包括模块划分、模块组合、模块评价。下面将对其进行介绍。

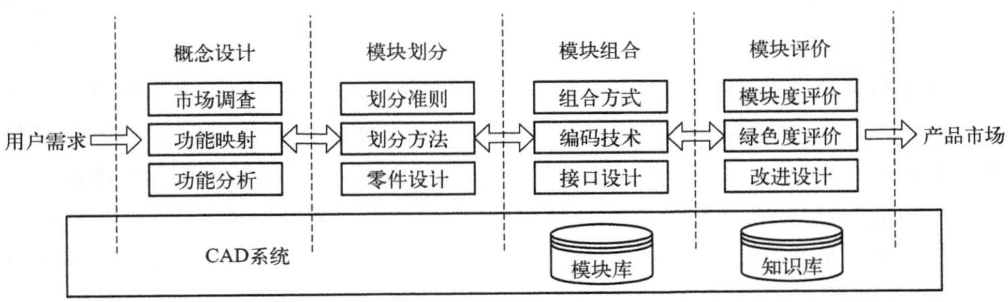

图 2-3　模块化设计体系

模块化设计在概念设计阶段的任务就是选择适当的设计参数以完成从功能域到物理域的映射，之后再考虑在模块尺寸、速度等性能要求的情况下完成模块功能域到模块域的映射。

(1) 模块划分

模块是模块化产品或系统的基本单元，因此模块化的众多理论与方法都是描述在一定条件下模块的识别方法或模块划分过程。模块划分是一个复杂的多因素、多目标的综合优化过程，常用的方法为相关性分析，即对产品基本组成单元进行定性或定量的相关性分析与计算，通过聚类划分模块。相关性分析分为以功能单元为主和以结构单元为主两种方法。前者是将产品的总功能分解为一系列子功能，并按照一定的相关性影响因素进行聚类分析；后者则是直接针对产品结构布局和结构部件的组成及其之间的连接方式进行相关性分析。

模块划分直接关系到产品的功能结构和绿色程度，产品能否实现环境属性和功能属性的综合协调与模块划分是否合理密切相关，绿色模块划分准则涉及零件合并、功能准则和绿色准则三个准则。

① 零件合并准则。通过将某些零件合并为一个新的零件，可以将零件之间的功能、信息和物质等交互作用转化为零件内部的交互作用，达到节约材料和便于废弃后的重用、回收与处理的目的。一般来说，可以基于以下准则进行零件合并。

a. 产品工作过程中，零件相互接触、无相对运动且有刚性连接。

b. 零件使用同一种材料，或改进后可以使用同种材料。

c. 零件中没有标准件、通用件和外购外配件。

d. 零件合并后不会影响产品的装配与拆卸性能。

② 功能准则。初始设计所产生的零件主要考虑的是其功能的实现，为了从系统的角度全面考察、区分和识别零件之间相互作用的种类和大小，准确地将其划分到不同的模块中，制定相应的功能准则非常必要。功能准则主要包括五个方面，即结构交互准则、能量交互准则、物质交互准则、信号交互准则和作用力交互准则。两零件之间的这五种交互作用越大，它们划分在同一模块中的概率就越高。

③ 绿色准则。绿色设计关心的目标通常有三个：一是提高产品的资源和能源利用率；二是降低产品生命周期成本；三是产品的环境污染最小化。选择环境性能更佳的材料，提高零件的利用率，延长产品的生命周期是实现这些目标的有效方法。为实现产品的基本功能并保证产品绿色准则的实现，在模块划分中应尽可能考虑提高产品的可重用性、易升级性、易维护性、可回收性和易处理性。

a. 可重用性准则。重用可以避免废弃物的产生，使零件或材料在产品达到预期寿命时以最高的附加值回收并重复利用，降低产品的生命周期成本。由于具有不同的价值、功能、制造难易程度、易损程度，以及对降低制造成本的需求，产品中有些零部件可以重复使用。不同的零件具有不同的重用可能性，有些零件则具有多次重用的特性，将重用可能性较大的零件放在同一模块中，可方便产品整体废弃后部分零部件的重用，并能够大幅减少废弃物对环境的影响。

b. 易升级性准则。因部分零部件升级而废弃整个产品，显然会增加产品回收和处理成本，降低资源利用率，加剧环境负荷和污染；当前高度竞争的市场、客户的高期望值和技术的快速发展又使产品的升级换代日益加速。如果将未来可能升级的零件放在一个模块中，在升级时直接更换这个模块，可以在提高产品的市场竞争力、减少开发时间和成本的同时减少对环境的影响。

c. 易维护性准则。良好的维护可以减少废弃物排放，延长产品寿命，提高运行质量，并最终提高产品的环境性能，减少对环境的负面影响。维护分为预防性维护和恢复性维修，不同零件有着不同的维护频率、维护要求、维护时间和维护复杂性。按这些要求对零件进行模块划分，可以更加有效地进行故障分析和维护；维修时可以直接更换出现故障的模块以减少停工时间。

d. 可回收性准则。产品设计阶段应尽可能选择环境协调性好、低能耗、低成本、少污染、易加工和易回收的材料并尽量减少产品中的材料种类。与此同时，在设计中将相容或相同性质（如有毒、有害等）的材料划分在同一模块中，可以方便材料分拣、产品拆卸和材料回收。

e. 易处理性准则。对于当前条件下无法或不需要重用和回收的零部件，按照自然降解、焚烧和掩埋等不同的处理方式将其划分到不同的模块中，将有利于产品报废后的处理，减少拆卸与分拣成本。

根据前面讨论的模块划分准则，可以按以下步骤进行模块划分。

① 根据零件合并准则，将可以合并的零件重构成新的单一零件。

② 利用层次分析法（analytic hierachy process，AHP）确定各子准则对目标层的影响权重，根据功能准则和绿色准则确定任意两个不同的零件之间的交互作用值，继而进行加权求和得到基于目标层的零件之间交互作用矩阵。

③ 通过输入交互作用阈值 λ 对矩阵进行截割，生成模块划分方案。

（2）模块组合

1）组合方式

模块化产品是由模块构成的组合式结构，其组合方式可以归纳为以下几种。

① 直接组合式。直接组合式是指按模块化系统提供的组合方式，直接进行模块之间的组合。对于属于同一模块化系统的产品系列型谱中的产品，一般可采用直接组合方式。一般来说，这种组合最合理、最紧凑、最经济，是最理想的一种组合方式。

② 集装式。集装式是指把若干种不同规格的功能模块装入一定的结构模块中，再装入整机。这时一般需对结构模块做某些改进设计，改造或增加支撑不同模块的构件。也常采用集装方式形成规模不同的集成模块，以简化整机结构，这种集成模块的接口具有尺寸互换性，便于整机的组装。

③ 改装组合式。一些外购的模块，其机械结构及电气互连的接口结构与所要连接的模块不匹配，这时则需对该模块的接口进行改装，换用本机的结构模块或接口构件。比较常见的是对外购的电源进行改装，然后作为一种专用模块参加整机组装。

④ 间接组合式。采用间接组合式一般有两种情况：一是根据产品布局要求，不宜采用直接组合式；二是采用不属于本模块系统的外购模块，不可能进行直接组合。间接组合式是设计专用连接构件，按总体要求把各模块固定在相应的位置上。

⑤ 分立组合式。各个参加组合的模块，一般都是自成体系的独立产品/装置时，采用分立组合式将它们各自分立安置，不直接进行机械性的组装。

综合应用上述组合方式，通过接口设计将各主要功能模块组合起来形成模块化产品。其中，接口是模块之间的结合部分，是模块内用于与外界环境（其他模块或自然物体）进行结合的特征集合。接口设计包括组装设计和电气连接设计。模块接口技术的研究主要包括两方面：一是接口本身的设计加工技术，包括接口的可靠性、可装配性和加工工艺等；二是接口的管理技术，包括标准化、编码、接口数据库管理和模块组合测试等。

2）注意事项

模块化产品的接口设计除一些常规的要求外，应着重注意以下几个问题。

① 抑制或减少设计的内部干扰。在将模块组装成一个产品时，应注意模块之间各种功能的相互干扰。各自模块的性能一般都是好的，但有时在组装和连接后却会变坏，甚至无法正常工作。其主要原因是总体布局和布线不合理，形成设备内部的相互干扰。

干扰类型及防止方法包括：运动零部件或操作的相互机械性干扰，可采用作图法进行干涉检验；发热部件所带来的温升，导致相邻构件热膨胀，或对相邻电子元器件性能（尤其是热敏元件）产生影响，这需要通过热设计进行温度控制；模块互连及布线所引起的相互之间的各种性质的电磁干扰，这需要进行电磁兼容性（屏蔽、接地）设计和试验验证。

② 接口的可靠性。接口设计中应充分考虑和论证机械连接（固定连接、活动连接、可拆卸连接）和电气连接（固定连接和插接连接）的可靠性。接口系统的寿命应高于各模块的寿命。

③ 接口的工艺性和效率。针对不同的接口部件采用不同的接口结构。例如在电气连接中，分别选用锡焊、绕接、压接；采用高效的接口结构，如采用卡、扣、嵌等结构进行连接，减少螺钉数量；用快锁连接代替螺钉连接等。充分考虑维修空间及维修的方便性和效率。另外，还应考虑提高接口的统一性，以提高接口的工作效率，减少接口构件和材料的品种。

3）模块编码原则

为了便于模块信息的描述，用一个具有充足信息的、易于计算机和人识别与处理的编号唯一地标识模块，并称为模块编码。模块编码将产品各功能模块的从属关系、规格、属性参数等相关信息根据系统管理的需要加以组织，并予以定义、命名，确定其内容、范围、表示方法等。通过模块编码可以将产品各个模块的从属关系、规格、功能等信息表示为唯一的代码。常用的编码方法包括隶属制编码、事物分类编码。

为了便于模块编码的自动生成，应遵循以下原则。

① 唯一性原则。编码和模块对象必须是一一对应。

② 完整性原则。模块编码尽量完整地表达模块相关信息，为模块选择、组合、制造提供管理服务。

③ 合理性原则。编码应在准确科学地描述模块对象信息的同时遵循相关行业分类标准和产品划分标准，以便于设计人员理解、识别和掌握。

④ 简洁性原则。码位在满足需要的前提下应尽可能少。

⑤ 继承性原则。在满足模块化设计需要的前提下，使模块编码对产品编号、图纸编号等工厂标准改动最小。

(3) 模块评价

通用性是用来评价产品模块化的一般手段，它是描述一个产品族中共享模块或部件通用程度的标准。通用程度可以从两个方面获得：①生产所有变形产品所需的所有部件或生产线上的所有部件，最坏的情况是其值为 1，即所有变形产品需要不同的部件。②产品变形数或所有部件数，此值越高，说明通用程度越高。

2.1.3　汽车座椅的可持续模块化设计

某课题组以帕萨特 B5 汽车驾驶室座椅为例，进行了模块化改进设计。汽车座椅的功能主要是对乘员提供支撑、确保乘员位置、确保乘员驾驶方便、当汽车转弯时对乘员起到固定作用、缓解长时间驾驶疲劳、在发生交通意外时起保护或降低危险系数的作用。汽车座椅系统结构复杂，包含大量的零部件。根据汽车座椅的装配工艺，汽车座椅总成大体分为头枕、座椅靠背、座椅座垫和塑料装饰盖等零部件。汽车座椅结构如图 2-4 所示，主要零部件信息如表 2-1 所示。

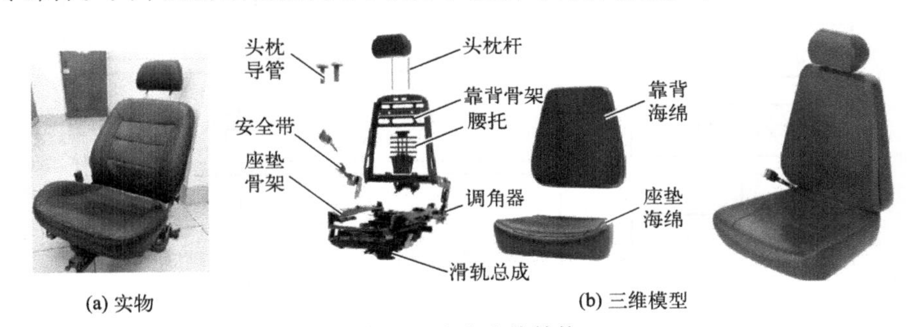

(a) 实物　　(b) 三维模型

图 2-4　汽车座椅结构

表 2-1　汽车座椅的主要零部件信息

名称	材料	数量	名称	材料	数量
头枕导管	塑料	2	锁止棘轮	45 钢	1
靠背钣金	SPFH590	2	小齿板	45 钢	1
挂钩	SPFH590	2	大齿板	45 钢	1
连接弹簧	65Mn 弹簧钢	4	靠背连接板	SPFH590	2
腰托背板	塑料	1	回位弹簧	65Mn 弹簧钢	1
顶起件	塑料	1	座垫连接板	SPFH590	2
加固钣金	SPFH590	1	手柄	SPFH590	1
调节钢丝	SPFH590	1	手柄回位弹簧	65Mn 弹簧钢	1
手动调节阀	塑料	1	手柄套	塑料	1
上横钣金	SPFH590	1	调节阀	SPFH590	1
下横钣金	SPFH590	1	加强管	SPFH590	2
底部固定件	45 钢	1	固定螺栓	45 钢	4
锁止钢丝	SPFH590	1	安全带锁扣	SPFH590	2

续表

名称	材料	数量	名称	材料	数量
连接螺栓	45 钢	1	锁止板	SPFH590	1
加强侧板	SPFH590	4	滚珠	SPFH590	1
单片座盆	SPFH590	1	下滑轨	SPFH590	1
上滑轨	SPFH590	1	滚柱	SPFH590	1
调角器外壳	塑料	1	支撑架	SPFH590	1
定位销	45 钢	1	靠背螺钉	45 钢	4
座椅头枕			座垫螺钉	45 钢	4
安全带总成					

为对 Smith 的原子理论的模块划分方法进行改进，设计了一种新的模块划分方法，具体流程如图 2-5 所示。

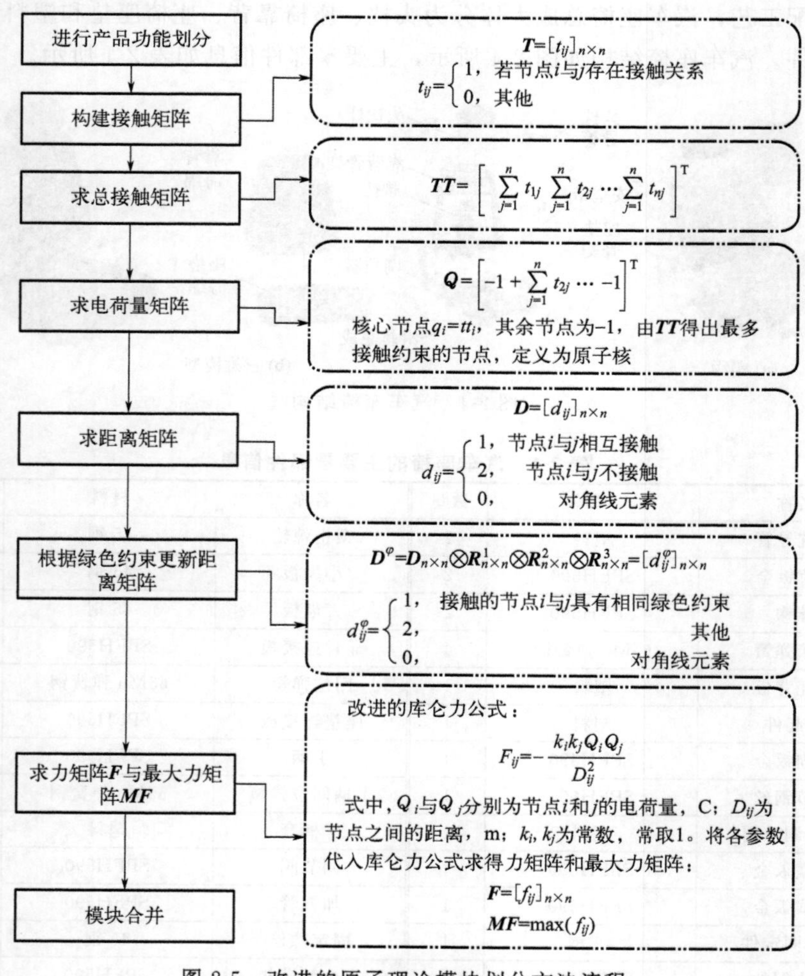

图 2-5　改进的原子理论模块划分方法流程

下面应用这种方法进行汽车座椅的模块化设计。

步骤 1：汽车座椅功能划分。

通过对图 2-4 所示的汽车座椅结构及其功能分析，根据物理结构将汽车座椅分为座椅头枕、靠背骨架、座垫骨架三个功能块。其中，头枕为单独一个零件，不需要进行模块划分；靠背骨架可分为头枕导管、靠背支撑系统、靠背腰托系统、调角器总成，调角器总成又可分为手柄操作系统、锁死/回位系统、固定系统；座垫骨架可分为安全带锁扣、座垫支撑系统、滑轨总成。具体如图 2-6 所示。

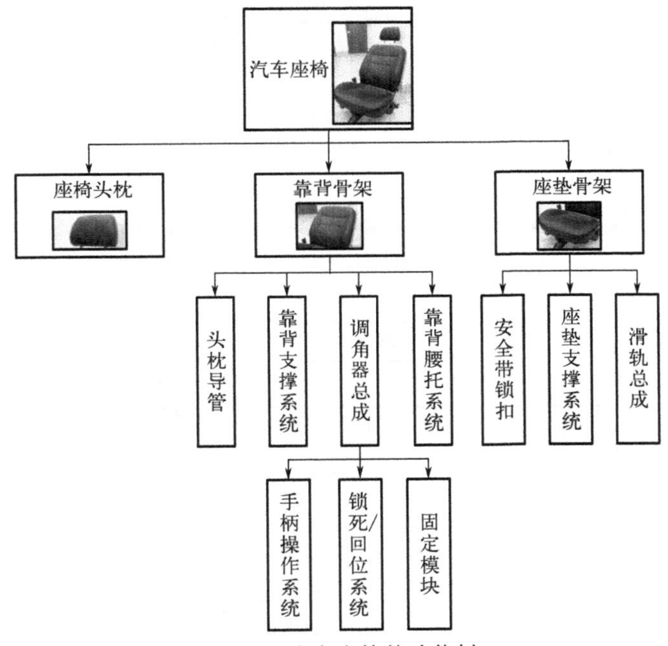

图 2-6　汽车座椅的功能树

步骤 2：靠背骨架绿色模块化设计。

靠背骨架主要由上横钣金、头枕导管、调角器总成、下横钣金和靠背钣金构成，对靠背骨架各节点进行编码，如图 2-7 所示。

靠背骨架有 20 个部件，根据功能对其进行划分，结果如图 2-8 所示。

机械零部件主要实现规定的机械动作，具有传递力和能等功能，而且在载荷作用下能保持一定的几何形状。当零部件出现磨损、断裂和腐蚀等失效特征而失去最初规定的性能时，则称该零部件失效。通过部件的失效形式判断部件是否可以回收（recycle）、重复使用（reuse）或再制造（remanufacture）。

靠背骨架所用材料及绿色约束如表 2-2 所示。

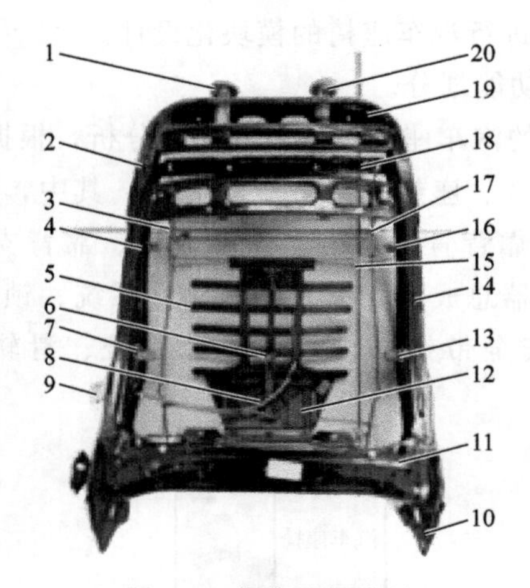

图 2-7　靠背骨架编码

1—头枕导管 1；2—靠背钣金 1；3—挂钩 1；4—连接弹簧 1；5—腰托背板；6—顶起件；7—连接弹簧 2；8—调节钢丝；9—手动调节阀；10—调角器总成；11—下横钣金；12—底部固定件；13—连接弹簧 3；14—靠背钣金 2；15—外框钢丝；16—连接弹簧 4；17—挂钩 2；18—加固钣金；19—上横钣金；20—头枕导管 2

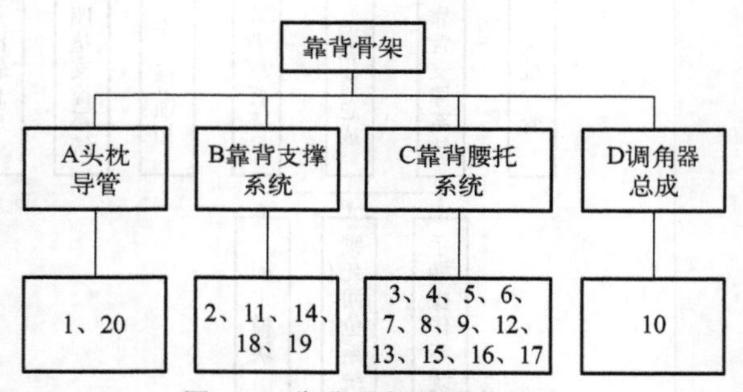

图 2-8　靠背骨架的功能划分

表 2-2　靠背骨架所用材料及绿色约束

序号	名称	材料	可材料回收	可重复使用	可再制造
1	头枕导管 1	塑料	√		
2	靠背钣金 1	SPFH590	√	√	√
3	挂钩 1	SPFH590	√		
4	连接弹簧 1	65Mn 弹簧钢	√		
5	腰托背板	塑料	√		
6	顶起件	塑料	√		
7	连接弹簧 2	65Mn 弹簧钢	√		
8	调节钢丝	SPFH590	√	√	

续表

序号	名称	材料	可材料回收	可重复使用	可再制造
9	手动调节阀	塑料	√		
10	调角器总成		√	√	√
11	下横钣金	SPFH590	√	√	√
12	底部固定件	塑料	√		
13	连接弹簧 3	65Mn 弹簧钢	√		
14	靠背钣金 2	SPFH590	√	√	√
15	外框钢丝	SPFH590	√		
16	连接弹簧 4	65Mn 弹簧钢	√		
17	挂钩 2	SPFH590	√		
18	加固钣金	SPFH590	√	√	√
19	上横钣金	SPFH590	√	√	√
20	头枕导管 2	塑料	√		

根据功能划分图，功能块 A 部件较少，将其合并到功能块 B 中，分别对靠背骨架 B、C 功能块进行模块化设计。求得接触矩阵、总接触矩阵和电荷量矩阵，从总接触矩阵可以看出，与节点相接触的节点数少于 3 个的所占比例较大，此处定义 ***TT*** 为 3 个或 3 个以上的零件为原子核，其余零件定义为带负电荷的电子，如表 2-3、表 2-4 所示。

表 2-3　靠背骨架 B 功能块的接触矩阵 *T*、总接触矩阵 *TT* 和电荷量矩阵 *Q*

零件	1	2	11	14	18	19	20	***TT***	***Q***
1	0	0	0	0	0	1	0	1	−1
2	0	0	1	0	1	1	0	3	3
11	0	1	0	1	0	0	0	2	−1
14	0	0	1	0	1	1	0	3	3
18	0	1	0	1	0	0	0	2	−1
19	1	1	0	1	0	0	1	3	3
20	0	0	0	0	0	1	0	1	−1

表 2-4　靠背骨架 C 功能块的接触矩阵 *T*、总接触矩阵 *TT* 和电荷量矩阵 *Q*

零件	3	4	5	6	7	8	9	12	13	15	16	17	***TT***	***Q***
3	0	1	0	0	1	0	0	0	0	1	0	0	3	3
4	1	0	0	0	0	0	0	0	0	0	0	0	1	−1
5	0	0	0	1	0	1	0	1	0	1	0	0	4	4
6	0	0	1	0	0	0	0	1	0	0	0	0	2	−1

续表

零件	3	4	5	6	7	8	9	12	13	15	16	17	***TT***	***Q***
7	1	0	0	0	0	0	0	0	0	0	0	0	1	−1
8	0	0	1	0	0	0	1	0	0	0	0	0	2	−1
9	0	0	0	0	0	1	0	0	0	0	0	0	1	−1
12	0	0	1	1	0	0	0	0	0	0	0	0	2	−1
13	0	0	0	0	0	0	0	0	0	0	0	1	1	−1
15	1	0	1	0	0	0	0	0	0	0	0	1	3	3
16	0	0	0	0	0	0	0	0	0	0	0	1	1	−1
17	0	0	0	0	0	0	0	0	1	1	1	0	3	3

靠背骨架的原始距离矩阵 $\boldsymbol{D}$ 如表 2-5、表 2-6 所示，多重绿色约束矩阵 $\boldsymbol{R}^k$ 根据 k 值不同划分为可材料回收矩阵 $\boldsymbol{R}^1$、可重复使用矩阵 $\boldsymbol{R}^2$、可再制造矩阵 $\boldsymbol{R}^3$。靠背骨架的绿色约束矩阵 $\boldsymbol{R}^k$ 如表 2-7～表 2-12 所示，加入多重绿色约束矩阵后的距离矩阵 $\boldsymbol{D}^\varphi$ 如表 2-13、表 2-14 所示。

表 2-5　靠背骨架 B 功能块的原始距离矩阵 $\boldsymbol{D}$

零件	1	2	11	14	18	19	20
1	0	2	2	2	2	1	2
2	2	0	1	2	1	1	2
11	2	1	0	1	2	2	2
14	2	2	1	0	1	1	2
18	2	1	2	1	0	2	2
19	1	1	2	1	2	0	1
20	2	2	2	2	2	1	0

表 2-6　靠背骨架 C 功能块的原始距离矩阵 $\boldsymbol{D}$

零件	3	4	5	6	7	8	9	12	13	15	16	17
3	0	1	2	2	1	2	2	2	2	1	2	2
4	1	0	2	2	2	2	2	2	2	2	2	2
5	2	2	0	1	2	1	2	1	2	1	2	2
6	2	2	1	0	2	2	2	1	2	2	2	2
7	1	2	2	2	0	2	2	2	2	2	2	2
8	2	2	1	2	2	0	1	2	2	2	2	2
9	2	2	2	2	2	1	0	2	2	2	2	2
12	2	2	1	1	2	2	2	0	2	2	2	2
13	2	2	2	2	2	2	2	2	0	2	2	1

续表

零件	3	4	5	6	7	8	9	12	13	15	16	17
15	1	2	1	2	2	2	2	2	2	0	2	1
16	2	2	2	2	2	2	2	2	2	2	0	1
17	2	2	2	2	2	2	2	2	1	1	1	0

表 2-7　靠背骨架 B 功能块的绿色约束矩阵 R^1

零件	1	2	11	14	18	19	20
1	0	1	1	1	1	1	1
2	1	0	1	1	1	1	1
11	1	1	0	1	1	1	1
14	1	1	1	0	1	1	1
18	1	1	1	1	0	1	1
19	1	1	1	1	1	0	1
20	1	1	1	1	1	1	0

表 2-8　靠背骨架 C 功能块的绿色约束矩阵 R^1

零件	3	4	5	6	7	8	9	12	13	15	16	17
3	0	1	1	1	1	1	1	1	1	1	1	1
4	1	0	1	1	1	1	1	1	1	1	1	1
5	1	1	0	1	1	1	1	1	1	1	1	1
6	1	1	1	0	1	1	1	1	1	1	1	1
7	1	1	1	1	0	1	1	1	1	1	1	1
8	1	1	1	1	1	0	1	1	1	1	1	1
9	1	1	1	1	1	1	0	1	1	1	1	1
12	1	1	1	1	1	1	1	0	1	1	1	1
13	1	1	1	1	1	1	1	1	0	1	1	1
15	1	1	1	1	1	1	1	1	1	0	1	1
16	1	1	1	1	1	1	1	1	1	1	0	1
17	1	1	1	1	1	1	1	1	1	1	1	0

表 2-9　靠背骨架 B 功能块的绿色约束矩阵 R^2

零件	1	2	11	14	18	19	20
1	0	0	0	0	0	0	1
2	0	0	1	1	1	1	0
11	0	1	0	1	1	1	0
14	0	1	1	0	1	1	0

续表

零件	1	2	11	14	18	19	20
18	0	1	1	1	0	1	0
19	0	1	1	1	1	0	0
20	1	0	0	0	0	0	0

表 2-10　靠背骨架 C 功能块的绿色约束矩阵 R^2

零件	3	4	5	6	7	8	9	12	13	15	16	17
3	0	1	1	1	1	0	1	1	1	1	1	1
4	1	0	1	1	1	0	1	1	1	1	1	1
5	1	1	0	1	1	0	1	1	1	1	1	1
6	1	1	1	0	1	0	1	1	1	1	1	1
7	1	1	1	1	0	0	1	1	1	1	1	1
8	0	0	0	0	0	0	0	0	0	0	0	0
9	1	1	1	1	1	0	0	1	1	1	1	1
12	1	1	1	1	1	0	1	0	1	1	1	1
13	1	1	1	1	1	0	1	1	0	1	1	1
15	1	1	1	1	1	0	1	1	1	0	1	1
16	1	1	1	1	1	0	1	1	1	1	0	1
17	1	1	1	1	1	0	1	1	1	1	1	0

表 2-11　靠背骨架 B 功能块的绿色约束矩阵 R^3

零件	1	2	11	14	18	19	20
1	0	0	0	0	0	0	1
2	0	0	1	1	1	1	0
11	0	1	0	1	1	1	0
14	0	1	1	0	1	1	0
18	0	1	1	1	0	1	0
19	0	1	1	1	1	0	0
20	1	0	0	0	0	0	0

表 2-12　靠背骨架 C 功能块的绿色约束矩阵 R^3

零件	3	4	5	6	7	8	9	12	13	15	16	17
3	0	1	1	1	1	1	1	1	1	1	1	1
4	1	0	1	1	1	1	1	1	1	1	1	1
5	1	1	0	1	1	1	1	1	1	1	1	1
6	1	1	1	0	1	1	1	1	1	1	1	1

续表

零件	3	4	5	6	7	8	9	12	13	15	16	17
7	1	1	1	1	0	1	1	1	1	1	1	1
8	1	1	1	1	1	0	1	1	1	1	1	1
9	1	1	1	1	1	1	0	1	1	1	1	1
12	1	1	1	1	1	1	1	0	1	1	1	1
13	1	1	1	1	1	1	1	1	0	1	1	1
15	1	1	1	1	1	1	1	1	1	0	1	1
16	1	1	1	1	1	1	1	1	1	1	0	1
17	1	1	1	1	1	1	1	1	1	1	1	0

表 2-13　功能块 B 的距离矩阵 D^{φ}

零件	1	2	11	14	18	19	20
1	0	2	2	2	2	2	2
2	2	0	1	2	1	1	2
11	2	1	0	1	2	2	2
14	2	2	1	0	1	1	2
18	2	1	2	1	0	2	2
19	2	1	2	1	2	0	2
20	2	2	2	2	2	2	0

表 2-14　功能块 C 的距离矩阵 D^{φ}

零件	3	4	5	6	7	8	9	12	13	15	16	17
3	0	1	2	2	1	2	2	2	2	1	2	2
4	1	0	2	2	2	2	2	2	2	2	2	2
5	2	2	0	1	2	2	2	1	2	1	2	2
6	2	2	1	0	2	2	2	1	2	2	2	2
7	1	2	2	2	0	2	2	2	2	2	2	2
8	2	2	2	2	2	0	2	2	2	2	2	2
9	2	2	2	2	2	2	0	2	2	2	2	2
12	2	2	1	1	2	2	2	0	2	2	2	2
13	2	2	2	2	2	2	2	2	0	2	2	1
15	1	2	1	2	2	2	2	2	2	0	2	1
16	2	2	2	2	2	2	2	2	2	2	0	1
17	2	2	2	2	2	2	2	2	1	1	1	0

从电荷量矩阵可以得出零件 2、3、5、14、15、17 和 19 带正电荷的原子核，

电荷量分别为＋3、＋3、＋4、＋3、＋3、＋3、＋3。功能块 B 中零件 2、14、19 具有相同的价态＋3，所以定义 $k_2=1$，$k_{14}=2$，$k_{19}=3$；功能块 C 中零件 3、15、17 具有相同价态＋3。将距离矩阵 $\boldsymbol{D}^{\varphi}$ 代入库仑力公式得出靠背骨架的力矩阵 $\boldsymbol{F}$，如表 2-15、表 2-16 所示。

表 2-15　靠背骨架 B 功能块的力矩阵 F

零件	1	2	11	14	18	19	20
1	0	0.75	−0.25	1.5	−0.25	2.25	−0.25
2	0.75	0	3	−4.5	3	−27	0.75
11	−0.25	3	0	6	−0.25	2.25	−0.25
14	1.5	−4.5	6	0	6	−18	1.5
18	−0.25	3	−0.25	6	0	2.25	−0.25
19	2.25	−27	2.25	−18	2.25	0	2.25
20	−0.25	0.75	−0.25	1.5	−0.25	2.25	0

表 2-16　靠背骨架 C 功能块的力矩阵 F

零件	3	4	5	6	7	8	9	12	13	15	16	17
3	0	3	−3	0.75	3	0.75	0.75	0.75	0.75	−18	0.75	−6.75
4	3	0	1	−0.25	−0.25	−0.25	−0.25	−0.25	−0.25	1.5	−0.25	2.25
5	−3	1	0	4	1	1	1	4	1	−24	1	−9
6	0.75	−0.25	4	0	−0.25	−0.25	−0.25	−1	−0.25	1.5	−0.25	2.25
7	3	−0.25	1	−0.25	0	−0.25	−0.25	−0.25	−0.25	1.5	−0.25	2.25
8	0.75	−0.25	1	−0.25	−0.25	0	−0.25	−0.25	−0.25	1.5	−0.25	2.25
9	0.75	−0.25	1	−0.25	−0.25	−0.25	0	−0.25	−0.25	1.5	−0.25	2.25
12	0.75	−0.25	4	−1	−0.25	−0.25	−0.25	0	−0.25	1.5	−0.25	2.25
13	0.75	−0.25	1	−0.25	−0.25	−0.25	−0.25	−0.25	0	1.5	−0.25	9
15	−18	1.5	−24	1.5	1.5	1.5	1.5	1.5	1.5	0	1.5	−27
16	0.75	−0.25	1	−0.25	−0.25	−0.25	−0.25	−0.25	−0.25	1.5	0	9
17	−6.75	2.25	−9	2.25	2.25	2.25	2.25	2.25	9	−27	9	0

根据表 2-15、表 2-16，可以获得其最大力矩 $\boldsymbol{MF}$。

B 功能块的 $\boldsymbol{MF}=[+2.25\ +3\ +6\ +6\ +6\ +2.25\ +2.25]$

C 功能块的 $\boldsymbol{MF}=[+3\ +3\ +4\ +4\ +3\ +1.5\ +1.5\ +4\ +9\ +1.5\ +9\ +9]$

由最大力矩不难得出：

$MF_1=MF_{19}=MF_{20}=+2.25$

$MF_2=+3$

$MF_{11}=MF_{14}=MF_{18}=+6$

$MF_3 = MF_4 = MF_7 = +3$

$MF_5 = MF_6 = MF_{12} = +4$

$MF_8 = MF_9 = MF_{15} = +1.5$

$MF_{13} = MF_{16} = MF_{17} = +9$

根据库仑力计算结果，初始模块划分结果为[1 19 20][2][3 4 7][5 6 12][8 9 15][11 14 18][13 16 17]。

结合实际情况和以下模块合并准则对上述结果进行调整，将 [1 2 11 14 18 19 20] 合并为一个模块；将 [10] 视为一个模块；将[3 4 5 6 7 8 9 12 13 15 16 17]合并为一个模块。

① 模块使用同一种材料，或改进后可以使用同一种材料。

② 模块组成材料相容。

③ 模块相互接触、无相对运动且有刚性连接。

④ 模块空间位置相近、连接稳固。

⑤ 模块合并后不会影响产品的可拆卸性和可装配性。

⑥ 模块功能相关程度高。

⑦ 模块中没有标准件、通用件和外购配件。

⑧ 经历相同生命周期的部件应分组在同一模块中，例如，可维护性、可升级性、可拆卸性、可重用性和可回收性。

⑨ 具有相同再制造、再利用或报废性的部件应分组在同一模块中。

⑩ 模块在当前条件下无法或无必要进行重用和回收的零部件，按照自然降解、焚烧和掩埋等不同的处理方式合并。

⑪ 模块合并要考虑模块的生产成本、拆卸操作的成本和对环境的影响程度。

⑫ 模块具有相似的技术周期、服务和维护要求。

⑬ 产品的造型需求。

⑭ 团队内部自行达成的准则。

步骤 3：座垫骨架绿色模块化设计。

座垫骨架构成较为简单，主要由单片座盆、加强侧板或加强管和固定螺栓等组成，其结构如图 2-9 所示。座垫骨架部件见表 2-17，座垫骨架功能划分如图 2-10 所示。

表 2-17　座垫骨架部件

序号	名称	序号	名称
1	固定螺栓 1	4	下滑轨
2	安全带锁扣 1	5	固定螺栓 2
3	滚珠	6	安全带锁扣 2

续表

序号	名称	序号	名称
7	锁止板	15	上滑轨
8	固定螺栓 3	16	调节阀
9	滚柱	17	加强管 1
10	锁止钢丝	18	加强管 2
11	连接螺栓	19	加强侧板 3
12	加强侧板 1	20	加强侧板 4
13	单片座盆	21	支撑架
14	加强侧板 2		

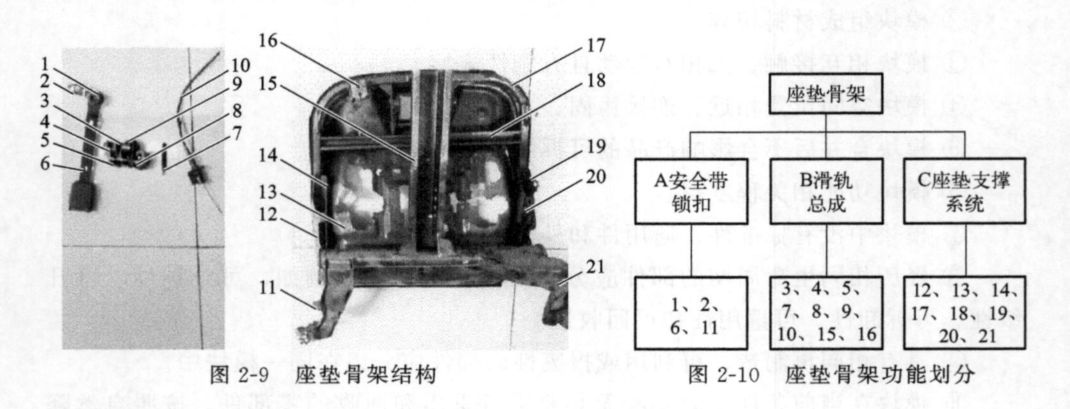

图 2-9　座垫骨架结构　　图 2-10　座垫骨架功能划分

座垫骨架所用材料及绿色约束如表 2-18 所示。

表 2-18　座垫骨架所用材料及绿色约束

序号	名称	材料	可材料回收	可重复使用	可再制造
1	固定螺栓 1	45 钢	√	√	
2	安全带锁扣 1	SPFH590	√	√	√
3	滚珠	SPFH590	√	√	√
4	下滑轨	SPFH590	√	√	√
5	固定螺栓 2	45 钢	√	√	
6	安全带锁扣 2	SPFH590	√	√	√
7	锁止板	SPFH590	√	√	
8	固定螺栓 3	45 钢	√	√	
9	滚柱	SPFH590	√	√	√
10	锁止钢丝	SPFH590	√	√	

续表

序号	名称	材料	可材料回收	可重复使用	可再制造
11	连接螺栓	45 钢	√	√	
12	加强侧板 1	SPFH590	√	√	√
13	单片座盆	SPFH590	√	√	√
14	加强侧板 2	SPFH590	√	√	√
15	上滑轨	SPFH590	√	√	√
16	调节阀	SPFH590	√		
17	加强管 1	SPFH590	√	√	√
18	加强管 2	SPFH590	√	√	√
19	加强侧板 3	SPFH590	√	√	√
20	加强侧板 4	SPFH590	√	√	√
21	支撑架	SPFH590	√	√	√

按照前述方法，分别对座垫骨架功能块 A、B、C 进行模块化设计。依次计算座垫骨架的接触矩阵、总接触矩阵、电荷量矩阵、绿色约束矩阵和距离矩阵，最终获得各功能力的力矩阵 $\boldsymbol{F}$，如表 2-19～表 2-21 所示。

表 2-19　座垫骨架 A 功能块的力矩阵 $\boldsymbol{F}$

零件	1	2	6	11
1	0	−4.5	0.75	0.75
2	−4.5	0	6	1.5
6	0.75	6	0	−0.25
11	0.75	1.5	−0.25	0

表 2-20　座垫骨架 B 功能块的力矩阵 $\boldsymbol{F}$

零件	3	4	5	7	8	9	10	15	16
3	0	6	−0.25	0.75	−0.25	6	−0.25	2.25	−0.25
4	6	0	1.5	−4.5	1.5	−36	1.5	−54	1.5
5	−0.25	1.5	0	0.75	−0.25	1.5	−0.25	2.25	−0.25
7	0.75	−4.5	0.75	0	0.75	−4.5	3	−6.75	0.75
8	−0.25	1.5	−0.25	0.75	0	1.5	−0.25	2.25	−0.25
9	6	−36	1.5	−4.5	1.5	0	1.5	−54	1.5
10	−0.25	1.5	−0.25	3	−0.25	1.5	0	2.25	−0.25
15	2.25	−54	2.25	−6.75	2.25	−54	2.25	0	2.25
16	−0.25	1.5	−0.25	0.75	−0.25	1.5	−0.25	2.25	0

表 2-21 座垫骨架 C 功能块的力矩阵 F

零件	12	13	14	17	18	19	20	21
12	0	0.75	−0.25	7	−0.25	−0.25	−0.25	6
13	0.75	0	0.75	−21	3	0.75	0.75	−18
14	−0.25	0.75	0	7	−0.25	−0.25	−0.25	6
17	7	−21	7	0	7	7	7	−42
18	−0.25	3	−0.25	7	0	−0.25	−0.25	1.5
19	−0.25	0.75	−0.25	7	−0.25	0	−0.25	6
20	−0.25	0.75	−0.25	7	−0.25	−0.25	0	6
21	6	−18	6	−42	1.5	6	6	0

根据表 2-19～表 2-21，可以获得其最大力矩 MF：

A 功能块的 MF＝［+0.75 +6 +6 +1.5］

B 功能块的 MF＝［+6 +6 +2.25 +3 +2.25 +6 +2.25 +2.25 +2.25］

C 功能块的 MF＝［+7 +3 +7 +7 +7 +7 +7 +6］

由最大力矩不难得出：

$MF_1=+0.75$

$MF_2=MF_6=+6$

$MF_{11}=+1.5$

$MF_3=MF_4=MF_9=+6$

$MF_5=MF_8=MF_{10}=MF_{15}=MF_{16}=+2.25$

$MF_7=+3$

$MF_{12}=MF_{14}=MF_{17}=MF_{18}=MF_{19}=MF_{20}=+7$

$MF_{13}=+3$

$MF_{21}=+6$

根据库仑力，初始模块划分结果为［1］［2 6］［11］［3 4 9］［5 8 10 15 16］［7］［12 14 17 18 19 20］［13］［21］。

根据实际情况及模块合并准则进行调整，将［1 2 6 11］视为一个模块；将［3 4 5 7 8 9 10 16 ］视为一个模块；将［12 13 14 15 17 18 19 20 21］合并为一个模块。

步骤 4：调角器绿色模块化设计。

手柄式座椅调角器有 22 个部件，各零部件的编码如图 2-11 所示，其功能划分如图 2-12 所示。调角器所用材料及绿色约束如表 2-22 所示。

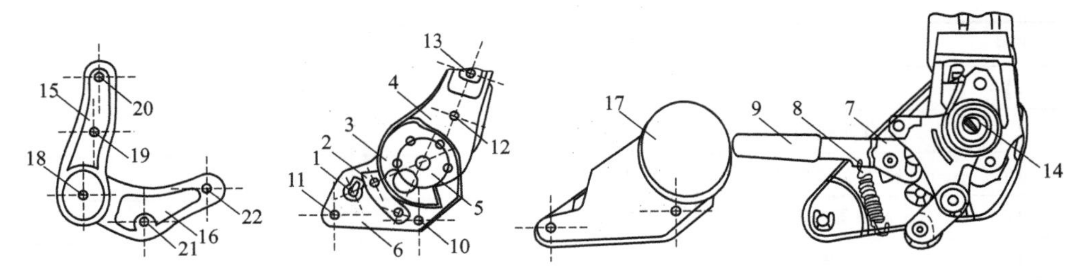

图 2-11　调角器编码

1—锁止棘轮；2—小齿板；3—大齿板；4—靠背连接板 1；5—回位弹簧；6—座垫连接板 1；7—手柄；8—手柄回位弹簧；9—手柄套；10—座垫螺钉 1；11—座垫螺钉 2；12—靠背螺钉 1；13—靠背螺钉 2；14—定位销；15—靠背连接板 2；16—座垫连接板 2；17—调角器外壳；18—固定螺栓；19—靠背螺钉 3；20—靠背螺钉 4；21—座垫螺钉 3；22—座垫螺钉 4

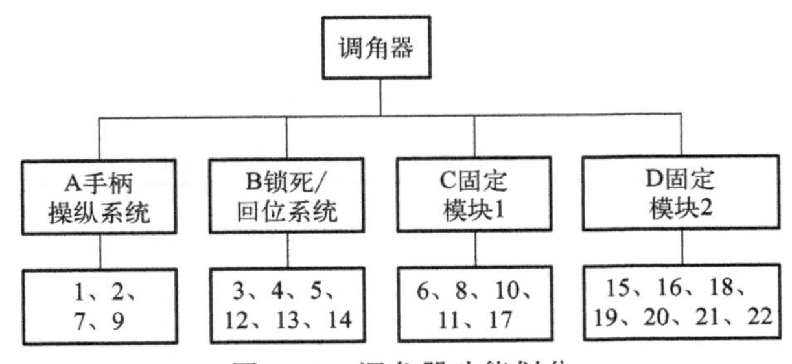

图 2-12　调角器功能划分

表 2-22　调角器所用材料及绿色约束

序号	名称	材料	可材料回收	可重复使用	可再制造
1	锁止棘轮	45 钢	√		
2	小齿板	45 钢	√	√	√
3	大齿板	45 钢	√	√	√
4	靠背连接板 1	SPFH590	√		√
5	回位弹簧	65Mn 弹簧钢	√		
6	座垫连接板	SPFH590	√		√
7	手柄	SPFH590	√		√
8	手柄回位弹簧	65Mn 弹簧钢	√		
9	手柄套	塑料			
10	座垫螺钉 1	45 钢	√	√	
11	座垫螺钉 2	45 钢	√	√	
12	靠背螺钉 1	45 钢	√	√	
13	靠背螺钉 2	45 钢	√	√	

续表

序号	名称	材料	可材料回收	可重复使用	可再制造
14	定位销	45 钢	√		
15	靠背连接板 2	SPFH590	√		√
16	座垫连接板 2	SPFH590	√		√
17	调节器外壳	塑料	√		
18	固定螺栓	45 钢	√	√	
19	靠背螺钉 3	45 钢	√	√	
20	靠背螺钉 4	45 钢	√	√	
21	座垫螺钉 3	45 钢	√	√	
22	座垫螺钉 4	45 钢	√	√	

按照改进的原子理论模块划分方法分别对调角器 A、B、C、D 功能块进行模块化设计。依次计算接触矩阵、总接触矩阵、电荷量矩阵、多重绿色约束矩阵、距离矩阵等，最终获得各功能块的力矩阵 F，具体如表 2-23～表 2-26 所示。

表 2-23　调角器 A 功能块的力矩阵 F

零件	1	2	7	9
1	0	−0.25	0.75	−0.25
2	−0.25	0	0.75	−0.25
7	0.75	0.75	0	0.75
9	−0.25	−0.25	0.75	0

表 2-24　调角器 B 功能块的力矩阵 F

零件	3	4	5	12	13	14
3	0	1.25	−0.25	−0.25	−0.25	0.75
4	1.25	0	1.25	1.25	1.25	−3.75
5	−0.25	1.25	0	−0.25	−0.25	0.75
12	−0.25	1.25	−0.25	0	−0.25	0.75
13	−0.25	1.25	−0.25	−0.25	0	0.75
14	0.75	−3.75	0.75	0.75	0.75	0

表 2-25　调角器 C 功能块的力矩阵 F

零件	6	8	10	11	17
6	0	1	1	1	−3
8	1	0	−0.25	−0.25	0.75
10	1	−0.25	0	−0.25	0.75
11	1	−0.25	−0.25	0	0.75
17	−3	0.75	0.75	0.75	0

表 2-26　调角器 D 功能块的力矩阵 F

零件	15	16	18	19	20	21	22
15	0	−32	1	1	1	1	1
16	−32	0	2	2	2	2	2
18	1	2	0	−0.25	−0.25	−0.25	−0.25
19	1	2	−0.25	0	−0.25	−0.25	−0.25
20	1	2	−0.25	−0.25	0	−0.25	−0.25
21	1	2	−0.25	−0.25	−0.25	0	−0.25
22	1	2	−0.25	−0.25	−0.25	−0.25	0

根据表 2-23～表 2-26 可以获得其最大力矩 $\boldsymbol{MF}$：

A 功能块的 $\boldsymbol{MF}=[+0.75\ \ +0.75\ \ +0.75\ \ +0.75]$

B 功能块的 $\boldsymbol{MF}=[+1.25\ \ +1.25\ \ +1.25\ \ +1.25\ \ +1.25\ \ +0.75]$

C 功能块的 $\boldsymbol{MF}=[+1\ \ +1\ \ +1\ \ +1\ \ +0.75]$

D 功能块的 $\boldsymbol{MF}=[+1\ \ +2\ \ +2\ \ +2\ \ +2\ \ +2\ \ +2]$

由最大力矩不难得出：

$MF_1=MF_2=MF_7=MF_9=+0.75$

$MF_3=MF_4=MF_5=MF_{12}=MF_{13}=+1.25$

$MF_{14}=+0.75$

$MF_6=MF_8=MF_{10}=MF_{11}=+1$

$MF_{17}=+0.75$

$MF_{15}=+1$

$MF_{16}=MF_{18}=MF_{19}=MF_{20}=MF_{21}=MF_{22}=+2$

根据库仑力，初始模块为［1 2 7 9］［3 4 5 12 13］［14 ］［6 8 10 11］［17 ］［15］［16 18 19 20 21 22 ］。根据实际情况和模块合并准则将［1 2 3 5 7 8 9］视为一个模块；将［4 6 10 11 12 13 15 16 18 19 20 21 22］合并为一个模块；分别将［14］［17］独立设为一个模块。

步骤 5：模块化设计结果。

上述各部分模块的划分结果如表 2-27、图 2-13 所示。

表 2-27　模块划分结果

功能块	模块划分结果	模块个数
靠背骨架	［b1 b2 b11 b14 b18 b19 b20］［b10］［b3 b4 b5 b6 b7 b8 b9 b12 b13 b15 b16 b17］	3

续表

功能块	模块划分结果	模块个数
座垫骨架	[c1 c2 c6 c11][c3 c4 c5 c7 c8 c9 c10 c16] [c12 c13 c14 c15 c17 c18 c19 c20 c21]	3
调角器	[a1 a2 a3 a5 a7 a8 a9][a4 a6 a10 a11 a12 a13 a15 a16 a18 a19 a20 a21 a22] [a14][a17]	4

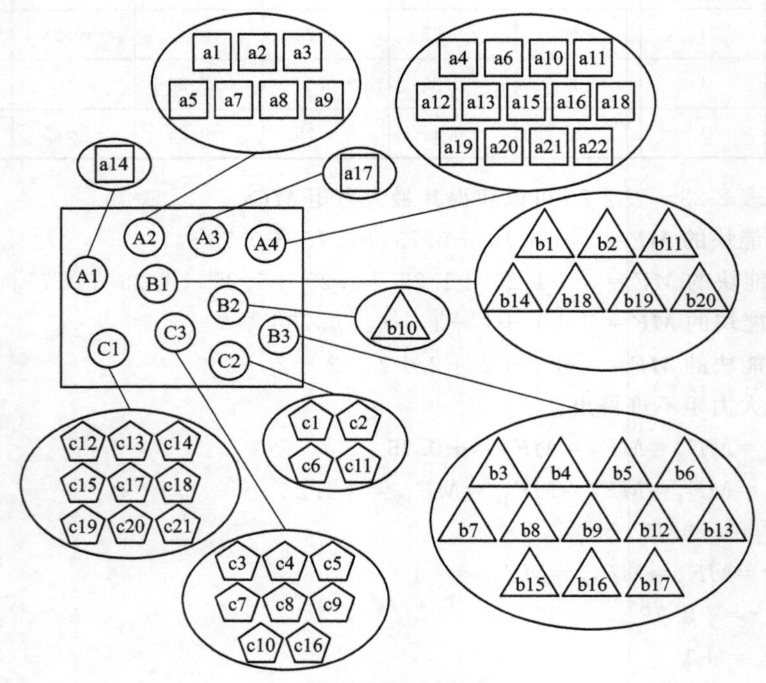

图 2-13　模块划分结果

步骤 6：模块再设计。

根据上述模块划分结果对座椅进行再设计，具体设计要点如下：①座椅头枕选用更为安全的主动式头枕；②座椅靠背骨架及坐垫骨架材料选用可整体成型的镁合金材料，实现座椅轻量化设计，节点数大幅减少，方便拆卸；③为了更加便捷、舒适，由电动腰托代替手动腰托；④连续调节式调角器代替原有调角器，调节精度更高；⑤滑轨为 H 形滑轨；⑥将中间由织带连接的柔性锁扣连接代替原有锁扣；⑦用棕榈垫双硬度海绵提高座椅的舒适性，通过绿色材料的选取提高座椅的绿色性；⑧考虑到座椅的环保性与安全性，用水性 PU 面料代替人造革材料。汽车座椅草绘制如图 2-14(a) 所示，结合座椅尺寸及设计要求，汽车座椅渲染效果如图 2-14(b) 所示，座椅尺寸简图如图 2-14(c) 所示，各部分细节如图 2-14(d) 所示。

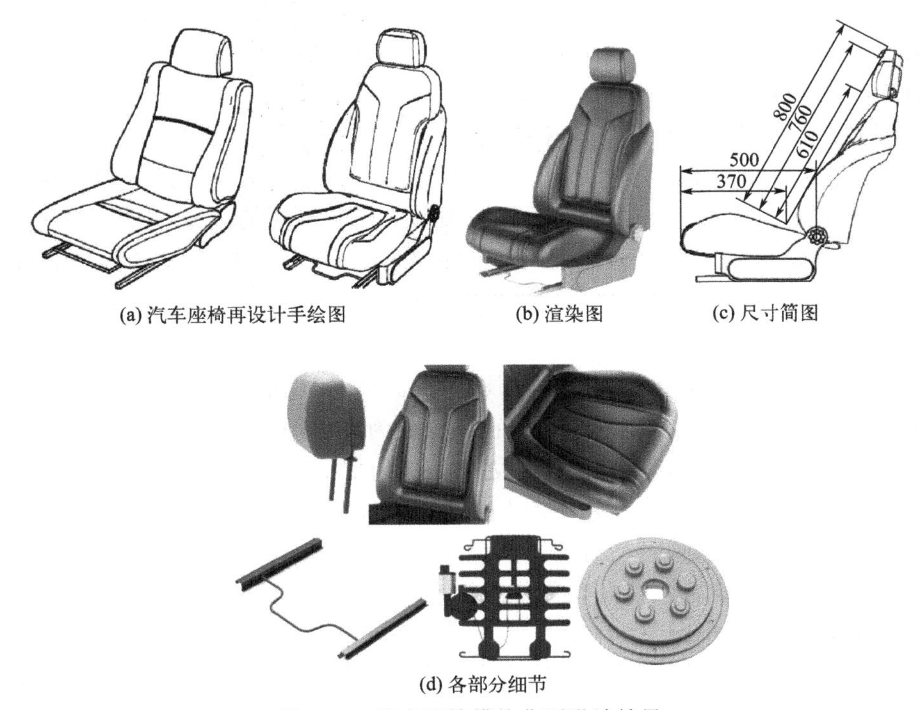

(a) 汽车座椅再设计手绘图　(b) 渲染图　(c) 尺寸简图

(d) 各部分细节

图 2-14 汽车座椅模块化再设计结果

2.2 创新设计方法

2.2.1 创新设计方法的理论基础

TRIZ 是俄文 теории решения изобрет-ательских задач 首字母的缩写，英译为 theory of inventive problem solving（TIPS），意为发明创造问题的解决理论，是由苏联发明家阿奇舒勒（G. S. Altshuller）在 1946 年创立的，因而阿奇舒勒也被尊称为 TRIZ 之父。20 世纪 40 年代中期，以苏联海军专利部 G. S. Altshuller 为首的研究团队在分析了世界上约 250 万个的发明专利后，发现技术系统的创新是有规律可循的，并在此基础上结合了各个学科领域的科学原理和法则，建立了一整套系统化的、科学的、实用的发明问题解决理论方法和工具。

TRIZ 专家 Savransky 博士将 TRIZ 定义如下：TRIZ 是基于知识的、面向设计者的创新问题解决系统化方法：①基于知识是指 TRIZ 是基于对全世界 250 万个专利分析的基础上，融合了各个学科、领域的知识，并通过抽象、提炼而形成的方法、理论和工具，是自然科学、社会科学、生命科学等学科知识的集合；②面向设计者是指 TRIZ 本身是在实际问题的解决过程中建立的，是从实践中提炼出来的，它的顺利实施依赖于设计者的经验，计算机只能够提供支持作用，不能够完全替代设计者；③系统化是指 TRIZ 中包含了众多系统化的知识以及 TRIZ 的求解过程，是一个系统化的过程；④TRIZ 是创新问题解决理论，提供了一系列创新方法、技术和工具来解决设计中的矛盾，给出创新解。

TRIZ 方法的基本思想是对已有创新问题的解决方案进行分析和总结，提炼出其中具有规律性的核心部分，并用来形成创新问题的规律化或标准化解决方法，当遇到新的问题时，通过对问题的细化和分析，把该设计问题转化为 TRIZ 中的标准问题，然后利用 TRIZ 中的标准化解决问题的方法或工具求解该问题。

所有运行某个功能的事物可称为技术系统，任何技术系统均包括一个或多个子系统，每个子系统执行自身功能，它又可分为更小的子系统。TRIZ 中最简单的技术系统由两个元素以及两个元素之间传递的能量组成。例如，技术系统“汽车”由“引擎”“换向装置”和“刹车”等子系统组成，而“刹车”又由“踏板”“液压油”等子系统组成。所有的子系统均在更高层系统中相互连接，任何子系统的改变将会影响更高层系统，当解决技术问题时，常常要考虑与其子系统和更高层系统之间的相互作用。

Altshuller 认为技术系统的进化或演化并非是“偶然”的，技术系统的创新和发展就像自然界的生物系统一样，具有产生→生长→发育成熟→衰老→死亡这样一个过程，遵循着一定的规律模式。

为了解决实际中出现的矛盾，TRIZ 建立了一系列用以解决矛盾的工具和原则，它们大致可以分为 3 类：TRIZ 的理论基础、分析工具和知识数据库。其中，TRIZ 的理论基础对于产品的创新具有重要的指导作用；分析工具是 TRIZ 用来解决矛盾的具体方法或模式，它们使 TRIZ 理论能够得以在实际中应用，其中包括矛盾矩阵、物-场分析、ARIZ 发明问题解决算法等；而知识数据库则是 TRIZ 解决矛盾的精髓，其中包括矛盾矩阵（48 个工程参数和 40 个发明原理）、76 个标准解决方法。

Altshuller 在对 250 万个专利进行研究时，发现可以根据创新程度的不同，将这些专利技术解决方法分为 5 个“创新等级”，其中，括号中的数值为占总专利的比重。

第 1 级：技术系统的简单改进，要求技术在系统相关的某行业范围内（32%）。

第 2 级：包括技术矛盾解决方法的发明，要求系统相关的不同行业的知识（45%）。

第 3 级：包含物理矛盾解决方法的发明，要求系统相关行业以外的知识（18%）。

第 4 级：包含突破性解决方法的新技术，要求不同学科领域的知识（4%）。

第 5 级：新现象的发现（1%）。

对于第 1 级，Altshuller 认为不算是创新，而对于第 5 级，他认为“如果一个人在旧的系统还没有完全失去发展希望时，就选择一个完全新的技术系统，则成功之路和被社会接受的道路是艰难而又漫长的。因此在原来基础上的改进是更好的策略”。他建议将这 2 个等级排除在外，TRIZ 工具对于其他 3 个等级的创新作用更大。一般来说，等级 2、3 称为“革新（innovative）”，等级 4 称为“创新（inventive）”。

理想化发明创造是有级别的，级别越高，创新设计的过程越困难，则产品的市场竞争力越强。高级别产品的发明不仅需要设计人员自身的素质，更需要行业以外或全人类的已有研究成果。企业要不断地吸收不同行业的知识创新成果，并在自己的产品中应用，以永远保持自身的市场竞争力。发明创造的理想状态是理想解的实现，尽可能使企业的产品接近于其理想解是产品创新的指导思想。确定所设计产品的理想解是设计人员综合素质的体现。

自然科学的基本方法之一是把所研究的对象理想化。理想化是对客观世界中所存在物体的一种抽象，这种抽象客观世界既不存在，又不能通过实验验证。理想化的物体是真实物体存在的一种极限状态，对于某些研究起着重要作用，如物理学中的理想气体、理想液体，几何学中的点与线等。在 TRIZ 中，理想化是一种强有力的工具，在创新过程中起着重要作用。

TRIZ，在解决问题之初，首先抛开各种客观限制条件，通过理想化来定义问题的最终理想解，以明确理想解所在的方向和位置，保证在问题解决过程中沿着此目标前进并获得最终理想解，从而避免了传统创新设计方法中缺乏目标的弊端，提升了创新设计的效率。如果将 TRIZ 创造性解决问题的方法比喻为通向胜利的桥，那么最终理想解就是这座桥的桥墩。

假设在大森林里有一个溶洞，这个洞又高又大，里面一个洞套着一个洞，村里的人发现了它，准备把它开发成旅游胜地。为了能够详细地向游人介绍这个溶洞，村里人想测量一下这个溶洞中各个洞的高度。要求既不能影响溶洞的环境，而且要注意不花费村民大量的经费，方法也要简单易行才好。该问题最终理想解就是用氢气球来测量溶洞的高度，这样既不损坏周围的环境，而且经济、简单。

理想化是科学研究中创造性思维的基本方法之一。它主要是在大脑之中设立理想的模型，通过思想实验的方法来研究客体运动的规律。一般的操作程序如下：首先对经验事实进行抽象，形成一个理想客体，然后通过想象，在观念中模拟其实验过程，把客体的现实运动过程简化和升华为一种理想化状态，使其更接近理想指标的要求。理想化方法最为关键的部分是思想实验，或称理想实验。它是从一定的原理出发，在观念中按照实验的模型展开的实验结论。思想实验是形象思维和逻辑思维共同作用的结果，同时也体现了理想化和现实性的对立统一。诚然，思想实验还不是科学实践活动，它的结论还需要科学实验等实践活动来检验，但这并不能否定思想实验在理论创新中的地位和作用。新的理论往往与常识相距甚远，人们常常为传统观念所束缚，不易走向理论创新，因此，借助于思想实验来进行理论创新以及对新理论加以认同，不失为一种有效的手段。

理想化方法的另一个关键部分是如何设立理想模型。理想模型建立的根本指导思想是最优化原则，即在经验的基础上设计最优的模型结构，同时也要充分考虑现实存在的各种变量的容忍程度，把理想化与现实性结合起来。理想中的优化模型往往具有超前性，这是创新的标志。但是，超前性只有在现实条件容许的情况下，其模型的构造才具有可行性。应当指出的是，理想模型的设计并不一定非要迁就现实的条件，有时候也需要改造现实，改变现实中存在的不合理之处，特别是需要彻底扭转人们传统的落后的思维方式和生活方式，为理想模型的建立和实施创造条件。

TRIZ 的一个基本观点是“系统是朝着不断增加的理想状态进化的”。技术系统理想状态包括 3 个方面内容：①系统的主要目的是提供一定功能。传统思想认为，为了实现系统的某种功能，必须建立相应的装置或设备；而 TRIZ 则认为，为了实现系统的某种功能不必引入新的装置和设备，而只需对实现该功能的方法和手段进行调整和优化。②任何系统都是朝着理想化方向发展的，也就是向着更可靠、简单有效的方向发展。系统的理想状态一般是不存在的，但当系统越接近理想状态，结构就越简单、成本就越低、效率就越高。③理想化意味着系统或子系统中现有资源的最优利用。

TRIZ 是建立在技术进化论系统之上的，Altshuller 通过研究给出了技术系统演变的 8 个模式，它们对于产品的创新具有重要的指导作用。

① 技术系统演变遵循产生、成长、成熟和衰退的生命周期。

② 技术系统演变的趋势是提升理想状态。

③ 矛盾的导致是由于系统中子系统开发的不均匀性。

④ 首先是部件匹配，然后是失配。

⑤ 技术系统首先向复杂化演进，然后通过集成向简单化发展。

⑥ 从宏观系统向微观系统转变，即向小型化和增加使用能量场演进。

⑦ 技术向增加动态性和可控性发展。

⑧ 向增加自动化减少人工介入演变。

2.2.2 创新设计主要工具

分析工具是 TRIZ 用来解决矛盾的具体方法或模式，Altshuller 通过总结和演绎得出了许多实用的分析工具，下面进行详细介绍。

(1) 矛盾矩阵

两个通用工程参数导致了系统的技术矛盾，那么将这两个参数相结合就能够找出解决矛盾的办法，TRIZ用矩阵的方式简单地表述出找到解决办法的途径。根据Altshuller的分析归纳，经常遇到技术矛盾的系统特征共有39个。2003年7月，Darrell Mann、Simon Dewulf、Boris Zlotin、Alla Zusman等出版*Matrix 2003：Updating the TRIZ Contradiction Matrix*一书，内容提及原39个工程参数已经无法满足目前产品发展的形势，他们提出了48个工程参数，比原有的39个工程参数增加了9个工程参数。表2-28为TRIZ的48个通用工程参数，表2-29为40个发明原理。

表2-28 TRIZ的48个通用工程参数

序号	工程参数名称	含义
1	运动物体的重量	重力场中运动物体的重量，如物体作用于其支撑或悬挂装置上的力
2	静止物体的重量	重力场中静止物体的重量，如物体作用于其支撑或悬挂装置上的力
3	运动物体的长度	运动物体的任意线性尺寸(不一定是最长的)都认为是其长度
4	静止物体的长度	静止物体的任意线性尺寸(不一定是最长的)都认为是其长度
5	运动物体的面积	运动物体内部或外部所具有的表面或部分表面的面积
6	静止物体的面积	静止物体内部或外部所具有的表面或部分表面的面积
7	运动物体的体积	运动物体所占有的空间体积
8	静止物体的体积	静止物体所占有的空间体积
9	形状	物体外部轮廓或系统的外貌
10	物质的量	物质或物体的数量特征
11	信息数量	信息、信号、数据的数量特征
12	运动物体的作用时间	运动物体完成规定动作的时间、服务期，两次误动作之间的时间也是作用时间的一种度量
13	静止物体的作用时间	静止物体完成规定动作的时间、服务期，两次误动作之间的时间也是作用时间的一种度量
14	速度	物体的运动速度是过程或活动与时间之比
15	力	力是两个系统之间的相互作用，在牛顿力学中力是质量与加速度之积，在TRIZ中力是试图改变物体状态的任何作用
16	运动物体的能量	物体动态条件下能量消耗的特征，能量是物体做功和热交换的一种度量；在经典力学中，能量等于力与距离的乘积；能量包括电能、热能、核能等

续表

序号	工程参数名称	含义
17	静止物体的能量	物体静态条件下能量消耗的特征，能量是物体做功和热交换的一种度量；在经典力学中，能量等于力与距离的乘积；能量包括电能、热能、核能等
18	功率	单位时间内所做的功或利用能量的速度
19	张力/压力	宏观或微观结构中单位面积上的力
20	强度	强度是指物体抵抗外力作用使之变化的能力
21	结构稳定性	宏观或微观结构维持原有状态或目标状态的能力
22	温度	物体或系统所处的热状态，包括其他热参数，如影响改变温度变化速度的热容量
23	光照度	系统的光照、光亮和可见特性，如光度、光线质量等
24	运行效率	在一定时间内获得有效作用的能力或程度
25	物质浪费	部分或全部、永久或临时的材料、部件或子系统等物质的损失
26	时间浪费	时间是指一项活动所延续的间隔，时间浪费指作用或活动所花费的额外或多余的时间
27	能量浪费	做无用功的能量，为了减少能量损失，需要不同的技术来改善能量的利用
28	信息遗漏	部分或全部、永久或临时的数据损失
29	噪声	对环境有害的声音
30	物体外部有害因素作用的敏感性	物体对受外部或环境中的有害因素作用的敏感程度
31	物体产生的有害因素	排除和散发有害因素或有害效应的能力
32	适应性	物体或系统响应外部变化的能力，或应用于不同条件下的能力
33	兼容性或连通性	物体或系统之间的匹配性和兼容性特征
34	易用性	物体或系统使用的顺畅性特征；要完成的操作应需要较少的操作者、较少的步骤、使用尽可能简单的工具，一个操作的产出要尽可能多
35	可靠性	系统在规定的方法及状态下完成规定功能的能力
36	可修复性	对于系统可能出现的失误所进行的维修要时间短、方便、简单
37	安全性	物体或系统效应的安全状况
38	易受伤性	物体或系统受干扰因素影响抵抗破坏的能力
39	美观	物体或系统外观造型的美感和可观赏性
40	外来有害因素	外部有害因素将降低物体或系统的效率、完成功能的质量，应消除

续表

序号	工程参数名称	含义
41	制造能力	物体或零件的可制造性和工艺性特征
42	制造精度/连贯性	系统或物体的实际性能与所需性能之间的误差及控制
43	自动化水平	系统或物体在无人操作的情况下完成任务的能力；自动化程度的最低级别是完全人工操作，最高级别是机器自动感知所需的操作、自动编程、对操作自动监控，中等级别是需要人工编程、人工观察正在进行的操作、改变正在进行的操作、重新编程
44	生产力/生产率	生产能力和单位时间内所完成的功能或操作
45	系统复杂性	系统中元件数目及多样性，如果用户也是系统中的元素将增加系统的复杂性；掌握系统的难易程度也是其复杂性的一种度量
46	控制复杂性	对系统复杂程度和系统各部分之间复杂关系的控制
47	测量能力	对于系统特性有效监测的程度
48	测量精度	系统特征的实测值与实际值之间的误差，减少误差将提高测试精度

表2-29　40个发明原理

序号	名称	含义
1	分割	分割将物体分割成独立的部分。它使物体可组合或增加物体被分割的程度
2	抽取	抽取将物体中“负面”的部分或特性抽取出来。例如只从物体中抽取必要的部分或特性
3	局部质量	局部质量将物体或外部环境的同类结构转换成异类结构。它使物体不同部分实现不同功能或使物体的每一部分处于最有利于其运行的条件下
4	非对称	非对称是指用非对称形式代替对称形式。如果对象已经是非对称，增加非对称的程度
5	合并	合并空间中的同类或相邻的物体或操作；合并时间上的同类或相邻的物体或操作
6	普遍性原理	普遍性是使物体或物体的一部分实现多功能，以代替其他部分的功能
7	嵌套	嵌套将第1个物体嵌入第2个物体，然后将这2个物体一起嵌入第3个物体，以此类推。例如让物体穿过另一个物体的空腔
8	配重	配重将一个物体与另一个能产生提升力的物体组合，来补偿其重量。它通过与环境（利用气体、液体的动力或浮力等）的相互作用实现物体重量的补偿
9	预先反作用	预先反作用是指预先施加反作用。如果物体将处于受拉伸的工作状态，则预先施加压力
10	预先作用	预先作用是指事先完成部分或全部的动作或功能。例如在方便的位置预先安置物体，使其在第一时间发挥作用，避免浪费时间

续表

序号	名称	含义
11	预先应急措施原理	它是针对物体相对较低的可靠性,预先准备好相应的应急措施
12	等势准则	在势能场中,避免物体位置的改变
13	逆向思维	它是一种颠倒过去解决问题的办法。例如使物体的活动部分改变为固定的,让固定的部分变为活动的;翻转物体(或过程)
14	曲面化	曲面化将直线、平面用曲线、曲面代替,将立方体结构改成球体结构,例如使用滚筒、球体、螺旋状等结构。将直线运动改成旋转运动,例如利用离心力等作用
15	动态化	动态化使物体或其环境自动调节,以使其在每个动作阶段的性能达到最佳。它把物体分成几个部分,各部分之间可相对改变位置;将不动的物体改变为可动的,或具有自适应性
16	不足或超额行动原理	如果用现有的方法很难完成对象的100%,可用同样的方法完成"稍少"或"稍多"一点,问题可能变得相当容易解决
17	一维变多维	将物体从一维变到二维或三维空间。方法包括:用多层结构代替单层结构;使物体倾斜或侧向放置;使用给定表面的"另一面"
18	机械振动	机械振动让物体处于振动状态。方法包括:对有振动的物体增加振动的频率;使用物体的共振频率;用压电振动器代替机械振动器;使用超声波和电磁场振荡耦合
19	周期性动作	它指用周期性动作或脉动代替连续动作。如果行动已经是周期性的,则改变其频率;利用脉动之间的间隙来执行另一个动作
20	有效作用的连续性	它指持续采取行动,使对象的所有部分一直处于满负荷工作状态,可消除空闲的、间歇的行动和工作
21	紧急行动	快速地执行一个危险或有害的作业
22	变害为利	变害为利是指利用有害的因素(特别是对环境的有害影响)来取得积极的效果。"以毒攻毒",用另一个有害作用来中和或消除物体所存在的有害作用;加大有害因素的程度,使之不再有害
23	反馈	它指通过引入反馈来改善性能。如果已经引入反馈,则改变其大小和作用
24	中介物	中介物是指采用中介体传递或完成所需动作,它把一个物体与另一个物体临时结合在一起(随后能比较容易地分开)
25	自服务	使物体具有自补充和自恢复功能以完成自服务,如利用废弃的资源、能源或物资完成的自服务
26	复制	复制是指使用更简单、更便宜的复制品代替难以获得的、昂贵的、复杂的、易碎的物体。例如用光学复制品或图形来代替实物,可以按比例放大或缩小图形;如果可视的光学复制品已经被采用,可进一步扩展到红外线或紫外线复制品
27	一次性用品	用廉价的物品代替一个昂贵的物品,在某些质量特性上做出妥协(例如使用寿命)
28	机械系统的替代	机械系统的替代是指用感官刺激的方法代替机械手段。例如,采用与物体相互作用的电、磁场或电磁场的替代,即从恒定场到可变场,从固定场到随时间变化的场,从随机场到有组织的场;将场和铁磁离子组合使用

续表

序号	名称	含义
29	气体与液压结构	这种结构使用气体或液体代替物体的固体零部件，这些零部件可使用气体或水的膨胀，也可使用空气或液体静压缓冲功能
30	柔性外壳和薄膜	使用柔性外壳和薄膜替代传统的结构，用柔性外壳和薄膜把对象和外部环境隔开
31	多孔材料	多孔材料使物体多孔或添加多孔元素（如插入、涂层等）。如果一个物体已经是多孔的，则利用这些孔引入有用的物质或功能
32	改变颜色	改变物体或其周围环境的颜色；改变难以观察的物体或过程的透明度或可视性；采用有颜色的添加剂，使不易观察的物体或过程容易观察到；如果已经加入了颜色添加剂，则借助发光迹线追踪物质
33	同质性	将物体或与其相互作用的其他物体用同一材料或特性相近的材料制作
34	抛弃与再生	抛弃或改变物体中已经完成功能和无用的部分（通过溶解、蒸发等手段），在过程中迅速补充物体所消耗和减少的部分
35	物理/化学状态变化	改变物体的物理/化学状态、浓度/密度、柔性、温度等
36	相变	利用物体相变转换时发生的某种效应或现象
37	热膨胀	利用热膨胀或热收缩材料，或组合使用多种具有不同热胀系数的材料
38	加速氧化	加速氧化方法包括：使用富氧空气代替普通空气；使用纯氧代替富氧空气；使用电离射线处理空气或氧气，使用离子化的氧气；用臭氧代替离子化的氧气
39	惰性环境	用惰性气体环境代替通常环境或在真空中完成过程
40	复合材料	从单一材料改成复合材料

在 Altshuller 的矛盾矩阵的基础上构建的新 TRIZ 矛盾矩阵（详见附录新 TRIZ 矛盾矩阵），附录中将 48 个通用工程参数横向、纵向顺次排列，横向代表恶化参数，纵向代表改善参数，在工程参数纵横交叉的方格内的数字代表建议使用的 40 个发明原理的序号。

通常，应用矛盾矩阵解决工程矛盾的步骤如下。

① 确定技术系统的名称和主要功能。

② 对技术系统进行详细的分解。划分系统的级别，列出超系统、系统、子系统的基本零部件，各种辅助功能。

③ 对技术系统、关键子系统、零部件之间的相互依赖关系和作用进行描述。

④ 定位问题所在的系统和子系统，对问题进行准确的描述。避免对整个产品或系统进行笼统的描述，以具体到零部件为佳，一般使用“主语＋谓语＋宾语”的工程描述方式，定语修饰词尽可能少。

⑤ 确定技术系统应改善的特性，并筛选待设计系统被恶化的特性。因为在提升欲改善的特性的同时，必然会带来其他一个或多个特性的恶化，对应筛选并确定这些恶化的特性。因为恶化参数尚未发生，所以确定起来需要“大胆设想，

小心求证”。

⑥ 将上步所确定的参数，对应表 2-28 所列的 TRIZ 的 48 个通用工程参数进行重新描述。工程参数的定义描述是一项难度颇大的工作，不仅需要对 48 个工程参数有充分的理解，更需要丰富的专业技术知识。

⑦ 对工程参数的矛盾进行描述。欲改善的工程参数与随之被恶化的工程参数之间存在矛盾。

⑧ 对矛盾进行反向描述。假如降低一个被恶化的参数的程度，欲改善的参数将被削弱，或另一个恶化的参数被改善。

⑨ 查找 TRIZ 矛盾矩阵表，得到所推荐的发明原理的序号和名称。

⑩ 将所推荐的发明原理逐个应用到具体问题上，探讨每个原理在具体问题上如何应用和实现。如果所查找到的发明原理都不适用于具体的问题，需要重新定义工程参数和矛盾，再次应用和查找矛盾矩阵。

⑪ 筛选出最理想的解决方案，进入产品的方案设计阶段。

（2）物-场分析

解决技术矛盾需要通过矛盾矩阵来找到与之符合的发明原理，再根据发明原理进行发明创造。只有迅速地确定技术矛盾类型，才能在矩阵中找到相对应的发明原理，这需要工作人员的经验和判断力，但是在许多未知领域却无法确定技术矛盾的类型，所以需要另一种工具引领我们找到技术矛盾的类型，于是 TRIZ 又引入了物-场模型。物-场模型是 TRIZ 中重要的问题描述和分析工具，用以建立与已经存在的系统的问题或新技术系统的问题相联系的功能模型。在解决问题的过程中，可以根据物-场模型分析来查找相对应的问题的标准解法和一般解法。

物-场分析是 TRIZ 对与现有技术系统相关问题建立模型的工具。技术系统中最小的单元由两个元素以及两个元素之间传递的能量组成，以执行一个功能。Altshuller 把功能定义为两个物质（元素）与作用于它们中的场（能量）之间的交互作用，也就是物质 S_2 通过能量 F 作用于物质 S_1，产生的输出（功能）。所谓功能，是指系统的输出与系统的输入之间的正常的、期望存在的关系，即用方法解决问题的过程。TRIZ 中，功能有 3 条定律：

① 所有的功能都可以最终分解为 3 个基本元素（S_1、S_2、F）。

② 一个存在的功能必定由 3 个基本元素构成。

③ 将 3 个相互作用的基本元素有机组合则形成一个功能。

在功能的 3 个基本元素中 S_1、S_2 是具体的，即是“物”（一般用 S_1 表示原料，用 S_2 表示工具）；F 是抽象的，即“场”。这就构成了物-场模型。S_1、S_2 可以是材料、工具、零件、人、环境等；F 可以是机械场（Me）、热场（Th）、化学场（Ch）、电场（E）、磁场（M）、重力场（G）等。

例如，自从蒸汽机车发明之后，人们越来越追求其速度的提升。机车要有高速度，必须行驶在钢轨上，但是机车的轮子和钢轨之间却有摩擦力，虽然研究者不断进行材料和技术的革新，但一直存在的摩擦力却阻碍了机车速度的进一步提升。机车和钢轨构成了一个系统，速度和能量的损失是发明中的问题，此处需要一个功能来解决问题，机车和钢轨是 2 个物，因此，需要一个场来构成物-场模型。于是发明家引入了磁场，令机车和钢轨之间产生排斥的力，使机车和钢轨分离，使得摩擦力减到最小值——趋近于零。这样机车浮于钢轨之上，可以最大限度地使用能量提高速度。

在上例中，机车是 S_1，钢轨是 S_2，磁场是 F，这就是一个典型的物-场模型。

根据对众多发明实例的研究，TRIZ 把物-场模型分为 4 种，第一种模型是我们追求的目标，重点需要关注剩下的 3 种非正常模型，针对这 3 种模型，TRIZ 提出了物-场模型的 76 个标准解法。

(3) ARIZ——发明问题解决算法

按照 TRIZ 对发明问题的五级分类，一般较为简单的一到三级发明问题运用创新原理或发明问题标准解法就可以解决，而那些复杂的非标准发明问题，如四、五级的问题，往往需要应用发明问题解决算法——ARIZ 做系统的分析和求解。

ARIZ（发明问题解决算法）是 TRIZ 中的一个主要分析问题、解决问题的方法，其目标是解决问题的物理矛盾。该算法主要针对问题情境复杂、矛盾及相关部件不明确的技术系统。它是一个对初始问题进行一系列变形及再定义等的非计算性的逻辑过程，实现对问题的逐步深入分析和转化，最终解决问题。该算法尤其强调问题矛盾与理想解的标准化，一方面技术系统向理想解的方向进化，另一方面如果一个技术问题存在矛盾需要克服，该问题就变成一个创新问题。

TRIZ 认为，一个创新问题解决的困难程度取决于对该问题的描述和该问题的标准化程度，描述得越清楚，问题的标准化程度越高，问题就越容易解决。ARIZ 中，创新问题求解的过程是对问题不断地描述，不断地标准化的过程。在这一过程中，初始问题最根本的矛盾被清晰地显现出来。如果方案库里已有的数据能够用于该问题，则有标准解；如果已有的数据不能解决该问题，则无标准解，需等待科学技术的进一步发展。该过程是通过 ARIZ 实现的。

ARIZ 首先是将系统中存在的问题最小化，原则是在系统能够实现其必要功能的前提下，尽可能不改变或少改变系统；其次是定义系统的技术矛盾，并为矛盾建立“问题模型”；然后分析该问题模型，定义问题所包含的时间和空间，利用物-场分析法分析系统中所包含的资源；接下来，定义系统的最终理想解。通常，为了获取系统的理想解，需要从宏观和微观级上分别定义系统中所包含的物理矛盾，即系统本身可能产生对立的 2 个物理特性，例如冷-热、导电-绝缘、透明-不透明等。因此，下一步需要定义系统内的物理矛盾并消除矛盾。矛盾的消除需要最大限度地利用系统内的资源并借助物理学、化学、几何学等工程学原理。作为一种规则，应用分析原理后，如果问题仍然没有理想解，则认为初始问题定义有误，需调整初始问题模型，或对问题进行重新定义。应用ARIZ包括以下9个步骤。

① 识别并对问题公式化。

② 构造存在问题部分的物-场模型。

③ 定义理想状态。

④ 列出技术系统的可用资源。

⑤ 向效果数据库寻求类似的解决方法。

⑥ 根据创新原则或分隔原则解决技术或物理矛盾。

⑦ 从物-场模型出发，应用知识数据库（76个标准解法和效果库）工具产生多个解决方法。

⑧ 选择只采用系统可用资源的方法。

⑨ 对修正完毕的系统进行分析防止出现新的缺陷。

2.2.3 知识数据库

(1) TRIZ的40个发明原理

Altshuller工作的结果是每个科学家不必研究所有的专利来寻找解决问题的方法。研究者只需看清矛盾，用相关内容找到解决问题的方法。为了解决矛盾矩阵中每个参数对应构成的矛盾，TRIZ提供了40个解决这些矛盾的发明原理，如分割、抽取、合并等。

对于物理矛盾的解决，TRIZ提供了空间分离、时间分离、条件分离、整体与部分分离4个分离原则。具体实施分离的方法包括：①矛盾特性的空间分离；②矛盾特性的时间分离；③将同类或异类系统与超系统结合；④将系统转换为反系统，或将系统与反系统相结合；⑤系统具有一种特性，其子系统有相反的特性；⑥将系统转换到微观级系统；⑦系统中的状态交替变化；⑧系统由一种状态转换为另一种状态；⑨利用系统状态变化所伴随的现象；⑩以具有两种状态的物质代替具有一种状态的物质；⑪通过物理和化学的转换使物质状态转换。

(2) 76个标准解法

在物-场模型分析的应用过程中，由于所面临的问题复杂又包含广泛，物-场模型的确立、使用有相当的困难，所以TRIZ为物-场模型提供了76个成模式的解法，称为标准解法，标准解法通常用来解决概念设计的开发问题。76个标准解法可分为5类：不改变或仅少量改变系统；改变系统；传递系统；检测系统；

简化改进系统。发明者首先要根据物质场模型识别问题的类型，然后选择相应的标准解法。

第一类标准解法：不改变或仅少量改变系统。

① 假如只有 S_1，应增加 S_2 及 F，以完善系统三要素，并使其有效。

② 假如系统不能改变，但可接受永久的或临时的添加物，可以通过在 S_1 或 S_2 内部添加来实现。

③ 假如系统不能改变，但用永久的或临时的外部添加物来改变 S_1 或 S_2 是可以接受的，则加之。

④ 假定系统不能改变，但用环境资源作为内部或外部添加物是可以接受的，则加之。

⑤ 假定系统不能改变，但可以改变系统以外的环境，则改变之。

⑥ 微小量的精确控制是困难的，可以通过增加一个附加物，并在之后除去来控制微小量。

⑦ 一个系统的场强度不够，增加场强度又会损坏系统，可将强度足够大的一个场施加到另一元件上，把该元件再连接到原系统中。同理，一种物质不能很好地发挥作用，则可连接到另一物质上发挥作用。

⑧ 同时需要大的（强的）和小的（弱的）效应时，需小效应的位置可由物质 S_3 来保护。

⑨ 在一个系统中，有用及有害效应同时存在，S_1 及 S_2 不必互相接触，引入 S_3 来消除有害效应。

⑩ 与⑨类似，但不允许增加新物质。通过改变 S_1 或 S_2 来消除有害效应。该类解法包括增加“虚无物质”，如空位、真空或空气、气泡等，或加一种场。

⑪ 有害效应是一种场引起的，则引入物质 S_3 吸收有害效应。

⑫ 在一个系统中，有用、有害效应同时存在，但 S_1 及 S_2 必须处于接触状态，则增加 F_2 使之抵消 F_1 的影响，或得到一个附加的有用效应。

⑬ 在一个系统中，由于一个要素存在磁性而产生有害效应。将该要素加热到居里点以上，磁性将不存在，或引入相反的磁场以消除原磁场。

第二类标准解法：改变系统。

⑭ 串联的物-场模型：将 S_2 及 F_1 施加到 S_3；再将 S_3 及 F_2 施加到 S_1。两串联模型独立可控。

⑮ 并联的物-场模型：一个可控性很差的系统已存在部分不能改变，则可并联第二个场。

⑯ 对可控性差的场，用易控场来代替，或增加易控场。由重力场变为机械场或由机械场变为电磁场。其核心是由物理接触变到场的作用。

⑰ 将 S_2 由宏观变为微观。

⑱ 改变 S_2 成为允许气体或液体通过的多孔的或具有毛细孔的材料。

⑲ 使系统更具柔性或适应性，通常方式是由刚性变为铰接，或成为连续柔性系统。

⑳ 驻波被用于液体或粒子定位。

㉑ 将单一物质或不可控物质变成确定空间结构的非单一物质，这种变化可以是永久的或临时的。

㉒ 使 F 与 S_1 或 S_2 的自然频率匹配或不匹配。

㉓ 与 F_1 或 F_2 的固有频率匹配。

㉔ 两个不相容或独立的动作可相继完成。

㉕ 在一个系统中增加铁磁材料和（或）磁场。

㉖ 将⑯与㉕结合，利用铁磁材料与磁场。

㉗ 利用磁流体，这是㉖的一个特例。

㉘ 利用含有磁粒子或液体的毛细结构。

㉙ 利用附加场（如涂层）使非磁场体永久或临时具有磁性。

㉚ 假如一个物体不能具有磁性，将铁磁物质引入环境之中。

㉛ 利用自然现象，如物体按场排列，或在居里点以上使物体失去磁性。

㉜ 利用动态，可变成自调整的磁场。

㉝ 加铁磁粒子改变材料结构，施加磁场移动粒子，使非结构化系统变为结构化系统，或反之。

㉞ 与 F 场的自然频率相匹配。对于宏观系统，采用机械振动增加铁磁粒子的运动。在分子及原子水平上，材料的复合成分可通过改变磁场频率的方法用电子谐振频谱确定。

㉟ 用电流产生磁场并代替磁粒子。

㊱ 电流变流体具有被电磁场控制的黏度，利用此性质及其他方法一起使用，如电流变流体轴承等。

第三类标准解法：传递系统。

㊲ 系统传递 1：产生双系统或多系统。

㊳ 改进双系统或多系统中的连接。

㊴ 系统传递 2：在系统之间增加新的功能。

㊵ 双系统及多系统的简化。

㊶ 系统传递 3：利用整体与部分之间的相反特性。

㊷ 系统传递 4：传递到微观水平来控制。

第四类标准解法：检测系统。

㊸ 替代系统中的检测与测量，使之不再需要。

㊹ 若㊸不可能，则测量一复制品或肖像。

㊺ 如㊸及㊹不可能，则利用两个检测量代替一个连续测量。

㊻ 假如一个不完整物-场系统不能被检测，则增加单一或两个物-场系统，且一个场作为输出。假如已存在的场是非有效的，在不影响原系统的条件下，改变或加强该场，使它具有容易检测的参数。

㊼ 测量引入的附加物。

㊽ 假如在系统中不能增加附加物，则在环境中增加从而对系统产生一个场，检测此场对系统的影响。

㊾ 假如附加场不能被引入到环境中去，则分解或改变环境中已存在的物质，并测量产生的效应。

㊿ 利用自然现象。例如：利用系统中出现的已知科学效应，通过观察效应的变化，决定系统的状态。

(51) 假如系统不能直接或通过场测量，则测量系统或要素激发的固有频率来确定系统变化。

(52) 假如实现(51)不可能，则测量与已知特性相联系的物体的固有频率。

(53) 增加或利用铁磁物质或磁场以便测量。

(54) 增加磁场粒子或改变一种物质成为铁磁粒子以便测量，测量所导致的磁场变化即可。

(55) 假如(54)不可能建立一个复合系统，则添加铁磁粒子到系统中去。

(56) 假如系统中不允许增加铁磁物质，则将其加到环境中。

(57) 测量与磁性有关现象，如居里点、磁滞等。

(58) 若单系统精度不够，可用双系统或多系统。

(59) 代替直接测量，可测量时间或空间的一阶或二阶导数。

第五类标准解法：简化改进系统。

(60) 间接方法：a. 使用无成本资源，如空气、真空、气泡、泡沫、缝隙等；b. 利用场代替物质；c. 用外部附加物代替内部附加物；d. 利用少量但非常活化的附加物；e. 将附加物集中到特定位置上；f. 暂时引入附加物；g. 假如原系统中不允许附加物，可在其复制品中增加附加物，包括仿真器的使用；h. 引入化合物，当它们起反应时产生所需要的化合物，而直接引入这些化合物是有害的；i. 通过对环境或物体本身的分解获得所需的附加物。

(61) 将要素分为更小的单元。

(62) 附加物用完后自动消除。

(63) 假如环境不允许大量使用某种材料，则使用对环境无影响的东西。

(64) 使用一种场来产生另一种场。

(65) 利用环境中已存在的场。

⑯ 使用属于场资源的物质。

⑰ 状态传递 1：替代状态。

⑱ 状态传递 2：双态。

⑲ 状态传递 3：利用转换中的伴随现象。

⑳ 状态传递 4：传递到双态。

㉑ 利用元件或物质之间的作用使其更有效。

㉒ 自控制传递。假如一物体必须具有不同的状态，应使其自身从一个状态传递到另一状态。

㉓ 当输入场较弱时，加强输出场，通常在接近状态转换点处实现。

㉔ 通过分解获得物质粒子。

㉕ 通过结合获得物质。

㉖ 假如高等结构物质需分解但又不能分解，可用次高一级的物质状态替代；反之，如低等结构物质不能应用，则用高一级的物质代替。

从第一类解法到第四类解法的求解过程中，可能使系统变得更复杂，因为往往要引入新的物质或场；第五类解法是简化系统的方法，以保证系统理想化。当从第一到第三类有了解以后，或解决第四类检测测量问题后，再回到第五类去解，这是正确的方法。一般应用 76 个标准解法的步骤如下。

① 确定所面临的问题类型。首先要确定所面临的问题是属于哪类问题，是要求对系统进行改进，还是对某个物体有测量或探测的需求。

② 如果面临的问题是要求对系统进行改进，则建立现有系统或情况的物-场模型。

③ 如果问题是对某个物体有测量或探测的需求，应用标准解法第四类中的 17 个标准解法。

④ 当获得了对应的标准解法和解决方案，检验模型（即系统）是否可以应用标准解法第五类中的 17 个标准解法来进行简化。标准解法第五类也可以被考虑为是否有强大的约束限制着新物质的引入和交互应用。在应用标准解法的过程中，必须紧紧围绕系统所存在问题的最终理想解，并考虑系统的实际限制条件，灵活应用，并追求最优化的解决案。很多情况下，综合应用多个标准解法，对问题解决的彻底程度具有积极意义。

(3) 科学和技术效果数据库

所谓效果是指两个或多个参数之间在一定条件下的相互作用并产生输出。在传统的专利库中，效果都是按题目或发明者名字进行组织的，那些需要实现特定功能的发明者不得不根据与类似效果相联系的人名从其他领域寻求解决方法，由于发明者可能除自身领域外对其他领域一无所知，那么搜索就比较困难。1965～1970 年，Altshuller 与同事开始以“从技术目标到实现方法”方式组织效果库，这样，发明者可以首先根据物质场模型决定需要实现的基本功能，然后能够很容易地选择所需要的实现方法。

效果库是 TRIZ 知识库的主要组成部分。知识库和分析工具的区别在于，知识库是在解决问题过程中提供转换系统的方法，而分析工具是帮助分析问题和提出问题的。

2.2.4　螺丝刀的可持续创新设计

与传统的产品设计相比，可持续设计充分考虑了产品的环境性能，涉及机械、材料、化工、环境等多学科领域的知识。在实际开发过程中，设计人员常会遇到环境性能与产品常规性能、功能之间的冲突，因此基于 TRIZ 进行产品可持续设计可以启发设计人员的灵感，指导设计人员进行技术创新，在设计阶段通过有效的设计原则、方法和技术来减少产品在其生命周期内对环境的负面影响，提高产品的环境属性。

下面以自动化拆卸中的螺丝刀的设计为例介绍 TRIZ 在可持续设计中的应用。

传统的螺丝刀由于刀头花纹形状不同，在拆卸不同的螺钉时需要不同型号的螺丝刀，尤其是在自动化拆卸中，会因此频繁更换螺丝刀，增加了拆卸时间，降低了拆卸效率。

在机电产品的螺钉拆卸过程中，十字或一字螺钉是并存于任何拆卸时间线之内的。例如对图 2-15 中的时间线一，需要的螺钉拆卸工具依次是十字花纹螺丝刀、一字花纹螺丝刀、十字花纹螺丝刀、…、一字花纹螺丝刀、一字花纹螺丝刀等，但对单一的螺钉而言，拆卸的工具只需要是十字花纹螺丝刀或一字花纹螺丝刀。为克服同一类型传统螺丝刀无法对一字螺钉和十字螺钉共同拆卸的不足，基于 TRIZ 设计了一种新型螺丝刀。

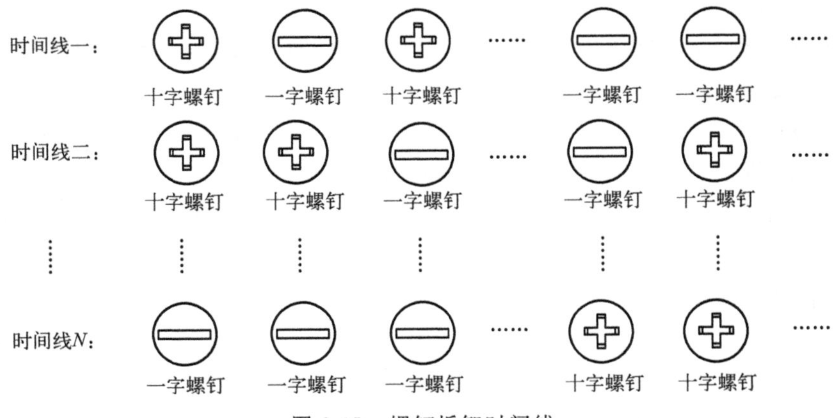

图 2-15　螺钉拆卸时间线

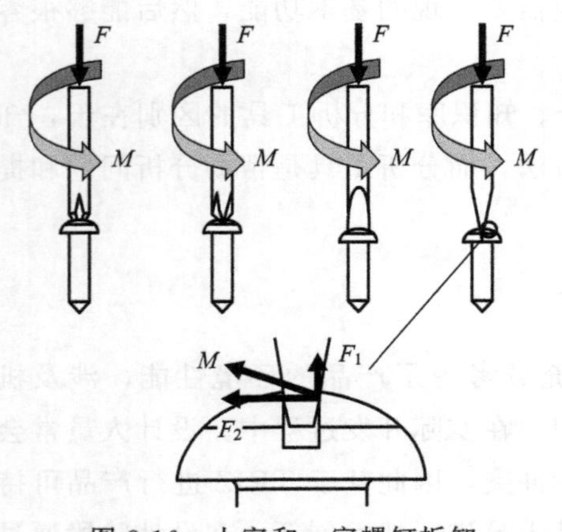

图 2-16　十字和一字螺钉拆卸方式以及受力方式

螺钉的拆卸是依靠刀头花纹的形状和螺钉槽的形状进行嵌合，通过外部沿刀杆轴向的力 F 和转矩 M 共同作用完成。力 F 是为了抵消在转矩 M 的作用下产生垂直于刀杆轴线的分力 F_1，避免螺丝刀和螺钉分离，一般不大，可忽略不计。转矩 M 是依靠刀头面和螺钉槽面的挤压施压，以保证刀头面和螺钉槽面一直有良好的接触，具体如图 2-16 所示。

新型螺丝刀是一种可以拆卸十字螺钉或一字螺钉的工具。对同一螺丝刀在不同的工作情况下，提出了需要根据不同螺钉开槽形状而改变花纹的要求。根据 TRIZ 和已有螺丝刀的结构特征，新型螺丝刀的设计以及现有的设计存在着物理矛盾，即同一系统、同一参数内的矛盾。

新型螺丝刀应具备使螺丝刀的花纹在面对不同开槽形状的螺钉时自动匹配以实现一种工具可同时拆卸十字螺钉和一字螺钉的功能。解决上述物理矛盾需要用到分离原理。由于矛盾双方在拆卸一个螺钉的这个时间段内只会出现一方，这符合时间分离的要求，所以采用时间分离原理来解决该物理矛盾。在时间分离原理中，有 12 个发明原理可以解决与时间分离有关的物理矛盾，经过分析比较，采用发明原理 15——动态化原理。动态化原理包含三个含义：①通过调整物体或外部环境的特性，使其在各个工作阶段都能呈现出最佳的特征；②将物体分成互相可以相对移动的几部分；③将物体原来不同的部分变成可以运动的，增加其运动性或柔性。

具体设计步骤如下。

① 将原来无法运动的螺丝刀刀杆工作部分（即刀头），从原来的刀杆中分离了出来，使其可动。

② 将螺丝刀的刀头按照和不同螺钉相嵌合的要求分离出来。把分离出来的刀头部分按照十字花纹和一字花纹的拆卸需求分离成几个部分。

③ 把分离出来的新十字刀杆和新一字刀杆嵌套于开槽的刀杆。新十字刀杆和新一字刀杆可以在新刀杆内部沿轴向自由移动，使其面对不同的拆卸需求时，都能够呈现出最佳特征。

由此得到的新型螺丝刀设计初始方案如图 2-17 所示。图 2-17(a) 为分离状态，从左至右依次是新刀杆、新一字刀杆 A、新一字刀杆 B、新十字刀杆 A、新十字刀杆 B，这些分离出来的新刀杆就是十字螺丝刀和一字螺丝刀的不同特征。

在新一字刀杆和新十字刀杆顶端处保留有凸台的设计以防止它们从新刀杆内滑落。新型螺丝刀初始方案的配合方式如图 2-17(b) 所示。根据新一字刀杆或新十字刀杆的相互配合作用，可以实现不同螺丝刀的形状，如图 2-17(c)、(d) 所示。

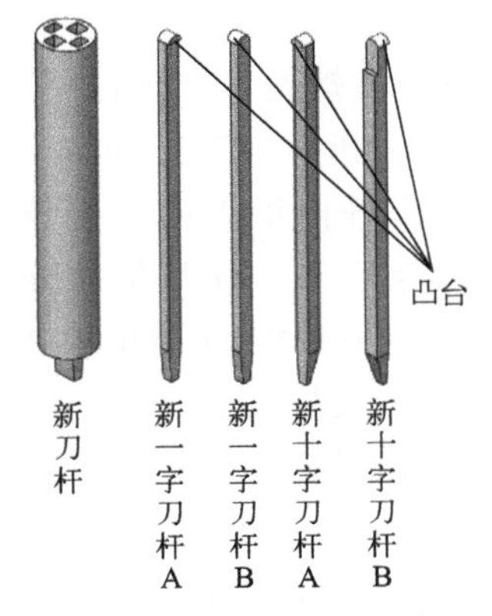

(a) 新型螺丝刀初始方案的刀杆分离爆炸图

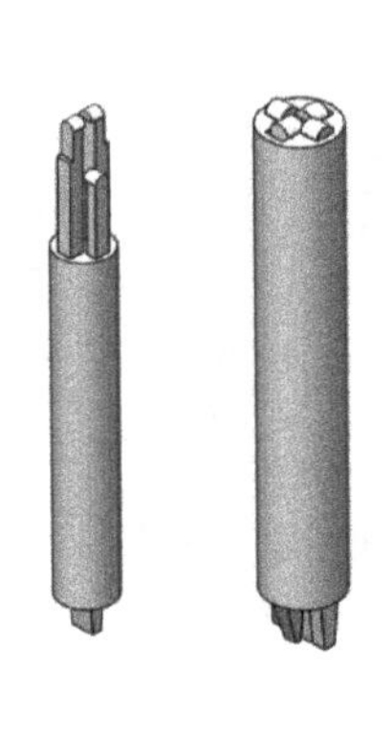

(b) 新型螺丝刀初始方案的配合方式

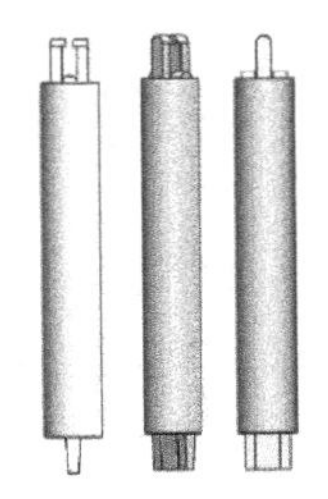

(c) 新型螺丝刀初始方案的一字螺丝刀形式

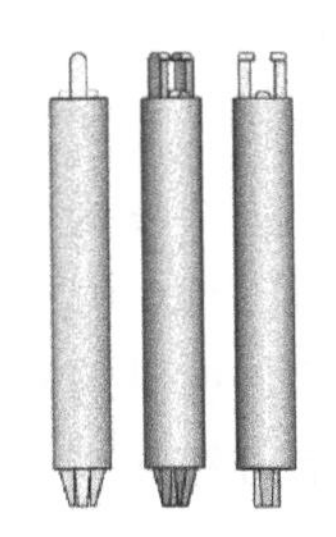

(d) 新型螺丝刀初始方案的十字螺丝刀形式

图 2-17　新型螺丝刀设计初始方案

上述设计可以让螺丝刀匹配不同开槽形状的螺钉，但是如何实现螺丝刀自动根据待拆卸螺钉的形状做出改变这一问题仍然没有解决。

物-场模型适用于解决关键子系统中的矛盾问题。常见的物-场模型如表 2-30 所示。其中，有效完整模型是需要消除的；不完整模型、效应不足的完整模型以及有害效应的完整模型是需要重点解决的。在分析出当前模型属于以上 3 种需要解决的非正常模型中的哪一种问题模型后，使用 TRIZ 给出的解决方法完善这个模型。

表 2-30　常见的物-场模型

模型名称	模型含义
有效完整模型	功能的三个元素都存在且有效
不完整模型	组成功能的元素不完全,可能缺少物质或场

续表

模型名称	模型含义
效应不足的完整模型	功能的三个元素都存在，但是不能实现或不能完整地实现设计者需要的效应
有害效应的完整模型	功能的三个元素都存在，但是产生了与设计者要求相违背的效应

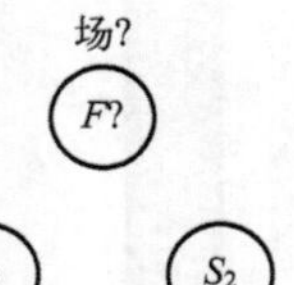

图 2-18　新型螺丝刀初始方案的物-场模型

我们对上述设计的新型螺丝刀进行物-场模型分析，结果如图 2-18 所示。由于新一字刀杆和新十字刀杆具备了运动性，它们在新刀杆内沿轴向具有较高的灵活性，使新的螺丝刀无法像原来一样只依靠外部给予一个沿刀杆轴向的力 F 和一个转矩 M 就能够工作，缺少一个新的场使螺丝刀完成螺钉拆卸任务。因此，这是一个不完整模型，缺少一个场。

对于 3 种非正常模型，TRIZ 给出了 6 种一般解法和 76 种标准解法。实际应用中，常采用 6 种一般解法来处理不完整模型、效应不足的完整模型以及有害效应的完整模型。此处采用一般解法 1 的补齐所缺失的元素、增加场或工具以及系统地研究各种能量场这三种解决方式。由于图 2-18 的模型中缺少场，需要加入一个合适的场来完善这个不完整的物-场模型，并且尽量使加入的这个场为完善物-场模型的最优解。

转矩 M 是由新一字刀杆和新十字刀杆与新刀杆空槽之间挤压产生的，新增的场只要能够传递沿刀杆轴向的力 F，就可以使新型螺丝刀完成拆卸任务。

当新一字刀杆和新十字刀杆收回到新刀杆内部时，会分别占据原有的新刀杆内部的空间。以这个新刀杆内部的完整空间为研究对象，假设这个完整空间内部用来收纳新一字刀杆或新十字刀杆收回部分的空间也是有限的，且占据的空间大小相同，只是当新一字刀杆或新十字刀杆分别收回时，这部分空间在原有的完整空间内部改变了位置。以往的刚性物质不具备这种灵活性，所以采用柔性物质去占据这部分空间，并且留有一部分剩余空间。使这部分剩余空间的大小仅能容纳新一字刀杆或新十字刀杆收回的部分，不能容纳它们共同收回所占据的部分。这个柔性物质可以采用液体胶囊，液体具有不可压缩的性质。这样就可以使每拆卸一种螺钉时，只有新一字刀杆或新十字刀杆中的一种在工作，这就保证了螺丝刀拆卸不同花纹的螺钉时都可以工作。同时由于收回的新一字刀杆或新十字刀杆部分占据了原来新刀杆内部的剩余空间，使这个被填充满的空间可以给正在工作的新一字刀杆或新十字刀杆一个沿刀杆轴向的力 F，使螺丝刀可以完成拆卸任务。完善后的物-场模型如图 2-19 所示。

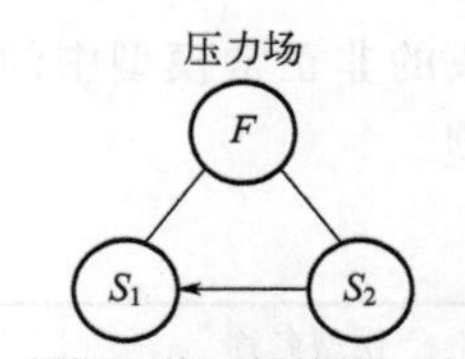

图 2-19　新型螺丝刀完善后的物-场模型

优化后的新型螺丝刀如图 2-20 所示。将液体胶囊放置在顶筒内，通过螺纹配合安装在刀杆上方。顶筒内为空腔结构，可以通过螺纹配合和调整螺母来改变顶筒内剩余空间的大小。

其工作过程如下。

假设当前的拆卸任务是拆卸轮替存在的十字槽螺钉和一字槽螺钉。先拆卸十字槽螺钉：螺丝刀沿着平面移动到合适的定位位置下降，刀头与螺母相接触。随着沿刀杆轴向的力的作用，刀头继续下降，螺母未开槽的部分会对螺丝刀的新一字刀杆产生压力，迫使其收回新刀杆中。收回刀杆内部的新一字刀杆部分占据了原来在新刀杆中的剩余空间，由于液体胶囊的存在，空间不可被压缩，新十字刀杆无法收回，并且嵌入在螺母开槽的部分。此时，十字螺丝刀形成。一字螺丝刀的工作方式和十字螺丝刀一致，两者可以随时交替进行工作，以满足不同的拆卸需求。

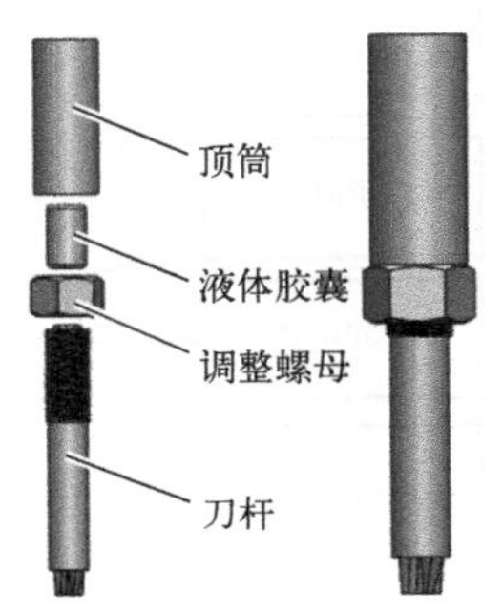

图 2-20　设计得到优化后的自动化拆卸螺丝刀

2.3　智能优化方法基础

智能是一种从感知、理解、认知、决策到行动的行为，人工智能是以机器为载体，实现人类智能或生物智能。1955 年 8 月 31 日是人工智能（artificial intelligence，AI）的发端之日，包括逻辑与推理、自然语言理解、问题求解和知识表达、搜索、模式识别、神经网络、感知与控制等，最终形成了符号主义、联结主义和行为主义人工智能三大流派。符号主义认为智能是以知识为基础的，核心是知识表示、知识推理和知识运用，偏重于逻辑推理，而计算智能则是以数据为基础，偏重于数值计算。联结主义认为神经元及其之间的联结机制是智能的基础，通过获取知识、数值计算、解决问题等方法模拟人脑的形象思维过程。行为主义认为感知和行为是智能的基础，人工智能可以像人类智能一样进化发展，通过模拟生物行为特性和智能活动实现人工智能。

三个流派从不同角度定义了人工智能，但尚未形成统一认识。人工智能是对人类大脑的能力的模拟与延伸，随着高性能硬件的发展，人工智能正在迅猛发展，目前，其主要研究方向如图 2-21 所示。

智能优化算法是一种模拟自然界生物行为的元启发式随机搜索算法，是人工智能的一个分支，主要包括仿自然优化算法、进化算法、仿植物生长算法和群体智能优化算法四类方法，具体见表 2-31。

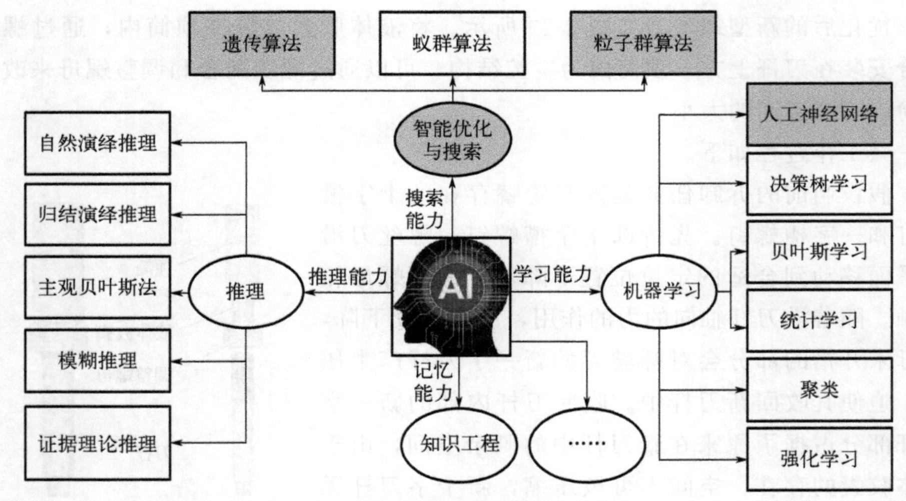

图 2-21 人工智能的主要研究方向

表 2-31 智能优化算法分类

算法分类	算法名称	基本特点
仿自然优化算法	模拟退火算法、智能水滴优化算法	模拟天气现象和学科定律
进化算法	遗传算法(GA)、差分进化算法、遗传规划、进化策略(ES)、进化规划(EP)等。	模拟自然界生物自然遗传和物竞天择机制
仿植物生长算法	入侵草优化算法、花朵授粉算法	模拟植物生长进化行为
群体智能优化算法	蚁群优化(ant colony optimization, ACO)、粒子群优化(particle swarm optimization, PSO)、蝙蝠算法(bat algorithm, BA)、果蝇优化算法(fruit fly optimization algorithm, FOA)、鲸鱼优化算法(whale optimization algorithm, WOA)、樽海鞘群体算法(salp swarm algorithm, SSA)、哈里斯鹰优化(harris hawks optimization, HHO)、菌群优化算法、蛙跳算法、人工蜂群算法、布谷鸟算法、磷虾群算法等	模拟自然界群居物种的生存行为

人工智能的各个研究方向并不是孤立的，它们互相交叉耦合，催生出一大批新方法、新技术。人工神经网络和智能优化算法作为人工智能的一部分，本身具有丰富的内涵和研究内容，并且彼此融合，已广泛应用于组合优化、智能控制、模式识别、规划设计等领域。智能优化是产品可持续性设计的基础方法，本书只对其中经典的方法进行了介绍。

2.3.1 遗传算法

遗传算法（genetic algorithms，GA）是一类借鉴生物界自然选择和自然遗传机制的随机搜索算法，适用于处理传统搜索方法难以解决的复杂和非线性优化问题，其基本思想源于达尔文的进化论和孟德尔的遗传学说。

GA 模拟自然界优胜劣汰的进化现象，把搜索空间映射为遗传空间，将问题的求解表示为染色体（向量），向量的每个元素称为基因。计算各染色体的适应值，并通过选择、交叉、变异等进化规则产生新一代能适应环境的染色体群，逐代进化，直到获得问题的最优解。其基本步骤如下。

① 问题的染色体编码。

编码方法包括二进制编码、自然数编码、实数编码、整数编码等，其特点及适用范围如表 2-32 所示。

表 2-32　染色体编码方法

编码方法	描述	特点及适用范围
二进制编码	它反映问题空间到二进制位串空间的映射，其长度与问题求解精度相关。例如{010010}	①简单 ②连续函数离散化时存在映射误差，染色体长度较短时，精度低；反之，搜索空间增大
自然数编码	它反映问题空间到自然数空间的映射，个体编码长度与决策变量个数相等。例如{1,2,3,4,5}可以代表 5 个城市的旅行商问题的染色体	不能重复，适用于指派、调度、规划等问题
实数编码	它反映问题空间到实数空间的映射	方便运算，但无法反映基因的特征
整数编码	整数编码与自然数编码类似，但是允许重复。例如{321124}	适用于新产品投入、时间优化、伙伴挑选等问题

② 适应度函数的计算。

适应度函数是衡量染色体优劣的标准，通常可以直接利用问题的目标函数作为个体的适应度函数，某些选择策略可以将原始目标函数转化为标准形式。例如，对于极小化问题，标准适应度值可以定义为 $F=C_{\max}-f$，式中，$C_{\max}$ 为一个用户自定义的足够大的正数；f 为目标函数。

③ 初始种群的确定。

优化问题的解映射为染色体或基因串，为了获得尽可能优秀的解，一般需要生成一定数量的解（即种群）。种群一般可以随机生成，也可以通过某种策略生成部分优化的种群。每个染色体都对应一个适应度函数值。

④ 遗传进化。

遗传算法包含选择、交叉、变异三种遗传策略。

a. 选择遗传策略。根据染色体的适应度值对染色体优胜劣汰，使适应度较高的个体以较大概率遗传到下一代的操作。选择遗传策略对算法性能影响很大，不同的选择策略决定着新一代个体优劣程度的比例，影响收敛速度和最优解的质量。常用的选择算子包括轮盘赌、精英、锦标赛、蒙特卡洛、线性排序、指数排序、玻尔兹曼、随机遍历等，具体见表 2-33。

表 2-33 选择算子

选择算子	描述
轮盘赌选择（又称适应度比例法）	轮盘赌选择是根据个体适应度函数值计算选择概率 $$P_i=\frac{f_i}{\sum_{j=1}^{N} f_j}$$ 式中，f_j 为群体中第 j 个染色体的适应度值，为正值；N 为种群规模 根据概率将一个圆盘分为 N 份，第 i 个扇形的中心角为 $2\pi P_i$。产生一个随机数 r，$r\in[0,1]$，若 $\sum_{j=0}^{i-1} P_j \leqslant r < \sum_{j=0}^{i} P_j$，则选择个体 i，其中，$P_0=0$
锦标赛选择	在锦标赛选择中，从群体中随机选择 s（锦标赛规模）个染色体，将适应度最高的个体保留到新一代，反复执行，直到保存到新一代的个体数达到预定数为止
截断选择	在截断选择中，根据适应度值对种群中的个体按照优劣顺序排列，将前面 k 个最好的个体选择遗传到下一代
蒙特卡洛选择	蒙特卡洛选择方法是指从给定的种群中随机选择个体，它属于随机搜索，一般用于度量其他选择器的性能
线性排序选择	在线性排序选择中，首先按照适应度值对个体进行排序，最差个体排第 1 位，最优个体排第 N 位，根据排位先后，线性地分派给染色体 i 的选择概率为 $$P_i=\frac{1}{N}\left[n^- +(n^+ - n^-)\left(\frac{i-1}{N-1}\right)\right]$$ 式中，$\frac{n^-}{N}$、$\frac{n^+}{N}$分别为最劣和最优染色体的选择概率
指数排序选择	弱线性选择时采用指数函数为排序后的个体分配生存概率： $$P_i=(c-1)\frac{c^{i-1}}{c^N-1}$$ 式中，$c\in[0,1)$，其值越小，最优个体被选择的概率越大，当 $c=0$ 时，设置最优个体被选择的概率为 1，其他个体被选择的概率为 0。在计算选择概率前，需对种群按照适应度值进行降序排序
玻尔兹曼选择	玻尔兹曼选择器的选择概率定义如下： $$P_i=\frac{e^{bf_i}}{Z}$$ $$Z=\sum_{i=1}^{n} e^{f_i}$$ 式中，b 为控制选择强度的参数。 当 $b>0$ 时，增大了具有高适应度值的个体被选择的概率；反之，则降低概率。当 $b=0$ 时，所有个体的选择概率均为$\frac{1}{N}$
随机遍历选择	随机遍历选择是一种根据给定概率以最小化波动概率的方式选择个体的方法。使用一个随机值在等间隔的空间内选择个体，具体原理如下图所示，其中，n 为要选择的个体数量 整体适应度值$F=\sum_{i=0}^{N-1} f_i$ f_0 f_1 f_2 f_3 f_4 f_5 $r\in[0,F/n)$ F/n
精英选择	精英选择将一小部分最优解的候选解直接复制到下一代，不进行交叉和变异操作

b. 交叉遗传策略。交叉遗传策略是将两个父代个体的部分基因进行替换重组形成新的个体的操作。一般的遗传算法都有一个交叉率的参数，范围一般是 0.6～1，这个交叉率反映两个被选中的个体进行杂交的概率。连续优化常见的交叉操作有均匀交叉、模拟二进制交叉、单点交叉和两点交叉等。组合优化或离散优化时，由于染色体为一个排列，常用的交叉算子包括部分映射交叉、次序交叉、循环交叉、基于位置的交叉、优先保存交叉等，具体见表 2-34。

表 2-34　交叉算子

交叉算子	描述
均匀交叉 （适用于连续优化）	随机产生一个与父代个体同样长的染色体模板，基因是 0 表示不交换，1 表示交换，根据交叉模板对两个父代个体进行交叉，获得新个体，具体原理如下图所示 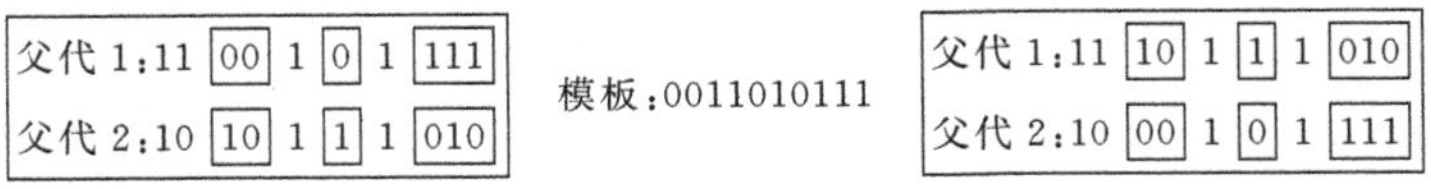 父代 1：11 00 1 0 1 111 父代 2：10 10 1 1 1 010 模板：0011010111 父代 1：11 10 1 1 1 010 父代 2：10 00 1 0 1 111
模拟二进制交叉 （适用于连续优化）	对于实数编码的父代个体 $x^1=(x_1^1,x_2^1,\cdots,x_n^1)$ 和 $x^2=(x_1^2,x_2^2,\cdots,x_n^2)$，被选中的基因按照如下方法交叉： $y_i^1=0.5[(1-\beta)x_i^1+(1+\beta)x_i^2],y_i^2=0.5[(1+\beta)x_i^1+(1-\beta)x_i^2]$ 式中，$\beta(u)=\begin{cases}(2u)^{\frac{1}{\eta_c+1}}, & 若\ u\leqslant 0.5\\ [2(1-u)]^{\frac{1}{\eta_c+1}}, & 否则\end{cases}$；$u\in[0,1]$为均匀分布的随机数
部分映射交叉	随机选择两个位置 X 和 Y，互换两个位置之间的基因，确定映射关系，将未换部分按照映射关系恢复合法性，具体操作如下图所示  X　Y 2 1 ¦ 3 4 5 ¦ 6 7 4 3 ¦ 1 2 5 ¦ 7 6 映射关系：3–1，4–2，5–5 → 4 3 ¦ 1 2 5 ¦ 6 7 2 1 ¦ 3 4 5 ¦ 7 6
次序交叉	随机确定两个交叉位置，交换交叉点之间的片段，从第 2 个交叉位置起，在父代个体中删除将从另一个父代个体交换过来的基因，从第 2 个交叉位置后填入剩余基因，具体操作如下图所示 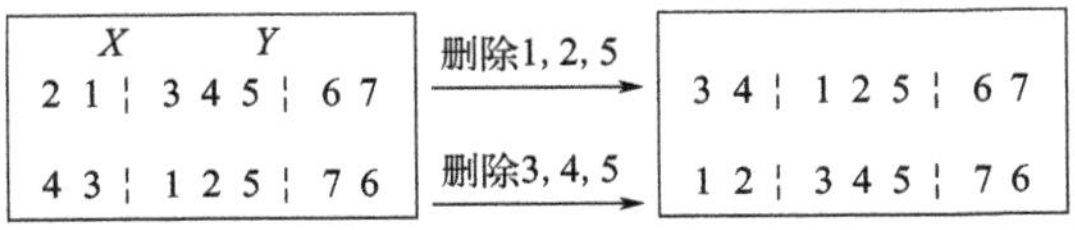 X　Y 2 1 ¦ 3 4 5 ¦ 6 7 —删除1, 2, 5→ 3 4 ¦ 1 2 5 ¦ 6 7 4 3 ¦ 1 2 5 ¦ 7 6 —删除3, 4, 5→ 1 2 ¦ 3 4 5 ¦ 7 6
单位置次序交叉	类似次序交叉，但是只产生一个交叉位置。保留父代个体 1 交叉位置前的基因片段，从父代个体 2 中删除父代个体 1 中保留的基因，接着从交叉位置后填入父代个体 2 中的剩余基因，具体操作如下图所示 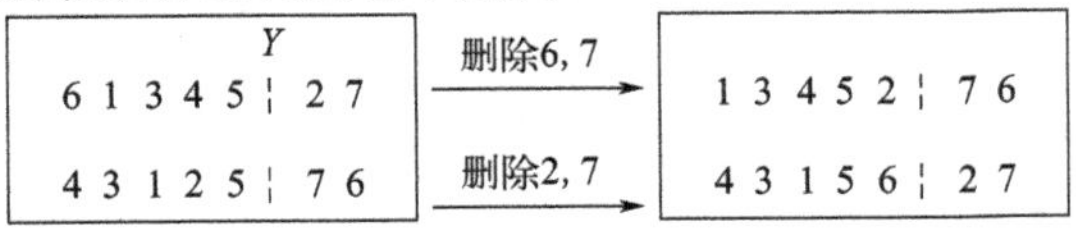 Y 6 1 3 4 5 ¦ 2 7 —删除6, 7→ 1 3 4 5 2 ¦ 7 6 4 3 1 2 5 ¦ 7 6 —删除2, 7→ 4 3 1 5 6 ¦ 2 7

续表

交叉算子	描述
线性次序交叉	随机选择两个交叉位置，交换交叉点之间的片段，删除原父代个体中要从另一个父代个体交换过来的基因，从第1个基因位置起依次在两个交叉位置外填入剩余基因，具体操作如下图所示 X Y 2 4 ¦ 3 1 ¦ 5 6 —删除4, 5→ 2 3 ¦ 4 5 ¦ 1 6 3 2 ¦ 4 5 ¦ 6 1 —删除3, 1→ 2 4 ¦ 3 1 ¦ 5 6
优先保存交叉	随机构造一个和父代个体一样长且由1和2组成的串，该串定义了每个子代的每个基因是取自父代1还是2，每次从一个父代个体中选取一个基因后，将该基因从两个父代个体中删除，同时将该基因加到子代个体中，反复进行上述操作，直到产生完整的子代个体，具体操作如下图所示。 父代个体1：2 4 3 1 5 6 父代个体2：3 2 4 5 6 1 串：2 1 2 1 2 1 → 子代个体1：3 2 4 1 5 6
基于位置的交叉	与次序交叉类似，但它不取连续的基因片段，而是随机选择一些位置，交换被选中位置上的基因，在原先父代个体中删除从另一个父代个体交换过来的基因，从第一个基因位置起依次在未选中位置填入剩余基因
循环交叉	将另一个父代个体2作为参照，以对当前父代个体1进行重组。由父代个体1先与父代个体2部分位置上的基因形成一个循环，将父代个体1对应位置的基因填入子代个体的相应位置，将父代个体2中不属于循环的基因填入子代个体中，并保持它们在父代个体2中的位置，具体操作如下图所示 父代个体1：2 4 3 1 5 6 父代个体2：3 2 4 5 6 1 → 2 4 3 * * * 3 2 1 * * * 父代个体1：2→3→4→2　父代个体2：1→5→6→1 子代个体1：2 4 3 5 6 1 子代个体2：3 2 4 1 5 6

c. 变异遗传策略。变异模拟了生物由于自然界环境变化引起的基因突变现象，以一定的概率（通常取小于0.01的数）对某些基因进行变动，其目的是改善算法的局部搜索能力，增加个体的多样性，防止早熟。常用的连续优化的变异算子包括均匀变异、非均匀变异等，对于组合优化问题，变异算子通常是插入某个新基因值、互换两个不同位置的基因值或将两个不同位置的基因值逆序。

均匀变异指的是分别用某一范围内均匀分布的随机数，以较小的概率替换各个基因值。假设个体 $P=(x_1,x_2,\cdots,x_k,\cdots,x_n)$，若 x_k 为变异点，取值范围为 $[U^k_{max},U^k_{min}]$，则新基因值为 $x'_k=U^k_{min}+r(U^k_{max}-U^k_{min})$，式中，$r$ 为 $[0,1]$ 区间的均匀分布的随机数。

非均匀变异是为对某一重点区域进行局部搜索，对原有基因值做随机扰动，获得变异后的新基因值。其变异过程与均匀变异类似，变异点的新值如下。

$$x'_k=\begin{cases}x_k+\Delta(t,y)=x_k+\Delta(t,U_{\max}^k-x_k),\mathrm{rnd}(2)=0\\x_k-\Delta(t,y)=x_k-\Delta(t,x_k-U_{\min}^k),\mathrm{rnd}(2)=1\end{cases}\tag{2-1}$$

式中，rnd(2) 为随机产生的正整数模 2 所得的结果；t 为当前进化代数；$\Delta(t,y)$为$[0,y]$内符合非均匀分布的随机数，随着进化代数 t 的增加，其接近于 0 的概率也逐渐增大。

⑤ 寻优解码。

经过一系列遗传进化操作，产生的新一代个体不同于初始的一代，因为最好的个体总是更多地被选择去产生下一代，而适应度低的个体逐渐被淘汰掉。如此反复迭代，直到终止条件满足为止。

常见的终止条件包括：a. 进化次数限制；b. 计算耗费的资源限制（例如计算时间、计算占用的内存等）；c. 一个个体已经满足最小值的条件，即最小值已经找到；d. 适应度已经达到饱和，继续进化不会造成适应度更好的个体；e. 人为干预；f. 以上两种或更多种的组合。

2.3.2　粒子群优化

粒子群优化（particle swarm optimization，PSO）是模拟飞鸟集群捕食行为规律的一种智能计算方法，将每个个体看作搜索空间的一个没有体积和质量的粒子，在搜索空间以一定速度飞行，根据对环境的适应度将群体中的个体移动到好的区域。

设 $x_t=(x_{t1},x_{t2},\cdots,x_{tn})$与 $v_t=(v_{t1},v_{t2},\cdots,v_{tn})$分别是粒子在 t 时刻的位置和速度，则其位置和速度的更新公式定义如下：

$$v_{t+1}=\omega v_t+r_1\mathrm{rand}()(P_t-x_t)+r_2\mathrm{rand}()(G_t-x_t)\tag{2-2}$$

$$x_{t+1}=x_t+v_t$$

式中，ω 为惯性权重；r_1、r_2 分别为加速常数；rand()为区间 [0,1] 上均匀分布的随机数；P_t、G_t 分别为 t 时刻粒子的自身最佳位置和全局最佳位置。

粒子群算法的流程如下。

① 初始化粒子群，随机生成所有粒子的位置和速度，并确定粒子的自身最佳位置和全局最佳位置。

② 对每个粒子，将它的当前位置与经历过的最好的位置进行比较，不断更新当前最佳位置。

③ 对每个粒子，将它的当前位置与群体中所有粒子经历过的全局最佳位置进行比较，更新全局最佳位置。

④ 根据上面的公式更新粒子的速度和位置。

⑤ 反复迭代，直到达到终止条件，取当前全局最佳位置为最优解。

2.3.3 人工神经网络

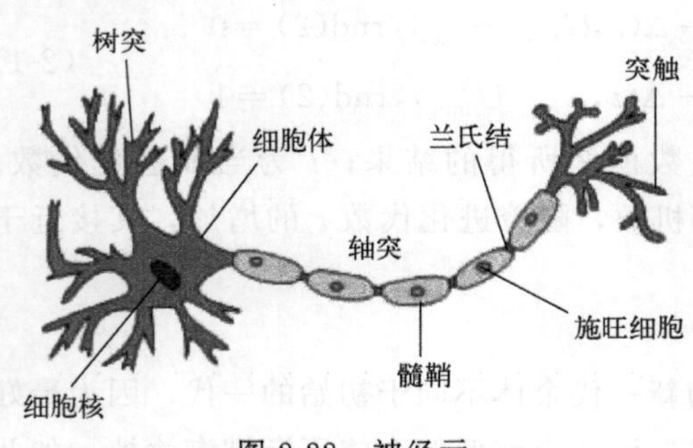

图 2-22 神经元

神经元是生物神经系统的基本单元，用于传递神经刺激或电化学信号，具体结构如图 2-22 所示。神经元具有多个树突，用来接收输入的信息；突触是神经元之间的连接接口，每个神经元有 1 万～10 万个突触；轴突是细胞体上最长枝的突起（神经纤维），一般一个神经元只有一条轴突，其尾端有许多轴突末梢，神经元通过神经末梢经突触与其他神经元的树突连接，实现信息的传递。当轴突终端释放的电脉冲信号超过阈值时，为兴奋状态，产生神经冲动，由轴突神经末梢传出，反之，为抑制状态，不产生神经冲动。

人工神经网络（artifical neural network，ANN）是通过模拟生物神经系统的工作原理构建的由大量具有适应性神经元组成的广泛并行互联网络，它是机器学习的一个分支。最早的 M-P 神经网络模型是由心理学家 McCulloch 和数学家 Pitts 于 1943 年合作提出的形式神经元数学模型。1957 年，Rosenblatt 提出感知器模型，掀起了人工神经网络研究的一次高潮。1982 年，美国加利福尼亚理工学院物理学家 Hopfield 提出了离散神经网络模型，1984 年，设计了该网络的电子线路，为模型的可用性提供了物理证明。1985 年，辛顿和赛诺夫斯基提出了玻尔兹曼机（BM），后来发展出了受限玻尔兹曼机（RBM）、深度玻尔兹曼机（DBM）和深度置信网络（DBN）等。1986 年，Rumelhart 和 Meclelland 提出多层网络的误差反向传播学习算法（BP 算法），使网络具备了一定的能力，目前已成为应用最广的人工神经网络算法之一。进入 21 世纪，神经网络在图像处理和计算机视觉等领域取得了极大成功，掀起了深度学习、深度神经网络的第三次高潮。

ANN 由输入层、隐层和输出层构成，隐层可以有多层。神经元映射为中央处理器，以圆节点（或处理单元）表示，用于计算。神经元之间通过带有权重（突触权值）的边连接，层层之间可以进行信息传递，其权值可以变化，当神经元处于激发状态权值为正，当神经元处于抑制状态权值为负。其架构如图 2-23 所示。

假设输入为 x_1、x_2、…、x_n，权重为 w_1、w_2、…、w_n，偏差为 b，激活函数为 a，输出为 y，则人工神经网络的数学模型定义如下。

$$y=f(x)=a\left(\sum_{i=1}^{n}x_i w_i+b\right) \quad (2\text{-}3)$$

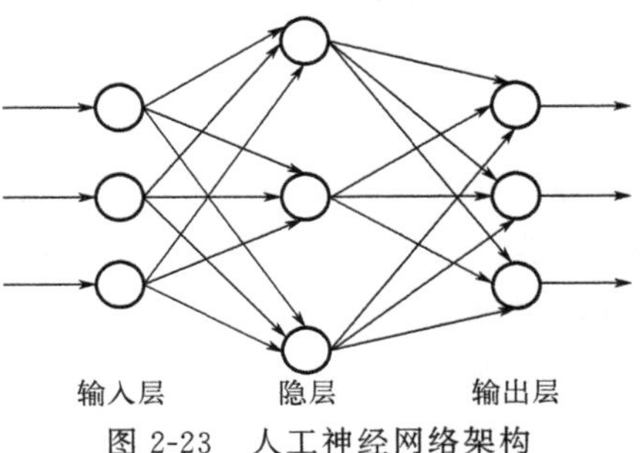

图 2-23 人工神经网络架构

权重和偏差的确定一般应用前馈和反向传播技术，通常，权重初始化为一个随机数，通过梯度下降，使误差最小化，即可获得权重和偏差最优的模型。恰当的神经元个数是避免过拟合、高误差等问题的关键，每层隐层的神经元个数近似为输入层和输出层神经元的个数，可以是两者的平均值，不能超过输入层神经元个数的两倍。

激活函数负责将神经网络中的输入信号的总和转换为输出信号，不同的激活函数决定神经元的不同输出特性，常用的激活函数如下。

（1）S形激活函数（Sigmoid函数）

神经元的状态与输入之间的关系是在（0,1）区间内连续取值的单调可微函数，定义如下：

$$f(x)=\frac{1}{(1+e^{-x})} \quad (2\text{-}4)$$

该激活函数使用逻辑模型，优点是可导，值域为0到1，使神经元的输出标准化，缺点是计算耗时且复杂，会导致梯度消失，收敛速度慢。

在Sigmoid函数的基础上，发展了HardSigmoid、Swish、Maxout等函数。

（2）双曲正切函数（Tanh函数）

双曲正切函数是一个定义于（−1,1）区间内的非线性函数，其梯度比Sigmoid更大，存在斜率缺失问题，具体定义如下：

$$f(x)=\frac{2}{(1+e^{-x})-1}=\frac{(1-e^{-x})}{(1+e^{-x})} \quad (2\text{-}5)$$

（3）线性修正单元函数（ReLU）

线性修正单元函数输出状态取二值，分别代表神经元的兴奋和抑制，定义如下：

$$f(x)=\begin{cases}1, x\geqslant 0\\0, x<0\end{cases} \quad (2\text{-}6)$$

ReLU函数简单，处理速度快，没有梯度消失问题，优于Sigmoid和Tanh函数，是神经网络和深度学习首选的激活函数。但ReLU函数引入了神经元死亡问题，当输入接近零或负值时，函数的梯度变为零，网络无法执行反向传播或学习。

（4）概率型激活函数

该模型输入和输出关系不确定，需要一种随机函数来描述状态为1或0的概

率，T 为温度函数，设神经元输出为 1 的概率为

$$P(1)=\frac{1}{1+e^{-x/T}} \tag{2-7}$$

神经元实现对相邻前向神经元输入进行加权累加，通过激活函数对累加结果进行非线性变换，将结果按照后向连接神经元的权重向后传送。神经元越多，非线性映射越复杂。

人工神经网有许多不同的分类，典型的 ANN 模型如表 2-35 所示。

表 2-35　典型的 ANN 模型

名称		描述	图示
前馈神经网络	感知机	简单感知机是一个具有输入层、输出层级的单层神经元，只能识别出线性可分的函数。多层感知机至少由 3 层节点组成，每个节点都使用非线性激活函数的神经元，通过有监督学习和反向传播进行训练，主要用于处理数据不可线性分离的问题。BP 神经网络和径向基函数网络都是基于前向反馈和误差传递进行网络神经元节点权重调整，隶属于多层感知器。BP 是对非线性映射的全局逼近。径向基函数网络使用径向基函数作为激活函数，其输出是输入和一些神经元参数的径向基函数的线性组合，具有“局部映射”的特性	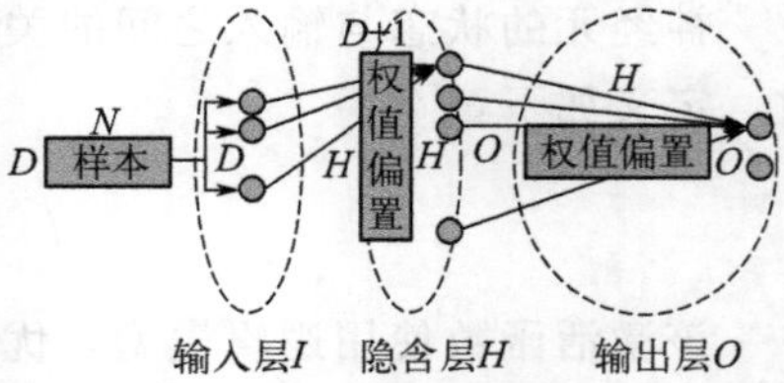 样本　权值偏置　权值偏置　输入层I　隐含层H　输出层O　BP神经网络
	BP 神经网络		
	径向基函数网络		
循环神经网络(RNN)	Hopfield 神经网络	它是一类神经元之间存在连接并形成有向循环的神经网络，有当前和过去两个输入数据源，即网络具有记忆。可以处理文本、图像、语音和时间序列数据。Hopfield 网络是最典型的 RNN，一般为单层网络，常用的激活函数为符号函数。BM 是一种基于统计力学的随机神经网络，由可见层和隐含层组成，全连接 LSTM 网络使用基于时间的反向传播进行训练并减少梯度消失问题，拥有输入、输出和遗忘门，用于解决直接序列预测，序列分类、生成等	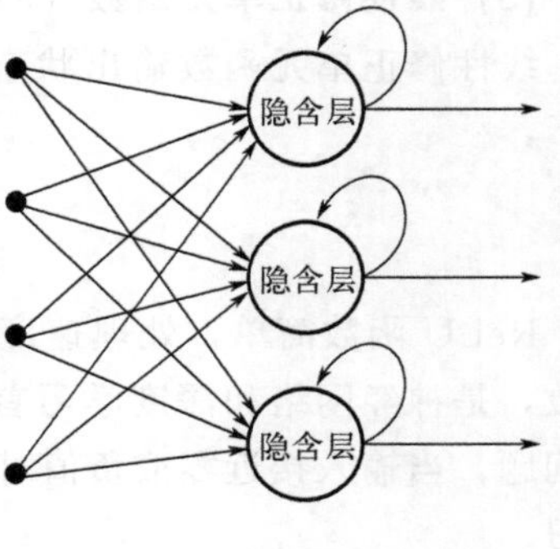 隐含层　隐含层　隐含层
	玻尔兹曼机 BM		
	自组织映射(SOM)		
	双向联想记忆(BAM)		
	长短期记忆(LSTM)		

续表

<table>
<tr><th colspan="2">名称</th><th>描述</th><th>图示</th></tr>
<tr><td rowspan="5">深度神经网络(DNN)</td><td>卷积神经网络(CNN)</td><td>它具有多层神经网络，包括卷积层、池化层、全连接层，所得模型可视为一个复杂函数，通过非线性变换和映射实现像素点到高级语义映射，用于图像识别与分类。常用的 CNN 架构为 LeNet，其中，LeNet-5 是 LeCun 为识别手写和机器打印字符设计的卷积网络</td><td> 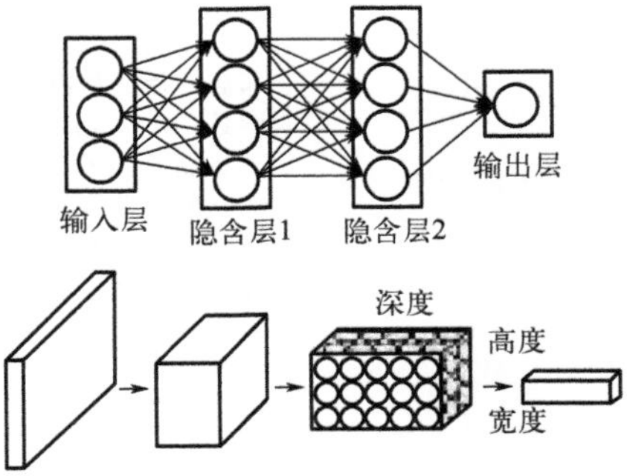</td></tr>
<tr><td>受限玻尔兹曼机(RBM)</td><td>它包含单个隐层，组内的节点之间没有连接，RBM 不区分前向和反向，是一个简单的基于能量概率分布的多层感知机模型。可见层用于接受输入，隐层用于提取特征，通过学习将数据表示为概率模型</td><td> 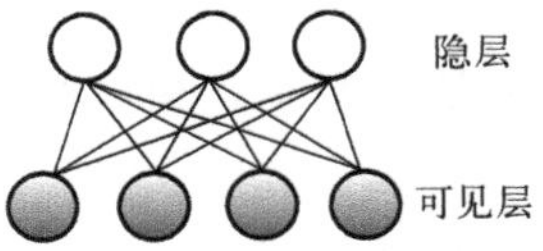</td></tr>
<tr><td>深度信念网络(DBN)</td><td>通常为前馈神经网络，一个 DBN 模型由多个 RBM 堆叠而成，包含多个隐层，无反馈，采用逐层训练获得较好的权值</td><td> 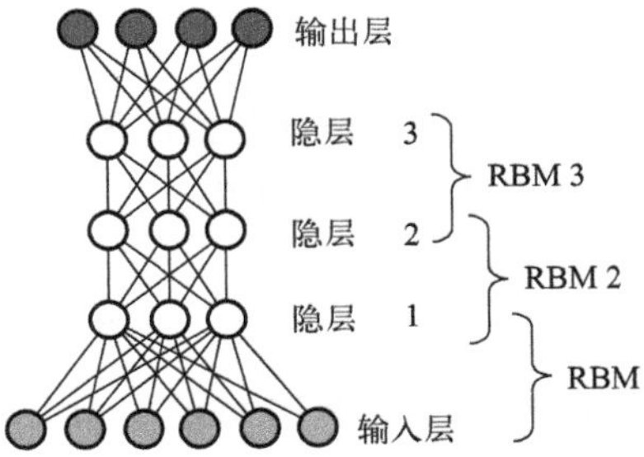</td></tr>
<tr><td>自动编码器(AE)</td><td>传统的自动编码器是一种数据的压缩算法，包括编码和解码阶段，且拥有对称的结构，主要用于数据去噪、可视化降维等，使用基于梯度的方式进行训练。在此基础上，发展出了降噪自编码、卷积自动编码器、变分自动编码器等网络</td><td> 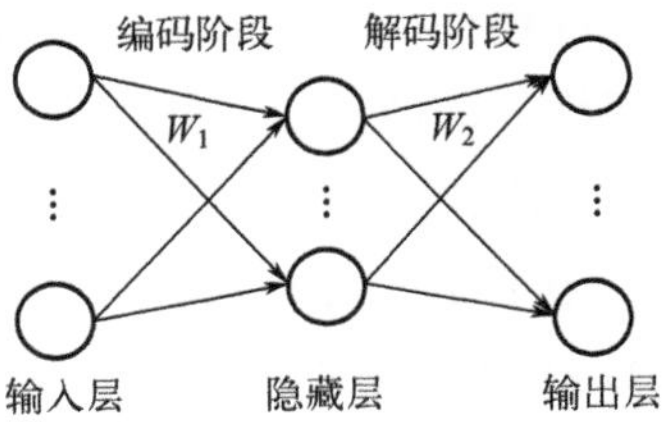</td></tr>
<tr><td>生成对抗网络(GAN)</td><td>生成对抗网络是一种无监督算法，主要通过生成器和判别器的互相博弈学习不断增强生成器和判别器，最终获得较好的输出</td><td> 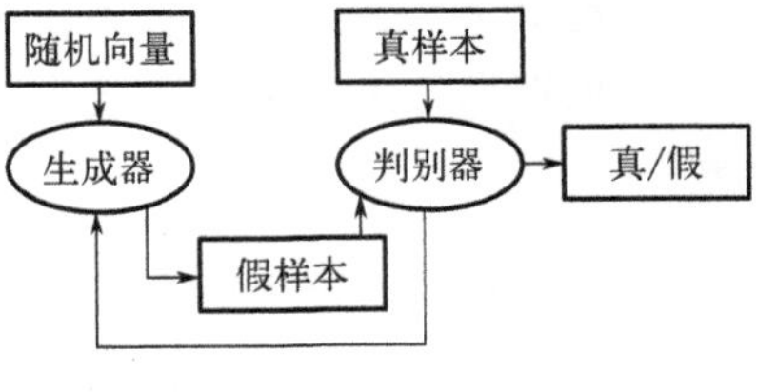</td></tr>
</table>

续表

名称		描述	图示
深度神经网络(DNN)	图神经网络(GNN)	以顶点当前状态、特征、顶点邻居的特征和边的特征为递归函数的输入，该函数的输出用于更新顶点状态，直到满足收敛标准。递归图神经网络交替进行顶点状态传播和参数梯度计算来训练神经网络，根据不动点理论，递归函数必须是一个压缩映射函数，确保收敛	消息传播 minCUT池化 消息传播 深度图神经网络结构

标准的 ANN 执行步骤包括训练、测试和部署三个部分。

步骤 1：网络训练。

数据是模型建立和学习过程的关键，首先需要进行数据标准化，主要包括以下方法。

① Z 分数标准化。度量数据元素与平均值之间距离，对异常值较为敏感。具体定义如下：

$$Z=(X-\mu)\sigma \tag{2-8}$$

式中，X 为数据元素的值；μ 为平均值；σ 为标准差。

② 最小-最大标准化。将数据元素转换到 [0,1]，针对每个数据元素计算：

$$Z_i=\frac{x_i-\min(x)}{\max(x)-\min(x)} \tag{2-9}$$

式中，x_i 为数据元素；$\min(x)$ 为数据元素的最小值；$\max(x)$ 为数据元素的最大值。

训练数据决定了从输入中得到输出的权重、偏差和激活函数，在前向传播中，网络训练的一般步骤如下。

① 给隐层中的每个神经元分配随机权重和偏差，初始化神经网络前向传播。

② 按照式(2-3) 求得每个神经元的输出。

③ 在每个神经元应用激活函数 (Sigmoid)，获得输出，并将其继续传递到下一层神经元。

④ 重复步骤②和③，直到获得网络最终输出。

⑤ 根据训练集，由实际输出减去激活函数的输出值识别每个输出神经元的误差。

⑥ 计算总的误差 $E=\frac{1}{2}(t-y)^2$。式中，E 为误差平方；t 为训练样本的目标输出；y 为一个输出神经元的实际输出。

⑦ 应用梯度下降技术根据神经网络的权重求误差 E 的偏导，导数为一个值的变化率，梯度下降使用导数来最小化误差，获得权重的正确的集合。

⑧ 每个神经元的权重都要根据偏导数和学习率进行更新。

⑨ 上述步骤不断重复，直到满足迭代终止条件。

对于反向传播过程中的神经网络，梯度下降法根据激活函数的误差迭代权重和偏差的更新过程。

步骤 2：网络测试。

测试数据用来检查实际输出是否与模型的预测输出匹配，评估用于验证模型的各种指标（表 2-36），之后将训练数据和其他参数传递给神经网络函数。

表 2-36　评估指标

指标	描述
真阳性率	$\mathrm{TPR}=\frac{\mathrm{TP}}{\mathrm{TP}+\mathrm{FN}}=\frac{\text{真阳性}}{\text{真阳性}+\text{假阴性}}$
真阴性率	$\mathrm{TNR}=\frac{\mathrm{TN}}{\mathrm{TN}+\mathrm{FP}}=\frac{\text{真阴性}}{\text{真阴性}+\text{假阳性}}$
准确度	$\mathrm{ACC}=\frac{\mathrm{TP}+\mathrm{TN}}{\mathrm{TP}+\mathrm{TN}+\mathrm{FP}+\mathrm{FN}}=\frac{\text{真阳性}+\text{真阴性}}{\text{真阳性}+\text{真阴性}+\text{假阳性}+\text{假阴性}}$
精确度	$\text{精确度}=\frac{\mathrm{TP}}{\mathrm{TP}+\mathrm{FP}}=\frac{\text{真阳性}}{\text{真阳性}+\text{假阳性}}$
召回率	$\text{召回率}=\frac{\mathrm{TP}}{\mathrm{TP}+\mathrm{FN}}=\frac{\text{真阳性}}{\text{真阳性}+\text{假阴性}}$

神经网络的泛化是在神经网络模型上训练的延伸，试图最小化模型在训练数据上的平方误差总和，并降低模型的复杂性。如果神经网络在没有训练过的数据上表现良好，则其泛化能力强。实践中，常常出现过度拟合现象，即测试分数远远低于训练分数。权重数量越大，过拟合概率越大，常常使用 dropout 神经元和权重正则化技术防止过拟合。

步骤 3：部署阶段。实际数据通过模型传递得到预测结果。

第3章

减量化可持续设计

3.1 减量化可持续设计的基本思想

产品结构是工厂或企业进行产品设计、生产组织的重要依据与标准。一般意义上的产品结构是指由产品一系列图纸上的零部件明细表组成的一种树状结构。这种树状结构是立体的，它反映了企业的活动主线，通过产品结构这种直观的表现形式，可以实现企业的各个部门（如计划、设计、生产、材料、采购、质量和销售等）在同样的数据基础上从不同的视角和空间看待产品。

结构设计包括功能结构设计和总体布置设计，是概念设计与详细设计之间的桥梁，通过结构设计可以实现抽象功能需求，满足性能、成本等约束。结构设计的任务是选择与确定结构件的形状、相互位置，选择材料，分析计算，绘制图纸，对结构方案进行评价与修改，在结构设计方案解域中寻找最优化的结构方案。

结构设计是整个设计过程中的重要环节，结构方案决策对于产品全生命周期将产生重大影响。良好的结构设计是机械产品便于制造、装配、拆卸、回收再利用的基础。结构设计首先必须保证刚度、强度、稳定性，往往需要理论计算或实验。凡是符合可持续设计思想观念、可以提高产品可持续性的结构设计方案和技术，均可以称为可持续结构设计。可持续结构设计是在满足上述基本要求的基础上使产品的结构具有环保性，以标准化、系列化、通用化等为原则进行设计。目前的可持续结构设计大部分是在传统结构设计的基础上进行的改进。结构减量化可持续设计就是实现可持续结构设计的方法之一。

结构减量化可持续设计就是在保证特定功能、耐用性、可靠性等基本要求的基础上，要求在产品整个生命周期投入资源尽可能少，即在产品制造过程中，以节省能源、减少废弃物、小型轻量化、提高产品成品率等方式达到产品材料使用减量的目的。产品结构减量化可持续设计便于节省材料、能耗、成本，是实现可持续设计的重要途径之一。据悉，飞机结构质量每减轻 1%，飞机性能就能提高 3%～5%，若飞机使用寿命为 20 年，则结构质量每减轻 1kg，将增加收益 7000 多美元，再加上碳排放量减少节约的环境成本，增加的收益将远超过 8000 美元。

(1) 结构减量化可持续设计特点

① 当产品进入退役期时，将可回收再利用的物质提取出来再次使用，可以大幅减少废弃物进入环境中，同时也极大程度地减少了天然资源的过度损耗。

② 使用无毒性或低毒性的物质是结构减量化可持续设计的重要内容，由此可以减少产品所含毒性物质对环境造成的伤害。

③ 减少材料使用和废弃物处理的相关费用，降低成本。

(2) 设计时应遵循的准则

为实现机电产品结构减量化，在设计时应遵循以下准则。

① 在不影响功能的情况下，尽量使产品小型化。

小型化可以节省材料和能源，是机电产品发展的趋势。例如，移动电话 1989 年刚问世时产品质量为 303g，通过技术改进，如使用锂电池、外壳采用高强度铝、电路板采用小型化封装器件等，使移动电话质量降至 50g。再如，德国马勒小型化发动机是采用两级废气涡轮增压、排量为 1.2L 的 3 缸发动机，其功率和最大平均有效压力分别高达 120kW（每升）和 3.0MPa。具有如此优异全负荷转矩和功率值的小型汽油机用于净重大约为 1600kg 的轿车上，其行驶动力性能相当于搭载了 2.4L 排量的自然吸气汽油发动机，这样发动机的小型化率就能够达到 50%，而新欧洲行驶循环（NEFZ）的燃油消耗和 CO_2 排放量大约可降低 30%。

② 简化结构，减少零件数等。

结构的简化可以有效减少零件数，实现产品结构减量化。例如，深圳某电子技术有限公司在移动存储产品设计中通过灵巧的结构设计，使产品的硬盘与固定外壳的装配中，以按扣连接方式代替原来的螺纹连接方式，其牢固程度不亚于使用螺钉，既节省了螺钉配件，又大幅简化了装配操作程序。根据每月全国市场对该产品 80 万只的需求量，每个产品节约 4 颗螺钉，每月将可省去 320 万颗螺钉。每颗螺钉以单价 0.1 元计，每月可以节省成本 32 万元，1 年可省 384 万元。此外，每个产品的安装过程还可节约 10min，每年可在安装工时费上节省 510 万元。据测算，仅这一种产品，节省材料成本加上工时成本所产生的经济效益就可达 894 万元，减少数万元的回收循环费用。因为消耗原料减少，回收复杂度也降低，三项相加每年节省约 900 万元。

再如，日本日产汽车公司通过轻量化、减少零件数量、结构便于拆卸等方式，在不影响产品性能的情况下，使产品结构简化，取得了很好的效果。在汽车前端组件的设计中，减少了零件数量，通过生命周期分析，与以往零件相比，可使二氧化碳排放量削减到原来的 62%。在车门内饰板的设计中，将原来采用的木材、薄膜与金属组合的方式改为统一采用PP塑料，减少了材料种类，简化了内饰板的结构。仪表盘采用了上下组合结构，使线束拆卸非常方便，拆卸时间减少了 80%。将原来 PP、PC 表面涂装的方式统一改为单一的PP塑料，减少了材料种类。车尾灯的连接结构由原来的螺栓加密封材料结构改为螺栓结构，减少了零件数量，便于以后的回收利用。

③ 合理设计截面形状。

对于受弯构件，弯曲正应力在截面上的分布是距中性面越远应力越大。从节约材料的角度进行受弯构件的截面设计时，主要考虑以下几个方面。

a. 提高 W/A 值。截面抗弯模量 W 与截面积 A 之比可以衡量受弯构件截面的合理性和消耗材料的经济性。比值越大，截面形状越合理。因此，在受弯构件的设计中，工字钢是较为常用的截面形状。如果存在双向受力（有侧向力）的情况，工字钢也会因翼缘窄、侧向刚度不够而增加支撑或加大型号，目前国外普遍采用 H 形钢替代工字钢。

b. 采用中空结构。

c. 合理设计材料抗拉、抗压强度不等的构件截面形状。对于脆性材料，如铸铁等，由于其抗压性能优于抗拉性能，因此，在设计受弯构件时，应根据受力和变形情况，将材料特性和应力分布结合起来考虑。对于钢材，一般认为抗拉、抗压强度相等。但对于承受交变应力作用的构件，拉应力更易形成疲劳损坏。以机动车的板簧为例，板簧的截面形状及应力分布如图 3-1(a) 所示，此时最大拉、压应力相等。目前，国内外正在研制一种单面双槽的板簧，其形状和弯曲应力分布如图 3-1(b) 所示。由图可见，单面双槽板簧使截面的中性轴位置上移，有效地降低了最大拉应力。

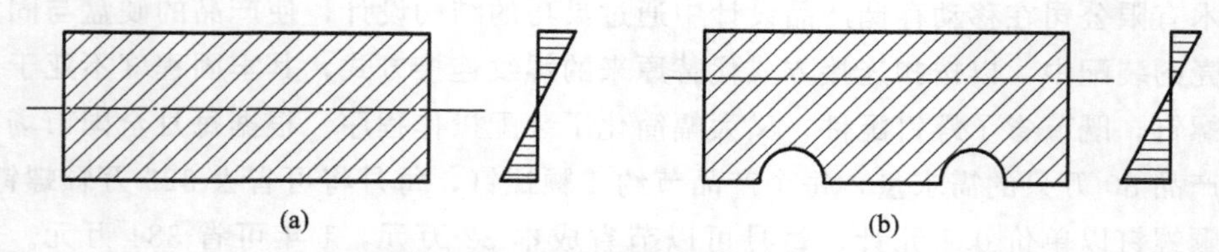

图 3-1 矩形截面板簧和单面双槽板簧的形状和弯曲应力分布

3.2 减量化可持续设计实现途径

减量化设计是一个积累和逐步求精的过程。目前，实现减量化的主要途径有两个：一是采用新型材料，如铝合金、高强度钢、工程塑料、复合材料、镁合金、钛合金等；二是合理优化结构设计，以结构布局、结构尺寸、结构外形等参数为设计变量，以结构的刚度、强度、应变能、质量等物理参数为约束条件或优化目标，将结构设计问题的物理模型转换为数学模型进行优化求解，按照设计变量和求解问题的不同分为尺寸优化、形状优化和拓扑优化。形状优化属于概念设计阶段，拓扑优化属于基本设计阶段，尺寸优化属于详细设计阶段。

3.2.1　轻量化材料的选择

轻量化材料具有良好的力学性能，材质轻。常用的新型轻量化材料包括高强度钢、陶瓷、工程塑料、橡胶、纤维增强材料、蜂窝夹芯复合材料、纺织复合材料、高强度结构发泡材料等。表 3-1 给出了常见的一些轻量化材料的力学性能。

表 3-1　常用轻量化材料的力学性能比较

材料	密度/(g/cm^3)	抗拉/抗弯强度/MPa	杨氏模量/MPa	硬度(HB)
铝合金	2.6～2.7	246	70500	106
镁合金	1.8	280	45000	84
钛合金	4.4	1000	108500	313(HV)
陶瓷	3.2	899	230000	1530(HK)
复合材料	1.8	240	51020	

(1) 高强度钢

高强度钢是指屈服强度为 210～550MPa 的钢，一般分为普通高强度钢（HSS）和先进高强度钢（AHSS）。普通高强度钢（HSS）是指抗拉强度或屈服强度相对较低，采用传统工艺或对传统工艺进行少许改进即能生产出来的高强度钢，如高强度 IF 钢板、冷轧各向同性钢、烘烤硬化钢板及高强度低合金钢等。IF 钢板的屈服点范围为 180～260MPa，最大抗拉强度为 440MPa。这种钢板性能高度稳定、性能参数分散度小、屈强比低、塑性应变比 r 值和应变硬化指数 n 值高。冷轧各向同性钢屈服点范围为 210～300MPa，最大抗拉强度为 440MPa，成形性和抗时效性较好，适于制造汽车外板。烘烤硬化钢的屈服强度一般在 140～220MPa，最大抗拉强度为 500MPa。高强度低合金钢屈服点范围为 340～420MPa，最大抗拉强度为 620MPa。高强度低合金钢用于对强度和防撞要求较高的部件，但其成形度不高。

先进高强钢（AHSS）的强度为 500～1500MPa，是需要采用先进设备及工艺方法才能生产出来的钢，包括双相钢（DP 钢）、相变诱导塑性钢（TRIP 钢）、马氏体钢（M 钢）、热成形钢（HF）等。先进高强度钢具有屈强比低，应变分布能力好，应变硬化特性高，力学性能分布均匀，回弹量波动小，碰撞吸能性和疲劳寿命较好等特点。

(2) 陶瓷

陶瓷包括特种陶瓷、纳米陶瓷和陶瓷基复合材料。特种陶瓷具有强度和硬度高、密度低、耐腐蚀、耐磨和耐高温，其抗拉和抗弯强度可与金属相比，但加工困难、质脆、成本高、可靠性差。纳米陶瓷较特种陶瓷的强度、韧性和超塑性大为提高，加工和切削性优良，生产成本下降，且耐磨性、耐高温高压性、抗腐蚀性、气敏性优良。陶瓷基复合材料是在陶瓷基体中加入强化材料构成的复合材料，具有较好的综合力学性能，主要用在耐磨、耐蚀、耐高温以及对强度、比强度有较为特殊要求的部件中。

(3) 工程塑料

工程塑料包括热塑性塑料、热固性塑料和橡胶状塑料。工程塑料具有柔韧性较好、耐磨、避震和抗冲击等优点。复杂的制品可一次成型，生产效率高，成本较低，经济效益显著。如果以单位体积计算，生产塑料制件的费用仅为有色金属的1/10。工程塑料对酸、碱、盐等化学物质的腐蚀均有抵抗能力，其中，最常用的耐腐蚀材料是硬聚氯乙烯，它可耐浓度达90%的浓硫酸、各种浓度的盐酸和碱液的腐蚀。

(4) 纤维增强材料

纤维增强材料包括玻璃纤维增强塑料（GFRP）、碳纤维增强塑料（CFRP）和纤维增强金属（FRM）。

常用的玻璃纤维增强塑料（GFRP）包括片状/块状模压复合塑料（SMC/BMC）、玻璃纤维毡增强热塑性材料（GMT）和树脂传递模塑材料（RTM）。SMC零件与钢质零件相比，生产周期短，质量较小，耐用性和隔热性好，但不可回收，污染环境，因此，一次性投资往往高于对应的钢质件。GMT是一种以热塑性树脂为基体，以玻璃纤维毡为增强骨架的复合材料。GMT主要用于生产电池托盘架、保险杠、座椅骨架、前端组件、仪表板、门模块、后举门、挡泥板、地板、隔声板、发动机罩、备胎箱、气瓶隔板、压缩机支架等，具有轻质高强、耐腐蚀、易成型的特点，与SMC相比，韧性好、成形周期短、生产效率高、加工成本低且可回收利用。RTM是在模具型腔中预先放置玻璃纤维增强材料，闭模锁紧后，注入树脂胶液浸透玻纤增强材料，固化得到的复合材料。与SMC相比，模具成本降低，力学性能更好，方向性和局部性增强，污染小。生产效率低于SMC，一般情况下较适合于多品种、小批量的产品的生产。

碳纤维增强塑料（CFRP）具有较好的强度和刚度、耐蠕变性能、耐腐蚀性能、耐磨性、导电性、X射线穿透性、电磁屏蔽性等，但是价格较高。

常用的纤维增强金属（FRM）主要有铝基复合材料和镁基复合材料，增强材料主要是陶瓷纤维、碳纤维或SiC颗粒。FRM具有高的比强度和比刚度、耐磨性好、导热性好、热胀系数小等特性。在汽车上主要应用于汽车制动盘、制动鼓、制动钳、活塞、传动轴以及轮胎螺栓等。铝基复合材料应用于刹车轮，使质量减少了 30%～60%，导热性好，最高使用温度可达 450℃。

轻量化材料为减量化可持续设计提供了新途径，例如奥迪 A8W12 轿车采用陶瓷制动盘代替铸铁制动盘，质量可降低 50%，寿命为钢制刹车盘的 4 倍。

但是通过替换轻量化材料实现减量化主要依靠新材料的开发研制，具有被动性，而且还会带来产品制造工艺、造价等方面的变动。

3.2.2　结构优化

(1) 尺寸优化和形状优化

尺寸优化是在给定结构的类型、材料、布局和形状的情况下，优化各个组成构件的截面尺寸，得到最轻或最经济的结构的方法。形状优化设计方法是通过修改结构轮廓几何形状来改善结构性能的方法。尺寸和形状优化技术较为成熟，一般先构建优化模型，然后进行优化求解，必要时进行灵敏度方向和误差计算。目前，许多商业软件（如 ANSYS）均含有该模块，可以进行静力学分析（如重量、应力、变形等）和动力学分析（如固有频率计振型等）。

图 3-2 是一个光滑表面的二维弹性连续体，进行有限元网格离散化近似原结构，包含 102 个三角形单元、68 个节点。

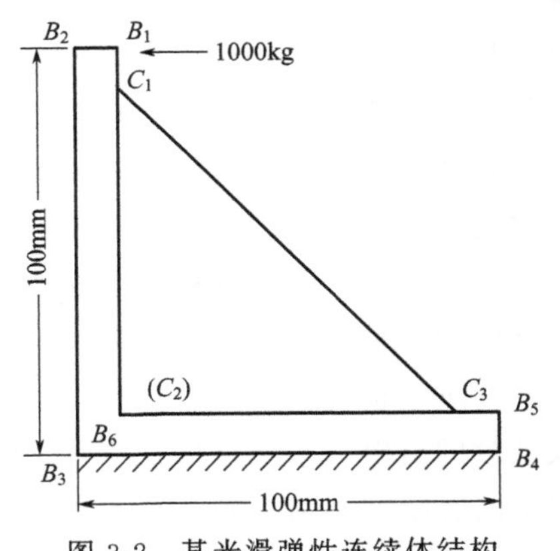

图 3-2　某光滑弹性连续体结构

优化模型定义如下：

$$\min W=\gamma\sum_{i=1}^{N}V_i \tag{3-1}$$

$$\text{s. t.}\quad P_{\max}\leqslant 1$$

$$P=\frac{[(\sigma_1-\sigma_2)^2+(\sigma_2-\sigma_3)^2+(\sigma_3-\sigma_1)^2]}{(\sqrt{\sigma}\tau_{ys})^2}$$

式中，W 为结构物体的质量；g；γ 为材料的相对密度；N 为单元个数；V_i 为第 i 个单元的体积，m^3；$P_{\max}$ 为最大当量应力和屈服应力的比值；σ_1、σ_2、σ_3 为主应力，Pa；τ_{ys} 为材料的剪切屈服应力，Pa。

我们以结构的整体应变能为评价形状减量化结果的一个重要指标，采用有限元法进行优化求解。

常用的结构优化方法包括数学规划法，如可行性方向阀（MFD）、序列线性规划法、序列二次规划法、禁忌搜索法、遗传算法、模拟退火算法、蚁群优化算法、人工神经网络等。

(2) 拓扑优化

拓扑优化以结构材料最佳分布或结构的最佳传力途径为对象，具有更多设计自由度，能够获得更大的设计空间，是结构优化最具发展前景的方向之一。

1904年，Michell准则的诞生是结构拓扑优化设计理论研究的一个里程碑。但是，Michell提出的桁架理论只能用于单工况并依赖于选择适当的应变场，直到1964年基结构法的提出才使结构拓扑优化理论可以应用于工程实践。基结构法的主要思路是把给定的初始设计区域离散成足够多的单元，形成由这些单元构成的基结构，然后按照某种优化策略和准则从这个基结构中删除某些单元，用保留下来的单元描述结构。基结构法可借用有限元分析时所使用的网格单元，只需在优化初始阶段进行一次网格划分，在整个优化过程中保持网格划分不变，从而使基结构法容易实现，成为现在拓扑优化中应用最为广泛的方法。采用基结构的拓扑优化方法主要有均匀化方法、变厚度法、变密度法、独立连续映射（ICM）、水平集法、双向渐进结构优化（BESO）和渐进结构优化（ESO）。

其中，均匀化方法以孔洞尺寸为设计变量，基本思想是在拓扑结构的材料中引入微结构，微结构的形式和尺寸参数决定了宏观材料在此点的弹性模量和密度。优化过程中以微结构的单胞尺寸作为拓扑设计变量，以单胞尺寸的消长实现微结构的增删，并产生由中间尺寸单胞构成的复合材料以拓展设计空间，实现结构拓扑优化模型与尺寸优化模型的统一和连续化。

变密度法以连续变量的密度函数形式显式地表达单元相对密度与材料弹性模量之间的关系，该方法基于材料的各向同性，不需要引入微结构和附加的均匀化过程，它以每个单元的相对密度作为设计变量，人为假定相对密度和材料弹性模量之间的某种对应关系，程序实现简单，计算效率高。

渐进结构优化（evolutionary structural optimization，ESO）通过将无效的或低效的材料一步步去掉，使剩下的结构趋于优化。在优化迭代中，该方法采用固定的有限元网格，对存在的材料单元，其材料数编号为非零的数，而对于不存在的材料单元，其材料数编号为零，当计算结构刚度矩阵等特性时，不计材料数为零的单元特性，通过这种零和非零模式实现结构的拓扑优化。特别是该方法可采用已有的通用有限元分析软件，通过迭代过程在计算机上实现。该算法通用性好，不仅可解决尺寸优化，还可同时实现形状与拓扑优化（主要包括应力、位移/刚度、频率或临界应力约束问题的优化），而且结构的单元数规模可成千上万。

独立连续映射（ICM）使用［0,1］区间上连续变化的拓扑变量表征单元，建立拓扑变量与约束的函数关系（过滤函数），每步迭代中求出所有单元的拓扑变量，将变量值小于阈值的单元删除，直至收敛。

水平集法以最小质量为优化目标，以柔度为优化条件，通过改变水平集函数使结构在边界应力大的地方向外扩张（增加材料），在边界应力小的地方向内收缩（去除材料）。

常用于求解拓扑优化的优化算法包括基于直觉的准则法（OC 法）、移动渐进线法（MMA 法）、SIMP 法、序列线性规划法（SLP 法）等。OC 法是把数学中最优解应满足的 K-T 条件作为最优结构应满足的准则，用优化准则来更新设计变量和拉格朗日乘子。MMA 法是用一显式的线性凸函数来近似代替隐式的目标和约束函数，由事先确定的左、右渐进点和原函数在各点的导数符号来确定迭代准则即每一步的近似函数。如果左、右渐进点分别趋近负无穷大和正无穷大，MMA 法就等同于用 SLP 法近似。其优点是该法全局收敛，并且对解的存在性有重要的理论依据，对初值不敏感，比较稳定，缺点是计算效率低。SIMP 法更多地同密度法结合使用，在优化过程中引入惩罚因子。

某汽车公司结合拓扑优化、形状优化和尺寸优化对发动机支架进行结构优化设计，成功实现减重 25%，同时提高了模态频率，增加了强度和刚度。图 3-3 是汽车发动机罩内板的拓扑优化流程，通过优化实现了轻量化。

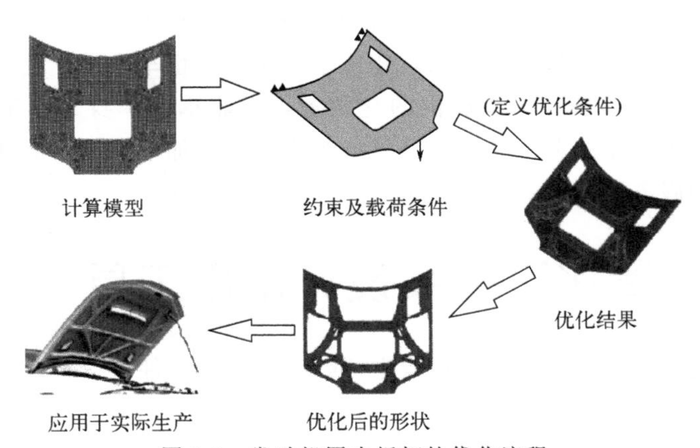

图 3-3　发动机罩内板拓扑优化流程

3.2.3　超物质化设计

超物质化设计指的是通过数字化、信息化、服务替代等手段减少或不使用物理物质进行产品设计的方法。超物质化设计有助于减少原材料的使用，是实现减量化设计的一种最有发展潜力的途径。

（1）产品数字化

产品的价值在于满足顾客的需求，有形的物质被数字化取代，以数字化的形式满足顾客需求是产品设计的一个趋势。以音乐为例，传统的唱片、磁带等实体已逐渐被数字化，已经实现了超物质化设计。用户从网络下载音乐，减少了磁带等的销量。此外，商品交易方面，由金银、纸币等到现在的手机支付，也是一个数字化替换的过程。

(2) 产品信息化

图 3-4 NIKE Air 跑鞋包装

产品信息化就是将有形的物质以信息的形式传送到目的地。典型的案例就是电子邮件，通过数字通信技术，大幅降低了对环境的影响。此外，信息技术的大力发展催生了物联网等新事物，使网络购物风靡，网购产品包装也逐渐实现超物质化设计，例如，NIKE Air 跑鞋的网购包装（图 3-4）设计成真空气囊式，突出了稳固耐用的物流特征，只保留了货号文字信息，其他信息均置于网站，大幅节省了包装材料。

(3) 产品服务化

产品服务化是指顾客不必拥有产品本身，只享有产品提供的服务。以汽车租赁为例，顾客通过较少的成本，短期内拥有产品的使用权，满足自己的出行需求，相比于私家车，租车有助于提高汽车使用效率，减少对环境的影响。租车提供的是服务，而非车辆本身，属于超物质化设计。同样，城市拼车服务也是将产品转换为服务，增加了私家车的使用效率，提供的是产品的服务而非产品本身，也属于超物质化设计。

3.3 减量化可持续设计常用工具

拓扑优化技术的核心思想是在给定负载和边界的条件下找到设计空间中的材料最佳分布方式。专业的拓扑优化软件及其特点如表 3-2 所示。图 3-5 为 Altair Inspire 2021 软件界面，图 3-6 是基于 Altair Inspire 软件进行发动机后吊钩优化的案例。

表 3-2 常用的拓扑优化软件及其特点

名称	特点
3DXpert	3DXpert 是由 3D Systems 公司配合 3D 打印技术推出的一款多合一软件，包括打印准备、打印模拟、优化、工作流程自动化等功能，可将多个零件合并优化成具有复杂结果的单个零件
solidThinking	solidThinking 目前已属于 Altair。solidThinking 是业界最强大、最容易使用的生成设计/拓扑优化的解决方案之一，包括生成优化的晶格和混合固体-晶格结构
Altair Inspire	Altair Inspire 整合了拓扑优化工具 OptiStruct，具有零件可视化功能，包括简单的模型构建、模型简化、强度分析、运动分析、结构优化、结构重构等功能

续表

名称	特点
Ansys Discovery	Ansys Discovery 作为一款 3D 仿真设计软件，包括物理仿真、高保真仿真、几何建模等功能，拓扑优化只是功能之一
Creo	Creo 可根据 3D 打印的工艺和材料对 3D 模型进行优化和验证，内含生成式拓扑优化工具
nTopology	nTopology 是专注于设计高性能零件的软件，擅长通过拓扑优化和生成式设计创建复杂的几何形状
Tosca	Tosca 是达索公司的一款优化套件，具有两个解决方案：Tosca 结构和 Tosca 流体。前者可用于轻质、刚性和耐用部件的优化设计，后者用于部件和系统的设计以及非参数化的流体流动拓扑结构

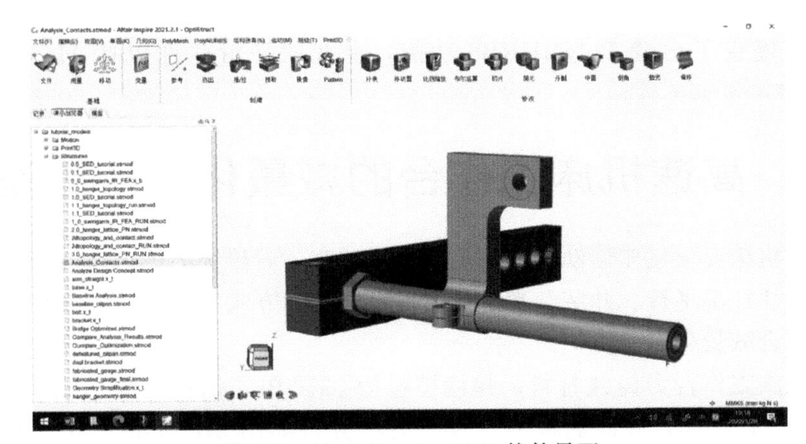

图 3-5　Altair Inspire 2021 软件界面

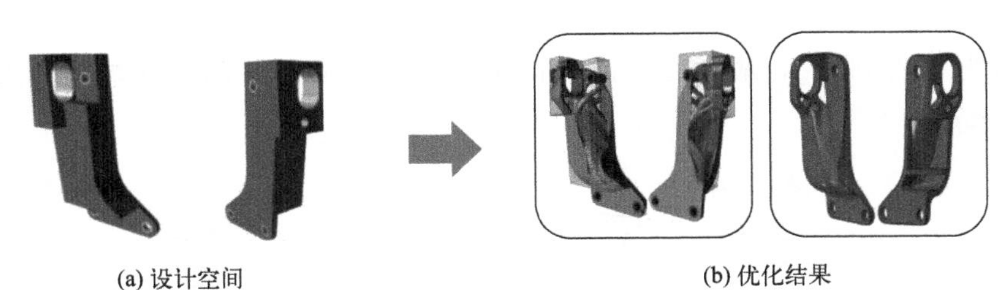

图 3-6　基于 Altqir Inspire 软件进行发动机后吊钩优化的案例

大多数拓扑优化的工作流程如下。

① 简化模型。删除设计中由于传统制造而产生的所有特征，寻找可以用软件优化的、相对较大的“块”材料。拓扑优化软件的“设计空间”越多越好。

② 将合适的材料应用于模型。选择将要用于生产零件的材料，通过使用拓扑优化可以极大地减少所用材料的量，因此可以使用比原始材料更昂贵和/或更

佳的材料。

③ 划分模型。将模型分为不希望软件影响的区域和“设计空间”，为软件提供尽可能大的设计空间。

④ 设置不同的工况。为在模型上模拟如何施加力，设置多种不同的工况，并且最好在每种工况中使用单一的力。每种工况都可以通过模拟该特定工况下的最坏情况来设计最优零件，将各种工况的设计概念组合成一个涵盖所有受力工况的新设计。

⑤ 执行拓扑优化。通过软件内置的拓扑优化算法迭代求解最优化设计方案，期间，需要根据优化目标进行多次尝试。

⑥ 转换为平滑模型。理论计算出的模型可能存在不合理的地方，通过人工干预或软件自动化处理程序将拓扑优化结果转换为平滑的可打印模型。某些拓扑优化软件提供了内置 PolyNURBS 功能，专业的平滑软件包括 Materialize 3-Matic 或 Geomagic 等。

3.4 高速机床工作台的减量化可持续设计

高速机床要求机床运动部件质量小、刚性高，而传统的机床结构设计中，工作台筋板往往呈平行、井字、米字或简单组合排列方式布置，以经验类比设计为主，不符合减量化需求。

某机床工作台为铸铁材料，弹性模量为 207GPa，泊松比为 0.288，密度为 $7800kg/m^3$，工作台底面筋板形式及静力学分析如图 3-7 所示。当工作台工作时，底部的 4 个滑块安装面固定不动，限制其全约束。初级安装面承受的电磁力为 16800N，方向垂直向下。采用 20 节点的单元类型进行有限元分析，原型工作台质量为 252.441kg，最大变形区域位于初级安装面的中间及两端，最大变形为 4.396μm。

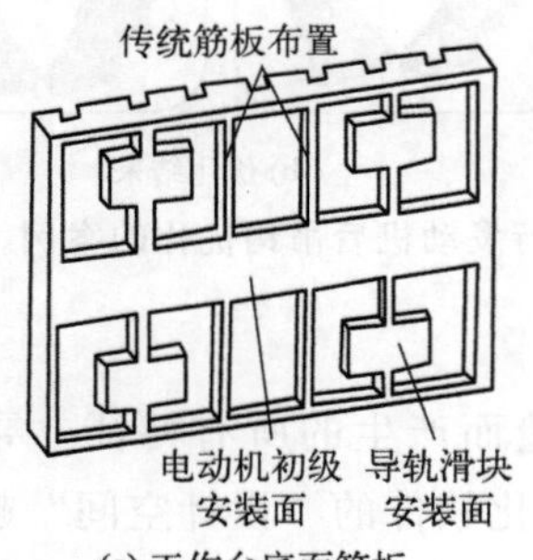

(a) 工作台底面筋板

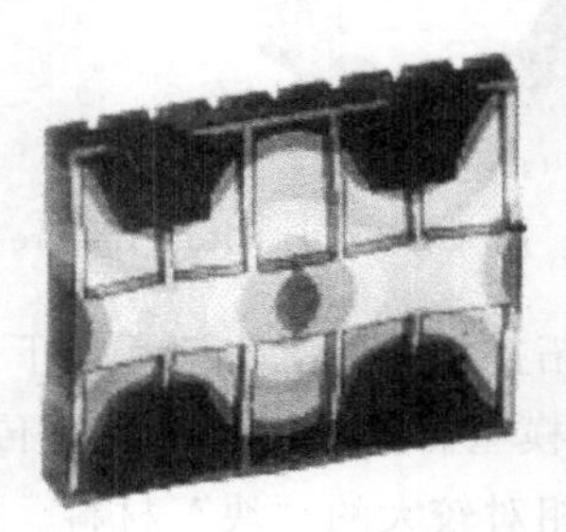

(b) 工作台底面筋板静力学分析

图 3-7 工作台底面筋板形式及静力学分析

对原型工作台进行仿生设计，通过在约束区域与受力区域之间布置筋板、在最大变形区域增加筋板密度、在小变形区域减少材料、采用环形筋与对角筋相结合、在变形梯度方向设置对角筋等方法形成 6 种轻量化结构方案，如图 3-8 所示。采用多层优化策略，即采用零阶优化与等步长搜索相结合的方法进行结构参数优化。ANSYS 分析结果显示，结构方案Ⅱ、Ⅲ的变形分别减少了 20.95%和 21.5%，即应在初级安装面两侧增加筋板。6 种结构方案的工作台质量均有所减少，其中方案Ⅳ的质量减少 4.59%，质量最小。

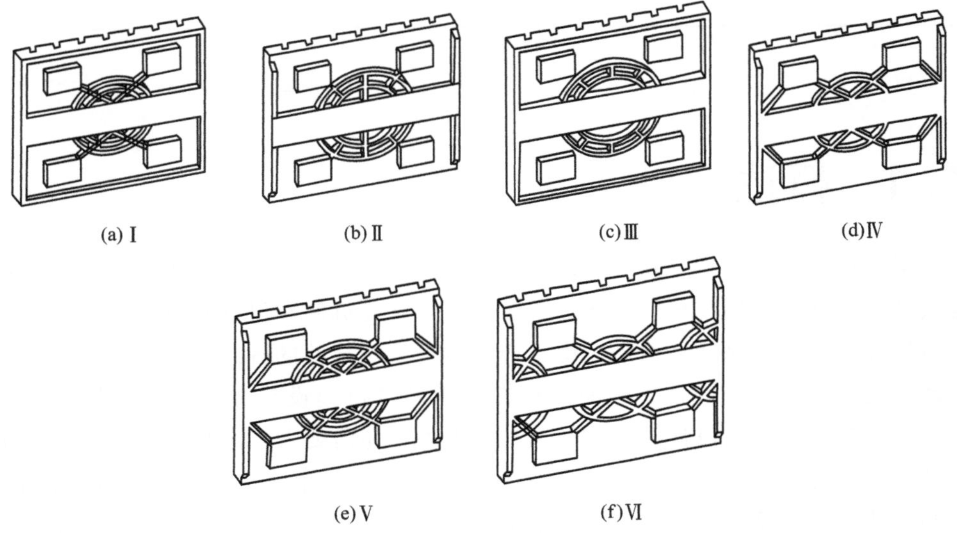

图 3-8　工作台底部筋板轻量化结构方案

第4章

面向拆卸的可持续设计

4.1 概述

退役产品数量激增导致严重的环境影响、社会风险和人身健康影响等，拆卸是实现产品回收重用和再资源化的关键环节，智能拆卸和可拆卸设计是实现拆卸可持续发展的基本途径。但是，由于产品本身结构导致的拆卸难、效率低等问题依然突出。可拆卸设计是一种面向拆卸的产品可持续设计方法，在产品设计之初，除满足传统产品设计的功能及工程要求外，还需要考虑产品在整个生命周期中的易于拆卸及回收性能，使产品在生产阶段具有较好的加工工艺，易于装配、拆卸，使用阶段易于维护，寿命终结阶段容易回收等，从源头缓解前述问题。

可拆卸设计将传统的面向功能和结构的设计扩展到包括维修、回收等的产品全生命周期设计。如何进行可拆卸设计，归纳起来包括三种方法：基于准则的方法、嵌入式可拆卸设计法、主动拆卸设计法。

4.1.1 智能拆卸

拆卸是通过拆卸操作将系统分离为组件的过程。其中，拆卸操作是拆卸过程里面的基本动作，包括连接件的分离和组件（子装配体）的移除。拆卸工艺由拆卸操作组成，根据拆卸深度可以将拆卸工艺分为完全拆卸和选择性拆卸。其中，完全拆卸是将产品分解为相应的零件，装配是完全拆卸的逆过程；而选择性拆卸是根据拆卸需求从产品中分离出目标组件的过程，拆卸深度与目标组件在产品中所处的位置有关，一般在维修维护中应用。根据拆卸操作的逻辑顺序可以分为串行拆卸和并行拆卸，其中，串行拆卸是传统研究中默认的拆卸方式，是指每次只能拆卸一个零件，而并行拆卸是多个操作者同时并行地执行不同的拆卸任务的拆卸方式，可以同时拆卸多个零件。

智能拆卸（intelligent disassembly，ID）是人工智能技术（例如，智能优化方法、人工神经网络、智能机器人等）在拆卸领域的具体应用，包括拆卸目标的智能识别、拆卸序列的智能规划、人机协同拆卸等，已在家电、汽车电池、手机等自动化拆卸领域受到关注。智能拆卸的研究可以追溯到 2000 年，最为著名的是苹果 iPhone 的智能拆卸机器人 Daisy（图 4-1），可以拆卸 9 种不同的 iPhone 模型，实现了传统回收无法实现的高价值材料的回收。为实现环境、经济、社会可持续性目标，电动汽车锂电池的智能拆卸也逐渐受到关注，图 4-2 所示为电动汽车电池的智能拆卸机器人。

图 4-1　苹果智能拆卸机器人 Daisy

图 4-2　电动汽车电池的智能拆卸机器人

下面以电动汽车锂电池的智能拆卸为例（图 4-3），给出了智能拆卸的主要步骤。

(1) 智能识别与检查

退役产品的拆卸回收价值取决于其退役后的健康状态和剩余寿命，需要识别产品规格、失效状况等，并对其进行分类，获得后续拆卸所需的主要信息。目前，可采用无线射频识别（RFID）、物联网、开放数据共享、计算机视觉、卷积神经网络等智能预处理技术快速获取产品信息。

(2) 智能评估与测试

退役产品拆卸前需要评估产品的健康状况和零部件特征，不同的产品需要有不同的专业评估与测试方法。例如，电动汽车锂电池的健康状态评估和智能诊断可以通过机器学习、人工智能等方法评估电压、电流和温度等，采用智能化高通量测量方法进行电池状况测试。

(3) 智能筛选与分类

根据产品健康状态、材料、规格等信息对产品进行筛选和分类。通常可以采用机器学习模型，例如径向基函数神经网络、支持向量机等有监督学习法和改进的K均值算法等无监督学习法，提取这些特征，并进行分类和筛选。

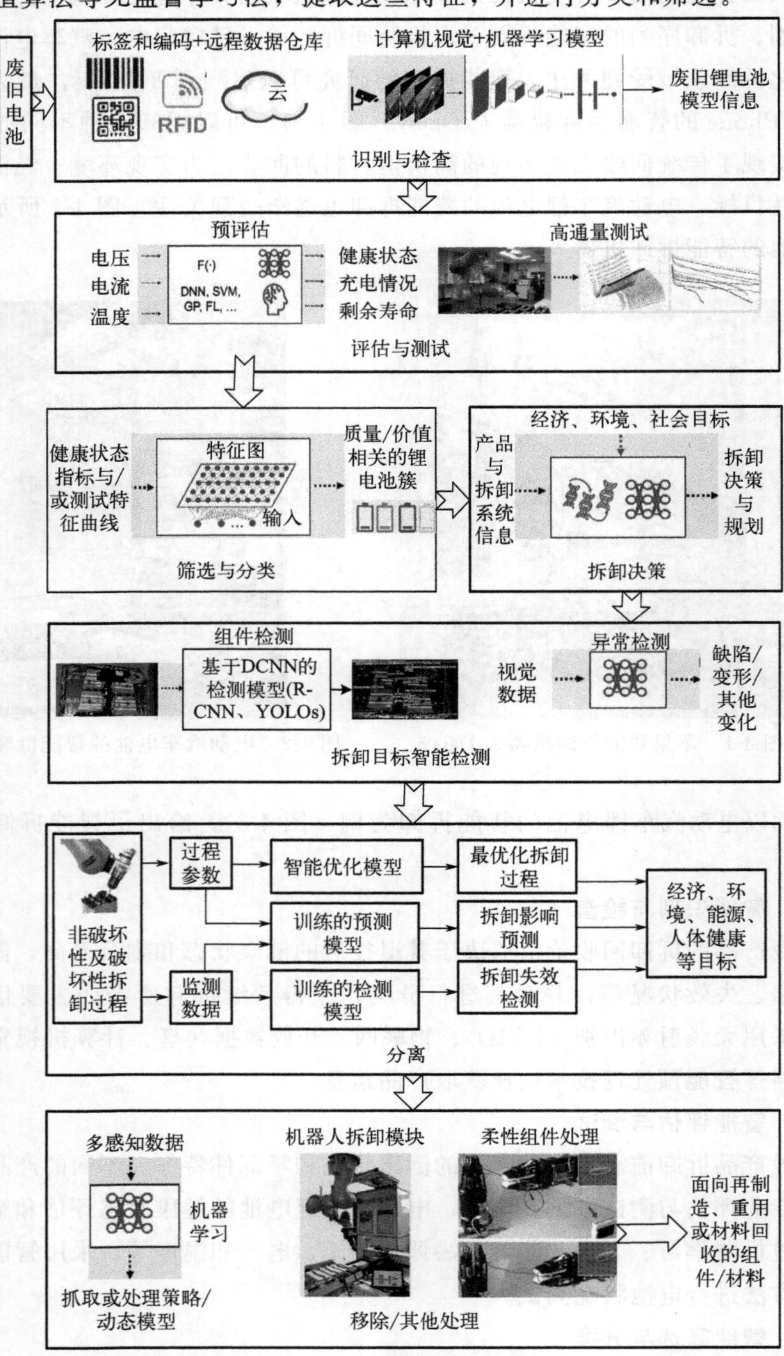

图 4-3　电动汽车锂电池智能拆卸主要步骤

(4) 智能拆卸决策

在人机协同拆卸系统中，要以最大化经济和环境效益为优化目标，确定最优的拆卸过程和拆卸深度、拆卸任务的最佳分配、拆卸资源的分配等拆卸决策问题，即根据拆卸信息进行拆卸线平衡与调度、拆卸序列与任务规划、拆卸布局设计、可持续性及风险评估等。典型的智能拆卸规划与决策方法包括遗传算法、粒子群算法、蚁群算法、深度神经网络等。

(5) 拆卸目标智能检测

拆卸目标智能检测旨在确定产品的状态，包括静态特征和动态特征。前者指的是执行拆卸操作所需的几何和物理信息，例如姿态、位置、形状、硬度等。为了减少拆卸的不确定性，检测包括识别任何可能的缺陷、异常状态。后者需要识别成功拆卸前后产品状态的变化。典型的智能检测过程需要感知传感器数据和拆卸目标状态之间的映射，需要使用工业相机、力和转矩传感器、触觉传感器等，用以完成接触检测、拆卸效果检查、运动控制等。以 RGB 和深度图像为输入，采用计算机视觉技术和人工智能进行特征提取。

(6) 分离与移除

拆卸执行单元接收目标组件和序列命令，协同执行拆卸操作。有效的过程知识上传到外部数据云。拆卸活动的具体实施包括拆卸目标检测、分离与移除。分离是将连接件及紧固件（例如螺栓连接、弹性卡扣、螺钉零件、焊接、粘接等）松开，包括破坏性拆卸和非破坏性拆卸。为了柔性化地实现分离操作，拆卸系统必须具备各种工具和快速更换工具的能力。人工智能和机器学习用于识别最优化过程参数，例如气体压力、脉冲、切割速度、热影响区等。移除是操作者（人或机器人）抓取拆卸目标并按照规定轨迹将其放到指定地点的操作。自我监督学习提供了一种简单的自动获得最佳操作和控制策略的方法，涉及的智能技术包括操作者的行为识别预测、运动控制、路径搜索与规划、数字孪生等。

4.1.2 基于可拆卸准则的可持续设计

基于可拆卸准则的可持续设计基本思想是将可拆卸设计准则融入产品设计过程中以提高产品的可拆卸性能。在设计新产品时，依据可拆卸准则可以有效地提高产品的可拆卸性。目前常用的是基于可拆卸准则的方法，是在产品设计过程中综合考虑可拆卸结构设计准则。例如，美国通用汽车公司应用设计准则，减少了 Buick Skylark 车型保险杠的零件数量与紧固件数量，如图 4-4 所示。

可拆卸设计指的是产品设计过程中将可拆卸性作为设计目标之一，使产品的结构不仅便于装配、拆卸和回收，而且也要便于制造和具有良好的经济性，以达到节约资源和能源、保护环境的目的。

拆卸工艺数据主要包括拆卸工具、拆卸时间、拆卸费用、拆卸可达性、拆卸能量、拆卸过程中有害成分的排放量、装配约束等，可拆卸设计需要综合考虑上述信息。可拆卸设计准则简述如下。

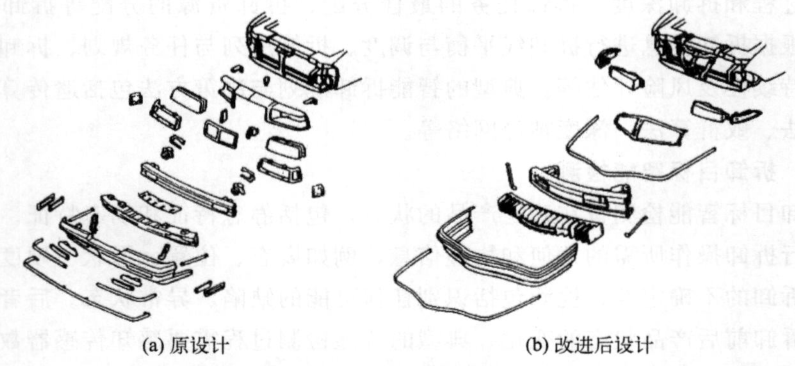

图 4-4 减少汽车保险杠零件及紧固件数量

(1) 紧固件标准化、数量最小化准则

由于大部分的拆卸时间被紧固件的拆卸消耗，所以产品设计中应尽量采用标准化的紧固件，这样在拆卸时可以减少拆卸工具更换的辅助时间和特制工具带来的成本。

(2) 连接结构易于拆卸准则

拆卸的过程实质上就是分离连接结构的过程。连接结构是产品设计中的重要结构，产品各功能部件通过某种方式连接和固定在一起形成整体实现产品的功能。

构成产品的各个功能部件需要以各种方式连接固定形成整体，实现产品的设计功能。连接结构按照不同的分类标准可以划分为不同的形式，具体如表 4-1 所示。尽量采用可拆卸性好的连接结构，如螺纹连接、卡扣连接等，尽量避免使用焊接、粘接等。

表 4-1 连接结构分类

分类标准	类型	实例
连接原理	机械连接结构	铆接、螺栓连接、销连接、键连接、弹性卡扣连接等
	粘接	黏结剂粘接、溶剂粘接
	焊接	利用电能的焊接(电弧焊、埋弧焊、气体保护焊、点焊、激光焊) 利用化学能的焊接(气焊、原子氢能焊、铸焊等) 利用机械能的焊接(锻焊、冷压焊、爆炸焊、摩擦焊等)
结构的功能和部件的活动空间	静连接	不可拆卸固定连接：焊接、铆接、粘接等
		可拆卸固定连接：螺纹连接、销连接、弹性形变连接、锁扣连接、插接等

续表

分类标准	类型	实例
结构的功能和部件的活动空间	动连接	柔性连接：弹簧连接、软轴连接 移动连接：滑动连接(导轨和滑块)、滚动连接 转动连接
是否可拆卸	可拆卸连接	螺栓连接、销连接、键连接等
	不可拆卸连接	铆接、焊接、粘接等

机械产品中，连接结构将单独制造的零件组装成一定的功能单元以实现产品的功能，连接结构是产品中不可或缺的重要组成部分。连接结构的设计应遵循以下原则。

① 结构简单，同一产品中连接类型尽可能少。

② 具有较好的连接强度和刚度。

③ 便于零部件快速装配、拆卸、调整、维修。

(3) 可达性好准则

可达性包括视觉可达、工具可达、实体可达，即为了便于拆卸，拆卸操作应全部可见，应有足够的拆卸工具操作空间，拆卸过程中操作人员的身体的某一部位或借助工具能够接触到拆卸部位。

图 4-5(a) 是改进前的结构，螺栓位于箱体内，工具可达性不好，不便于拆装，改进后的结构[图 4-5(b)]克服了原设计的不足。

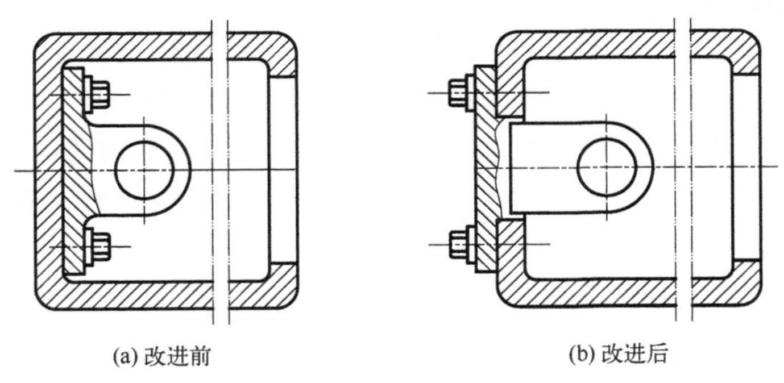

(a) 改进前　　(b) 改进后

图 4-5　拆卸部位应可达

图 4-6(a) 是改进前的结构，螺母距离箱体边缘太近，缺少拆卸工具（扳手）的活动空间。改进后的结构[图 4-6(b)]中留出了足够的扳手活动空间。

(4) 易于拆卸准则

元器件和零部件的结构设计中应该在零件表面预留可抓取和拆卸的结构。图 4-7(a) 为一个衬套和箱体结构，衬套和箱体为静配合，衬套拆卸困难。改进后[图 4-7(b)]的结构在箱体设置了螺孔，可以用螺钉顶出衬套。

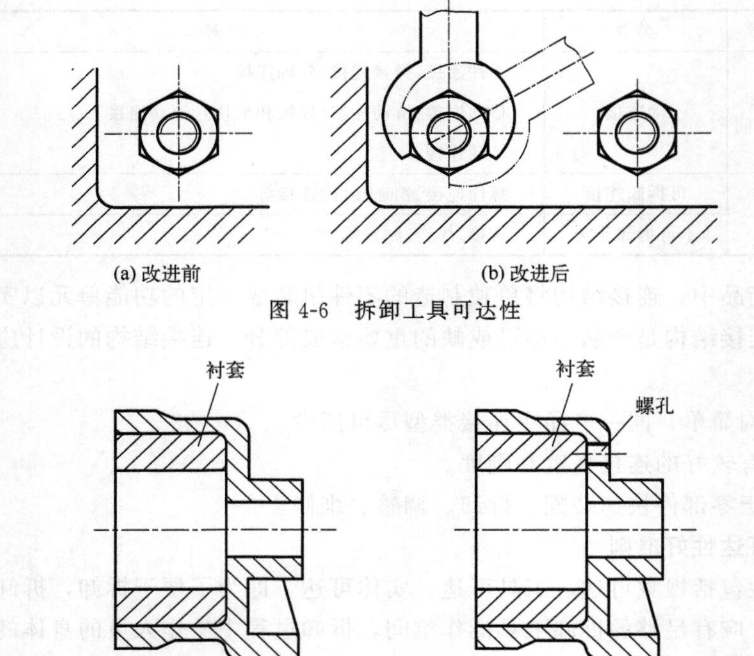

图 4-6　拆卸工具可达性

图 4-7　衬套的拆卸

(5) 采用快速装卸机构

可拆卸性要求在产品结构设计时改变传统的连接方式，代之以易于拆卸的连接方式。合理使用快速装卸和锁紧机构可以提高产品的可拆卸性。图 4-8 是一种快卸止动销，该快卸止动销的销体上铆接有止动块和便于装卸的拉环。当止动块和销体轴线一致时，销体可以插入或拆下，止动块与销体轴线垂直时为锁紧状态。

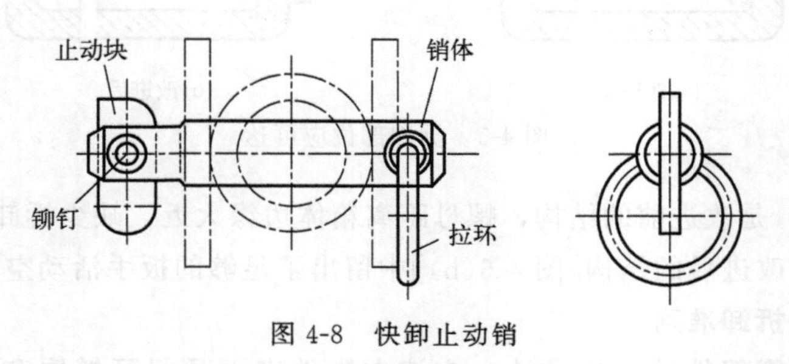

图 4-8　快卸止动销

图 4-9 所示为轻型快卸锁，主要用于受力 P 较小的口盖的快速关锁与快速解脱。轻型快卸锁由锁座、锁键、按键、扭簧组成。锁座固定在口盖上，用于安

装快卸锁各个零件。扭簧使锁键和按键承受逆时针方向扭力。关闭后顺时针压按按键下部，直到下部被锁键卡住，锁键成水平状态，上部（右端）锁住口盖成关锁状态。顺时针压按键，放开锁键，锁键在弹簧的作用下恢复垂直状态，即可打开口盖。

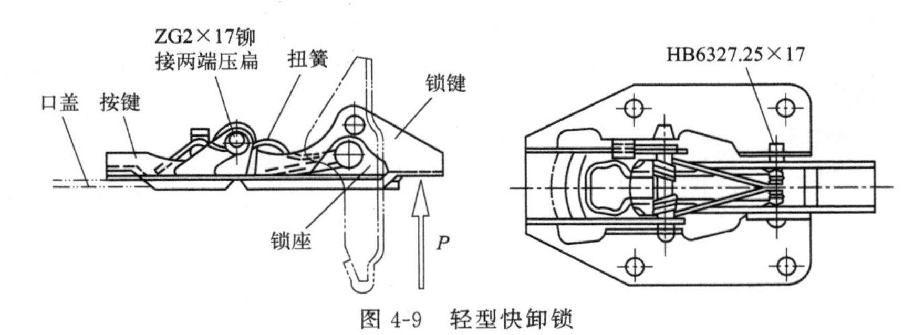

图 4-9　轻型快卸锁

（6）结构可预测性准则

产品报废后会与原始状态产生较大的不同，为了减少产品报废后结构的不确定性，设计时应避免将易老化或易腐蚀材料与可回收材料的零件组合。此外，采用防腐蚀连接等。

（7）易于分离准则

表面最好一次加工而成，即避免二次电镀、涂覆等加工。此外，为了易于产品分离，采用模块化和标准化设计准则。

一般零件之间的连接方式有焊接、粘接、铆接、螺栓连接、卡接、插接等。从产品整体性看，焊接和铆接较好；应用可拆卸设计准则进行产品设计时，在满足基本设计要求的基础上，螺纹连接、卡接、插接可拆卸性好，因此，在静电涂油机结构设计中尽量采用螺纹连接、卡接、插接。

图 4-10 所示为高压电缆连接部位的结构设计，考虑绝缘、使用寿命等要求，其中使用了金属零件（3、5、8、9、10、11），也使用了非金属零件（1、2、6、7）。应用可拆卸设计思想，支板 1 和卡板 2 采用了螺栓连接，卡板 2 和高压电缆 4 采用卡接方式，而高压电缆 4、内套 6、滑套 8 和顶头 9 之间采用插接。这样产品退役后，零件回收和处理较为容易，而且便于对铁和塑料等不同种类材料的零件进行拆卸、分类，节省了回收和处

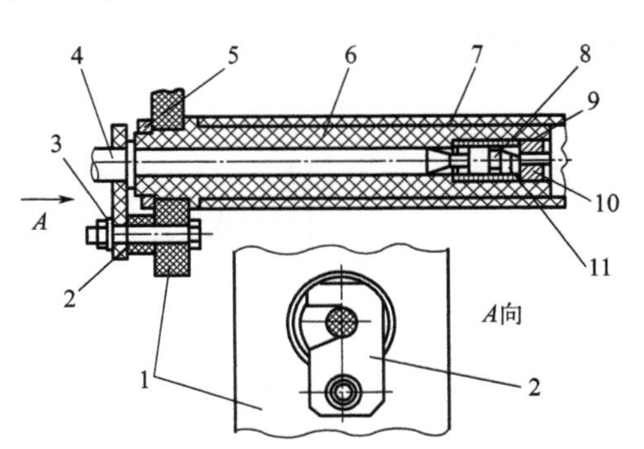

图 4-10　高压电缆连接部位的结构设计

1—支板；2—卡板；3—螺栓；4—高压电缆；5—锁紧螺母；6—内套；7—外套；8—滑套；9—顶头；10—簧座；11—弹簧

置成本。

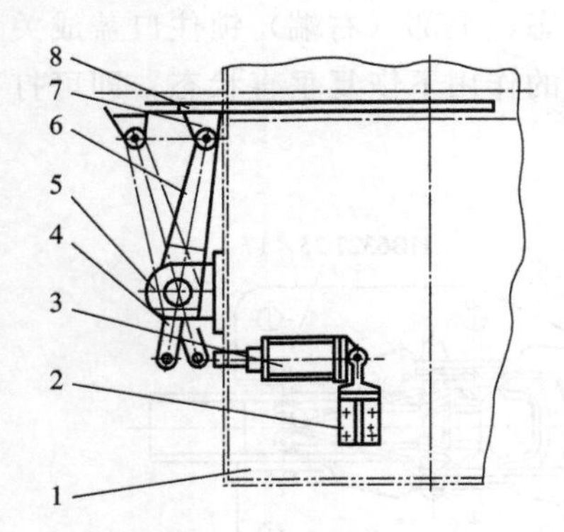

图 4-11 活动导板机构设计
1—涂油室；2—气缸座；3—气缸；4—连杆；5—铰链座；6—拨叉；7—支座；8—活动导板

图 4-11 是活动导板机构设计，其中，大量使用了标准件，既有金属零件（1、2、3、4、5、7），也有非金属零件（6、8）。采用可拆卸设计思想，将涂油室 1 和气缸座 2、铰链座 5 和涂油室 1、支座 7 和活动导板 8 之间采用螺纹连接，而气缸座 2 与气缸 3、气缸 3 与连杆 4、连杆 4 与铰链座 5、铰链座 5 与拨叉 6、拨叉 6 与支座 7 等之间采用卡接或销接。如此设计之后，拆卸时间和维护费用大幅缩减。

4.1.3 嵌入式拆卸可持续设计

嵌入式拆卸可持续设计由 Masui 等（1999 年）提出，主要思想是在产品设计中将分离特征嵌入产品结构中并制造出来，通过触发一个拆卸特征，如拆卸一个或几个紧固件后，产品的其他连接部分即可像多米诺骨牌一样自我拆卸。嵌入式拆卸可持续设计从零部件几何特征出发，同时考虑了组件、定位器、紧固件的空间布局特征及零部件的回收决策。该方法成功应用于 CRT 监视器的设计中，将一根镍铬丝嵌入 CRT 连接件，该连接件由不兼容玻璃制成，拆卸时，给镍铬丝通电，产生热效应，破坏玻璃连接件。美国密歇根大学机械工程系 Takeuchi S 和 Saitou K 对嵌入式拆卸方法进行了深入研究，嵌入式拆卸方法与传统方法的比较如图 4-12 所示。传统方法连接件多，不便于拆卸，嵌入式方法连接件个数明显减少。嵌入式拆卸方法不需要特殊工具、材料支持，所以可以用于大部分产品，尤其适合于电子产品。

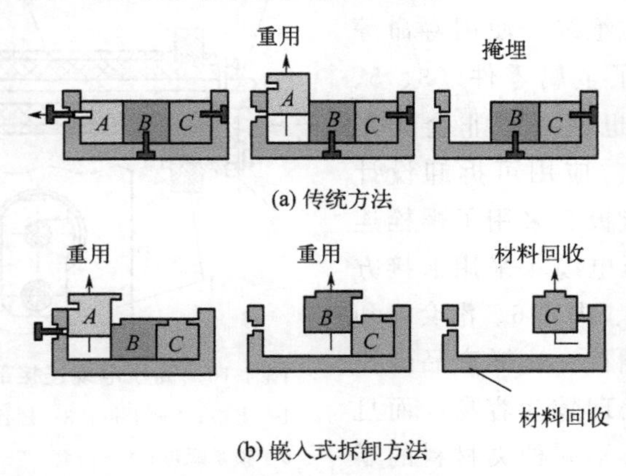

图 4-12 嵌入式拆卸方法与传统方法的比较

Power Mac G4 Cube 是苹果公司生产的计算机主机（图 4-13），该模型包含 10 个主要组件[图 4-14(a)]，用体素法对组件进行简化表示[图 4-14(b)]。表 4-2 是该模型组件的材料组成。

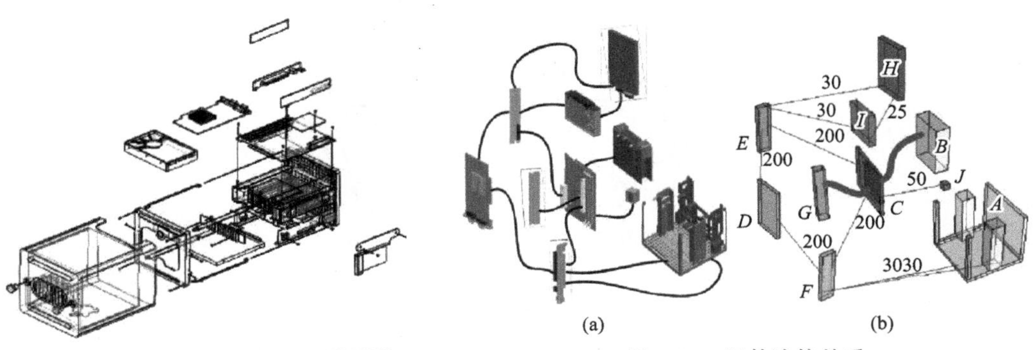

图 4-13　Power Mac G4 Cube 装配体

图 4-14　组件连接关系

表 4-2　组件材料组成

组件	铝	钢	铜	金	银	锡	铅	钴	锂	合计
A(框架)	1.2	0	0	0	0	0	0	0	0	1.2
B(散热槽)	0.6	0	0	0	0	0	0	0	0	0.60
C(电路板)	1.5×10^{-2}	0	4.8×10^{-2}	7.5×10^{-5}	3.0×10^{-4}	9.0×10^{-3}	6.0×10^{-3}	0	0	7.84×10^{-2}
D(电路板)	1.0×10^{-2}	0	3.2×10^{-2}	5.0×10^{-5}	2.0×10^{-4}	6.0×10^{-3}	4.0×10^{-3}	0	0	5.2×10^{-2}
E(电路板)	4.0×10^{-3}	0	1.3×10^{-2}	2.0×10^{-5}	8.0×10^{-5}	2.4×10^{-3}	1.6×10^{-3}	0	0	2.1×10^{-2}
F(电路板)	5.0×10^{-3}	0	1.6×10^{-2}	2.5×10^{-5}	1.0×10^{-4}	3.0×10^{-3}	2.0×10^{-3}	0	0	0.17
G(内存)	2.0×10^{-3}	0	6.4×10^{-3}	2.0×10^{-5}	4.0×10^{-5}	1.2×10^{-3}	8.0×10^{-4}	0	0	1.0×10^{-2}
H(光驱)	0.25	0.25	0	0	0	0	0	0	0	0.50
I(硬盘)	0.10	0.36	6.4×10^{-3}	1.0×10^{-5}	4.0×10^{-5}	1.2×10^{-3}	8.0×10^{-4}	0	0	0.50
J(电池)	8.0×10^{-5}	0	1.4×10^{-3}	0	0	0	0	3.3×10^{-3}	4.0×10^{-3}	8.78×10^{-3}

根据上述已知条件，应用多目标遗传算法对原设计进行改进，根据优化目标的不同生成 5 种优化结果，如图 4-15 所示。图 4-16 是设计结果 R_3 的最优化拆卸序列之一。R_3 和 R_5 空间布局十分相似，R_3 设计方案中使用了 3 颗螺钉，R_5 设计方案中将组件 A 和 B 之间的螺钉连接替换为槽连接。

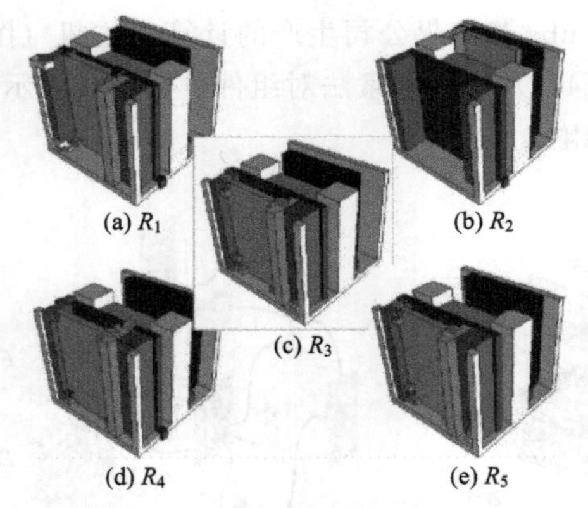

图 4-15　五种优化结果

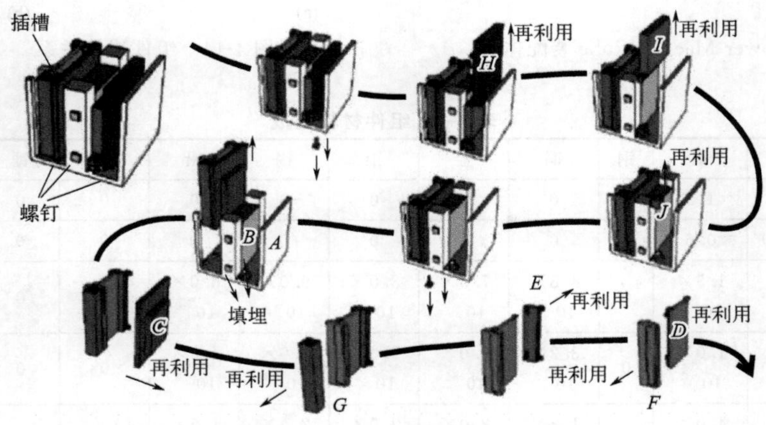

图 4-16　设计结果 R_3 的最优化拆卸序列

4.1.4　主动拆卸可持续设计

主动拆卸（active disassembly）的概念最早由英国布鲁内尔大学 Joseph Chiodo 博士提出。主动拆卸是采用智能材料（如形状记忆合金）或智能结构的紧固件代替传统紧固件，通过外界触发实现产品自我拆卸的一种方法。与嵌入式拆卸不同之处在于，该方法不需要直接的物理接触和设计特别的内部连接。外界触发原理包括机械式、热能、化学能、磁、电等。该方法可以高效、清洁、非破坏性地分离零部件，实现高效率回收。图 4-17 是一种利用气动触发拆卸的主动拆卸案例，左边是工

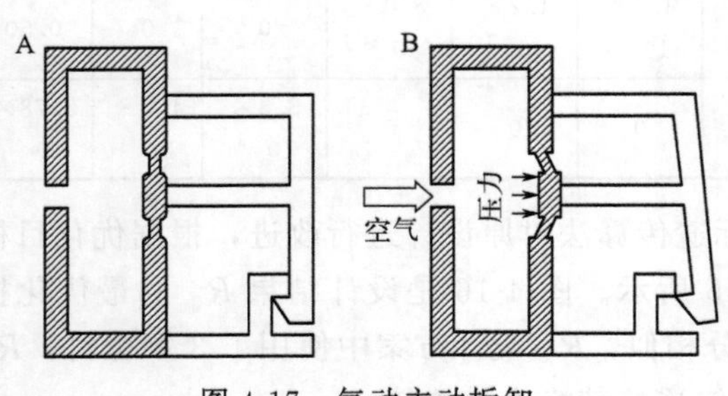

图 4-17　气动主动拆卸

作状态，当废弃后拆卸时，充入空气，在气体压力下卡扣连接自我拆开。

4.1.5　拆卸可持续设计关键技术

拆卸可持续设计的关键技术包括拆卸设计建模、拆卸序列规划、可拆卸性评价等方面。

拆卸设计建模是拆卸可持续设计的基础，目前常用的建模方法包括有向图、无向图、AND/OR 图、Petri 网、拆卸树等。有向图模型中，节点表示零部件，节点之间的连线表示零部件之间的拆卸约束关系，连线的方向表示节点拆卸的先后顺序关系。这种方法直观地显示了所有拆卸序列，缺点是当零部件数目较多时，节点和边数量增多，拆卸深度和序列规划的建模和优化决策算法比较复杂。无向图模型与有向图模型类似，结构上更简单，但是对于拆卸工艺彼此之间的先后关系无法描述清楚。Sanderson 等以节点表示产品或零部件，将一个节点分解成 n 个子节点，以带弧连接的两条线表示，圆弧连接的两条线是同时存在的，因而是逻辑 AND 关系，同一个节点表示不同的分解方法时则用几对带弧的线表示，它们之间构成了 OR 关系，这样形成的图为 AND/OR 图。AND/OR 图显示了所有可能的拆卸序列，而且节点较少，缺点是零部件的与/或关系所反映的割集数量非常庞大，组合爆炸的致命缺陷严重限制了其实际应用，并且拆卸分析的直观性不如有向图，如产品的模型发生变化，很难在新模型中及时地体现。产品拆卸树是将零部件作为树的节点，以树节点的父子关系表示零部件之间的拆卸约束关系。产品拆卸树是由 PDM 与 CAD 设计中导入产品结构树，再进一步按照拆卸问题的特殊要求对其进行修改而生成的。产品拆卸树方法直观、简单，但难以描述产品的复杂拆卸结构的约束关系，难以得到合理的拆卸回收方案。目前的建模方法一般是上述几种方法的混合或派生。

好的拆卸序列不仅可以缩减资源（如时间和成本）的消耗，而且可以提高拆卸的自动化程度以及回收的零部件（或材料）的质量。拆卸序列规划是根据产品结构、装配关系等信息，推理出满足一定约束条件的最优化拆卸顺序的过程。

串行拆卸序列规划方面，大部分的拆卸序列规划算法总的思路是根据产品结构抽象出数学模型，例如图模型。在图模型中，用节点表示组件，边/弧线表示装配关系，然后将拆卸序列规划转化为图的搜索问题，由此可以确定拆卸深度，生成拆卸序列。拆卸模型可以为设计者在概念设计阶段拆卸问题的估计上提供相关信息。一般拆卸序列的解都是不唯一的，根据目标函数（如成本最低、时间最短、贵重组件优先拆卸等）的不同得到不同的拆卸算法。主要包括基于图搜索和数学精确推理的方法、基于人工智能的方法。基于图搜索的拆卸序列生成方法，如 Zhang 和 Kuo 的部件-紧固件图法，通过图搜索的方法生成拆卸序列，并通过割点法将产品分解为子装配体，以简化拆卸过程。Petri 网具有较好的数学理论支持，为用数学方法求解拆卸序列规划这种离散问题提供了桥梁。当操作成本与序列不相关时，问题就转变为传统线性规划问题，如果成本与序列相关，就成为整数线性规划问题。Lambert 在 AND/OR 图的基础上，利用线性规划方法对拆卸序列进行精确求解。利用该方法可以得到精确解，但由于计算太复杂，对于复杂产品容易产生组合爆炸，只适合求解中等复杂程度产品的序列规划问题。基于人工智能的方法求解最优拆卸序列的研究近年来逐渐增多，如遗传算法、模拟退火法、蚁群算法等。

并行拆卸问题具有拆卸序列长度不确定、拆卸任务并行性等特点，因此，并行拆卸比串行拆卸更为复杂。目前，并行拆卸规划方面的研究文献相对较少。较典型的是 Chen 和 Oliver 等基于匹配图法设计的“剥蒜”法用于二维装配体的并行拆卸序列规划，尚未应用于三维装配体的并行拆卸序列规划。

可拆卸性指产品拆卸的难易程度，通过可拆卸性评价获得产品可拆卸性能信息，通过迭代反馈不断改进设计方案以实现可拆卸设计。

4.2 拆卸可持续设计信息模型

4.2.1 拆卸混合图模型

拆卸可持续设计信息模型以拆卸混合图模型的形式描述，可以定义为一个四元组 $\boldsymbol{G}=(\boldsymbol{V},\boldsymbol{E}_{\mathrm{f}},\boldsymbol{E}_{\mathrm{fc}},\boldsymbol{E}_{\mathrm{c}})$。其中，顶点 $\boldsymbol{V}=(v_1,v_2,\cdots,v_n)$ 表示最小拆卸单元，如产品的零部件、子装配体等，n 为最小拆卸单元个数；顶点 V 的邻域为 $\Gamma(v)$，$\Gamma(v)\xrightarrow{\nabla}\{u\in V(G)\mid u$ 与 v 相邻$\}$，比 v 拆卸优先级低的顶点构成其后继域 $\Gamma^{+}(v)$，其余顶点集合为 v 的前趋域 $\Gamma^{-}(v)$，且 $\Gamma(v)=\Gamma^{+}(v)\cup\Gamma^{-}(v)$。约束关系定义为图的有向边 $\langle v_1,v_2\rangle$ 或无向边 (v_1,v_2)，如果约束是通过紧固件或其他方法使两个最小拆卸单元直接接触产生，且存在强制的拆卸优先关系，则定义为强物理约束，记为 $\boldsymbol{E}_{\mathrm{fc}}=(e_{\mathrm{fc1}},e_{\mathrm{fc2}},\cdots,e_{\mathrm{fc}m})$，用带箭头的实线表示。如果最小拆卸单元之间虽直接接触，但没有强约束关系，则定义为物理约束，记为 $\boldsymbol{E}_{\mathrm{f}}=(e_{\mathrm{f1}},e_{\mathrm{f2}},\cdots,e_{\mathrm{f}k})$，表示为实线段。如果虽不直接接触但存在约束优先关系，则定义空间约束，记为 $\boldsymbol{E}_{\mathrm{c}}=(e_{\mathrm{c1}},e_{\mathrm{c2}},\cdots,e_{\mathrm{c}k})$，用虚箭头线表示。

图 4-18 所示为某产品部件结构与基本拆卸混合。其中，A、B、C、D、E 分别表示产品的最小拆卸单元，紧固件作为约束考虑，以减少模型的复杂度。顶点 D 的邻域、前趋域和后继域分别为 $\Gamma(D)=\{A,B,C,E\}$、$\Gamma^{-}(D)=\{E\}$、$\Gamma^{+}(D)=\{A,B,C\}$。$\langle E,A\rangle\in\boldsymbol{E}_{\mathrm{fc}}$，通过螺钉连接构成强物理约束关系，且 E 的拆卸顺序优先于 A；$(B,C)\in\boldsymbol{E}_{\mathrm{f}}$ 为物理约束。依此类推，得到该结构的拆卸混合图模型，如图 4-18(b) 所示。

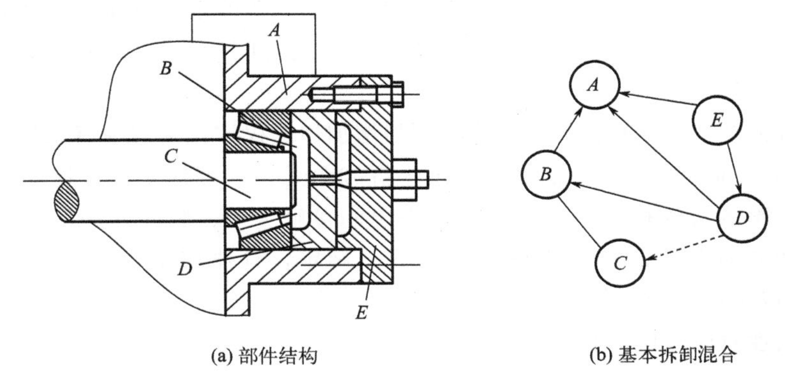

(a) 部件结构　　(b) 基本拆卸混合

图 4-18　部件结构与基本拆卸混合

G 可用矩阵描述如下：

$$\boldsymbol{M}_{\mathrm{g}}=\{R_{i,j}\}=\begin{bmatrix} r_{0,0} & r_{0,1} & \cdots & r_{0,n-1} \\ r_{1,0} & r_{1,1} & \cdots & r_{1,n-1} \\ \vdots & \vdots & \ddots & \vdots \\ r_{n-1,0} & r_{n-1,1} & \cdots & r_{n-1,n-1} \end{bmatrix}$$

式中，$r_{ij}=\begin{cases} 1, & (i,j)\in \boldsymbol{E}_{\mathrm{f}} \text{ 或} \langle j,i\rangle \in \boldsymbol{E}_{\mathrm{fc}}, \text{且 } i\neq j \\ 0, & \text{其他} \\ -1, & \langle i,j\rangle \in \boldsymbol{E}_{\mathrm{c}} \text{ 或} \langle i,j\rangle \in \boldsymbol{E}_{\mathrm{fc}} \end{cases}$

对 $\boldsymbol{M}_{\mathrm{g}}$ 进行分解得到邻接矩阵和拆卸约束矩阵。

邻接矩阵：

$\boldsymbol{M}_{\mathrm{link}}=\{ml_{ij}\}_{n\times n}$

$ml_{ij}=\begin{cases} 1, & (i, j)\in \boldsymbol{E}_{\mathrm{f}} \text{ 或 } \langle i, j\rangle \in \boldsymbol{E}_{\mathrm{fc}} \text{ 或 } \langle j, i\rangle \in \boldsymbol{E}_{\mathrm{fc}} \\ 0, & \text{其他} \end{cases}$

拆卸约束矩阵：

$$\boldsymbol{M}_{\mathrm{cons}}=\{mc_{ij}\}_{n\times n}$$

$$mc_{ij}=\begin{cases} -1, & \langle i,j\rangle \in \boldsymbol{E}_{\mathrm{c}} \text{ 或} \langle i,j\rangle \in \boldsymbol{E}_{\mathrm{fc}} \\ 0, & \text{其他} \end{cases}$$

假设产品由 N 个单元构成，则当最小拆卸单元 j 不受强物理约束和空间约束时，满足拆卸可达性条件，可描述如下：

$$\sum_{i=0}^{N-1} mc_{ij}=0 \tag{4-1}$$

$$\sum_{i=0}^{N-1} ml_{ij}\geqslant 1 \tag{4-2}$$

在拆卸完一个单元后，需要对邻接矩阵和约束矩阵进行更新，将已拆卸的单元与其他单元的关联和约束关系置零，则可拆卸性约束条件为式(4-1)和式(4-2)的交集。

拆卸混合图可进行修改和补充，例如增加边的权重，则 $\boldsymbol{G}=\{\boldsymbol{V},\boldsymbol{E}_{\mathrm{f}},\boldsymbol{E}_{\mathrm{fc}},\boldsymbol{E}_{\mathrm{c}},\boldsymbol{W}\}$，其中，前四个元素分别描述了最小拆卸单元、物理约束、强物理约束、空间约束，$\boldsymbol{W}$ 为边的权重，根据 Tseng 提出的接触类型、装配方法、拆卸工具类型、拆卸方向个数四类工程属性进行评分确定，具体权重代号和分值分配见表 4-3。以字母代号（分值）形式进行标注，权重分值为 1～100，权重 $\boldsymbol{W}$ 为四类工程属性对应分值之和。

表 4-3 权重代号与分值分配

工程属性	类型	代号	分值
接触类型	点接触	P	6
	线接触	L	12
	单面接触	SF	18
	多点接触	MP	24
	多面接触	MF	30
装配方法	放置	P	4
	插入	I	8
	旋入	T	12
	深结合	D	16
	不可拆卸装配	ND	20
拆卸工具类型	无工具	H	7
	普通工具	SD	14
	小型工具	ST	21
	特殊工具	SPE	28
	大工具	LT	35
拆卸方向个数	一个方向即可拆卸	One	3
	两个方向即可拆卸	Two	6
	三个方向即可拆卸	Three	9
	四个方向即可拆卸	Four	12
	五个方向即可拆卸	Five	15

图 4-19 表示了某个产品装配示意图及相应的加权拆卸混合图模型。其中，节点 A、B、C、D、E、F 分别表示该产品的构成组件，紧固件作为约束考虑，以减少模型的复杂度。产品的权重见表 4-4。

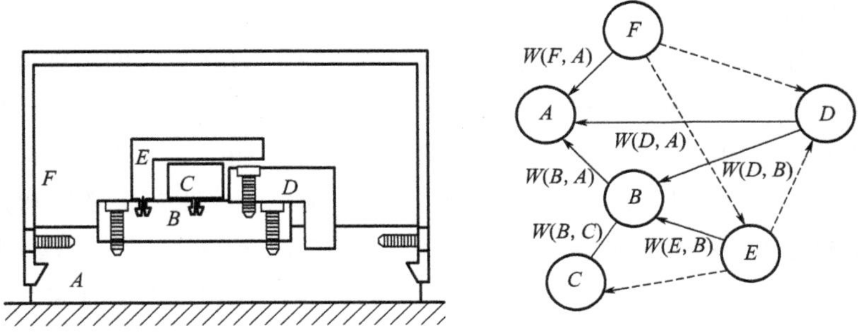

图 4-19　产品装配示意图及加权拆卸混合图模型

表 4-4　图 4-19 产品的权重

边	接触类型	装配方法	拆卸工具类型	拆卸方向个数	权重 W
<F,A>	MF(30)	T(12)	SD(14)	Two(6)	62
<D,A>	MF(30)	I(8)	H(7)	One(3)	48
<B,A>	MF(30)	T(12)	SD(14)	One(3)	59
<D,B>	SF(18)	T(12)	SD(14)	One(3)	47
<E,B>	SF(18)	I(8)	ST(21)	One(3)	50
(B,C)	SF(18)	I(8)	ST(21)	One(3)	50

在拆卸混合图的基础上增加连接约束，则图可用五元组 $\boldsymbol{G}=\{\boldsymbol{V},\boldsymbol{E}_{\mathrm{f}},\boldsymbol{E}_{\mathrm{fc}},\boldsymbol{E}_{\mathrm{c}},\boldsymbol{L}\}$ 描述，其中，$\boldsymbol{L}$ 为连接约束，用附带连接类型的实箭头线或直线表示。

图 4-20 所示为笔模型及拆卸可持续设计信息模型，其中，A、B、C、D、E 为笔的构成零件，用圆描述，节点 BD 之间存在螺纹连接约束，且 B 的拆卸优先级大于 D，BC 之间存在强物理约束，但不存在连接关系，AB 之间不直接接触，但是存在严格的拆卸优先级关系，所以属于空间约束。其他以此类推。

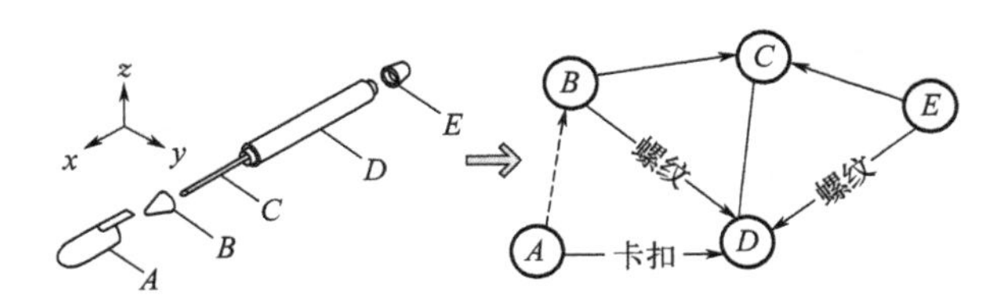

图 4-20　笔模型及拆卸可持续设计信息模型

○—最小拆卸单元节点；——→—强物理约束；---→—空间约束；
——物理约束；—L→—连接类型为L的约束（L指螺纹或卡扣）

4.2.2　拆卸混合图模型的构建与简化

(1) 连接元基础知识

机器由多个零部件组成，机器需要通过这些零部件的连接来实现功能，因此连接是构成机器的重要环节。为了充分利用连接知识进行拆卸可持续设计信息建模，将通过连接件或物理、化学、机械等连接方式约束在一起的组件集合定义为连接结构，并将连接件以外的组件称为普通组件，连接结构一般由连接件或连接介质和普通组件构成。基本连接元是最简单的连接结构，表示为 $C_t[P_1,P_2,\cdots,P_h]$，其中，C_t 为连接类型，当零件间只有接触关系，没有连接件和连接介质时，该结构为虚连接元，此时，连接类型 $C_t=C_0$；$P_i(i=1,2,\cdots,h)$ 为基本零件。由基本连接元和零件或多个基本连接元可以进一步组成复合连接元。复合连接元和基本连接元、虚连接元统称为连接元，则产品可以抽象表示为连接元的有机组合。连接元以连接类型为特征，如螺栓连接元、销连接元、过盈连接元、伸张连接元、形状连接元、粘接连接元、焊接连接元等。

两个普通组件 P_1 和 P_2 由 n 个相同类型的连接件（连接介质）连接或由 n 个不同类型的连接件（连接介质）连接，构成的连接结构称为连接元组，分别记为 $n-C_t[P_1,P_2]$ 和 $(C_1,C_2,\cdots,C_n)[P_1,P_2]$。

传统的产品是零件的集合，产品架构可以描述为零部件的树形层次结构，零件为产品的最小组成单元。产品中的零件可分为连接件或连接介质与普通组件，将产品的最小构成单元提升为具有独立结构和工程语义的连接元，从而将产品抽象为连接元的递归集合。

例如，汽车由发动机部件、底盘部件等组成，活塞连杆组件是发动机的组成部分，活塞连杆组件可以进一步分解为活塞、连杆等零件，产品及产品中的部件可以映射为复合连接元。连杆盖和连杆由螺栓连接，将此结构提取出来形成基本的螺栓连接元；活塞和连杆通过销轴连接在一起构成销连接元；活塞环通过伸张连接装配在活塞上，形成伸张连接元。连接元基本定义及层次结构示例见图 4-21。

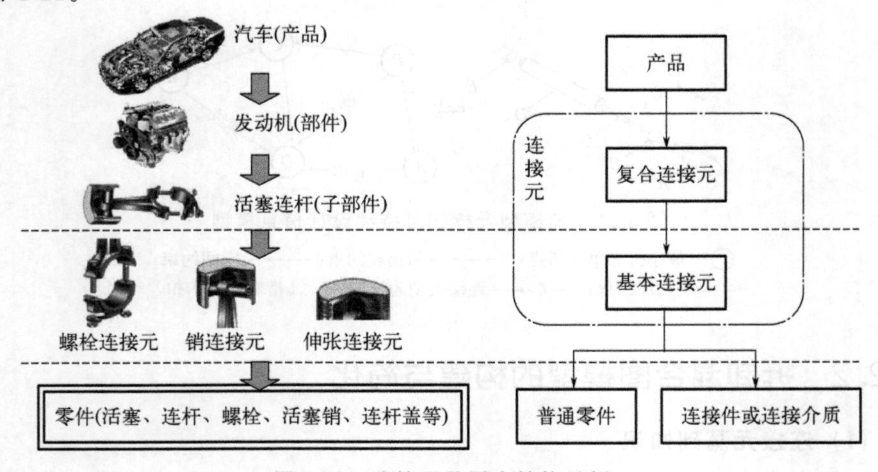

图 4-21　连接元及层次结构示例

拆卸约束分为几何和非几何约束，非几何约束又称优先约束，是移除不可行拆卸序列以获得实际可行拆卸序列的重要信息，然而，拆卸优先级信息从 CAD 模型获取困难，通常依靠专家知识和经验得到。

各种连接类型都有其独有的使用范围和拆卸方法，据此可以归纳总结出这些连接类型的拆卸优先级属性。如平键连接一般用于轴类零件和轮盘类零件之间的连接，拆卸优先级关系为轮盘类零件→平键→轴类零件，手动拆卸；而螺钉连接一般用于受力不大的连接中，靠近螺钉头的零件拆卸优先级高于另外一个被连接件；此外，一般轻小薄型零件拆卸优先级高于重大厚型零件等。因此，根据工程实践经验给出典型连接元的拆卸优先级规则，见表 4-5。

表 4-5　典型连接元的拆卸优先级规则

ID	连接元名称	被连接件(普通组件)		拆卸优先级判定规则	拆卸优先级①
		1	2		
SD	螺钉连接元	任何(靠近螺钉头)	任何	靠近螺钉头的零件先拆卸	螺钉＞件 1＞件 2
SM	螺栓-螺母连接元	轮盘类	箱体类	轮盘类零件先拆卸 轻薄小的零件先拆卸	螺母＞垫片＞螺栓＞件 1＞件 2
		轮盘类	轴类		
		箱体类	箱体类		
SL	双头螺柱连接元	轮盘类、箱体类	任何	靠近螺母的零件先拆卸	螺母＞垫片＞螺柱-件 1＞件 2
NS	非紧固件螺纹连接元	任何(轻薄小)	任何	轻薄小的零件先拆卸	件 1＞件 2
XL	销连接元	任何	任何	轻薄小的零件先拆卸	销＞件 1-件 2
PJ	平键或半圆键连接元	轮盘类	轴类	轮盘类零件先拆卸	件 1＞键＞件 2
XJ	楔键或切向键连接元	轮盘类	轴类		键＞件 1＞件 2
DJ	导向平键或滑键连接元	轮盘类	轴类		件 1＞键＞件 2
HJ	花键连接元	轮盘类	轴类		件 1＞件 2
XM	型面连接元	轮盘类	轴类		件 1＞件 2
GY	过盈连接元	任何	任何	轻薄小零件优先拆卸	件 1-件 2
SZ	伸张连接元	任何	任何		件 1-件 2
CL	齿轮连接元	齿轮	齿轮		件 1-件 2
MD	铆钉连接元	任何	任何	①贵重可回收重用的零件先拆卸 ②材料兼容则不拆卸	铆钉-件 1-件 2
ZJ	粘接连接元	任何	任何		件 1-件 2
HJ	焊接	任何	任何		件 1-件 2
…	…	…	…	…	…

①符号“＞”表示优先于，符号“-”表示无强物理拆卸优先关系。

(2) 连接元可拓物元模型

可拓学是蔡文创立的一门新兴学科，引进了物元和可拓集的概念。物元把一个事物的质和量有机关联起来，给定事物的名称 N、特征 C、对应的特征量值 V，则可用一个有序三元组描述物元，即 $R=(N,C,V)$。可拓集合可描述事物的量变过程和质变过程，将经典集合论中的定性问题拓展为定量问题，为解决矛盾问题提供了支持。物元分析的数学工具是建立在基于可拓集合基础上的可拓数学。可拓集合描述事物的可变性，其逻辑关系是以辩证逻辑和形式逻辑相结合的可拓逻辑。

连接元是连接结构的抽象化描述，根据物元理论，将连接元及蕴含的普通零件之间的连接方法、装配约束、拆卸优先级、拆卸工具、拆卸方法、回收级别、质量等知识以物元的形式描述，构建出连接元可拓物元模型 $\boldsymbol{M}_{\text{SU}}$。

$$
\boldsymbol{M}_{\text{SU}}=\begin{bmatrix} \text{SU}, & \text{ID}, & \text{ID(SU)} \\ & \text{Name}, & \text{Name(SU)} \\ & \text{Func}, & \text{Func(SU)} \\ & \text{Num}, & \text{Num(SU)} \\ & \text{Tool}, & \text{Tool(SU)} \\ & \text{Cons}, & \text{Cons(SU)} \\ & \text{Disrule}, & \text{Disrule(SU)} \\ & \text{Dis}, & \text{Dis(SU)} \\ & \cdots & \cdots \end{bmatrix}
$$

式中，SU 为连接元事物名称；ID 为连接元的标识码属性，唯一地标识了该结构单元，用于索引；Name 为连接元的名称属性，表达连接元完整的名称信息；Func 为连接元的功能信息；Num 为连接元中连接元素（紧固件）个数；Tool 为拆卸工具类型；Disrule 为连接元各元素的拆卸优先级，获取方法见表 4-5；Dis 为连接元的拆卸性能，分为优秀、良好、中等、一般、不可拆卸等类别；最后一行省略号表示连接元属性知识可以根据需要进行拓展，如面向材料回收的拆卸，需要考虑材料的兼容性；Cons 为连接元组成元素之间的约束关系。

约束 R_{cons} 用以下子物元形式表达。

$$
R_{\text{cons}}=\begin{bmatrix} \text{约束}\ C, & \text{被约束元素}\ A, & c_1 \\ & \text{被约束元素}\ B, & c_2 \\ & \cdots & \cdots \\ & \text{约束类型}, & c_t \end{bmatrix}
$$

产品 P 是连接元的有机集合，令 P 的全体连接元 M_1、M_2、…、M_n 对应的物元模型分别为 $\boldsymbol{M}_{\text{SU1}}$、$\boldsymbol{M}_{\text{SU2}}$、…、$\boldsymbol{M}_{\text{SU}n}$，则产品 P 的物理结构模型为 $P=$

$M_1 \oplus M_2 \oplus \cdots \oplus M_n$。

由于典型连接元类型有限，随着产品改进设计中新连接方式的出现，连接元需要更新和扩充，如可以通过典型连接元的可加、可积等可拓性变换出新的连接元。此外，连接元及属性知识以连接元可拓物元的形式进行存储，构成连接元实例库，连接元实例库可拓展。

(3) 构建方法

产品是连接元的组合，因此，产品拆卸可持续设计信息模型可以通过重用连接元可拓物元模型构建。

产品具有"产品—部件—零件"的树形层次结构，可以根据产品设计思想和专家经验对产品进行上述层次结构划分，直到简单易于处理为止，具体步骤如下。

① 根据产品结构的层次性将产品进行逐层分解，直至最小拆卸单元（如零件），并表示为树结构。

② 按照连接元定义，分析树的各层树节点对应的零部件之间的连接类型，与连接元实例库相匹配，构成复合连接元。

③ 对树的每一个分支逐层分析直至最小拆卸单元，根据连接类型匹配连接元实例库构建连接元。

重复上述步骤，则产品可以映射为零部件和连接件或连接介质的集合，该集合可进一步映射为基本连接元和复合连接元的集合，具体映射机制见图 4-22。

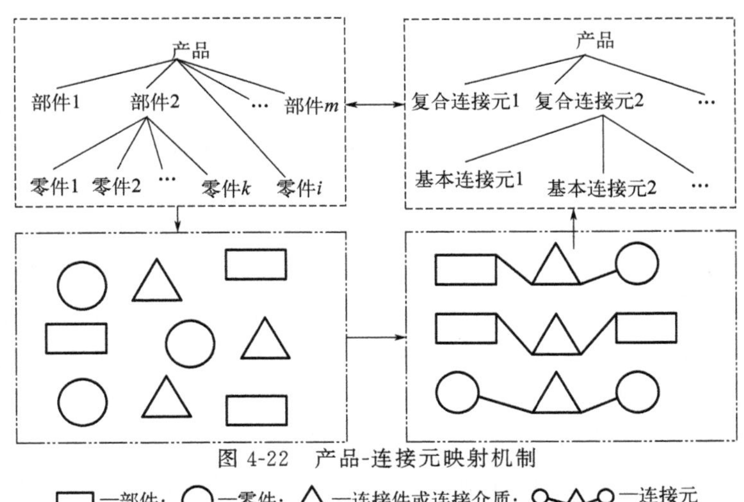

图 4-22　产品-连接元映射机制

一部件；一零件；一连接件或连接介质；一连接元

由于结构上相邻并具有连接关系的零部件才能构成连接元，此处将零部件间的接触约束表达为接触约束图 $CG=(V(CG),E(CG))$，该图为一个连通的无向图，节点 $V(CG)$ 代表最小拆卸单元（普通零件或部件），边 E（CG）代表接触约束关系。连接元映射时，先构造出产品接触约束图，逐层递归划分连接元，具体步骤如下。

① 获取最小拆卸单元之间的接触约束关系，构建接触约束图。

② 将产品 Ass 作为树根节点压入栈 StackA 中，令树根节点 $R=\text{Pop}(\text{StackA})=\text{Ass}$。

③ 计算接触约束图中各顶点的度数，获得度数最小的顶点，并将其压入栈 StackA，对于度数相等的顶点，随机选取一个顶点进行压栈处理。

④ 更新接触约束图 CG。

⑤ 判断栈 StackA 是否为空，如果为空，则转⑦；否则转⑥。

⑥ 从栈 StackA 弹出节点，赋给树 R 的左孩子节点 LNode，则右孩子节点为 CG-LNode。

⑦ 树 R 的同级兄弟节点即为连接元或复合连接元，输出结果，程序结束。

将产品接触约束图中的边约束与连接元实例进行匹配，如果匹配成功，则获取候选的连接元实例库中连接元可拓物元模型的相应特征值，利用该连接元的拆卸优先级规则进行拆卸优先级推理；如果匹配不成功，利用连接元的可拓变换生成新连接元或直接增加新的连接元。

连接元物元模型推理规则采用产生式规则的知识表示，即 IF〈条件〉THEN〈结论〉。

设目标连接元为 $\boldsymbol{M}_{\text{su1}}$，备选连接元为 $\boldsymbol{M}_{\text{su2}}$，则推理规则表示如下。

$\text{IF}\langle(\text{ID}(\text{su1}),\text{ID}(\text{su2}))\in X_1 \text{ or} (\text{Name}(\text{su1}),\text{Name}(\text{su2}))\in X_2\rangle$

$\text{THEN}\langle(\text{Func}(\text{su1}),\text{Func}(\text{su2}))\in X_3 \text{and}(\text{Num}(\text{su1}),\text{Num}(\text{su2}))\in X_4 \text{and}(\text{Tool}(\text{su1}),\text{Tool}(\text{su2}))\in X_5 \text{and}(\text{Cons}(\text{su1}),\text{Cons}(\text{su2}))\in X_6 \text{and}(\text{Disrule}(\text{su1}),\text{Disrule}(\text{su2}))\in X_7 \text{and}(\text{Dis}(\text{su1}),\text{Dis}(\text{su2}))\in X_8 \text{and}\cdots\rangle$

式中，X_i 为连接元物元特征值的二元关系，值为 1 或 0。如果 IF 部分为 1 代表条件匹配成功，THEN 部分得出的结论为其他特征值彼此匹配；反之亦然。

顶层连接元对应的是产品，而底层连接元则是顶层连接元的组成部分。可拆卸设计信息模型可以通过复用连接元快速构建，步骤包括：①遍历产品的 CAD 模型信息，读取零部件几何信息，获取产品及组件信息，识别基本零件和连接件；②根据产品复杂程度，按照产品—部件—零件的层次由顶向下逐层进行产品-连接元映射，获得最小拆卸单元；③通过 CAD 系统中零件之间的接触约束列表，构造最小拆卸单元之间的接触约束图，划分出连接元，构建二叉树；④遍历二叉树，赋予各边连接属性，通过连接元复用在拆卸接触约束图的基础上添加拆卸优先级约束；⑤通过人机交互和几何推理法处理虚连接元和空间约束，根据几何推理法获得拆卸优先级的方法主要是将零件沿着主要的拆卸方向（即 X、Y、Z 轴方向）移动，通过碰撞检测即可判断零件之间的拆卸优先约束关系；⑥移除冗余约束，输出拆卸多约束图，以备拆卸序列规划等分析用。冗余约束指不起作用的约束，如零件 1 优先级大于零件 2，且大于零件 3，而零件 2 的优先级大于零件 3，则零件 1 与零件 3 之间的约束即为冗余约束。

4.2.3 注塑机合模装置拆卸混合图模型

下面以注塑机合模装置为例（图 4-23）进行研究。该注塑机合模装置共有 122 个零件，通过人机交互获知该模型共含普通零件 58 个，其余为连接件，由于相同连接元（被连接件和连接件完全相同）中零件的拆卸方式一样，因此，相同类型零件只标出一个号，则模型缩减为 24 个普通零件，连接件没有标出，其爆炸图见图 4-23(a)。

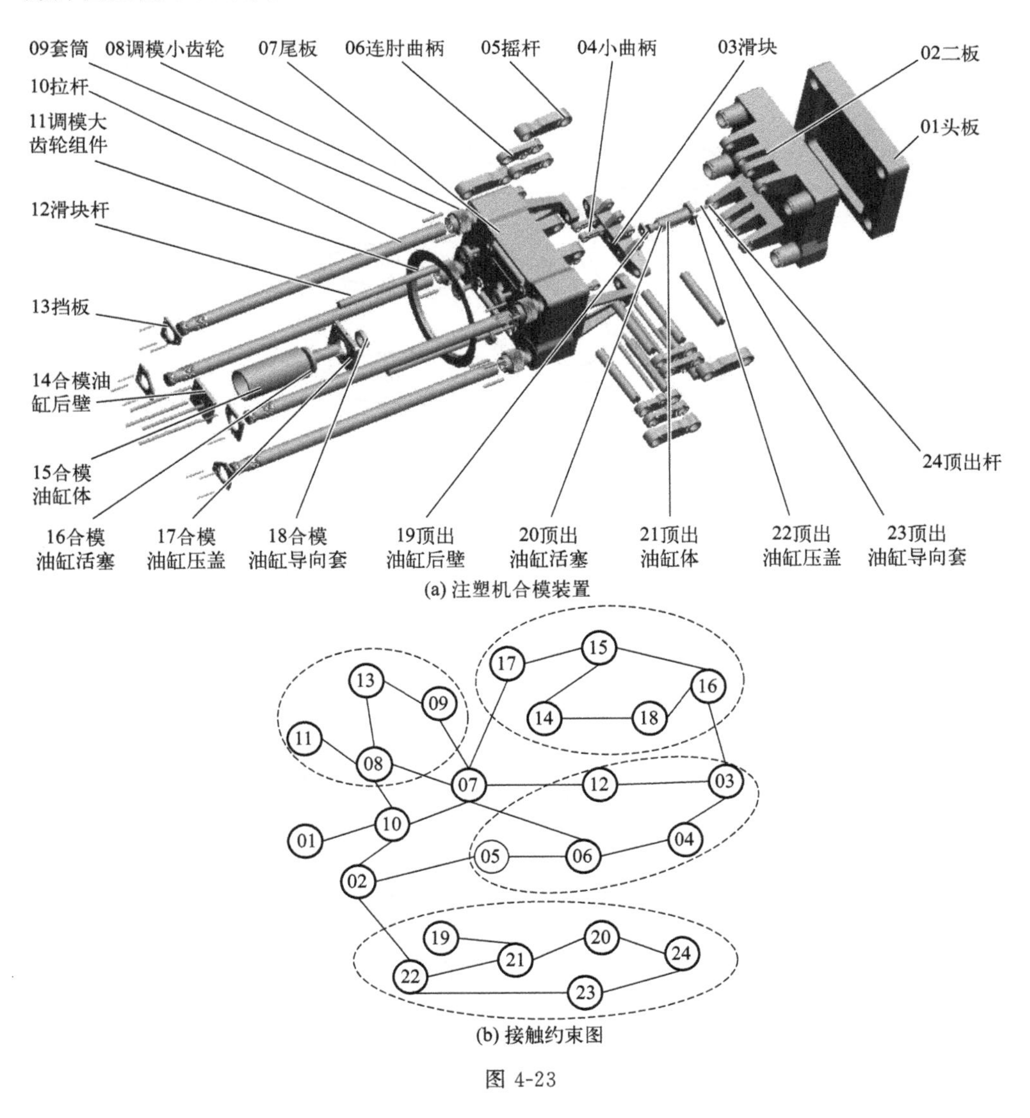

(a) 注塑机合模装置

(b) 接触约束图

图 4-23

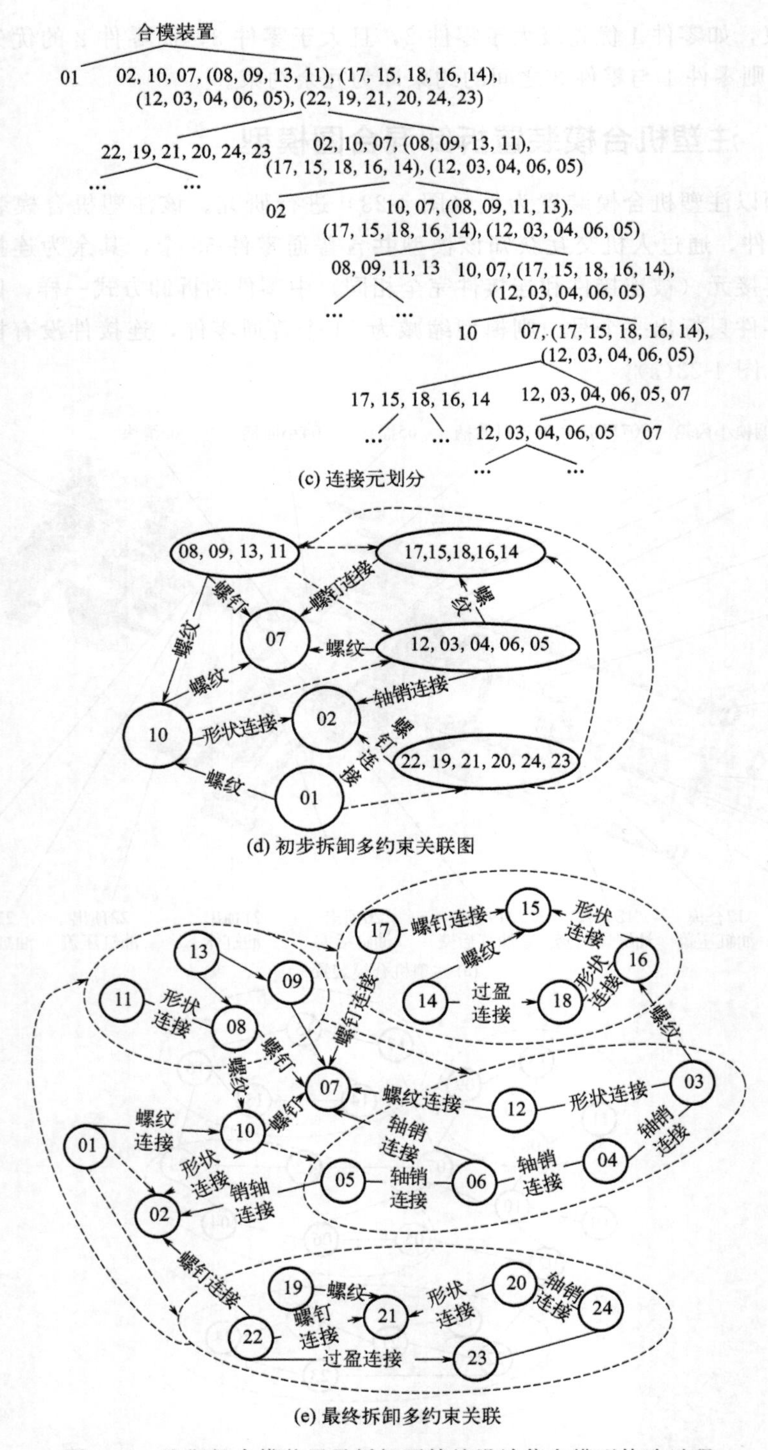

(c) 连接元划分

(d) 初步拆卸多约束关联图

(e) 最终拆卸多约束关联

图 4-23 注塑机合模装置及拆卸可持续设计信息模型构造过程

对该合模装置进行模块划分，可以分为调模机构模块、顶出机构模块、合模机构模块、双曲肘机构模块等，对各个模块中的普通零件之间的接触关系进行识别，按照层次结构构造出注塑机合模装置的接触约束图，普通零件用圆圈表示，零件之间的关系用直线描述，见图 4-23(b)。

由于该装置结构复杂，零部件数目较多，所以首先进行子装配体划分，以压缩顶点，并用虚线椭圆描述子装配体，如调模机构模块对应的节点为 11、13、09、08，其余类推。在图 4-23(b) 中，零件 01 的度为 1，根据度最小原则，先划分出复合连接元 $C_{螺纹连接}$ {01,[02,10,07,(08,09,13,11),(17,15,18,16,14),(12,03,04,06,05),(22,19,21,20,24,23)]}，接着，对模块{02,10,07,(08,09,13,11),(17,15,18,16,14),(12,03,04,06,05),(22,19,21,20,24,23)}继续划分连接元，由于顶出机构模块的度最小，于是，划分出复合连接元 $C_{非紧固件螺纹连接}$ [(22,19,21,20,24,23), 10,07,(08,09,13,11), (17,15,18,16,14),(12,03,04,06,05)]，其余类推，逐层递归划分过程如图 4-23(c) 所示。针对各个连接元，根据连接元推理出拆卸优先级，结果如图 4-23(d) 所示。其余各子装配体内部生成方法同上。

处理剩余空间约束。通过人机交互和几何推理法，补充普通零件之间的空间约束，如 01 和 02 之间的空间约束。移除冗余约束，输出拆卸可持续设计信息模型，结果见图 4-23(e)。

4.3 多体协同拆卸序列智能规划技术

拆卸序列规划方法主要分为两类：一类是基于图搜索的拆卸序列生成方法，如组件-紧固件图法、AND/OR 图法、Petri 网法、拆卸树法、割集法等。这类方法通过产品中零部件之间的几何拓扑信息来得到产品的拆卸序列，随着产品复杂度的提高，容易产生组合爆炸而难以得到结果。另外一类是智能搜索法，如遗传算法、蚁群算法、模拟退火法等。这类方法应用启发式规则迭代寻优，速度快，但是无法获得最优解。

4.3.1 多体协同拆卸序列规划问题的数学描述

在串行拆卸中，每次仅可以拆卸一个零部件，而在并行拆卸中，可以同时拆卸多个零部件。并行拆卸有利于减少拆卸时间，提高工作效率，便于拆卸大型复杂产品，以克服单人无法克服的困难，增加拆卸工作的柔性，减少辅助时间等。并行拆卸序列规划问题与串行拆卸序列规划问题的不同之处在于：①并行拆卸每次拆卸的零件个数不确定，而传统的串行拆卸每次拆卸一个；②并行拆卸的操作者为多个，可同时执行多个拆卸任务，而传统串行拆卸的操作者为一个，每次只能执行一个拆卸任务；③并行拆卸存在工作区域干涉问题，而传统串行拆卸不存在该问题；④并行拆卸序列规划具有时间相关性，拆卸时间与拆卸序列相关，而传统串行拆卸方式下基本拆卸时间之和为恒量。由此可以看到，并行拆卸序列规划问题要比串行拆卸序列规划问题复杂得多，主要体现在三个方面：①序列长度不确定；②局部序列最优不一定全局序列最优；③可拆卸序列为非线性。

根据拆卸信息模型，并行拆卸序列规划问题可以定义如下。

设产品拆卸可持续设计信息模型 $\boldsymbol{G}=\{\boldsymbol{V},\boldsymbol{E}_{\mathrm{f}},\boldsymbol{E}_{\mathrm{fc}},\boldsymbol{E}_{\mathrm{c}}\}$，每个单元的基本拆卸时间 $\boldsymbol{T}=\{t_1,t_2,\cdots,t_n\}$，操作者集合 $\boldsymbol{M}=\{m_1,m_2,\cdots,m_k\}$，求可行拆卸序列并满足以下约束条件：①最小化总拆卸时间；②最大化拆卸并行度；③每个操作者每次仅可执行一个拆卸任务；④一个零件的不同拆卸操作不能同时进行。

拆卸序列规划旨在获得使拆卸时间最少且收益最大的拆卸序列。为减少问题的复杂性，进行如下假设。

① 不考虑操作者工作区域的干涉。

② 所有协同拆卸任务同时开始。

③ 仅考虑非破坏性完全拆卸。

将某时刻可同时拆卸的最小拆卸单元数定义为拆卸并行度，并记为 $D(P)$。

由拆卸并行度定义可知，并行拆卸的并行度与操作者数等有关，设 k 个操作者集合 $\boldsymbol{M}=\{m_1,m_2,\cdots,m_k\}$，则 $1\leqslant D(P)\leqslant k$。当拆卸并行度为1时，为传统的串行拆卸问题。拆卸并行度可以根据产品复杂程度和操作者数设定。

为评价拆卸序列的优劣，将拆卸时间最小化作为优化目标。给定每个组件的基本拆卸时间，忽略诸如刀具更换、拆卸方向变换等额外时间。对于串行拆卸，每个组件的基本拆卸时间之和恒定，但协同拆卸是时间序列相关的。设 t_i 为第 i 个节点的基本拆卸时间，则目标函数 f_{u} 定义如下：

$$f_{\mathrm{u}}=\min\sum_{m}\max_{i\in[1,k]}(t_1,t_2,\cdots,t_i) \tag{4-3}$$

式中，m 为序列长度；k 为拆卸操作者的个数。

4.3.2 基于分支定界法的多体协同拆卸序列规划与案例分析

可行的并行拆卸序列可以表示为一个树结构，定义为协同拆卸层次树（cooperative disassembly hierarchical tree，CDHT）。树是一种非线性数据结构，最顶层为根，其余节点分为 m（$m\geqslant 0$）个不连接子集，即为子树。上层节点是下层节点的父亲，相反，该节点的分支节点称为其孩子节点，没有孩子节点的节点称为叶子。

在CDHT中，每个节点的数据结构存储的信息如下：树节点ID；可行协同组件集合，即以同时协作方式执行的拆卸任务；从树根到当前节点的所有节点列表称为局部拆卸序列；树节点的拆卸时间为并行拆卸组件集合中的最大基本拆卸时间。协同拆卸层次树结构示例如图 4-24 所示。

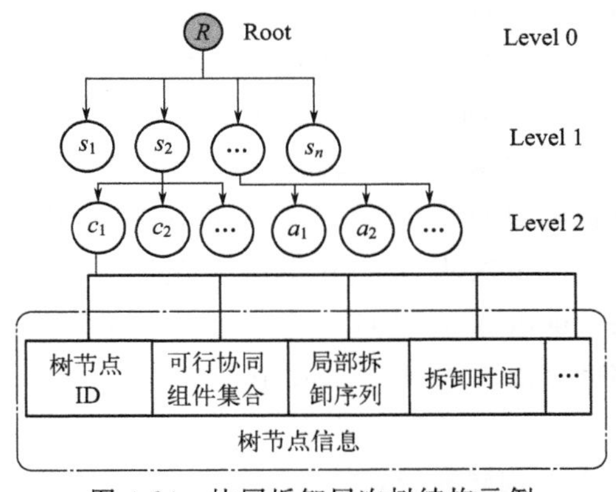

图 4-24　协同拆卸层次树结构示例

分支定界法是一种在问题解空间上搜索问题最优化解的算法，通过搜索解空间找到满足约束条件的最优解，适用于小规模 NP 问题的精确求解。然而，随着问题规模的增大，可行解的数目成指数级增长，导致在合理的计算时间内无法获得最优解。

用该算法求解并行拆卸序列规划问题需要克服以上缺点，为此，引入协同并行距离 para 来进行定界，使不符合用户规定阈值的分支剪枝，并引入分支个数阈值 w 进一步减小算法的搜索空间，获得（近似）最优解。

（1）协同并行距离 para

$$\text{para}=\left|\max(t_1,t_2,\cdots,t_i)-\min(t_1,t_2,\cdots,t_i)\right|_{i\in[1,k]} \tag{4-4}$$

设四个拆卸任务 A、B、C、D，基本拆卸时间 $T_a=5\text{s}$，$T_b=7\text{s}$，$T_c=2\text{s}$，$T_d=8\text{s}$，设有三个操作者，则子集合有(a,b,c)、(a,b,d)、(a,c,d)、(b,c,d)，其对应的协同并行距离分别为 5、1、6、6。

（2）分支个数阈值 w

随着产品复杂度的增加，每层分支个数激增，为在合理的时间内获得优秀的解，给定变量 w 控制分支数在用户规定范围内。w 越大，获得全局最优解的可能性越大，求解时间越长，所以应根据问题规模设定合适的 w 值。

并行拆卸序列规划问题的自适应规划方法包括三个步骤。

① 构建产品的拆卸信息模型为基本拆卸混合图模型，并初始化所需参数，如操作者集合、单元基本拆卸时间、协同并行距离、每层分支数等。

② 利用分支定界算法（branch-and-bround，B&B）生成协同拆卸层次树 CDHT，进行协同拆卸序列规划。

a. 初始化 CDHT（即生成根节点 R_0），设置根节点信息 Seq，通过可拆卸性判别，将 R_0 放入列表 HS 中。

b. 根据 HS 列表进行当前树节点的可拆卸性分析，并将当前可拆卸节点放入列表 HL 中。

c. 判断 HL 中的节点个数是否大于操作者个数。如果为真，转步骤 d；否则，转步骤 e。

d. 计算聚类节点的协同并行距离，并依据用户规定的阈值进行剪枝。

e. 创建列表 Pallowed，将符合要求的聚类节点作为 CDHT 树的分支节点放入 Pallowed 列表，更新树节点的信息 Seq。

f. 计算 Pallowed 列表中树节点的目标函数。

g. 判断所有可行的聚类是否完成。如果完成，转步骤 h；否则，转步骤 d。

h. 根据目标函数值，对 Pallowed 中的树节点进行排序，然后将小于每层分支数阈值的节点保留并放入堆栈 BSeq 中，其余的丢弃，完成再剪枝。

i. 依次从 BSeq 中取出树节点（i. e. Tnode∈BSeq）进行深度优先递归操作，将 Tnode 插入到 HS，转步骤 b 以动态地构建 CDHT，直至一个分支处理完成，将叶节点放入列表 Leaf 中。

j. 判断 BSeq 是否为空（即 BSeq＝∅）。如果为非空，转步骤 i；否则，CDHT 构建完毕，转 k。

k. 根据目标函数值，对叶节点进行升序排序，将最优节点放入列表 BestLeaf 中。

③ 进行结果输出。

下面以一个阀盖头夹具为例进行研究，该夹具含有 12 个不同类零部件，同类零部件根据数量依次编号，例如，mr 表示 m 零件类型中的第 r 个零件，如 71 表示螺钉 7 中的第 1 个螺钉，101 表示 1 号零件里面的第 1 个钩形压板，如此展开，阀盖头夹具共有 22 个零部件，阀盖头夹具的组件信息如表 4-6 所示，夹具体 3 为基体。图 4-25(a) 为其模型爆炸图，图 4-25(b) 为该夹具的拆卸可持续设计信息模型。对紧固件等进行简化预处理。

表 4-6　阀盖头夹具组件信息

序号	编码	名称	基本拆卸时间/s	序号	编码	名称	基本拆卸时间/s
1	101	钩形压板 1	1	12	72	螺钉 2	2
2	102	钩形压板 2	1	13	73	螺钉 3	2
3	21	套筒 1	1	14	74	螺钉 4	2
4	22	套筒 2	1	15	81	垫片 1	0.5
5	12	球形螺钉	5.5	16	82	垫片 2	0.5
6	4	铰链压板	2	17	83	垫片 3	0.5
7	51	挡圈 1	1	18	84	垫片 4	0.5
8	52	挡圈 2	1	19	9	盘根	5
9	61	销轴 1	0.5	20	10	背帽	2
10	62	销轴 2	0.5	21	11	背帽螺钉	3
11	71	螺钉 1	2	22	3	夹具体	0

通过可拆卸性分析，由拆卸混合图模型导出拆卸优先级过程图（图 4-26）。

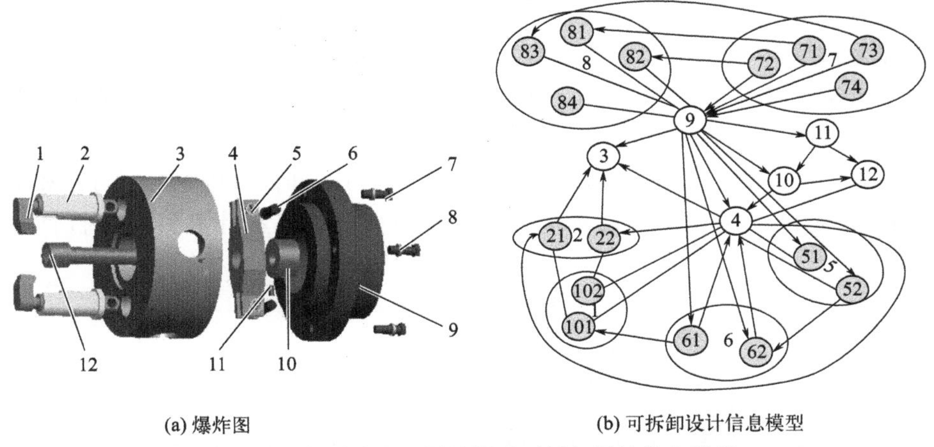

(a) 爆炸图　　(b) 可拆卸设计信息模型

图 4-25　阀盖头夹具爆炸图及可拆卸设计信息模型

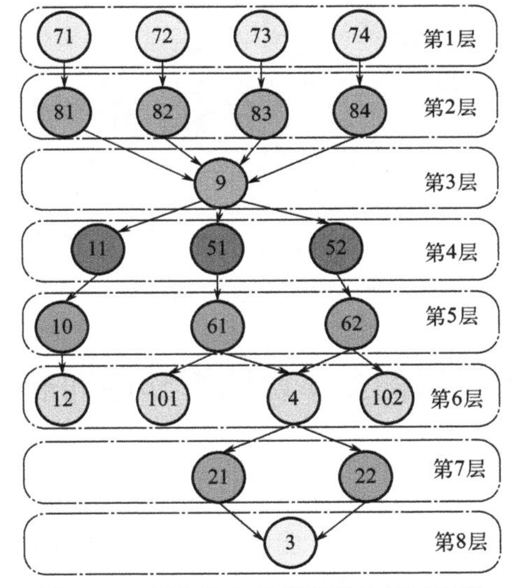

图 4-26　阀盖头夹具拆卸优先级过程图

假设有两个操作者参与拆卸工作，令协同并行距离 para 为 2，每层分支个数阈值为 1，应用多体协同拆卸序列自适应规划方法对阀盖头夹具模型进行多体协同拆卸序列规划，获得最优拆卸序列为（72,71）、（82,81）、（74,73）、（84,83）、（9）、（52,51）、（62,61）、（11,101）、（10,102）、（12,4）、（22,21）、（3），拆卸时间为 23s。

为分析用户自定义变量对拆卸序列规划结果的敏感性，对各自定义变量分别取不同的值进行实验，图 4-27 给出了自定义变量与拆卸序列规划结果的关系曲线。图 4-27 中，CPU time 是计算机耗时，NumofSeq 是序列解的编号。由图可知，目标函数（近似）最优解为 23s，最多耗时 25s。随着协同并行距离 para 和分支个数阈值 w 的增加，解域增加，且运算时间增加，结果越优秀，反之亦然。此外，分支个数阈值 w 与拆卸序列规划结果关系比较紧密，而协同并行距离 para 对结果的影响不是很大。

总之，该应用实例证明了该方法在实际产品可拆卸性分析中的可行性和实用性。但 para 和 w 的确定难以标准化，需要根据问题集和计算资源进行自适应定义。

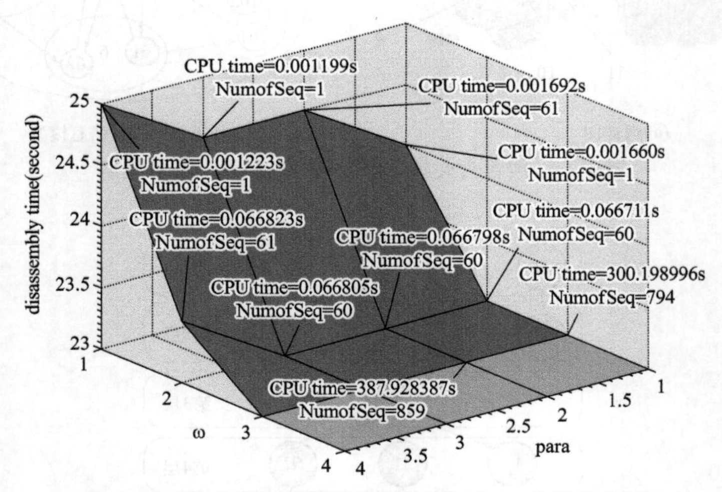

图 4-27　CDSP 规划结果与变量 para 和 w 之间的关系

4.3.3　基于遗传算法的多体协同拆卸序列规划与案例分析

（1）并行序列染色体编码

遗传算法（genetic algorithm，GA）是一种借鉴生物界适者生存的进化规律演化而来的人工智能全局搜索算法，能够在较大样本空间搜索到全局最优解。编码是染色体与并行拆卸序列规划问题解之间的映射过程，是应用遗传算法求解问题的关键。遗传算法的染色体结构就是并行拆卸序列规划问题解的形式，即每个染色体表示一个拆卸序列，每个基因对应每步拆卸的最小拆卸单元节点。

并行拆卸序列规划问题要对 n 个待拆卸节点进行排序，并且每次选择的节点数目 m 不确定[$1 \leqslant m \leqslant D(P)$]，为此，并行拆卸序列染色体包含拆卸单元序列和拆卸步长两部分，分别用自然数进行编码，两部分基因串的长度均为 n，与图节点数目相同，其中拆卸单元序列是基于拆卸优先级约束获得的最小拆卸单元序列，表示为 $S_1, S_2, \cdots, S_i, \cdots, S_n$，其中，$S_i \in \boldsymbol{V}$，为最小拆卸单元。拆卸步长是该解对应的拆卸步骤数目以及每步所拆卸的最小单元数，表示为 $B_1, B_2, \cdots, B_j, \cdots, B_n$，其中，任一拆卸步长 $B_j \leqslant D\ (P)$，$j=1,2,\cdots,n$，

且 $\sum_{j=1}^{n} B_j = n$，当拆卸步骤数目少于图节点数时，以 0 补齐，具体如图 4-28 所示。

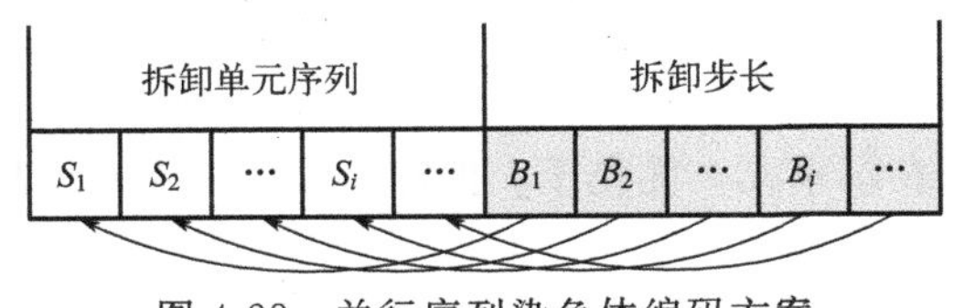

图 4-28　并行序列染色体编码方案

按照上述并行序列染色体编码方案，当拆卸并行度为 1 时，为串行拆卸，则其染色体编码长度为 2 倍的节点数，其中每步拆卸步长都为 1。由此可见，该并行序列染色体编码方案既适用于串行拆卸也适用于并行拆卸，串行拆卸是并行拆卸的特殊情况。

对于某轴承座部件，假设拆卸并行度为 2，则拆卸步长为 1 或 2，按照上述染色体编码方法，该轴承座的某个并行拆卸序列的染色体编码结果如图 4-29 所示，拆卸步骤共 6 步，前三步的拆卸步长为 2，后三步的拆卸步长为 1，且拆卸步长基因之和为 2+2+2+1+1+1=9。

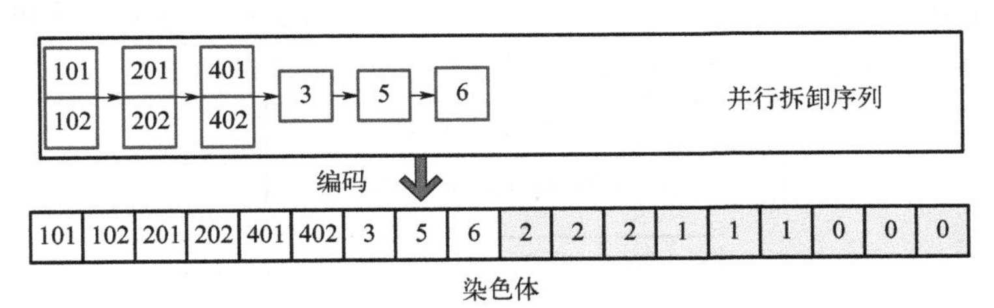

图 4-29　染色体编码示例

(2) 初始化种群

随机生成的初始种群含有大量不可行解，由于父染色体的拆卸优先级信息将遗传到后代，为提高搜索效率，此处在保证拆卸优先级的基础上随机生成初始种群。

通过人机交互的方式逐层构建产品拆卸混合图，根据拆卸混合图进一步推导出邻接矩阵 $\boldsymbol{M}_{\mathrm{r}}$ 和约束矩阵 $\boldsymbol{M}_{\mathrm{con}}$：

$$\boldsymbol{M}_{\mathrm{r}}=[mr_{ij}]_{n\times n}$$

式中，

$$mr_{ij}=\begin{cases}1,(i,j)\in\boldsymbol{E}_{\mathrm{f}} \text{ 或} \langle i,j\rangle\in\boldsymbol{E}_{\mathrm{fc}} \text{ 或} \langle j,i\rangle\in\boldsymbol{E}_{\mathrm{fc}}\\0,\text{其他}\end{cases}\tag{4-5}$$

当 $mr_{ij}=1$，表示单元 j 与 i 存在约束，则产品中单元 j 有约束关系的单元数如下：

$$N(j)=\sum_{i=1}^{n} mr_{ij} \tag{4-6}$$

$$\boldsymbol{M}_{\mathrm{con}}=[mc_{ij}]_{n\times n}$$

式中，$mc_{ij}=\begin{cases}-1, & \langle i,j\rangle\in \boldsymbol{E}_{\mathrm{c}} \text{ 或 } \langle i,j\rangle\in \boldsymbol{E}_{\mathrm{fc}}\\ 0, & \text{其他}\end{cases}$

当 $mc_{ij}=-1$，表示单元 i 优先于 j 拆卸。当 $mc_{ij}=0$，表示单元 i 与 j 之间不存在拆卸优先级关系。

单元 j 的拆卸优先级定义为

$$P(j)=\sum_{i=1}^{n} mc_{ij} \tag{4-7}$$

当 $P(j)=0$，单元 j 可拆卸；否则，不可拆卸。

由此推导出当前可拆卸单元，如此逐层递归，直到拆卸任务结束，即可形成一个可行的拆卸序列。其中，若由式(4-6) 和式(4-7) 推导出的每步可拆卸单元数为 a，当 a 小于等于 $D(P)$ 时，a 个单元可以同时并行拆卸，拆卸步长为 a；当 a 大于 $D(P)$ 时，可拆卸的零部件数目超过了最大拆卸并行度，则需要从 a 个单元中选取 $D(P)$ 个单元进行并行拆卸，拆卸步长为 $D(P)$。

重复上述步骤，随机生成 Maxpop 个可行的拆卸序列，将可行拆卸序列进行染色体编码，形成初始种群，具体流程如图 4-30 所示。

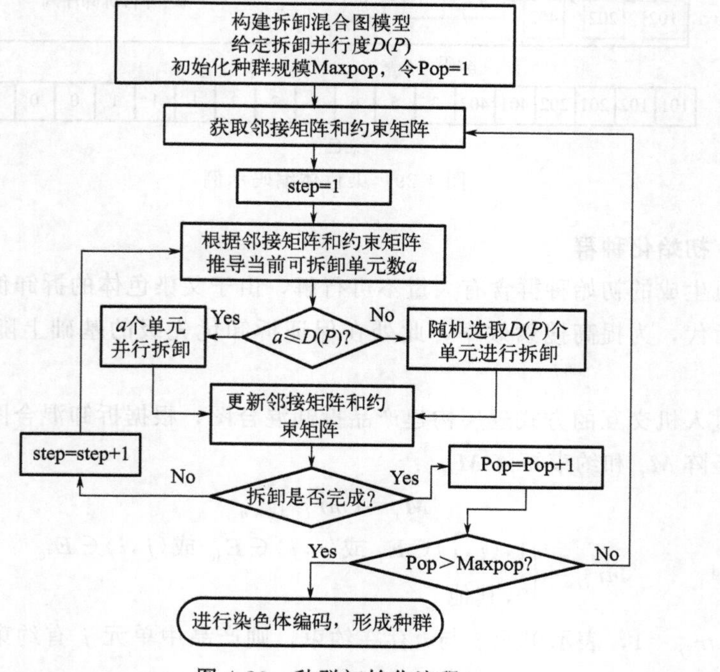

图 4-30 种群初始化流程

(3) 适应度函数与选择算子

拆卸序列的优劣以拆卸时间进行衡量，拆卸时间越短，则拆卸序列越优秀，反之亦然。此处，只考虑每个组件的基本拆卸时间，忽略诸如刀具更换、拆卸方向变换等产生的额外时间。对于串行拆卸，每个组件的基本拆卸时间之和恒定，而并行拆卸是时间序列相关的。此外，种群进化的过程中会产生不可行序列，为了保证最优（近似最优）解的质量，引入不可行拆卸序列惩罚因子以剔除不合理的序列。

设 t_i 为第 i 个节点的基本拆卸时间，则适应度函数 $f(r)$ 为拆卸序列对应的拆卸时间之和，定义如下：

$$f(r)=\sum_{l=1}^{L}\left[\max_{i\in[1,D(P)]}(t_1,t_2,\cdots,t_i)+\delta P(i)\right] \tag{4-8}$$

式中，L 为并行拆卸序列长度，即拆卸步骤数；δ 为不可行拆卸序列惩罚因子，为一个常数，可以根据问题规模进行设置，如合理的序列的适应度值位于 [0,100] 区间内，则惩罚因子可以设为 200s，以此奇异值区别出不可行拆卸序列；$P(i)$ 为单元 i 的拆卸优先级，由式(4-6) 和式(4-7) 确定，如果单元 i 可拆卸，$P(i)=0$，反之亦然；$f(r)$ 为 r 序列对应的适应度值，适应度值越小，序列越优秀，保留下来的概率越大，选择适应度值小的染色体作为下一代的父染色体。

(4) 交叉算子

交叉进化是产生新个体的主要方法，采用单点交叉算子，针对染色体中的拆卸单元序列部分进行交叉操作。根据设定的交叉概率，在染色体前部分编码中随机产生一个交叉点 m，在父染色体 B 中选择前 m 个基因作为新子染色体的前部分，其余染色体根据其在父染色体 C 中出现的次序重新安排。

假设父染色体 B{101,102,201,202,401,402,3,5,6|2,2,2,1,1,1,0,0,0}和 C{102,101,202,201,402,401,3,6,5|2,2,1,1,1,1,1,0,0}，$m=3$，并行度 $D(P)=2$，通过对前部分进行交叉操作获得其子染色体 B_1 和 C_1，操作如下。

B_1 的前 3 个基因与父染色体 B 相同{101,102,201}，父染色体 B 中后 6 个染色体{202,401,402,3,5,6}重新排序得{202,402,401,3,6,5}，拆卸步长部分遗传，则子染色体 B_1 为{101,102,201,202,402,401,3,6,5|2,2,1,1,1,1,1,0,0}。同理，子染色体 C_1 为{102,101,202,201,401,402,3,5,6|2,2,2,1,1,1,0,0,0}。

(5) 变异算子

染色体中的拆卸单元序列和拆卸步长两部分分别进行，按照已设定的变异概率随机产生两个变异点 m_1 和 m_2，将父染色体中 m_1 和 m_2 位的两个基因互换，得到新染色体的操作为变异。设父染色体 B{101,102,201,202,401,402,3,5,6|2,2,2,1,1,1,0,0,0}，随机数 $m_1=2$，$m_2=4$，通过变异得到的新染色体为

{101,202,201,102,401,402,3,5,6|2,2,2,1,1,1,0,0,0}，对于拆卸步长部分，假设产生随机数为 $m_1=11$，$m_2=17$，则拆卸步长变异后新染色体为 B_1{101,102,201,202,401,402,3,5,6|2,0,2,1,1,1,0,2,0}，由于拆卸步长基因表示该步拆卸的零部件个数，所以此处第 2 步的 0 表示不拆卸零件，没有实际意义，可以消零后得 B_1{101,102,201,202,401,402,3,5,6|2,2,1,1,1,2,0,0,0}。

(6) 算法步骤

① 初始化种群。通过人机交互方式构建产品的拆卸混合图模型，设定拆卸并行度、组件基本拆卸时间等参数，按照拆卸混合图模型推导出式(4-6)、式(4-7)，由此识别当前可拆卸的最小单元（零件、部件等），依次推理获得可行拆卸序列。按照染色体编码规则对获得的可拆卸序列进行编码，给定种群规模 Maxpop、最大迭代代数 s_{Max} 和迭代代数 s，令 $s=1$，产生初始群体 Pop(s)。同时，遍历初始群体，找到最优解染色体 i_{best}，并计算对应的适应度值 $f(i_{\mathrm{best}})$。

② 遍历种群 Pop(s)。计算各染色体 i 的适应度函数值 $f(i)$，若 $f(i)<f(i_{\mathrm{best}})$，获得适应度值最小的染色体 j，即 $i_{\mathrm{best}}=j$，$f(i_{\mathrm{best}})=f(j)$，$j\in$ Pop(s)为当代种群中的一个染色体。

③ 判断迭代次数 s 是否大于 s_{Max}。若满足上述条件，转⑦；否则，转④。

④ 根据适应度值进行染色体排序，选择适应度值较小的前 Maxpop 个染色体为下一代父辈染色体。

⑤ 在群体 Pop(k) 中按给定的交叉概率 P_{c} 进行交叉操作得到 CPop(k)。

⑥ 在 CPop(k) 中按给定的变异概率 P_{m} 进行变异获得新群体，令 $k=k+1$，返回②。

⑦ 结束，输出最优染色体和适应度值。

(7) 算法结果

下面以图 4-25 所示的阀盖头夹具为研究对象，在 MATLAB 2007b 实验平台上利用该算法进行多组参数多次反复实验，结果见表 4-7、图 4-31 和图 4-32。由表 4-7 可见，当拆卸并行度 $D(P)=2$、交叉概率 $P_{\mathrm{c}}=0.9$、变异概率 $P_{\mathrm{m}}=0.2$、种群规模为 10 且遗传代数为 10 时，最小适应度函数值为 24.5s；当种群规模为 50 且遗传代数为 10 时，最小适应度函数值为 23s。此时，染色体解码后对应的拆卸序列为(73,72)|(71,74)|(82,84)|(83,81)|(9)|(11,51)|(52,10)|(61,62)|(101,102)|(4,12)|(6,21)|(3)。进化过程及结果如图 4-31 所示，其中，图 4-31(a) 为进化过程图，纵坐标为适应度函数值（单位为 s），横坐标为遗传代数。图 4-31(b) 为对应的最优拆卸序列结果，其中，纵坐标为零件编号，横坐标为拆卸步骤，图中零件序列为解码前序列：(13,12)|(11,14)|(16,18)|(17,15)|(19)|(21,7)|(8,20)|(9,10)|(1,2)|(6,5)|(4,3)|(22)。

表 4-7　拆卸并行度为 2 时的实验结果

种群规模	遗传代数	最小适应度函数值/s	变异概率 P_m	交叉概率 P_c
10	10	24.5	0.2	0.9
10	10	23.5	0.5	0.9
20	50	23.5	0.1	0.5
20	100	23	0.2	0.9
50	10	23	0.5	0.9
50	20	23	0.5	0.9
50	10	23	0.2	0.9

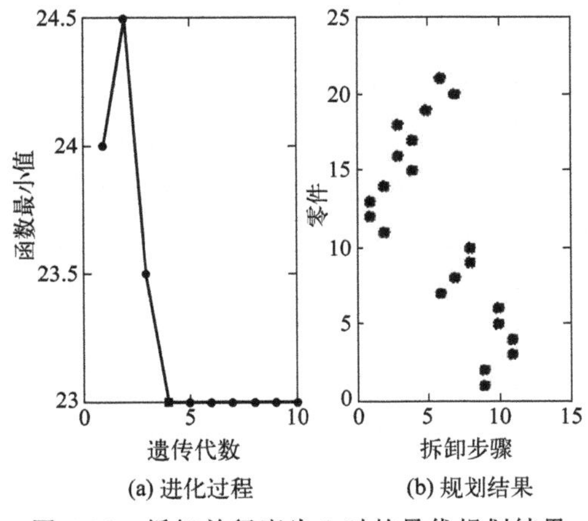

图 4-31　拆卸并行度为 2 时的最优规划结果

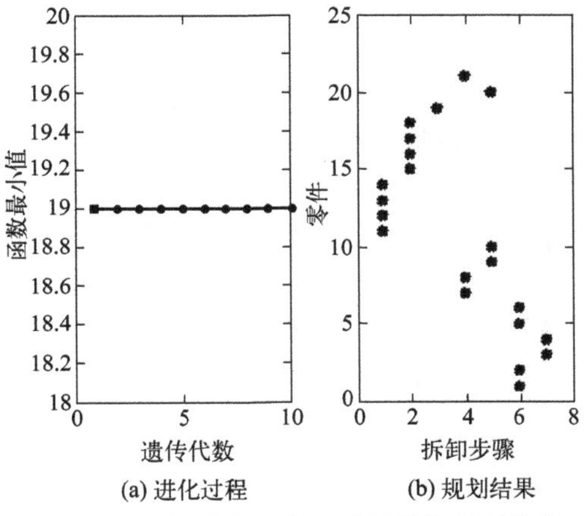

图 4-32　拆卸并行度为 4 时的最优规划结果

当拆卸并行度 $D(P)=4$ 时，进行多次反复实验，当种群规模为 50、$P_c=0.9$、$P_m=0.2$，遗传代数为 10 时，得到近似最优拆卸序列为(71,72,73,74)|(81,82,84,83)|(9)|(51,52,11)|(62,61,10)|(4,12,101,102)|(22,21)|(3)，对应的适应度函数值为 23s，进化过程和结果如图 4-32 所示，图中各坐标含义同图 4-31。图 4-32 显示当 $D(P)=4$ 时在种群初始化即可获得最优解。

由上述实验结果可以看到种群规模越大，得到的结果越优秀，对于小种群规模，随着遗传代数的增多，结果越优秀。另外，变异概率 P_m 和交叉概率 P_c 对结果影响不大，主要是因为该算法的初始化种群算法使初始种群质量较高。

4.3.4　基于模糊粗糙集的多体协同拆卸序列规划方法

(1) 并行拆卸序列规划问题的模糊粗糙集映射模型

模糊集理论和粗糙集理论是研究不确定、模糊知识的数学工具，在模式识别、机器学习、决策分析、知识发现等领域具有重要应用。

设 $\boldsymbol{U}$ 是知识论域，$\boldsymbol{R}$ 是 $\boldsymbol{U}$ 上等价关系的一个族集，序对 $\boldsymbol{K}=(\boldsymbol{U},\boldsymbol{R})$ 称为近似空间（或知识库）。$\boldsymbol{X}$ 为 $\boldsymbol{U}$ 上的一个子集，x 为 $\boldsymbol{U}$ 中的一个对象，$[x]_R$ 表示所有与 x 不可分辨的对象的集合，即由 x 决定的等效类。当集合 $\boldsymbol{X}$ 不能用知识库 $\boldsymbol{K}$ 中的知识精确描述时，则用 $\boldsymbol{X}$ 关于 $\boldsymbol{K}$ 的上下近似集来描述。

$\boldsymbol{X}$ 的下近似：$$\boldsymbol{R}_{-}(\boldsymbol{X})=\{x:(x\in\boldsymbol{U})\wedge([x]_R\subseteq\boldsymbol{X})\} \tag{4-9}$$

$\boldsymbol{X}$ 的上近似：$$\boldsymbol{R}^{-}(\boldsymbol{X})=\{x:(x\in\boldsymbol{U})\wedge([x]_R\cap\boldsymbol{X}\neq\varnothing)\} \tag{4-10}$$

$[\boldsymbol{R}_{-}(\boldsymbol{X}),\boldsymbol{R}^{-}(\boldsymbol{X})]$ 即为集合 $\boldsymbol{X}$ 的粗糙集。

设 $\boldsymbol{Y}\subseteq\boldsymbol{R}$，且 $\boldsymbol{Y}\neq\varnothing$，$\boldsymbol{Y}$ 中所有等价关系的交集称为 $\boldsymbol{Y}$ 上的一种不可区分关系，记作 IND（$\boldsymbol{Y}$）。

设 $\boldsymbol{U}$ 为模糊集，$\boldsymbol{U}$ 上的一个模糊集 $\boldsymbol{F}$ 可以定义如下映射关系。

$$\mu_{\mathrm{F}}:\boldsymbol{U}\rightarrow[0,1]$$

映射函数 $\mu_{\mathrm{F}}(\cdot)$ 又称成员函数，表示元素隶属于模糊集合 $\boldsymbol{F}$ 的程度。

并行拆卸序列规划中，将待拆卸零件的集合定义为知识论域 $\boldsymbol{U}_1$，即 $v_i\in\boldsymbol{U}_1$，并定义 $\mu(v_i)$ 为零件 v_i 的拆卸隶属度。$\boldsymbol{K}_1=(\boldsymbol{U}_1,\boldsymbol{R})$ 表示由产品中可拆卸单元和等价关系 $\boldsymbol{R}$ 构成的近似空间。设当前待拆卸的零件集合为 $\boldsymbol{X}_1$，如果若干个零件的隶属度属于当前适合拆卸的范围内，则称它们属于 $\boldsymbol{R}$ 相关，即属于等价类。

拆卸隶属度 $\mu(v_i)$ 定义如下：

$$\mu(v_i)=P_1(v_i)\times[\alpha_1\mu_{\mathrm{t}}(v_i)+\alpha_2\mu_{\mathrm{a}}(v_i)+\alpha_3\mu_{\mathrm{d}}(v_i)+\alpha_4\mu_{\mathrm{T}}(v_i)] \tag{4-11}$$

$$\mu_{\mathrm{t}}(v_i)=\min\{t_{v_{\mathrm{k}}}\}/t_{v_i},v_{\mathrm{k}}\in\boldsymbol{X}_1 \tag{4-12}$$

$$\mu_{\mathrm{a}}(v_i)=\min\{N(v_j)\}/N(v_i),v_j\in\boldsymbol{X}_1 \tag{4-13}$$

$$\mu_{\mathrm{d}}(v_i)=1-f_{\mathrm{d}}(v_i),\ f_{\mathrm{d}}(v_i)=\begin{cases}0.2, & \text{放置装配}\\ 0.4, & \text{插入装配}\\ 0.6, & \text{旋入装配}\\ 0.8, & \text{深结合装配}\\ 1.0, & \text{不可拆卸装配}\end{cases} \tag{4-14}$$

$$\mu_{\mathrm{T}}(v_i)=\frac{1}{\dfrac{1}{g}\times\sum\limits_{j=1}^{g}U(T_j)} \tag{4-15}$$

式中，α_1、α_2、α_3、α_4 分别为并行距离隶属度、装配约束数隶属度、配合类型隶属度、拆卸工具隶属度的权重系数，$\alpha_1+\alpha_2+\alpha_3+\alpha_4=1$；$P_1(v_i)$ 为拆卸优先级隶属度，由式(4-7) 确定，当 $P(v_i)=0$，则 $P_1(v_i)=1$，表示该零件 v_i 可以拆卸，否则，该零件受到其他零件的强物理约束或空间约束而不能拆卸；$\mu_{\mathrm{t}}(v_i)$ 为并行距离隶属度；t_{v_i} 为 v_i 节点的基本拆卸时间，对于顺序拆卸，每个组件的基本拆卸时间之和恒定，但并行拆卸是时间序列相关的，当并行拆卸的零件的基本拆卸时间相差甚远，则该步的拆卸时间为并行拆卸的零件中最长的，为了最小化总拆卸时间，并行拆卸的零件应具有相近的基本拆卸时间；$\mu_a(v_i)$ 为装配约束数隶属度，表示与零件相关的约束数越多，拆卸该零件后可以获得更多可拆卸零件，有助于最大化拆卸并行度；$\mu_d(v_i)$ 为配合类型隶属度，其值越大，拆卸操作越复杂；$\mu_T(v_i)$ 为拆卸工具隶属度；g 为拆卸零件 v_i 所用工具个数；T_j 为第 j 个拆卸工具；$U(T_j)$ 用于描述前一步拆卸过程中是否用到工具 T_j，如果用过，$U(T_j)=1$，否则，$U(T_j)=0$。拆卸工具隶属度函数值越小，拆卸工具更换的次数越多。

根据拆卸隶属度的定义，基本拆卸时间相近、约束数少、易于拆卸的零件具有较大的拆卸隶属度，应该优先拆卸。为此，定义 $\boldsymbol{X}_1$ 关于 $(\boldsymbol{U}_1,\boldsymbol{R})$ 的上下近似集如下：

$$\begin{cases}\boldsymbol{R}^-(\boldsymbol{X}_1)=\{v_i\in\boldsymbol{U}_1 \mid \mathrm{IND}(R):f(v_i)\leqslant\varpi\}\\ \boldsymbol{R}_-(\boldsymbol{X}_1)=\{v_i\in\boldsymbol{U}_1 \mid \mathrm{IND}(R):[v_i]_R\subseteq\boldsymbol{X}_1\cap[v_i]_R\subset\boldsymbol{R}^-(\boldsymbol{X}_1)\\ \varpi\in(0,1)\end{cases}$$

(2) 算法流程

基于模糊粗糙集的并行拆卸序列规划方法包括以下步骤。

① 构建产品拆卸模型，导出邻接矩阵和约束矩阵，设知识论域$\boldsymbol{U}_1$ 为待拆卸零件集合，集合 $\boldsymbol{X}_1$ 为当前步骤可拆卸零件集合。

② 初始化参数 α_1、α_2、α_3、α_4 和各个零件的基本拆卸时间、拆卸并行度 $D(P)$ 等。

③ 创建列表 PDT，令拆卸步数 $s=0$。

④ 根据式(4-7) 计算 $\boldsymbol{U}_1$ 中每个零件 v_i 的拆卸优先级隶属度 $P(v_i)$ 和约束单元数 $N(v_i)$。

⑤ 若 $P_1(v_i)=1$，则将零件 v_i 放入集合 $\boldsymbol{X}_1$ 中，设该集合节点个数为 m，统计集合内节点总数。若 m 大于拆卸并行度 $D(P)$，转步骤⑥；否则，转步骤⑦。

⑥ 根据式(4-11)～式(4-15) 计算集合 $\boldsymbol{X}_1$ 中各节点的拆卸隶属度，保留 $D(P)$ 个拆卸隶属度较大的节点作为当前可拆卸零件的下近似集，其余的从列表中移除。

⑦ 将集合 $\boldsymbol{X}_1$ 中的节点放入列表 PDT，并从知识论域中删除这些节点，更新知识论域 U_1 和拆卸模型，转入下一步循环，即 $s=s+1$。

⑧ 判断所有零件是否处理完毕，即 U_1 是否为空。如果为空，则拆卸任务完成；否则，转步骤④。

⑨ 输出下近似集中的结果序列。

并行拆卸序列规划方法流程如图 4-33 所示。

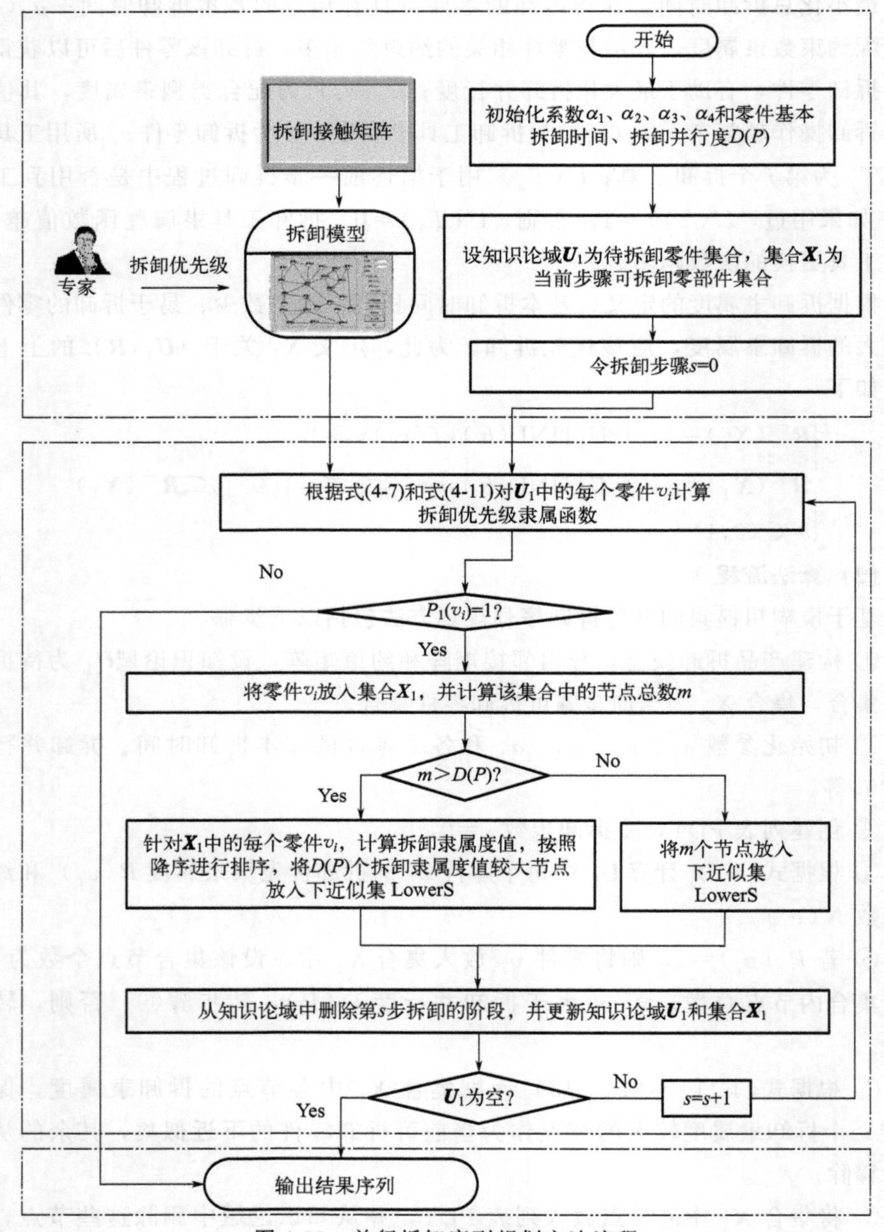

图 4-33　并行拆卸序列规划方法流程

(3) 案例研究

下面以大众桑塔纳发动机为例进行研究，图 4-34 为发动机外观及拆卸可持续设计信息模型，发动机的零部件信息如表 4-8 所示。

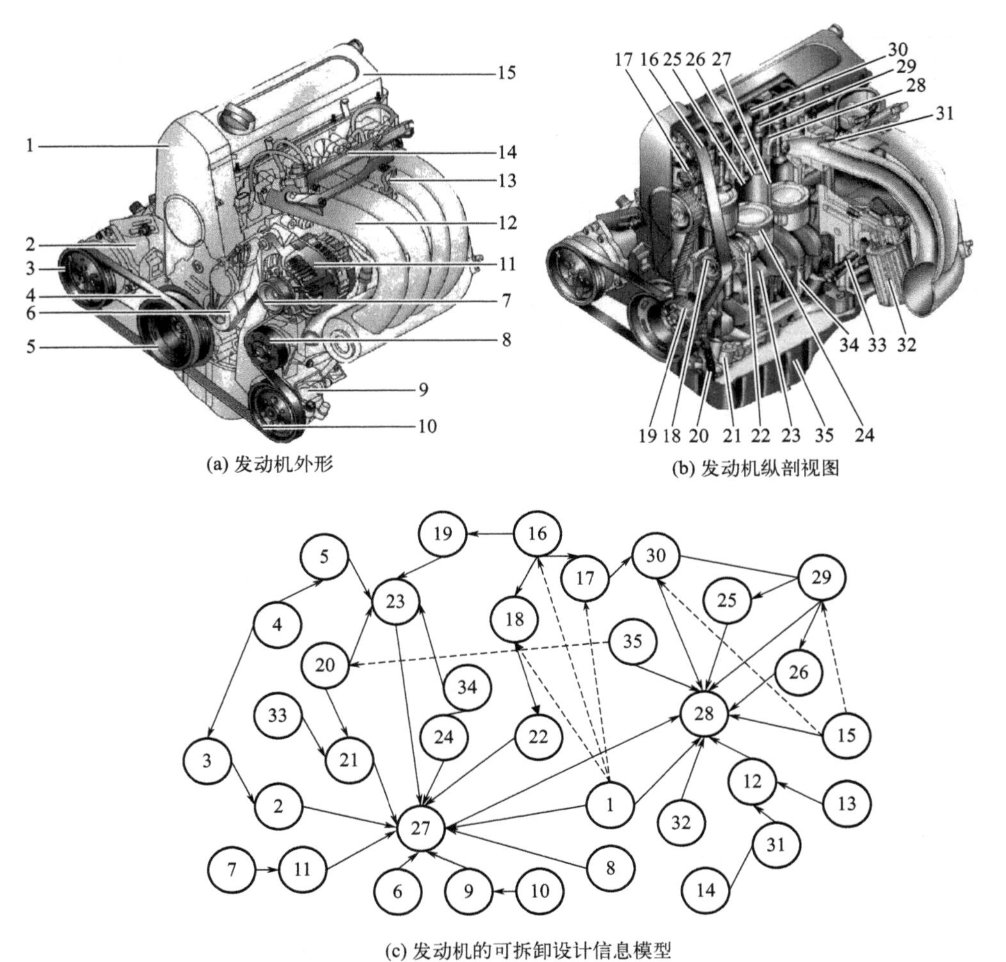

(a) 发动机外形

(b) 发动机纵剖视图

(c) 发动机的可拆卸设计信息模型

图 4-34　发动机外观及可拆卸设计信息模型

表 4-8　发动机的零部件信息

零件号	名称	拆卸时间/s	拆卸工具	配合类型因子
1	正时齿形带护罩	70	T1	0.6
2	空调压缩机	20	T1	0.6
3	空调压缩机带轮	10	T2	0.6
4	多楔带	30	T0	0.4
5	曲轴带轮	10	T2	0.6
6	张紧轮	12	T2	0.6
7	发动机带轮	10	T2	0.6
8	导向轮	10	T2	0.6

续表

零件号	名称	拆卸时间/s	拆卸工具	配合类型因子
9	动力转向油泵	50	T1	0.6
10	动力转向油泵带轮	10	T2	0.6
11	发电机	23	T1	0.6
12	进气歧管	180	T3	0.6
13	油尺	12	T0	0.4
14	燃油分配管	10	T4	0.6
15	气缸盖罩	36	T1	0.6
16	正时齿形带	45	T5	0.2
17	凸轮轴正时齿形带轮	10	T2	0.6
18	水泵齿形带轮	30	T2	0.6
19	曲轴正时齿形带轮	70	T2	0.6
20	机油泵链	10	T0	0.2
21	机油泵	54	T1	0.6
22	水泵	56	T1	0.6
23	曲轴	530	T6	0.4
24	活塞	10	T7	0.4
25	排气门	10	T8	0.4
26	进气门	10	T8	0.4
27	气缸体	基体		
28	气缸盖	730	T1	0.6
29	液压挺柱	10	T9	0.4
30	凸轮轴	530	T6	0.4
31	喷油器	10	T10	0.4
32	机油滤清器	60	T1	0.6
33	限压阀	10	T11	0.4
34	连杆	24	T1	0.6
35	油底壳	30	T1	0.6

以上述算法为核心，在 Microsoft Visual Studio 2010 开发平台下开发了相应的软件系统，令 $\alpha_1=\alpha_2=\alpha_3=\alpha_4=0.25$，并行度为 2，运算结果如图 4-35 所示。

实验结果表明，该方法在运算时间和结果质量方面具有较好的性能，适用于复杂产品的并行拆卸序列规划。

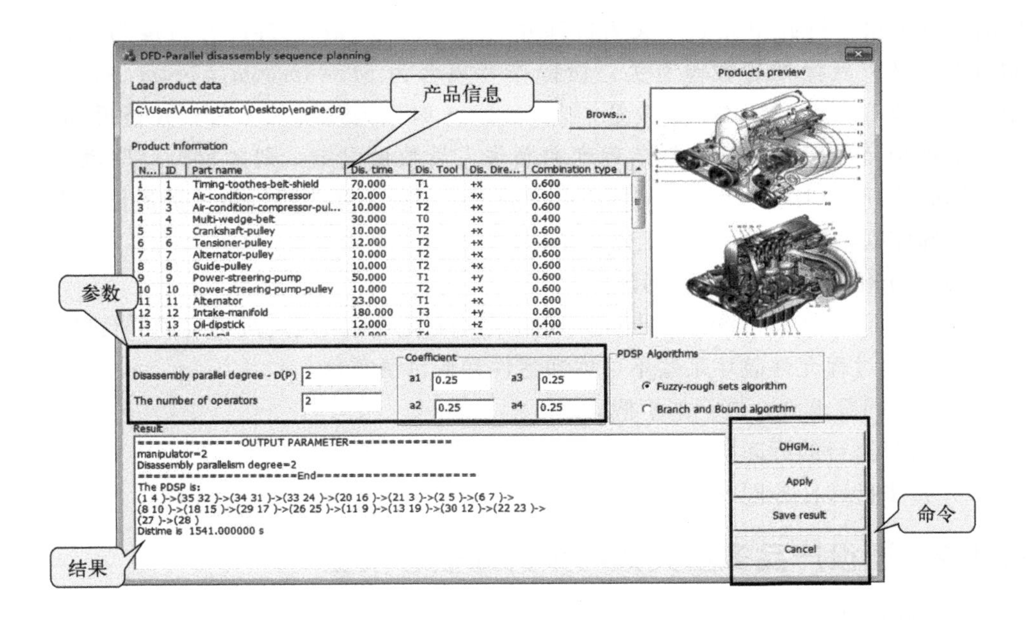

图 4-35　系统界面及运行结果

4.4　局部破坏模式下的并行拆卸序列规划技术

4.4.1　问题描述

与制造不同，拆卸是以退役产品为毛坯，由于退役产品在服役期间的不确定性变化，如磨损、变形、腐蚀等多重失效，增加了拆卸序列规划的难度。因此，根据零部件多重失效信息以及回收信息，采用合理的并行拆卸序列规划可以提高拆卸效率，降低拆卸成本。为此，某课题组研究了局部破坏模式下的并行拆卸序列规划技术。

局部破坏拆卸（partial destructive disassembly，PDD）是指对部分连接件或低价值的零部件通过破坏方式实现的非常规拆卸，如通过切割某连接件实现零部件的分离，主要用于铆接、焊接等不可拆卸连接。常规拆卸必须绕过这些连接进行拆卸，而局部破坏拆卸介于完全破坏和常规拆卸之间，并结合了两者的优点。

与局部破坏拆卸串行和非破坏拆卸并行拆卸问题相比，多重失效驱动的并行拆卸序列规划问题的难点在于局部破坏拆卸零件不确定、拆卸任务并行性。

已知产品及零部件的失效模式、回收决策、拆卸模式等信息，将某个时刻可同时拆卸的最小拆卸单元数定义为拆卸并行度，记为 para。拆卸并行度与可拆卸节点数量以及操作者数等有关，设操作者集合为 $M=\{m_1,m_2,\cdots,m_k\}$，式中，m 为操作者，k 为操作者数量。当 para=1 时，为传统的串行、并行拆卸。para 的取值可以根据产品的复杂程度和操作人员数量设定，则多重失效驱动的并行拆卸序列规划问题就是求解某约束下的以再制造毛坯为目标组件的最佳节点并行拆卸序列，该问题需要满足以下条件。

① 最小化目标函数（总拆卸时间）。

② 最大化拆卸并行度，每步可拆卸的零部件节点数不能超过给定的并行度。

③ 拆卸过程允许破坏某些不可拆卸零件和低价值零件。

为便于问题求解，进行如下假设。

① 同时执行的拆卸操作不能互相干涉。

② 每步拆卸任务同时执行。

4.4.2 退役产品多重失效约束拆卸信息模型

在实际拆卸过程中，待拆卸退役产品由于存在多种失效模式导致其回收价值过低、拆卸难度增加等问题。为了考虑产品零部件失效模式对拆卸序列的影响，将失效信息融入拆卸信息模型中，构建了可破坏拆卸信息模型，并定义产品零件集合 $\boldsymbol{P}=\{v_1,v_2,\cdots,v_i,v_n\}$，式中，$v_i$ 为拆卸节点，n 为零件个数。

为了描述拆卸节点 v_i 与节点 v_j 之间的接触关系，建立拆卸接触矩阵 $\boldsymbol{M}_1=(r_{ij})_{n\times n}$，式中，$\boldsymbol{M}_1$ 的元素 r_{ij} 定义如下：

$$r_{ij}=\begin{cases}1, & v_i \text{ 与 } v_j \text{ 存在接触关系}\\ 0, & \text{其他}\end{cases} \tag{4-16}$$

为了描述拆卸节点 v_i 与节点 v_j 之间的拆卸优先级关系，建立约束优先级矩阵 $\boldsymbol{M}_2=(c_{ij})_{n\times n}$，式中，$\boldsymbol{M}_2$ 的元素 c_{ij} 定义如下：

$$c_{ij}=\begin{cases}0, & \text{其他}\\ 1, & \text{节点 } v_i \text{ 优先于 } v_j\\ -1, & \text{节点 } v_j \text{ 优先于 } v_i\end{cases} \tag{4-17}$$

为了描述拆卸节点 v_i 与节点 v_j 之间的回收决策信息，建立回收决策矩阵 $\boldsymbol{M}_3=(u_{ij})_{n\times n}$，式中，$\boldsymbol{M}_3$ 的元素 u_{ij} 定义如下：

$$u_{ij}=\begin{cases}-1, & v_i \text{ 优先回收于 } v_j\\ 0, & \text{其他}\end{cases} \tag{4-18}$$

在实际拆卸过程中，待拆卸产品往往存在多重失效，导致回收决策信息不同，为此，在拆卸序列规划中，既要考虑拆卸优先关系，又要考虑其自身的质量以及回收价值。根据产品失效类型对拆卸序列造成的影响，建立考虑回收决策的

综合优先级矩阵 $\boldsymbol{M}_4=(s_{ij})_{n\times n}$，式中，$\boldsymbol{M}_4$ 的元素 $s_{ij}\in\{0,1,-1\}$，定义为 $\boldsymbol{M}_4=\boldsymbol{M}_2+\boldsymbol{M}_3$。

$\boldsymbol{M}_4$ 中含有采取破坏拆卸的零件以及拆卸优先级等信息，节点 i 采取破坏拆卸模式的条件如下：

$$\sum_{j=1}^{n} s_{ij} < 0 \tag{4-19}$$

假设产品由 n 个零件构成，则节点 v_i 的可拆卸条件如下：

$$\begin{cases}\sum_{j=1}^{n} r_{ij} > 0 \\ \sum_{j=1}^{n} s_{ij} = 0\end{cases} \tag{4-20}$$

4.4.3 基于遗传算法和多重失效的拆卸序列与任务规划方法

(1) 多层染色体编码

再制造并行拆卸的染色体编码一般包含两个信息，即拆卸序列和拆卸步长。而基于产品失效特征的多重失效驱动的并行拆卸序列，不仅含有节点拆卸优先级信息，而且含有破坏性零件信息。所以，传统的染色体编码无法使用。本节提出了多层染色体编码方法。

此处的多层染色体编码方法，定义 $\text{code}=(\text{nodes}_{1\times n},\text{PK}_{2\times n})$ 为多重失效驱动的并行拆卸序列规划解对应的染色体编码。具体如下式：

$$\begin{aligned}\text{code}&=(\text{nodes},\text{PK})\\&=([v_1,v_2,\cdots,v_j,\cdots,v_n],([P_1^K,P_2^K,\cdots,P_j^K,\cdots,P_n^K],[B_1,B_2,\cdots,B_j,\cdots,B_n]))\end{aligned} \tag{4-21}$$

式中，nodes 为节点层，记录拆卸序列，采用基于优先权的自然数编码方法；PK 为破坏约束层，由破坏操作区域和拆卸步长两部分组成，分别采用 0-1 编码和自然数编码，以保证染色体的可读性；在破坏操作区域中，P_j^K 为零部件 j 受到的约束 K，0 表示没有可破坏零件，1 表示存在可破坏零件，决定破坏操作区域；B_j 为拆卸步长，是拆卸步骤数目以及每步可并行拆卸的最小单元数。

按照上述染色体编码方案，可破坏拆卸步骤与染色体编码的映射过程如图 4-36 所示。

(2) 融入零部件回收决策的初始种群获取

步骤 1：根据废旧产品的装配信息构建接触矩阵 $\boldsymbol{M}_1$ 和约束优先级矩阵 $\boldsymbol{M}_2$，由多色推理确定回收决策矩阵 $\boldsymbol{M}_3$，推出拆卸任务综合优先级矩阵 $\boldsymbol{M}_4$。定义初始种群矩阵为 $\boldsymbol{Q}$，定义拆卸节点层次矩阵 $\boldsymbol{G}$ 为 $n\times n$ 的零矩阵，令 $i=1$。

步骤 2：将 $\boldsymbol{M}_4$ 中满足式(4-19) 的零件信息填入破坏约束层并删除其所在行

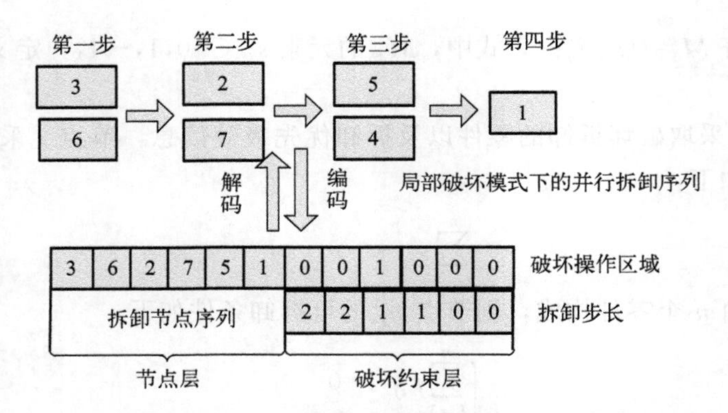

图 4-36　可破坏拆卸步骤与染色体编码的映射过程

和列，得到新的矩阵 $\boldsymbol{M}_5$。

步骤 3：根据式(4-21) 搜索当前可拆卸节点且当前可拆卸节点数量记为 N。

步骤 4：当 $N>\text{para}$ 时，随机选择 para 个单元放入拆卸节点层次矩阵 $\boldsymbol{G}$ 第 i 行中并填入破坏约束层中；当 $N<\text{para}$ 时，随机选择 N 个单元放入拆卸节点层次矩阵 $\boldsymbol{G}$ 第 i 行中并填入破坏约束层中。更新 $\boldsymbol{M}_5$ 矩阵。

步骤 5：判断 $\boldsymbol{M}_5$ 矩阵是否为零矩阵。若是，则转下一步；若不是，则 $i=i+1$，转步骤 3。

步骤 6：取出 $\boldsymbol{G}$ 中第 i 行，随机生成 n 个基因片段存入 $\boldsymbol{Q}$ 中，更新 $\boldsymbol{G}$。

步骤 7：判断 $\boldsymbol{G}$ 是否为零矩阵。若是，则输出 $\boldsymbol{Q}$，若不是，则转步骤 6。

(3) 适应度的定义

拆卸成本和拆卸时间直观地反映和体现拆卸效率。以基本拆卸时间和破坏操作时间设定适应度函数 $f(r)$，定义如下：

$$f(r)=\sum_{l=1}^{L}\left[\max_{i\in[1,\text{para}]}(t_1,t_2,\cdots,t_i)+\theta_i+\delta\right] \tag{4-22}$$

式中，L 为拆卸步数；para 为拆卸并行度；t_i 为拆卸节点或子装配体所需要的拆卸时间；θ_i 为采用破坏的手段解除零件中所有约束所需要的时间；δ 为不可行拆卸序列惩罚因子，可以根据种群规模进行设置。若合理的拆卸序列适应度位于［300,1500］区间内，则惩罚因子可以设为 3000s，以此奇异值区别出不可行拆卸序列。

(4) 交叉算子

交叉进化是产生新个体的主要方法，采用单点交叉算子针对多层染色体中的拆卸节点序列部分进行交叉操作。针对多层染色体的交叉，交叉过程示意图以及具体步骤如图 4-37 所示。

(5) 变异算子

变异操作是指将染色体中的拆卸节点层和破坏约束层中分别进行变异，按照已设定的变异概率随机产生 2 个变异点，并将基因信息互换，得到新染色体。

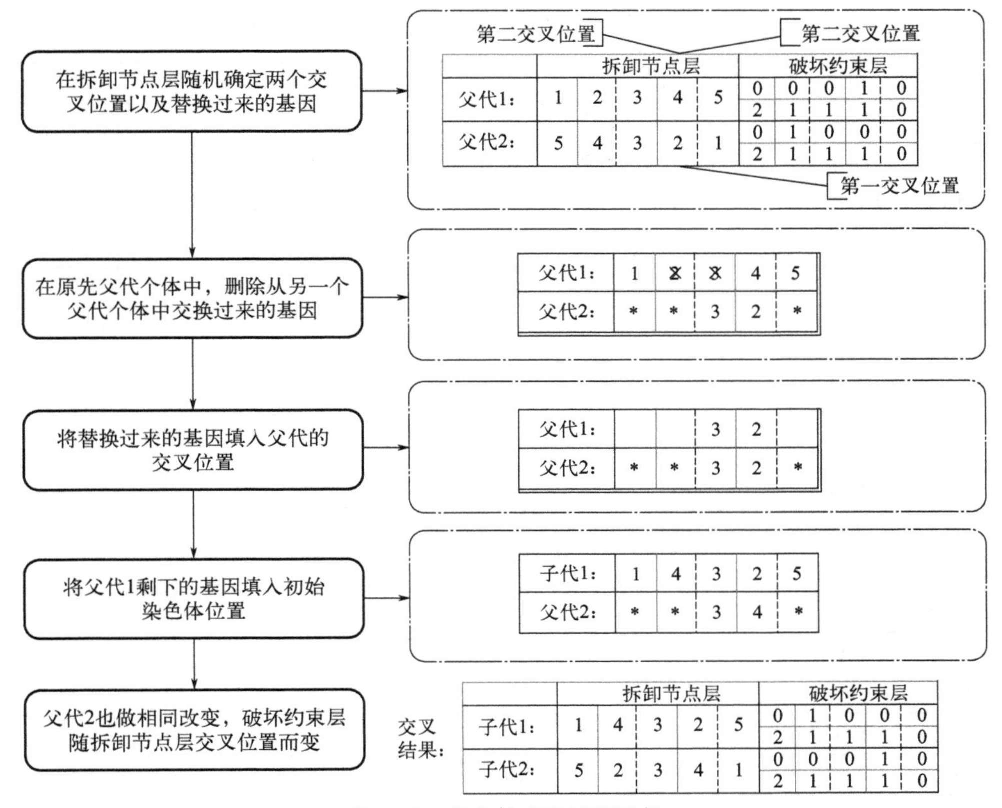

图 4-37　染色体交叉过程示例

4.4.4　洗衣机的局部破坏性拆卸序列规划

下面以滚筒式洗衣机为例对所提方法进行验证。该洗衣机由 21 个零件组成，爆炸图如图 4-38 所示，零部件原始拆卸时间信息如表 4-9 所示。

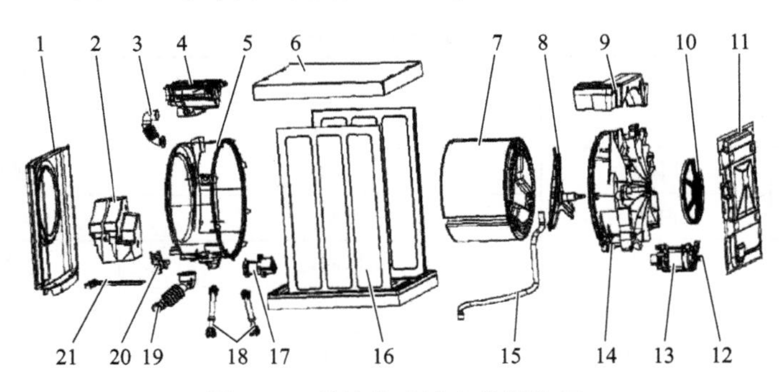

图 4-38　某滚筒式洗衣机爆炸图

表 4-9 零部件原始拆卸时间信息

序号	名称	基本拆卸时间/s	破坏拆卸时间/s	拆卸方向	非破坏成本/元	破坏拆卸成本/元
1	前盖板	112	46	$-X$	0.16	0.31
2	配重	30	12	$-X$	0.08	5.11
3	进水管	200	40	$+Z$	0.32	0.76
4	进水控制阀	132	34	$+Z$	0.31	0.37
5	外筒盖	314	88	—	0.51	3.76
6	上盖板	80	32	$+Z$	0.22	0.286
7	内筒	304	64	$+Y$	0.29	0.84
8	叉形架	2	2	$+Y$	0.006	0.006
9	平衡块	10	4	$+Y$	0.028	0.17
10	大带轮	10	4	$+Y$	0.028	0.17
11	后盖板	128	52	$+Y$	0.36	0.36
12	小带轮	100	20	$+Y$	0.28	0.28
13	电动机	114	28	$+Y$	0.25	0.45
14	外筒主体	440	102	—	0.57	0.17
15	洗衣机排水管	402	84	$+Y$	0.34	1.12
16	箱体	150	60	—	0.32	0.42
17	排水泵	40	16	$-Y$	0.11	0.11
18	阻尼器	40	16	$-Y$	0.11	0.17
19	外筒排水管	110	24	$-Y$	0.23	0.31
20	温控器	40	16	$-Y$	0.11	3.21
21	加热器	100	20	$-Y$	0.28	3.19

为了便于进行拆卸序列规划，通过分析洗衣机存在的故障以及故障程度获得洗衣机回收决策数据，如表 4-10 所示。

表 4-10 洗衣机回收决策数据

序号	名称	回收决策	拆卸模式
3	进水管	报废	破坏操作
5	外筒盖	报废	破坏操作
7	内筒	再制造	非破坏操作
8	叉形架	再制造	非破坏操作
11	后盖板	报废	破坏操作
14	外筒主体	材料回收	破坏操作
15	洗衣机排水管	再制造	非破坏操作

根据表 4-10 所示的洗衣机回收决策数据可知，零件 7、8、15 为再制造零件，对其进行回收，以零件 7、8、15 为目标组件进行多目标拆卸。

在 Win10 Intel(R) Core(TM) i5-4210U@ 1.70GHz 环境下，以前述理论方法为基础使用 MATLAB R2016a 进行了系统开发。由表 4-10 可知，零件 3、5、11、14 回收价值过低，可采取破坏操作进行拆卸。确定破坏性零件之后，使用前面所述方法进行拆卸序列规划，结果如表 4-11 所示。获取可破坏拆卸模式下的拆卸序列界面及拆卸时间如图 4-39 所示。以破坏零件 11 为例，种群规模为 10，最大迭代次数 100，系统连续运行 10 次得到的运行结果如图 4-40 所示。

表 4-11　洗衣机不同类型序列规划结果

类型	目标组件	拆卸时间/s	最优序列
无故障影响	零件 7	1632	(6)-(1)-(4,18)-(3,11)-(9,10)-(14,15)-(17,8)-(19,7)-(5)
考虑故障影响	破坏零件 11	1388	(10,9)-(14,15)-(6,8)-(1,3)-(18,17)-(19,7)-(5)
考虑故障影响	破坏零件 5	884	(11)-(9,10)-(14)-(8)-(7)

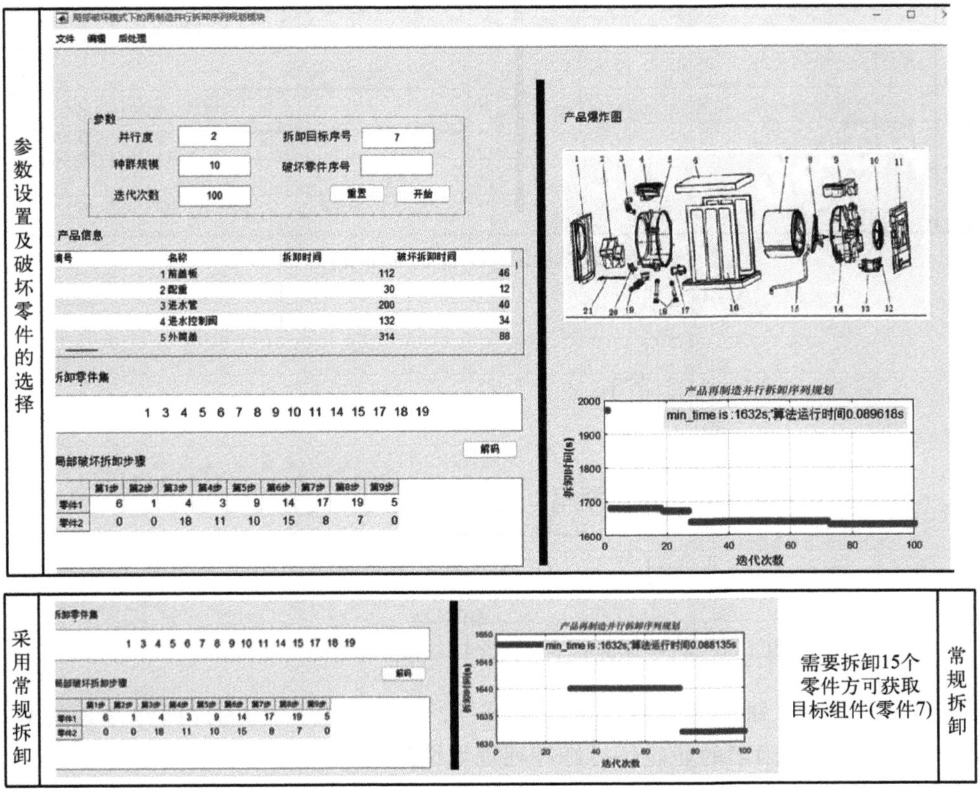

图 4-39

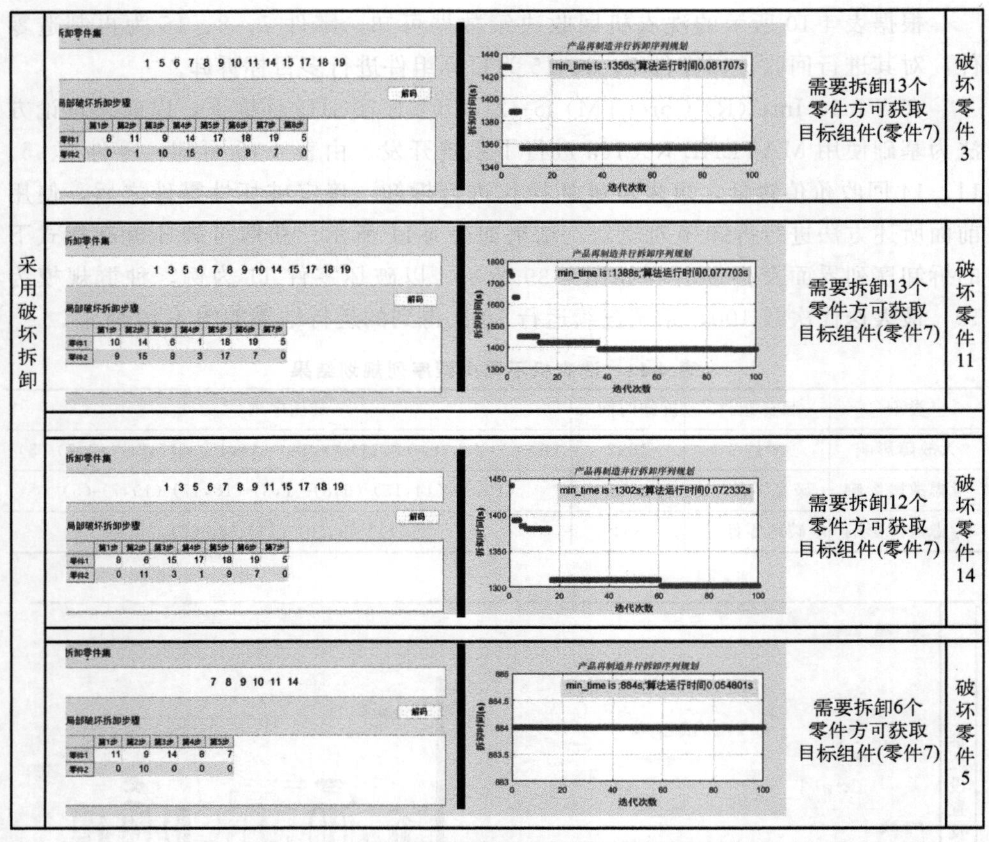

图 4-39 可破坏拆卸序列规划界面及拆卸时间

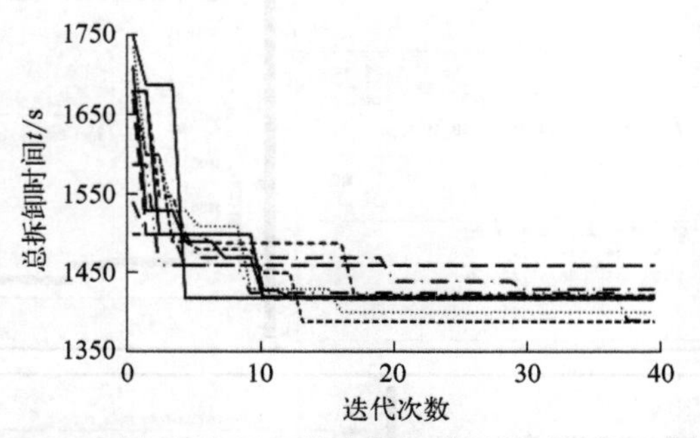

图 4-40 可破坏拆卸下迭代次数与总拆卸时间的变化规律

由图 4-39 可知，以零件 7 为目标组件，运用遗传算法进行拆卸序列规划，并与不考虑故障因素的非破坏拆卸序列规划结果进行对比。

从图 4-40 可以看出，在运行 10 次之后，算法都趋于 1388s，基本在 40 代时收敛。

在拆卸时间方面，在非破坏模式下，拆卸时间需要 1632s；在可破坏模式下，拆卸时间最短为 884s，最长为 1388s。可破坏模式下的拆卸时间比非破坏模式提高了 15%～45.8%。因此可破坏模式下的产品再制造并行拆卸序列规划在拆卸效率上有很大的提高。

在拆卸零件总数方面，非破坏模式下需要拆卸 15 个零件才可获得目标组件(零件 7)，而采用可破坏模式最多需要拆卸 13 个零件，最少需要拆卸 6 个零件。

随着破坏拆卸的深度增大，拆卸并行度越大，总拆卸时间越短。因此，在操作者和操作空间允许的范围内，尤其是对于拆卸深度较深的目标组件，尽可能提高拆卸并行度有助于提高拆卸效率。

为分析可破坏拆卸并行度与总拆卸时间的关系，在算法种群规模 $M=100$，迭代次数 iter＝100，目标组件是零件 7 并且零件 11 选择破坏的情况下可得图 4-41 所示实验结果。由图可见，当并行度个数 para＞4 时，总拆卸时间收敛到 874s。当产品体积较大、结构较复杂、连接件较多时，由于同一节点的连接部件（螺栓、螺母等）通常可以进行可破坏并行拆卸，因此，可以根据实际情况去选择较高的并行度，有利于提高可破坏拆卸效率。

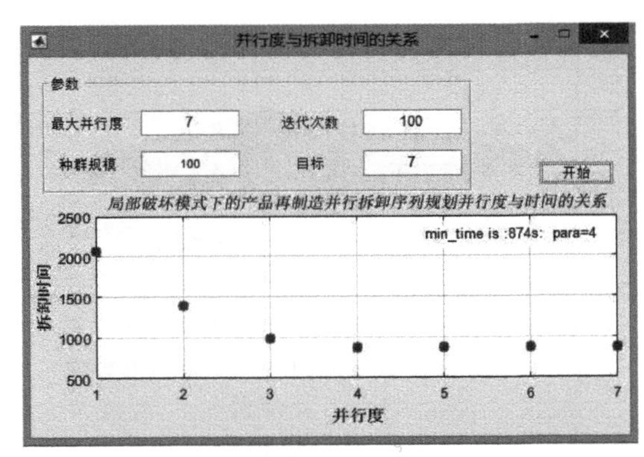

图 4-41　可破坏拆卸并行度与拆卸时间的关系

对算法进行分析，其迭代次数与种群规模对拆卸序列规划结果的影响如图 4-42 所示。图 4-42(a) 所示的结果是在最大迭代次数为 iter＝40，种群规模变化规律为 $M=10+5n$（n 为 1～18 的自然数）时得到的；图 4-42(b) 是在种群规模$M=10$，迭代次数变化规律为 iter＝5＋5n（n 为 1～39 的自然数）情况下所得；由图 4-42(c) 可知，当迭代次数取值大于 20 时，系统计算结果稳定收敛于 1380s。种群规模和迭代次数越大，解的质量越优秀，但是耗时也越长。因此，在实际应用中，应综合考虑效率、种群质量等因素，选取适当的种群规模和迭代次数。

设种群规模为 10，迭代 40 次，目标组件为零件 7，破坏零件 11 初始种群的获取耗时为 0.27488s，拆卸时间总共用时 1428s。

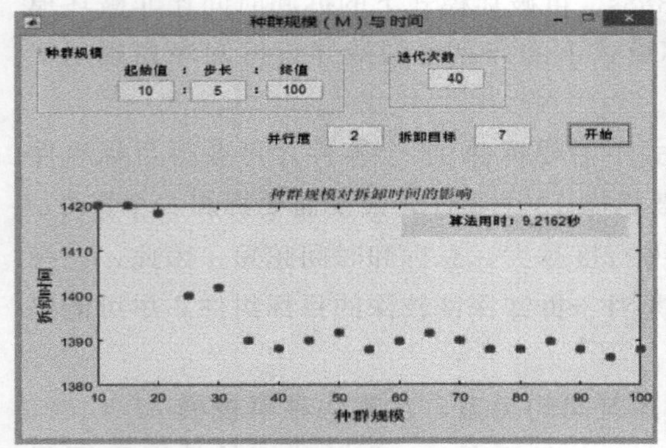

(a) 种群规模与拆卸序列规划结果的关系

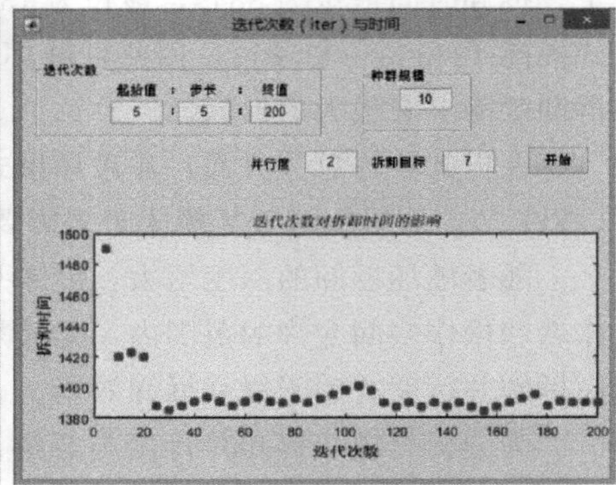

(b) 迭代次数与拆卸序列规划结果的关系

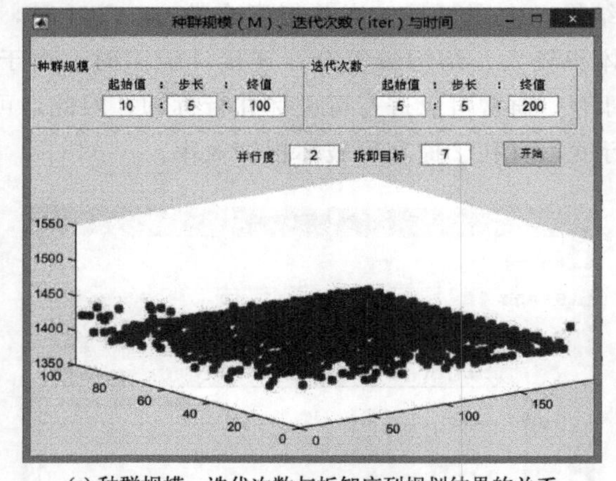

(c) 种群规模、迭代次数与拆卸序列规划结果的关系

图 4-42　算法参数对拆卸序列规划结果影响

4.5　非破坏模式下的可拆卸性评价与反馈

可拆卸性评价用来度量产品的可拆卸性能，可以归纳为时间因子法和基于拆卸能和拆卸熵的量化评价法等。可拆卸性评价的关键包括拆卸模型的构建和评价方法的选取。某课题组提出了多粒度层次可拆卸性评价模型与方法。

4.5.1　多粒度层次可拆卸性评价方法

产品一般由子装配体构成，根据设计和拆卸回收需求，将子装配体进一步划分为设计单元，设计单元包括组件和连接件，由于连接件一般为标准件，因此，评价对象主要为产品和设计单元中的组件。基于产品层次性的特点，分别从产品层和设计单元层构建相应的多个评价指标。产品层方面，由于产品结构不同，其组件总拆卸路径、连接方法、拆卸方向、重定位次数均不同，因此，将这 4 个指标作为粗粒度评价指标，但这些因素不能完全反映产品可拆卸性的优劣。针对设计单元层，引入拆卸工具、定位精度、可达性、拆卸力、连接类型、设计单元结构及大小 6 个评价指标进行细粒度评价，反馈设计改进意见。基于上述评价指标构建的多粒度层次可拆卸性评价模型如图 4-43 所示。

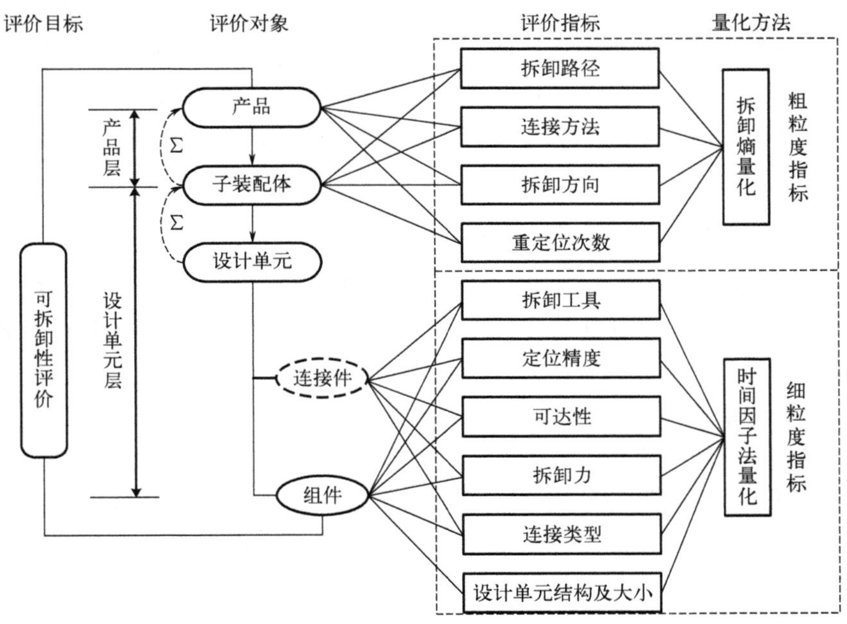

图 4-43　多粒度层次可拆卸性评价模型

（1）拆卸熵的量化

我们对 Suga 的拆卸熵进行拓展，用其作为产品可拆卸性的状态函数，熵越小，说明产品的可拆卸性越好，理想状态下拆卸熵为零。拆卸熵是拆卸路径熵、连接方法熵、拆卸方向熵、重定位次数熵之和，对于复杂产品，采用逐层分解策略将产品分解为 N 个子装配体，递归求和，定义如下：

$$S=\sum_{k=1}^{N}(S_k^{\mathrm{p}}+S_k^{\mathrm{I}}+S_k^{\mathrm{dir}}+S_k^{\mathrm{ro}}) \tag{4-23}$$

拆卸路径熵

$$S_k^{\mathrm{p}}=\sum_k \log_2(N_{\mathrm{p}}!\Big/\prod_k N_{\mathrm{p}j}!) \tag{4-24}$$

式中，N_{p} 为子装配体中所有零件拆卸路径数；$N_{\mathrm{p}j}$ 为方向 j 上所有零件的拆卸路径数；当装配体数为 1 时，拆卸路径熵简写为 S^{p}。

连接方法熵 $$S_k^{\mathrm{I}}=\sum_k \log_2\left(N_{\mathrm{I}k}\,!\Big/\prod_k N_i\,!\right) \tag{4-25}$$

式中，$N_{\mathrm{I}k}$ 为子装配体 k 的总连接数；N_i 为用方法 i 构成的连接数；当装配体数为 1 时，连接方法熵简写为 S^{I}。

拆卸方向熵 $$S_k^{\mathrm{dir}}=\sum_k\sum_i \log_2\left(N_i\,!\Big/\prod_{j=1}^{6} N_{ij}\,!\right) \tag{4-26}$$

式中，拆卸方向的频繁变化会降低拆卸效率，对可拆卸性具有较大的影响，由于大部分拆卸工作是拆卸连接件，这里的拆卸方向主要指连接件的拆卸方向；N_i 为子装配体中连接类型 i 的总个数；N_{ij} 为连接类型 i 在方向 j（$j=1,2,3,4,5,6$）对应于（$\pm X,\pm Y,\pm Z$）上的个数；当装配体数为 1 时，拆卸方向熵简写为 S^{dir}。

重定位次数熵 $$S_k^{\mathrm{ro}}=\sum_k \log_2\left(N_k\,!\Big/\prod_r N_{kr}\,!\right) \tag{4-27}$$

式中，r 为子装配体 k 拆卸时需要进行的重定位次数；N_{kr} 为子装配体 k 在第 r 次定位时拆卸的零部件数；N_k 为子装配体 k 中所有拆卸单元数；当装配体数为 1 时，重定位次数熵简写为 S^{ro}。

(2) 设计单元层细粒度指标的量化

细粒度指标的评价对象是组件，因此与组件的拆卸过程相关。一般组件的拆卸过程如下：①识别拆卸位置，手或工具靠近连接点；②工具与连接件定位对齐；③松开连接；④移除相应的连接件（针对紧固件连接而言）和被连接的组件。因此，细粒度指标包括拆卸工具、定位精度、可达性、拆卸力、连接类型、设计单元结构及大小。

拆卸工具包括手、普通工具（如螺丝刀、扳手、钳子、锤子等）和特殊工具（专用或自制工具）。使用工具进行拆卸，需要根据连接类型识别、抓取需要的工具，严重影响拆卸效率，如使用特殊工具还会增加拆卸成本，所以在理想情况下是不用任何工具进行拆卸的。

定位精度严重影响拆卸效率，如果定位精度要求高，将会增加操作时间，耗费精力，使拆卸性能不好，反之亦然。

可达性度量的是拆卸位置的识别和靠近的难易度，包括视觉障碍对可拆卸性的影响、工具接近拆卸位置的难易度，以及工具的操作空间对拆卸的影响。

连接类型主要针对可拆卸性连接，包括紧固件连接和无紧固件连接，不同的连接类型拆卸时间不同，对可拆卸性具有较大的影响。

结构太大或太小都会造成拆卸性能不好。

可以参照表 4-12 对各指标进行量化，中间情况可按照线性插值法估算。

表 4-12　基于时间测度的细粒度指标量化

细粒度指标	分类及具体描述		时间因子
拆卸工具	手		1.0
	普通工具		2.0
	特殊工具		3.0
定位精度	无精度要求	容易处理	1.2
		难处理	1.6
	一般	容易处理	2.0
		难处理	2.5
	高精度	容易处理	5.0
		难处理	5.5
可达性	视觉可达性	没有视觉障碍	1.0
		一般	1.6
		严重的视觉障碍	2.0
	工具可达性	容易接触到连接件	1.0
		一般	1.6
		难度较大	2.0
	工具操作空间	充足	1.0
		稍微有磕碰,但工具可进行拆卸操作	1.6
		工具无法进行拆卸操作	2.0
拆卸力	用很小的力	间隙配合,用手推拉进行拆卸	0.5
		间隙配合,用手旋转推拉进行拆卸	1.0
		需要克服过盈配合引起的摩擦力,伴随直线移动	2.5
		需要克服过盈配合引起的摩擦力,伴随直线和旋转运动	3.5
		材料坚硬	3.0
	中等力	用手推拉	1.0
		用手旋转推拉	2.0
		需要克服过盈配合引起的摩擦力,伴随直线移动	3.0
		需要克服过盈配合引起的摩擦力,伴随直线和旋转运动	3.5
		材料坚硬	4.5
	用很大的力	用手推拉	3.0
		用手旋转推拉	4.0
		需要克服过盈配合引起的摩擦力,伴随直线移动	5.0
		需要克服过盈配合引起的摩擦力,伴随直线和旋转运动	5.5
		材料坚硬	6.5

续表

细粒度指标	分类及具体描述			时间因子
连接类型	紧固件连接	螺栓	螺栓头形状为方形、六角形等易于操作，长度小于150mm，直径不大于12mm	3.5
			螺栓头形状不易于拆卸操作，如圆形等，螺栓长度不大于255mm，直径大于12mm	5.5
			需要工具拆卸，如沉头螺栓，螺栓长度不大于560mm，直径大于12mm	7.0
		螺钉	容易拆卸，螺钉头形状为带槽形，长度小于50mm	3.0
			拆卸难度一般，如螺钉头为内六角形等，长度小于125mm，直径小于6mm	4.5
			需要特殊工具进行拆卸，螺钉头形状复杂，长度大于125mm，直径大于6mm	6.0
		螺母	普通螺母，不使用垫圈，用小于20N·m的转矩拧开	4.0
			普通螺母，使用平垫圈，需要中等程度的转矩拧开	5.8
			带锁紧的螺母，使用弹簧垫圈，需要较大的转矩拧开	9.0
		其他	靠过盈配合、摩擦、几何形状等将两个零件进行连接	0.5～5.0
	无紧固件连接	悬臂卡扣	悬臂长度大于38mm，保持角小于25°，卡扣个数小于2个	2.0
			悬臂长度为12～38mm，保持角为25°～60°，卡扣个数不大于3个	3.0
			悬臂长度小于12mm，保持角为60°～85°，卡扣个数不大于5个	5.0
			悬臂长度小于3mm，保持角大于85°，卡扣个数大于5个	6.5
		柱形卡扣	直径小于3mm，壁厚小于0.4mm，用很小的力	3.0
			直径小于20mm，保持角为20°～50°，壁厚小于1.5mm	4.3
			直径小于50mm，保持角为50°～75°，壁厚小于3mm	7.0
			直径大于50mm，保持角大于75°，壁厚大于3mm	9.5
		其他	靠形状或弹性变形等连接在一起的可拆卸性连接	0～5

续表

细粒度指标	分类及具体描述	时间因子
设计单元结构及大小	容易抓取，重量轻	2.0
	中等难度抓取，中等重量	3.0
	很难抓取，非常重	4.0

(3) 评价方法与步骤

产品设计数据和工艺数据是可拆卸性评价的基础，一般通过产品 CAD 模型和专家共同确定。从产品和设计单元两个层次、多个方面对产品进行评价。

拆卸熵从 S_k^{p}、S_k^{I}、S_k^{dir} 和 S_k^{ro} 四个指标对产品进行整体粗粒度评价。步骤如下。

① 进行设计结构信息提取，分析各个设计单元的拆卸路径、产品拆卸需要的重定位次数、连接方法，以及各连接方法的连接方向等。

② 如果产品比较简单，直接将各参数代入式(4-23) 进行计算；否则，将产品划分为子装配体，先求取各个子装配体拆卸熵。

③ 将各粗粒度指标熵代入式(4-23) 求取产品拆卸熵。根据计算结果，分析产品整体可拆卸性情况，为设计修改提供依据。

如果粗粒度拆卸熵值大于用户给定阈值，则说明产品设计需要改进，进一步进行设计单元的细粒度评价。

细粒度评价针对产品中的各个设计单元进行，需要在拆卸序列规划的基础上进行。具体评价步骤如下。

① 以表 4-12 为依据，利用时间因子法对各设计单元进行定量评价，构造评价矩阵 $\boldsymbol{X}_{n\times 6}$，其中 n 为评价样本数。

② 采用主成分分析法进行综合评价，反馈评价结果。

主成分分析法是一种综合评价方法，旨在建立一种从高维空间到低维空间的映射。①中构造的评价矩阵即为样本矩阵 $\boldsymbol{X}_{n\times p}$，其中 n 为样本数，$p=6$ 为指标个数。p 个指标 $x_1,x_2,\cdots,x_p$ 的期望值和协方差矩阵为

$$\boldsymbol{Ex}=[Ex_1 \quad Ex_2 \quad \cdots \quad Ex_p]=[\mu_1 \quad \mu_2 \quad \cdots \quad \mu_p]$$

$$\boldsymbol{V}=[v_{ij}]=[\operatorname{cov}(x_i,x_j)]=\begin{bmatrix} v_{11} & v_{12} & \cdots & v_{1p} \\ v_{21} & v_{22} & \cdots & v_{2p} \\ \cdots & \cdots & \cdots & \cdots \\ v_{p1} & v_{p2} & \cdots & v_{pp} \end{bmatrix} \tag{4-28}$$

设 v_{ii} 为第 i 个变量的方差，p 个变量总的变化可以由 $\sum_{i=1}^{p} v_{ii}$ 反映。其线性组合为 $y=\sum_{i=1}^{p} a_i x_i$，于是 y 的协方差为 $\operatorname{var}(y)=\operatorname{var}\left(\sum_{i=1}^{p} a_i x_i\right)=\sum_{i=1}^{p}\sum_{j=1}^{p} a_i a_j v_{ij}=$

$a^{\mathrm{T}}\boldsymbol{V}a$，$a=[a_1\quad a_2\quad\cdots\quad a_p]^{\mathrm{T}}$。主成分分析法的基本原理即为在此已知条件下求满足 $a^{\mathrm{T}}a=1$ 的 a，使 $a^{\mathrm{T}}\boldsymbol{V}a$ 最大化。

应用主成分分析法进行评价时需要对样本数据进行标准化处理。

$$x_{ij}^{*}=\frac{x_{ij}-\overline{x}_j}{\mathrm{var}(x_j)}(i=1,2,\cdots,n;j=1,2,\cdots,p) \tag{4-29}$$

式中

$$\overline{x}_j=\frac{1}{n}\sum_{i=1}^{n}x_{ij}$$

$$\mathrm{var}(x_j)=\frac{1}{n-1}\sum(x_{ij}-\overline{x}_j)^2$$

计算相关系数矩阵

$$\boldsymbol{R}=[r_{ij}]_{p\times p}$$

式中

$$r_{ij}=\frac{1}{n-1}\sum_{i=1}^{n}x_{ii}^{*}x_{ij}^{*}\ (i,j=1,2,\cdots,p)$$

用雅可比法求取相关系数矩阵 $\boldsymbol{R}$ 的特征值($\lambda_1\ \lambda_2\cdots\ \lambda_p$)和相应的特征向量 $a_i=(a_{i1}\ a_{i2}\cdots\ a_{ip}),i=1,2,\cdots,p$。获得 p 个主成分，各主成分包含的信息量是递减的，为减少信息冗余，需要根据各主成分的累计贡献率选取几个较大的主成分，一般累计贡献率达到 60%～85%才可以保证综合变量信息量最大化和冗余最小化。其中，贡献率$=\lambda_i\Big/\sum\limits_{i=1}^{p}\lambda_i$，其值越大，说明主成分包含的信息量越大。

根据标准化的样本数据，代入主成分表达式求主成分得分，找出分值最大的几个模块，依据可拆卸性准则进行设计修改，直到满足要求为止。

4.5.2 波轮式洗衣机的可拆卸性评价

下面在拆卸序列规划的基础上应用多粒度层次可拆卸性评价理论对洗衣机模型进行可拆卸性分析，表 4-13 列出了该洗衣机的主要零部件及相关信息，箱体外壳为基体。表 4-14 是拆卸熵评价相关信息与结果，不划分子装配体，表中，拆卸方向分别列出了 22 个设计单元在 $\pm X$、$\pm Y$、$\pm Z$ 6 个方向的个数，拆卸路径熵为 34.85，与理想情况相比，有 34.85 的改进空间。连接方法熵为 78.66，由于该产品使用了大约 5 种不同的连接方法，熵值相对较大。另外，连接方向主要针对连接件而言，同一类型连接件，如果连接方向变换频繁，也会造成可拆卸性下降，该产品以螺钉连接为主，方向变换比较多，其连接方向熵为 51.38，可以有 51.38 的改进空间。按照当前的拆卸序列进行拆卸，所需的重定位次数为 5，其拆卸熵为 35.65。假设给定阈值为 85，得到粗粒度拆卸熵为 200.54，因为大于该阈值，所以需要进一步对其进行细粒度评价。

表 4-13　某波轮式洗衣机主要零部件

序号	组件名称	数量	拆卸工具	拆卸方向①	连接类型(连接数/个)
1	后盖板	1	螺丝刀	$-Z$	螺钉连接(4)
2	控制组件	1	螺丝刀	$+Y$	螺钉连接(4)
3	机盖	1	手	$+Z,+Y$	板销铰链连接(2)
4	密封盖板	1	十字螺丝刀	$+Y$	螺钉(4)
5	波轮	1	套筒扳手	$+Y$	波轮紧固螺母(1)
6	平衡环	1	螺丝刀	$+Y$	螺钉(4)
7	洗涤桶组件	1	套筒扳手	$+Y$	固定螺母(1)
8	支撑吊杆	4	手	$+Y$	铰座凸球面配合(2)
9	盛水桶组件	1	手	$+Y$	球铰连接(4)
10	托板	1	螺丝刀	$+Y$ 或 $-Y$	螺钉(2)及几何约束
11	配重	1	螺丝刀	$+Y$ 或 $-Y$	螺栓(2)
12	波轮轴组件	1	六角扳手和钳子	$+Y$ 或 $-Y$	几何约束
13	减速离合器组件	1	扳手	$-Y,-Z$ 或 $+Y$	螺栓(2)
14	电动机组件	1	扳手	$-Y,-Z$ 或 $+Y$	电动机螺栓(2)
15	V 带	1	手或皮带耙子	$-Y,-Z$	弹性
16	风叶	1	手	$+Y$ 或 $-Y$	几何约束
17	小带轮	1	扳手	$+Y$ 或 $-Y$	六角螺母(1)
18	大带轮	1	扳手	$+Y$ 或 $-Y$	六角螺母(1)
19	排水管	1	手	$+X$	卡箍(1)
20	排水阀部件	1	螺丝刀	$+Y,-Z$	螺钉连接(2)
21	地脚	4	螺丝刀	$-Y$	螺钉连接(4)
22	扣手	2	螺丝刀	$+X$ 或 $-X$	螺钉连接(2)
23	箱体外壳	1			

①向上为 $+Y$ 轴方向，向右为 $+X$ 轴方向，向前为 $+Z$ 轴方向，符合右手坐标系。

表 4-14　基于拆卸熵的粗粒度评价

S_k^{I}		S_k^{dir}		S_k^{p}	S_k^{ro}	
连接方法	N_i	$\sum_i \log_2\left(N_i!\Big/\prod_{j=1}^{6} N_{ij}!\right)$	连接方向	拆卸路径	重定位次数 r	N_{kr}
螺钉	28	47.22	$+X$	2	1	10
螺栓	6	0	$-X$	1	2	4
螺母	4	2.58	$+Y$	16	3	5
其他紧固件	3	1.58	$-Y$	2	4	2

续表

S_k^l		S_k^{dir}		S_k^p	S_k^{ro}	
连接方法	N_i	$\sum_i \log_2\left(N_i! \Big/ \prod_{j=1}^{6} N_{ij}!\right)$	连接方向	拆卸路径	重定位次数 r	N_{kr}
卡扣	0	0	$+Z$	1	5	1
其他无紧固件	8	0	$-Z$	3	—	—
78.66		51.38		34.85	35.65	

表 4-15　波轮式洗衣机细粒度指标量化

任务	拆卸工具 p_1	定位精度 p_2	可达性 p_3	拆卸力 p_4	连接类型 $p_5=f\times n$		结构及大小 p_6
					分值 f	个数 n	
2 控制组件	2.0	2.0	1.0	2.0	3.0	4	2.0
3 机盖	1.0	1.6	1.0	3.5	1.5	2	2.0
4 密封盖板	2.0	2.0	1.6	1.0	3.0	4	2.0
5 波轮	3.0	2.5	1.6	1.0	4.0	1	2.0
6 平衡环	2.0	2.0	1.0	1.0	3.0	4	2.0
7 洗涤桶组件	2.0	2.0	1.6	3.0	5.0	1	3.0
放倒洗衣机，背面朝上							
1 后盖板	2.0	2.0	1.0	1.0	3.0	4	2.0
15V 带	1.0	1.2	1.0	3.0	1.0	1	2.0
8 支撑吊杆	1.0	1.6	1.6	3.5	3.0	2×4	2.0
9 盛水桶组件	1.0	1.6	1.6	3.5	3.0	4	3.0
将盛水桶组件翻转 180°							
14 电动机组件	2.0	2.5	1.6	3.0	3.5	2	2.0
重定位电动机，拆卸零部件 16、17							
16 风叶	1.0	1.2	1.0	0.5	0.2	1	2.0
17 小带轮	2.0	2.0	1.0	1.0	4.0	1	2.0
13 减速离合器组件	2.0	2.5	1.6	3.0	3.5	2	2.0
重定位减速离合器组件，拆卸 18							
18 大带轮	2.0	2.0	1.0	1.0	4.0	1	2.0
11 配重	2.0	2.5	1.6	2.0	3.5	2	2.0
10 托板	2.0	1.6	1.6	0.5	3.0	2	2.0
12 波轮轴组件	2.0	1.6	1.0	1.0	2.0	1	2.0
19 排水管	1.0	1.2	1.0	1.0	1.0	1	2.0
20 排水阀部件	2.0	1.6	1.6	1.0	3.0	2	2.0
21 地脚	2.0	1.6	1.6	1.0	3.0	4	2.0
22 扣手	2.0	1.2	1.0	1.0	3.0	2×2	1.0
23 箱体外壳							

表 4-15 为利用时间因子法推导出的各设计单元的评价分值，以此为原始数据，利用主成分分析法进行综合评价，步骤如下。

① 构建评价矩阵

$$\boldsymbol{M}_{22\times 6}=[\boldsymbol{p}_1\quad \boldsymbol{p}_2\quad \boldsymbol{p}_3\quad \boldsymbol{p}_4\quad \boldsymbol{p}_5\quad \boldsymbol{p}_6] \tag{4-30}$$

式中，$\boldsymbol{p}_i=[\boldsymbol{x}_{1i},\boldsymbol{x}_{2i},\cdots,\boldsymbol{x}_{22i}](i=1,2,\cdots,6)$为 22 维的列向量。

② 计算各指标的平均数和标准差，标准化评价矩阵 $\boldsymbol{M}_{22\times 6}$

$$x_{ij}^{*}=\frac{x_{ij}-\overline{x}_j}{\mathrm{var}(x_j)}(i=1,2,\cdots,22;j=1,2,\cdots,6)$$

$$\overline{x}_j=\frac{1}{22}\sum_{i=1}^{22}x_{ij}$$

$$\mathrm{var}(x_j)=\frac{1}{21}\sum_{i=1}^{22}(x_{ij}-\overline{x}_j)^2(j=1,2,\cdots,6)$$

③ 求得相关系数矩阵

$$\boldsymbol{R}_{6\times 6}=\begin{bmatrix} 1 & 0.663 & 0.264 & -0.435 & 0.006 & -0.186 \\ 0.663 & 1 & 0.429 & 0.151 & 0.102 & 0.17 \\ 0.264 & 0.429 & 1 & 0.278 & 0.324 & 0.372 \\ -0.435 & 0.151 & 0.278 & 1 & 0.232 & 0.437 \\ 0.006 & 0.102 & 0.324 & 0.232 & 1 & -0.057 \\ -0.186 & 0.17 & 0.372 & 0.437 & -0.057 & 1 \end{bmatrix}$$

④ 用雅可比方法求取相关系数矩阵的特征值与贡献率，见表 4-16。

表 4-16　特征值与贡献率

主成分	特征值	方差贡献率	累计贡献率	主成分	特征值	方差贡献率	累计贡献率
1	2.0663	0.3444	0.3444	4	0.5834	0.0972	0.9158
2	1.7957	0.2993	0.6437	5	0.3805	0.0634	0.9792
3	1.0492	0.1749	0.8185	6	0.1248	0.0208	1

⑤ 求取特征向量，如表 4-17 所示。

表 4-17　特征向量

序号	第一主成分特征向量	第二主成分特征向量	序号	第一主成分特征向量	第二主成分特征向量
1	0.291708	−0.648332	4	0.310069	0.555509
2	0.538658	−0.317128	5	0.276815	0.102546
3	0.575255	0.035993	6	0.347947	0.398364

第一主成分为

$$F_1=0.291708p_1^{*}+0.538658p_2^{*}+0.575255p_3^{*}+0.310069p_4^{*}+0.276815p_5^{*}+0.347947p_6^{*} \tag{4-31}$$

式中，p_i^* 为原始数据标准化后的值。其他主成分以此类推。

根据累计方差贡献率和特征向量的值，可以看到第一主成分各系数比较均匀，说明各个指标的重要度差不多，而第二主成分里面第 4、6 指标重要度比较大，两者累计贡献率达到 64.37%，所以此处采用第一、二主成分的线性组合进行综合评价，结果如表 4-18 所示。结果显示，支撑吊杆分值最高，依次是盛水桶组件和洗涤桶组件等，为设计人员改进设计提供了依据。

表 4-18 基于主成分分析法的洗衣机细粒度综合评价

序号	零件名称	指数 1	指数 2	综合评价分值
8	支撑吊杆	0.1906	0.3827	2.3837
9	盛水桶组件	0.2458	0.5231	2.1028
7	洗涤桶组件	0.3390	0.2053	1.1751
14	电动机组件	0.3045	−0.0270	0.8214
13	减速离合器组件	0.3045	−0.0270	0.8214
11	配重	0.2569	−0.1122	0.4362
4	密封盖板	0.1471	−0.1210	0.3147
21	地脚	0.0642	−0.0722	0.2292
3	机盖	−0.1715	0.3063	0.1702
2	控制组件	0.0070	−0.0475	0.0444
20	排水阀部件	0.0143	−0.0907	−0.2160
15	V 带	−0.2948	0.3064	−0.2560
1	后盖板	−0.0406	−0.1328	−0.3408
6	平衡环	−0.0406	−0.1328	−0.3408
10	托板	−0.0095	−0.1333	−0.4088
5	波轮	0.2766	−0.4117	−0.4732
17	小带轮	−0.1071	−0.1574	−0.9342
18	大带轮	−0.1071	−0.1574	−0.9342
19	排水管	−0.3900	0.1359	−1.0265
22	扣手	−0.3614	−0.2125	−1.1213
12	波轮轴组件	−0.2066	−0.1147	−1.1684
16	风叶	−0.4205	0.0908	−1.2788

4.6 局部破坏模式下的可拆卸性评价与反馈

4.6.1 局部破坏拆卸可行性判断方法

再制造毛坯来源于退役产品，往往存在铆接、焊接、锈蚀等导致的不可拆卸问题，通过对部分连接件或低价值的零部件进行破坏以实现再制造毛坯的局部破坏拆卸一直是各国学者的研究热点。然而，由于受到成本、拆卸时间、环境等因素制约，局部破坏拆卸（partial destructive disassembly，PDD）是否可行成为亟待解决的重要问题。某课题组提出了局部破坏拆卸可行性判断多粒度评价模型与方法。

(1) 产品局部破坏拆卸可行性多粒度评价模型

局部破坏拆卸旨在保证目标组件完整性的前提下，采取部分破坏拆卸以提高拆卸效率。拆卸方式不同，产品拆卸方向、拆卸时间和拆卸工具等均不同，但这些因素无法完全反映产品局部破坏拆卸可行性。基于产品层次性特点，构建了产品局部破坏拆卸可行性多粒度评价模型，分别从目标群和组件层提取相应的粗粒度指标和细粒度指标，具体见图 4-44。

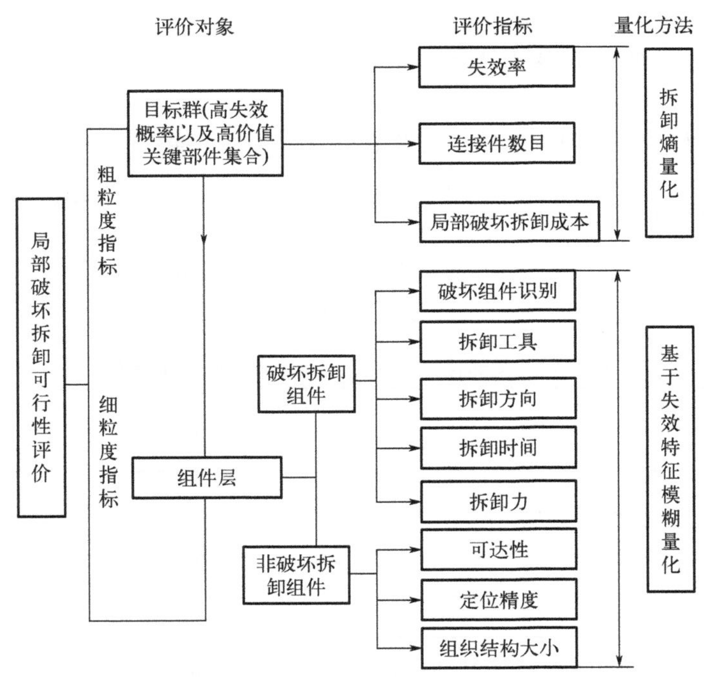

图 4-44　产品局部破坏拆卸可行性多粒度评价模型

产品整体评价对象为由高失效概率以及高价值关键部件组成的目标群，并引入失效率、连接件数目、局部破坏拆卸成本 3 个指标进行粗粒度评价，反映产品整体局部破坏拆卸可行性；组件层的评价对象是组件，包括破坏拆卸组件和非破坏拆卸组件，并引入破坏组件识别、拆卸工具、拆卸方向、拆卸时间、拆卸力 5 个指标进行破坏拆卸组件的细粒度评价，用可达性、定位精度、组织结构大小 3 个指标进行非破坏拆卸组件的细粒度评价。

(2) 目标群构建以及指标量化

由于复杂产品组件数量繁多，导致其评价难度增加。本节从零部件失效特征角度出发，通过对其量化，将高失效概率以及高价值关键部件组成的零部件集合定义为目标群，作为产品粗粒度评价的对象，降低了整体评价的复杂性。

已服役产品的外部特征和内部材料发生了不确定性变化，零部件的失效特征类型以及回收决策信息见表4-19。为描述复杂产品零部件 v_i 的失效类型，建立失效类型矩阵：

$$\boldsymbol{M}_{\mathrm{f}}=[s_{ij}]_{n\times 5} \tag{4-32}$$

式中，元素 $s_{ij}=\begin{cases}1, & v_i \text{ 存在失效类型 } s_j\\0, & v_i \text{ 不存在失效类型 } s_j\end{cases}$

针对零部件失效特征不确定性、难以精确量化等问题，采用专家评测法对失效类型进行量化。零部件的失效状态评语集为 $\boldsymbol{E}=[e_1,e_2,e_3,e_4,e_5]$，其中 e_1、e_2、e_3、e_4、e_5 分别代表基本无失效、轻微失效、一般失效、中度失效、严重失效。

邀请 N 位专家，对失效特征的状态进行评价，综合结果为 $\boldsymbol{A}=[a_i]$，($i=1\sim5$)。式中，$a_i=\dfrac{n_{a_i}}{N}$；N 为参与评价的专家数量；n_{a_i} 为选择第 i 个评价值的专家数量，此时零部件 v_i 的失效类型 s_j 的特征值 e_{ij} 定义如下：

$$e_{ij}=\boldsymbol{E}\boldsymbol{A}^{\mathrm{T}} \tag{4-33}$$

表 4-19 零部件失效特征类型以及回收决策信息

失效类型	失效状态	回收决策
变质型(s_1)	基本无失效(e_1)	重用(h_1)
退化型(s_2)	轻微失效(e_2)	再制造(h_2)
损坏型(s_3)	一般失效(e_3)	材料回收(h_3)
形变型(s_4)	中度失效(e_4)	废弃(h_4)
松脱型(s_5)	严重失效(e_5)	—

为便于进行产品局部破坏拆卸整体可行性评价，根据复杂产品存在的失效特征，对产品进行简单分类。根据多位专家对零部件各类失效特征状态的评价，利用式(4-32)和式(4-33)对零部件失效特征进行量化，得到零部件失效特征值如下：

$$M_{\mathrm{e}}=e_{ij}\cdot s_{ij} \tag{4-34}$$

式中，e_{ij} 为零部件的失效特征值；s_{ij} 为零部件的失效类型。

Suga 教授于1996年提出拆卸熵的概念，在此基础上，定义了失效率熵、连接件数目熵、局部破坏拆卸成本熵，以此来评价目标群的局部破坏拆卸可行性。

① 失效率熵。失效率指的是目标群中高失效概率组件所占的比例。局部破坏拆卸的难易程度与零部件失效概率有关，失效概率越高，非破坏拆卸越困难，局部破坏拆卸的可行性越大。

失效率熵定义为：

$$S_1 = \log_2 \left(\frac{N_i}{N_s} \right) \tag{4-35}$$

式中，N_i 为目标群组件总数量；N_s 为目标群中高失效概率组件数量。

② 连接件数目熵。由于连接件一般价值比较低，局部破坏拆卸主要采取破坏手段对连接件进行破坏。连接件数目越多，破坏拆卸组件选择性越多，局部破坏拆卸可行性越高。

连接件数目熵定义为：

$$S_2 = \log_2 \left(\frac{N_i + N_k}{N_k} \right) \tag{4-36}$$

式中，N_k 为目标群组件用方法 k（如螺钉连接、螺栓连接、焊接、铆接、不可拆卸连接等）构成的连接数量；N_i 为目标群组件数量。

③ 局部破坏拆卸成本熵。破坏拆卸成本占总拆卸成本的比例越小，则局部破坏拆卸成本熵越低，拆卸成本越低，局部破坏拆卸可行性越高。局部破坏拆卸成本熵定义为：

$$S_3 = \log_2 \left(\frac{C_n + C_m}{C_n} \right) \tag{4-37}$$

式中，C_n 为非破坏拆卸成本；C_m 为破坏拆卸成本。

对于复杂产品，先对目标群进行粗粒度评价，然后按照下式计算出目标群的总拆卸熵：

$$S = k_1 S_1 + k_2 S_2 + k_3 S_3 \tag{4-38}$$

式中，k_1、k_2、k_3 分别为指标权重，$k_1 + k_2 + k_3 = 1$，可根据各拆卸熵的相对重要程度由专家打分法确定，一般取 $k_1 = k_2 = 0.33$，$k_3 = 0.34$。

(3) 基于失效特征的组件层细粒度评价

细粒度评价对象为组件，在实际拆卸过程中，由于某些组件失效程度严重导致其无法拆卸，一般通过破坏部分组件以提高拆卸效率。因此，局部破坏拆卸的可行性与组件的失效程度和拆卸过程有关。

局部破坏拆卸过程如下。

① 识别破坏拆卸组件以及非破坏拆卸组件的位置。识别破坏拆卸组件以及非破坏拆卸组件的位置可以用破坏组件识别指标来评价，包括对组件连接类型的识别、对组件失效特征的识别以及识别不同拆卸方式的工具。失效特征越严重，

破坏拆卸组件识别越简单，局部破坏拆卸可行性越高。

② 不同拆卸方式之间的工具转换以及与连接件定位对齐。不同拆卸方式之间的工具转换以及与连接件相对定位精度严重影响局部破坏拆卸效率，如果不同拆卸工具转换次数多、定位精度高，会增加破坏拆卸成本，耗费精力，所以分别用拆卸工具、定位精度来评价局部破坏拆卸的可行性。

③ 破坏或移除相应的连接件。破坏连接件涉及拆卸方向、拆卸时间、拆卸力、可达性。当组件失效程度严重时，破坏连接件会改变之前的拆卸方向，拆卸方向的频繁变化会降低拆卸效率，给局部破坏拆卸带来不便。组件失效程度严重会导致所需拆卸力增大、工具可达性难度加大，严重影响局部破坏拆卸效率。所以，分别用拆卸方向、拆卸时间、拆卸力、可达性来评价破坏连接件对局部破坏拆卸可行性的影响。移除相应的连接件涉及组件结构大小。组件失效程度严重且结构较大，工具难以抓取，移除相应连接件和被连接的组件较困难，影响局部破坏拆卸效率。

综上所述，基于失效特征可建立破坏组件识别、拆卸工具、拆卸方向、拆卸时间、拆卸力、可达性、定位精度、组件结构大小 8 个细粒度指标。

零部件的失效特征采取专家评判法进行量化，而零部件失效特征对细粒度评价指标的影响存在模糊性。模糊综合评价通过一个模糊的集合对结果进行全面评价，因此，选取模糊三角函数作为失效特征对细粒度指标影响的隶属度函数。采用评价等级将零部件失效特征对细粒度指标影响结果进行划分，结果见表 4-20。

表 4-20 零件失效特征对细粒度指标的影响等级

细粒度指标	等级	具体描述	标志
破坏组件识别	便于较好识别	组件失效特征明显，便于较好识别	Δa_1
	便于识别	组件失效特征明显，便于识别	Δa_2
	较难识别	组件失效特征不明显，较难识别	Δa_3
	无法识别	组件无明显失效	Δa_4
拆卸工具	不需要改变拆卸工具	失效程度较低，回收价值高。需用手或普通工具进行非破坏拆卸	Δb_0
	需要改变拆卸工具	失效程度较高，回收价值低。需要使用破坏拆卸工具代替普通工具	Δb_1
拆卸方向	不需要更改拆卸方向	失效程度较低，回收价值高。对连接件进行非破坏拆卸，不改变其拆卸方向	Δc_0
拆卸方向	需要更改拆卸方式	失效程度较高，回收价值低。对连接件进行破坏拆卸，以改变其拆卸方向	Δc_1

续表

细粒度指标	等级	具体描述	标志
拆卸时间	不需要改变拆卸时间	失效程度一般，采取常规拆卸，按原拆卸时间算	Δt_0
	需要改变拆卸时间	失效程度严重，采取破坏拆卸，减少拆卸时间	Δt_1
拆卸力	很大的力	组件失效特征越严重，越难以拆卸，所克服的拆卸力越大	Δd_1
	中等力	组件中等失效，需要克服中等拆卸力	Δd_2
	一般力	组件微小失效，需要一般的拆卸力	Δd_3
	很小的力	组件失效不明显，只需要克服很小的力	Δd_4
可达性	较困难	组件严重失效，导致连接件腐蚀等，工具拆卸连接件较困难	Δi_1
	困难	组件中等失效，导致连接件表面覆盖铁锈等，工具接触连接件困难	Δi_2
	一般	组件一般失效，可达性一般	Δi_3
	容易	组件基本无失效，没有视觉障碍，工具容易接触到连接件	Δi_4
定位精度	较高精度	失效程度低且为目标组件，其定位精度要求较高	Δg_1
	中度精度	组件失效程度一般，主要采用非破坏拆卸，其定位精度要求中等	Δg_2
	一般精度	组件失效程度一般中等，采取破坏与非破坏拆卸结合，其定位精度要求一般	Δg_3
	无精度要求	组件失效程度严重，采取破坏拆卸，其定位精度无要求	Δg_4
组件结构大小	较难	组件失效程度严重且结构较大，工具难以抓取	Δk_1
	中等难度	组件失效程度一般且结构较大，工具抓取为中等难度	Δk_2
	容易	组件基本无失效且结构小，工具容易抓取	Δk_3

由于不同的失效等级对局部破坏拆卸可行性评价指标的影响存在差异，因此，根据专家经验以及文献调研建立各指标与失效等级的隶属度函数，如图 4-45 所示。

以破坏组件识别指标为例，由图 4-45(a) 可知，根据失效特征值的范围，可以确定其隶属于[Δa_i，Δa_j]区间的隶属度分别为[Λ_i^a，Λ_j^a]，计算可得破坏组件识

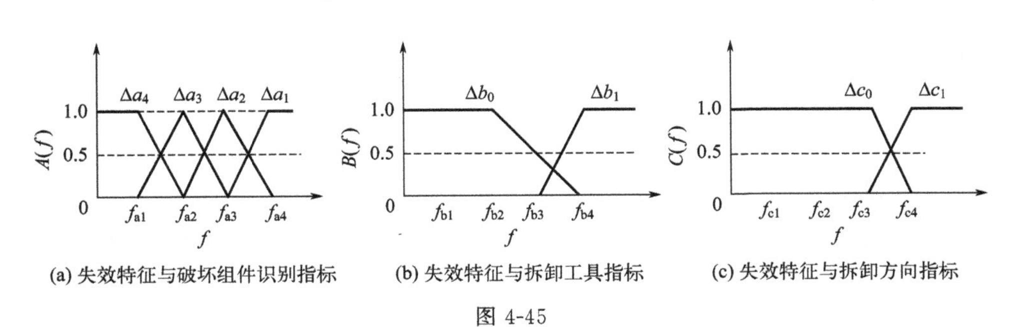

(a) 失效特征与破坏组件识别指标　(b) 失效特征与拆卸工具指标　(c) 失效特征与拆卸方向指标

图 4-45

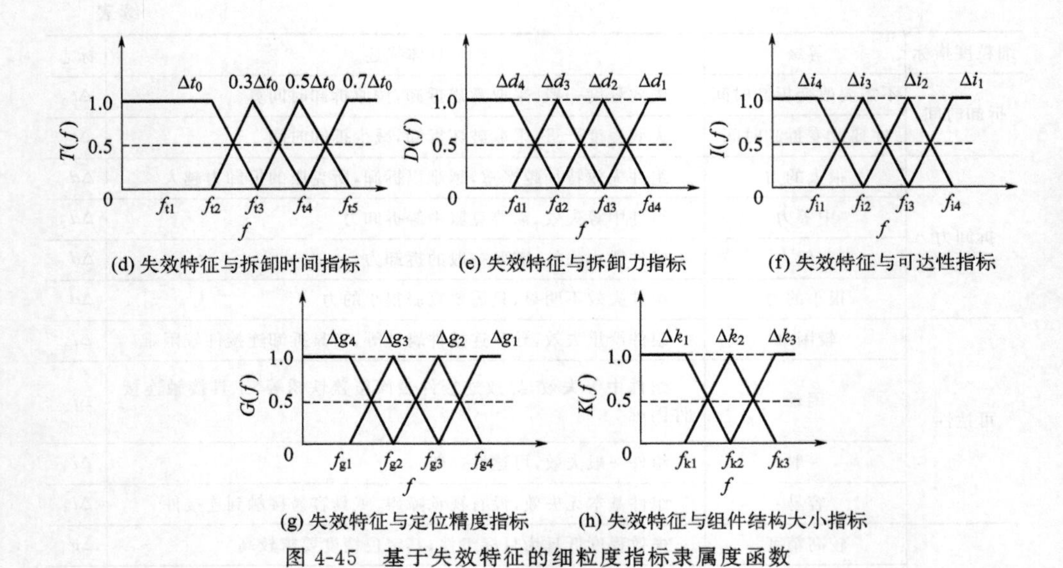

(d) 失效特征与拆卸时间指标　(e) 失效特征与拆卸力指标　(f) 失效特征与可达性指标

(g) 失效特征与定位精度指标　(h) 失效特征与组件结构大小指标

图 4-45　基于失效特征的细粒度指标隶属度函数

别指标值为 $T_a=\Delta a_i\times\Lambda_i^a+\Delta a_j\times\Lambda_j^a$。

为避免突变值导致其评价结果的失真，本节应用结构熵权法来确定权重，具体步骤如下。

① 邀请专家对各细粒度指标的重要程度进行排序。

② 构建细粒度指标集，收集专家意见，构建专家意见矩阵。

$$\boldsymbol{A}=\begin{bmatrix} a_{11} & \cdots & a_{1n} \\ \cdots & \ddots & \cdots \\ a_{k1} & \cdots & a_{kn} \end{bmatrix} \tag{4-39}$$

式中，$a_{ij}(i=1,2,\cdots,k;j=1,2,\cdots,n)$为第 i 位专家对第 j 项指标的重要程度排序，取值范围为 $1\sim n$。计算 a_{ij} 的隶属度为：

$$b_{ij}=\frac{\ln(m-a_{ij})}{\ln(m-1)} \tag{4-40}$$

式中，m 为转化参数量，常设 $m=n+2$。确定 k 个专家对指标 u_j 的平均认识度 b_j 为：

$$b_j=\frac{b_{1j}+b_{2j}+\cdots+b_{kj}}{k} \tag{4-41}$$

则盲度 Q_j 为：

$$Q_j=\left|\frac{[\max(b_{1j}+b_{2j}+\cdots+b_{kj})-b_j]}{2}+\frac{[\min(b_{1j}+b_{2j}+\cdots+b_{kj})-b_j]}{2}\right| \tag{4-42}$$

则 k 个专家对指标 u_j 的总体认识度 x_j 为：

$$x_j=(1-b_j)(1-Q_j),x_j>0$$

可得 k 个专家对全体指标 $\boldsymbol{U}$ 的评价向量为：

$$\boldsymbol{X}=[x_1,x_2,\cdots,x_j]$$

③ 对回收决策矩阵元素进行归一化，得到指标 u_j 的权重为：

$$\alpha_j=\frac{x_j}{\sum_{i=1}^{8}x_j}$$

对于组件，先对组件层进行细粒度评价，然后按照下式计算出组件层的细粒度指标综合评价值。

$$T=\sum_{j=1}^{8}\alpha_j u_j \tag{4-43}$$

式中，$\alpha_j(j=1,2,\cdots,8)$为应用结构熵权法计算出来的各细粒度指标对应的权重；u_j 为各细粒度指标。

(4) 局部破坏拆卸可行性评价方法

我们通过失效特征筛选出来的目标群可利用拆卸熵进行产品整体评价。若粗粒度拆卸熵小于给定阈值，则说明该产品局部破坏拆卸可行性高，需要对组件层进行细粒度评价，以获取确切的破坏组件。具体步骤如下。

① 读取产品失效信息等数据。

② 构建产品失效特征矩阵，利用专家评判法量化失效特征并计算特征值。

③ 通过失效特征筛选出目标群。

④ 利用式(4-35)～式(4-37) 计算目标群中失效率熵、连接件数目熵、局部破坏拆卸成本熵。按照式(4-37) 计算目标群的总拆卸熵 S。

⑤ 判断总拆卸熵 S 是否大于用户阈值。若大于，则转步骤⑥；若小于，则转步骤⑦。

⑥ 如局部破坏拆卸不可行，则采取非破坏拆卸。

⑦ 基于失效特征量化细粒度指标。应用结构熵权法确定各指标权重并按照式(4-43) 计算零部件细粒度综合评价值 T。

⑧ 按照综合评价值从大到小排列，确定破坏组件。

⑨ 反馈到设计端。

局部破坏拆卸可行性多粒度评价方法流程如图 4-46。

4.6.2 帕萨特发动机的拆卸可行性判断

下面采用上节提到的方法对帕萨特发动机进行拆卸可行性评价，构建的目标群如表 4-21 所示，评价过程如图 4-47 所示。

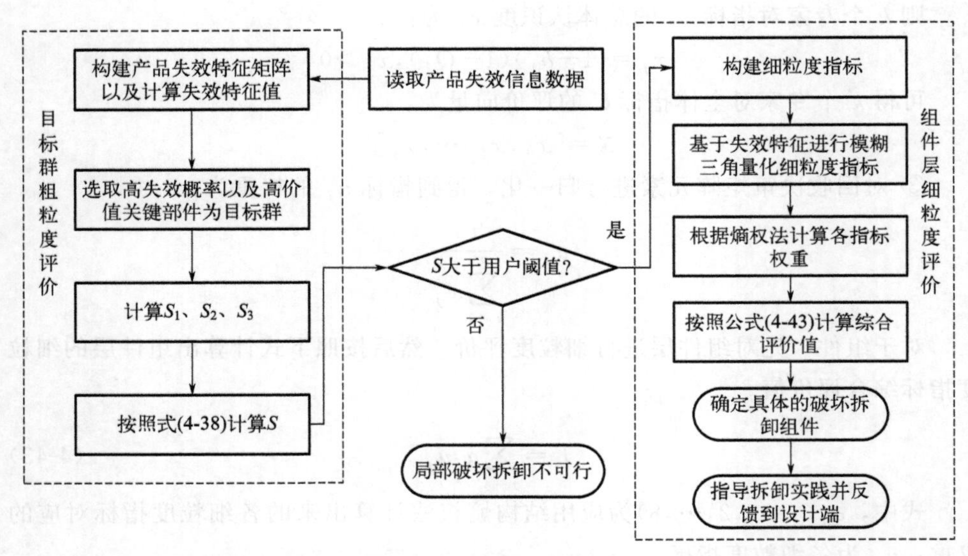

图 4-46 局部破坏拆卸可行性多粒度评价方法流程

表 4-21 帕萨特发动机目标群零件信息

序号	组件名称	数量	拆卸工具	非破坏拆卸成本/元	连接类型（个数）	破坏拆卸成本/元
1	气门盖罩	1	扳手	0.310	螺栓连接(2)	0.2
4	机油泵链条	1	专用工具	0.370	螺栓连接(2)	0.5
7	大瓦	8	人工	0.760	焊接	0.32
8	小瓦	8	人工	0.760	焊接	0.31
9	气缸 4	1	螺丝刀	3.760	螺钉(2)	0.36
10	凸轮轴	2	螺丝刀	0.286	螺钉(2)及几何约束	0.38
11	曲轴	1	人工	0.840	几何约束	0.24
12	连杆	4	扳手	0.006	六角螺母(1)	0.18
13	点火器	4	专用设备	0.170	螺栓连接(8)	0.4
14	气缸体	4	人工	0.170	焊接	0.18
15	进气凸轮轴锁块	5	螺丝刀	0.360	螺栓连接(2)	0.3
16	出气凸轮轴锁块	5	螺丝刀	0.280	螺栓连接(2)	0.3
17	油底壳	1	扳手	0.450	螺栓连接(2)	0.4
18	进气歧管	1	扳手	0.170	六角螺母(1)	0.2
20	进气管	2	螺丝刀	0.310	焊接	0.2
21	增压器皮带	1	专用工具	3.210	几何约束	0.18
24	正时皮带	1	专用工具	3.190	弹性	0.28

续表

序号	组件名称	数量	拆卸工具	非破坏拆卸成本/元	连接类型（个数）	破坏拆卸成本/元
27	凸轮轴传动轮	1	拉马	0.840	几何约束	0.29
29	空气滤清器	1	螺丝刀	0.286	螺钉连接(2)	0.2
34	离合器飞轮	1	人工	0.600	几何约束	0.29

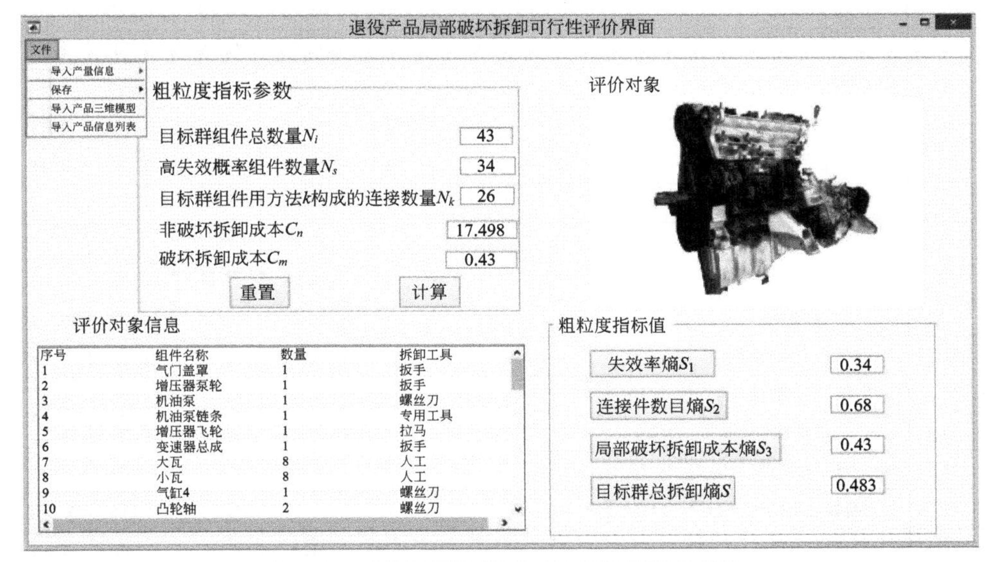

图 4-47　局部破坏拆卸可行性多粒度评价模块

帕萨特发动机目标群拆卸熵评价结果见表 4-22。假设给定阈值为 1，由系统得到 S 为 0.483，拆卸熵越小，表示其局部破坏拆卸可行性越高，则需要进一步对其进行细粒度的评价，以确定具体的破坏拆卸组件。

表 4-22　帕萨特发动机目标群拆卸熵评价结果

粗粒度指标	权重	结果	目标群粗粒度指数
失效率熵	0.33	0.34	0.113
连接件数目熵	0.33	0.68	0.224
局部破坏拆卸成本熵	0.34	0.43	0.146
合计	1	—	0.483

表 4-23 为利用模糊隶属度函数推导出的基于失效特征的细粒度量化结果，以此为原数据，利用结构熵权法进行权重确定，其步骤如表 4-24 所示。利用式(4-43) 计算综合评价值，细粒度综合评价结果见表 4-25。

表 4-23　帕萨特发动机细粒度指标量化结果

序号	组件名称	T_a	T_b	T_c	T_t	T_d	T_g	T_i	T_k
1	气门盖罩	0.87	1	1	3.2	1.24	0.575	1.093	0.97
2	增压器泵轮	0.027	0	0	1	0.12	0.12	0.1	0.192
3	机油泵	0.036	0	0	1	0.16	0.16	0.1	0.256
4	机油泵链条	0.06	0	0	1	0.27	0.27	0.135	0.34
5	增压器飞轮	0.053	0	0	1	0.24	0.24	0.12	0.384
6	变速器总成	0.051	0	0	1	0.23	0.23	0.115	0.368
7	大瓦	0.062	0	0	1	0.28	0.28	0.14	0.36
8	小瓦	0.07	0	0	1	0.31	0.31	0.155	0.39
9	气缸 4	0.08	0	0	1	0.36	0.36	0.18	0.46
10	凸轮轴	0.084	0	0	1	0.38	0.38	0.19	0.48
11	曲轴	0.15	1	1	1	0.6	0.36	0.96	0.61
12	连杆	0.43	1	1	1.72	0.87	0.425	1.295	0.69
13	点火器	0.062	0	0	1	0.28	0.28	0.14	0.36
14	气缸体	0.06	0	0	1	0.27	0.27	0.135	0.34
15	进气凸轮轴锁块	0.48	1	1	1.92	0.91	0.44	0.83	0.72
16	出气凸轮轴锁块	0.43	1	1	1.72	0.87	0.425	1.295	0.69
17	油底壳	0.6	1	1	2.4	1	0.475	0.9	0.79
18	进气歧管	0.78	1	1	3.2	1.18	0.538	1.021	0.91
19	曲轴主轴承盖	0.051	0	0	1	0.23	0.23	0.115	0.368
20	进气管	0.68	1	1	3.2	1.1	0.5	0.95	0.84
21	增压器皮带	0.85	1	1	3.2	1.23	0.562	1.069	0.95
22	正时皮带张紧轮	0.051	0	0	1	0.23	0.23	0.115	0.368
23	出气歧管	0.051	0	0	1	0.23	0.23	0.115	0.368
24	正时皮带	0.78	1	1	3.2	1.15	0.525	0.998	0.88
25	正时皮带齿形带轮	0.051	0	0	1	0.23	0.23	0.115	0.368
26	曲轴轮	0.051	0	0	1	0.23	0.23	0.115	0.368
27	凸轮轴传动轮	0.058	0	0	1	0.26	0.26	0.13	0.33
28	气门总成	0.051	0	0	1	0.23	0.23	0.115	0.368
29	空气滤清器	0.65	1	1	3.12	1.04	0.49	0.93	0.82
30	增压器皮带张紧轮	0.051	0	0	1	0.23	0.23	0.115	0.368
31	发动机支持架	0.051	0	0	1	0.23	0.23	0.115	0.368
32	涡轮增压器	0.051	0	0	1	0.23	0.23	0.115	0.368
33	连杆盖	0.051	0	0	1	0.23	0.23	0.115	0.368
34	离合器飞轮	0.06	0	0	1	0.27	0.27	0.135	0.34
35	离合器压板	0.051	0	0	1	0.23	0.23	0.115	0.368

续表

序号	组件名称	T_a	T_b	T_c	T_t	T_d	T_g	T_i	T_k
36	离合器从动盘	0.053	0	0	1	0.24	0.24	0.12	0.384
37	离合器盖	0.027	0	0	1	0.12	0.12	0.1	0.192

表 4-24　基于结构熵权法的权重确定过程

项目	T_a	T_b	T_c	T_t	T_d	T_g	T_i	T_k
1 组	1	2	3	4	5	6	7	8
2 组	1	2	4	3	7	8	5	6
3 组	2	1	3	4	6	7	5	8
b_j	0.9821	0.9643	0.8622	0.8389	0.6211	0.4821	0.655	0.4206
b_{ij}(max)	1	1	0.8856	0.8856	0.7325	0.6309	0.7325	0.6309
$1-Q_j$	0.9911	0.9911	0.98835	0.98835	0.8471	0.9911	0.96125	0.9474
x_i	0.0178	0.0354	0.1362	0.1592	0.3210	0.5133	0.3316	0.5490
α_j	0.0086	0.017	0.0660	0.0772	0.1556	0.2488	0.1607	0.2661

表 4-25　细粒度综合评价结果

零件序号	零件名称	综合评价分值	零件序号	零件名称	综合评价分值
1	气门盖罩	1.1073	27	凸轮轴传动轮	0.3132
21	增压器皮带	1.0931	5	增压器飞轮	0.3132
18	进气歧管	1.0604	36	离合器从动盘	0.3085
24	正时皮带	1.0407	6	变速器总成	0.3041
20	进气管	1.0076	19	曲轴主轴承盖	0.3041
29	空气滤清器	0.9808	22	正时皮带张紧轮	0.3041
17	油底壳	0.9021	23	出气歧管	0.3041
15	进气凸轮轴锁块	0.8114	25	正时皮带齿形带轮	0.3041
12	连杆	0.6979	26	曲轴轮	0.3041
16	出气凸轮轴锁块	0.6979	28	气门总成	0.3041
11	曲轴	0.5448	30	增压器皮带张紧轮	0.3041
10	凸轮轴	0.4069	31	发动机支持架	0.3041
9	气缸 4	0.3918	32	涡轮增压器	0.3041
8	小瓦	0.3489	33	连杆盖	0.3041
7	大瓦	0.3263	35	离合器压板	0.3041
13	点火器	0.3263	3	机油泵	0.2434
4	机油泵链条	0.3161	2	增压器泵轮	0.2101
14	气缸体	0.3161	37	离合器盖	0.2101
34	离合器飞轮	0.3161			

由表 4-25 可知，气门盖罩综合评分值最高，理论上优先破坏拆卸。在发动机实际服役过程中，气门盖罩的作用是遮盖并密封气缸盖，将机油保存在内部，同时将污垢和湿气等污染物隔绝于外，其长时间处于潮湿、污垢等环境中，导致其失效程度严重。在实际拆卸过程中，由于其再制造价值低且失效程度严重，优先采用破坏拆卸。

4.7 基于拆卸准则的转盘式双色注塑机合模装置可持续设计

注塑机是注塑成型机的简称，是一个机电一体化的机种，主要由注射部件、合模部件、机身、液压系统、加热系统、控制系统、加料装置等组成。图 4-48 是 HTS 系列转盘式双色成型注塑机实物。此处针对合模部件进行分析，图 4-49 所示为转盘式双色注塑机合模部件实物与线框模型，包括尾板、头板、动模板、拉杆、调模装置、顶出装置等零部件，具体组成零部件信息如表 4-26 所示。

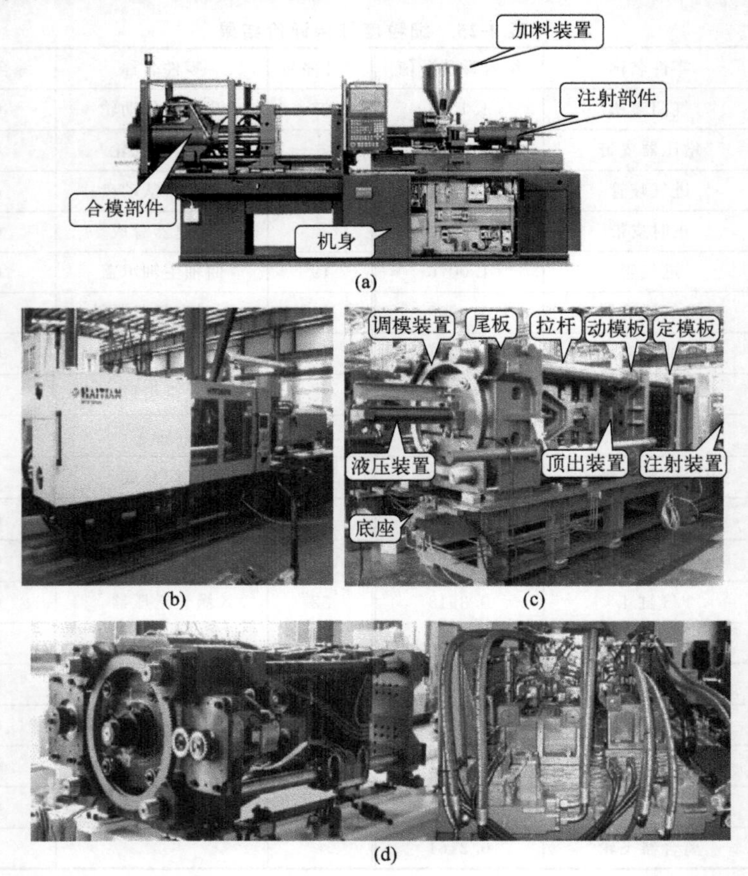

(e)

图 4-48　HTS 系列转盘式双色成型注塑机实物

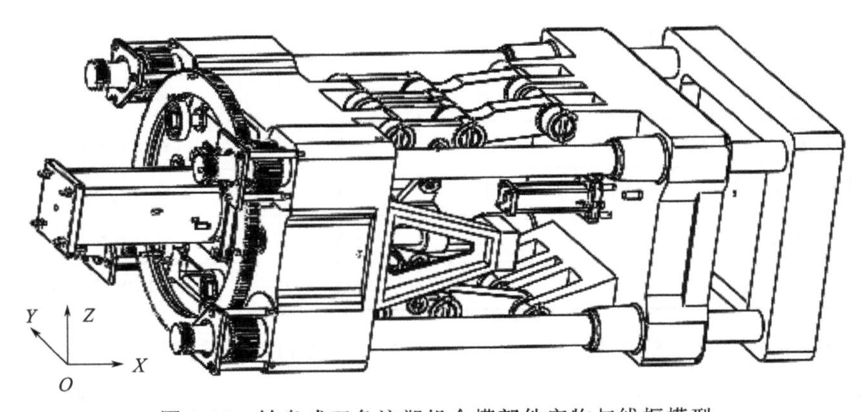

图 4-49　转盘式双色注塑机合模部件实物与线框模型

表 4-26　注塑机合模部件零部件信息

编号	零件名称	数量	拆卸工具	拆卸方向	连接类型(连接数/个)
1	尾板	1	无	无	无
2	拉杆	4	起吊机	$-X$ 或 $+X$	螺纹连接(2)
3	挡板	4	扳手	$-X$	螺纹连接(3)
4	齿轮螺母	4	专用扳手	$-X$	螺纹连接(1)
5	大齿圈	1	起吊机	$-X$	齿轮啮合(定位滚轮定位)
6	头板	1	无	无	无
7	二板	1	起吊机	$-X$ 或 $+X$	销轴连接(4)
8	连杆	4	螺丝刀	$-Y$	销轴(2)
9	曲肘	8	螺丝刀	$-Y$	销轴(4)
10	小连杆	4	螺丝刀	$-Y$	销轴(2)

续表

编号	零件名称	数量	拆卸工具	拆卸方向	连接类型(连接数/个)
11	滑块	1	扳手/螺丝刀	$+X/-Y$	螺纹连接(1)/销轴(2)
12	滑块杆	2	扳手	$+X$	螺纹连接(2)
13	合模油缸体	1	扳手	$-X$	螺栓连接(4)
14	合模油缸活塞	1	扳手	$+X$	弹性连接(1)
15	合模油缸导向套	1	专用工具	$-X$	弹性连接(1)
16	合模油缸压盖	1	扳手	$-X$	螺栓连接(4)
17	合模油缸后壁	1	扳手	$-X$	螺栓连接(4)
18	顶出油缸体	1	扳手	$-X$	螺栓连接(4)
19	顶出油缸活塞	1	扳手	$+X$	弹性连接(1)
20	顶出油缸压盖	1	扳手	$-X$	螺栓连接(4)
21	顶出油缸后壁	1	扳手	$-X$	螺栓连接(4)
22	顶出杆	1	扳手	$+X$	螺纹连接(1)
23	顶出油缸导向套	1	专用工具	$-X$	弹性连接(1)
24	套筒	12	手	$-X$	销轴连接(12)

图 4-50 所示为注塑机合模部件的拆卸模型生成过程与结果。图 4-51 所示为注塑机合模部件拆卸序列规划分析过程与结果，图 4-51(a) 为完全拆卸序列规划过程与结果，图 4-51(b) 为目标选择性拆卸序列规划结果。

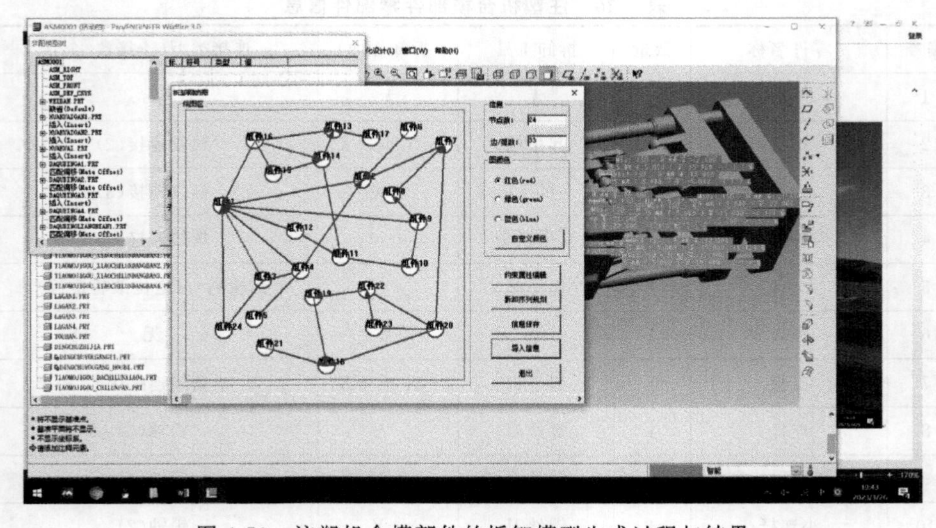

图 4-50　注塑机合模部件的拆卸模型生成过程与结果

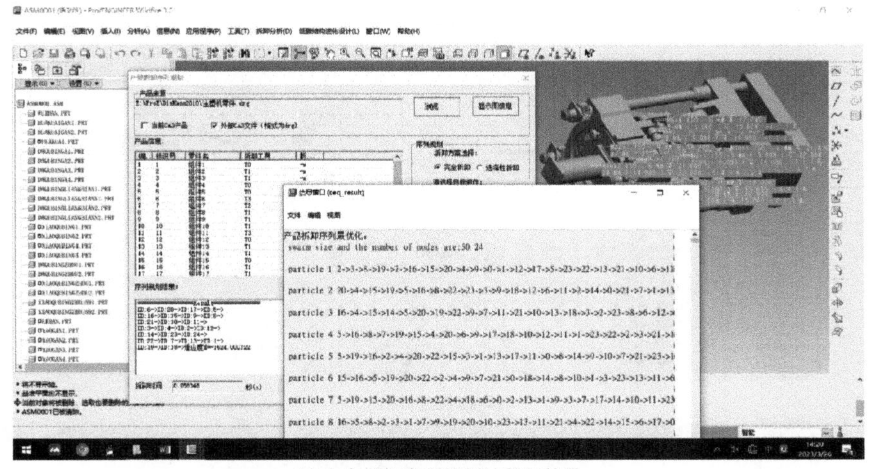

(a) 完全拆卸序列规划过程与结果

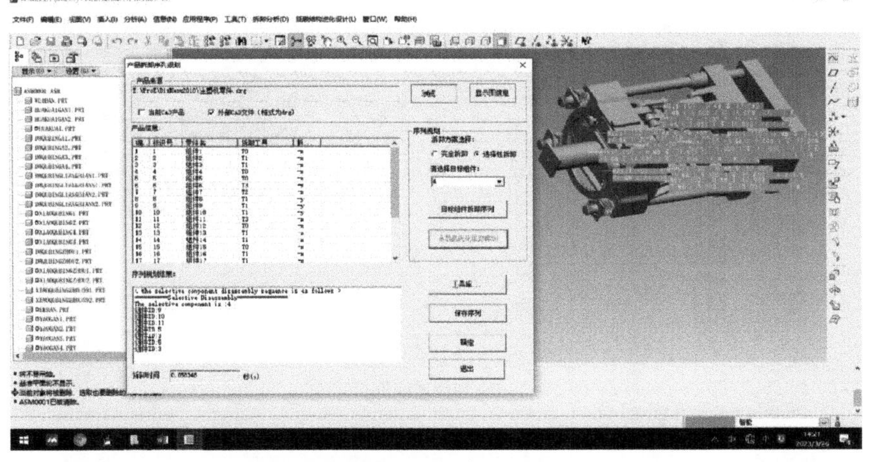

(b) 目标选择性拆卸序列规划结果

图 4-51　注塑机合模部件拆卸序列规划分析过程与结果

在序列规划的基础上，对注塑机合模部件进行可拆卸性评价，如图 4-52 所示，其中，图 4-52(a) 是粗粒度评价，假设用户阈值为 100，由于粗粒度评价结果大于该阈值，因此需要进行下一步细粒度评价，评价结果如图 4-52(b) 所示，其可视化表示如图 4-52(c) 所示。

评价结果显示该注塑机合模装置中调模装置处的齿轮螺母与挡板之间的套筒可拆卸性较差，其次是大齿圈。根据可拆卸设计准则对调模装置进行改进，通过减少零件数量提高可拆卸性，改进后的调模装置结构如图 4-53 所示。其中，大齿圈 5 置于尾板 1 左端孔内，齿轮凸缘外表面与尾板内孔为间隙配合，以压挡 3 进行轴向定位，改进后的结构减少了套筒零件。

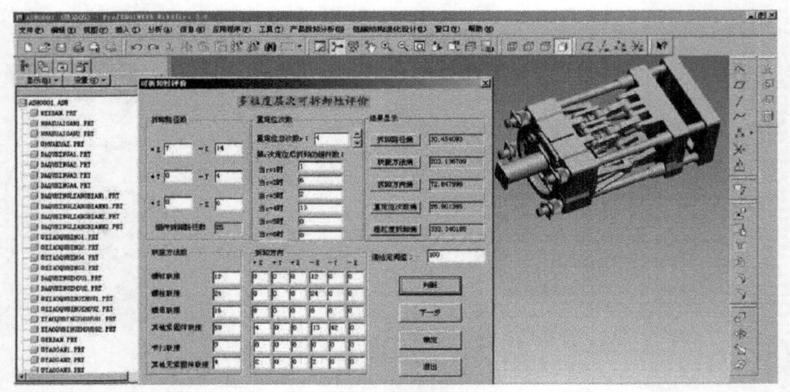

(a) 粗粒度评价

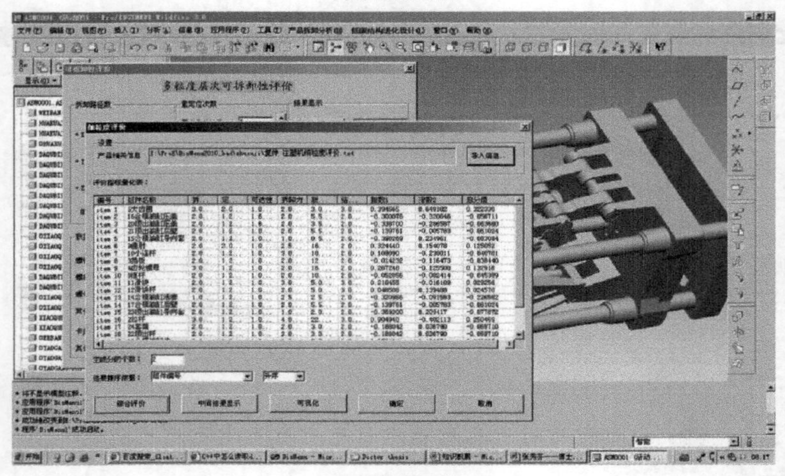

(b) 细粒度评价

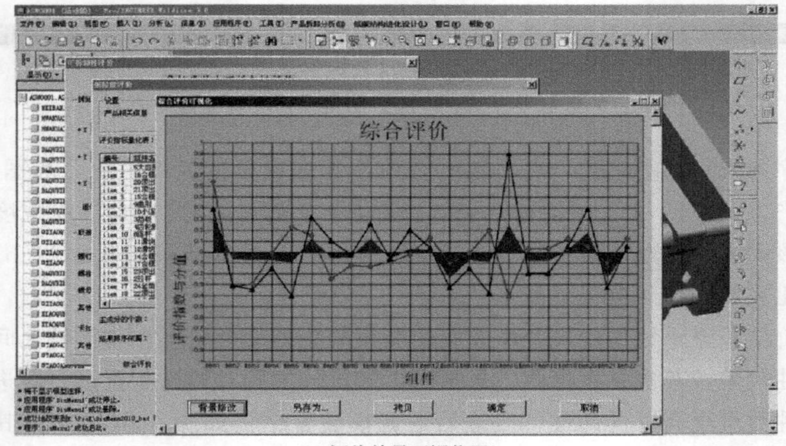

(c) 评价结果可视化图

图 4-52 注塑机合模部件多粒度层次可拆卸性评价

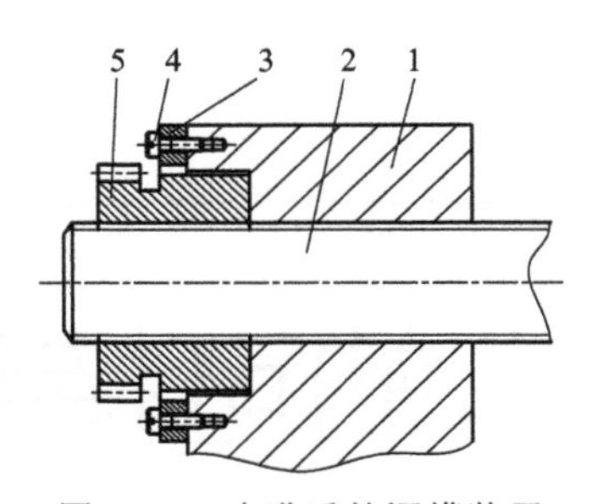

图 4-53　改进后的调模装置

1—尾板；2—拉杆；3—压板；4—螺钉；5—调模小齿轮

在连接元可拓物元模型的支持下，设计改进后再进行拆卸建模时，只需要在已有模型的基础上对调模装置部分(8,9,13,11)进行变更即可，在拆卸模型的基础上重复进行序列规划、可拆卸性评价等过程，直到设计结果符合要求为止。

第5章

面向再制造的可持续设计

循环经济模式是一种追求高经济效益、低资源消耗和环境污染的先进经济模式。再制造工程可促使产品得到多寿命周期循环使用，实现产品自身的可持续发展，达到节能节材、降低污染、创造经济效益和社会效益的目的，是实现循环经济的重要技术途径。

5.1 面向再制造的可持续设计概述

5.1.1 再制造工程

(1) 再制造的定义和内涵

再制造（remanufacturing）于第二次世界大战期间发展起来，中国工程院院士徐滨士对再制造进行了深入研究，并将再制造工程定义为“以产品全寿命周期设计和管理为指导，以优质、高效、节能、节材、环保为目标，以先进技术和产业化生产为手段，来修复或改造废旧产品的一系列技术措施或工程活动的总称”。

再制造属于新兴学科，是绿色制造的重要组成部分，是通过对全生命周期内回收的大量退役产品进行拆卸、分类、清洗和检测后，筛选有剩余寿命的报废零部件作为再制造毛坯，对这些零部件采用高新表面工程技术及其他加工技术进行翻新和规模化修复，使零部件的尺寸、形状、性能等恢复和提升，通过再装配和整机测试后使再制造产品性能不低于新产品，从而实现重新利用的过程。

从再制造的定义可以剖析出再制造的内涵体现在以下几个方面。

① 以退役产品失效零部件为毛坯，恢复产品原有功能。

② 通过对性能落后产品进行改造和更新，特别是采用新材料、新技术、新工艺等手段来提升和改善产品原有性能，延长产品使用寿命。

③ 对报废产品零部件的再制造不局限于恢复零部件原有的尺寸和功能并用

于原产品，还可以经一定的再制造加工后，将零部件用于类似的其他产品。

(2) 再制造工艺流程

再制造工艺流程主要包括拆卸、清洗、检测、再制造加工、再装配、再制造产品检测等。

① 拆卸。拆卸是再制造工程的关键步骤，根据产品性能，确定废旧产品拆卸深度和序列，一般是完全拆卸，将易损件和已损坏的零部件淘汰，进行材料回收或能源回收。拆卸工作量大，劳动密集、强度高，拆卸方法和步骤直接影响后续再制造产品的质量和成本。再制造拆卸工具除常用的扳手、螺钉旋具等普通机械拆装工具外，针对不同的再制造产品，还需设计或购置部分专用设备。例如，在发动机再制造拆装时，可采用台式液压机来快速压入或压出缸体里的销子（尤其是过盈配合活塞销的拆装）；采用连杆加热器进行连杆的拆装；采用专用发动机支座固定被拆装发动机。

② 清洗。清洗是借助清洗设备将清洗液作用于工件表面，除去工件表面的油脂污垢，并使工件表面达到一定的清洁度的过程。拆卸后的零件根据形状、材料、类别、损坏情况进行分类，采用相应的清洗方法进行清洗。常用的清洗方法包括擦洗、高压或常压喷洗、电解清洗、气相清洗、超声波清洗、汽油清洗、热水喷洗、蒸汽清洗、化学清洗剂清洗、化学净化浴、钢刷刷洗、喷砂、多步清洗等。常用的清洗设备包括喷淋清洗机、浸浴清洗机、喷枪机、综合清洗机、环流清洗机、专用清洗机等，对设备的选用需要根据再制造的标准、要求、环保、费用以及再制造场所来确定。

③ 检测。检测是再制造过程中保证产品质量的关键环节，主要的检测内容包括几何精度检测、表面质量检测、力学性能检测、内部缺陷检测、重量与平衡检测等，常用的检测方法包括感觉检测法、仪器工具检测法、物理检测法、磁粉探伤法、磁性荧光探伤法等。可以通过检测确定零部件状况，并根据零部件的失效模式确定拟采取的再制造加工方法。再制造毛坯状况不确定，经过检测，尺寸和性能均符合新产品技术标准的直接使用，可再制造的零部件进入下一环节，对不符合新品技术标准且不可再制造或无再制造价值的零部件进行妥善处理。

④ 再制造加工。再制造加工对符合可再制造条件的零部件进行恢复和升级，使其达到或超过技术质量标准。常用的再制造加工方法包括恢复尺寸法、修理尺寸法等。再制造加工后的零部件经过检测，淘汰废品。

⑤ 再装配。经过上述步骤，合格的再制造品运输到装配车间，淘汰的零部件采用配件替换。再装配过程中需要按照产品要求保证配合表面之间的配合质量，接触质量，零件之间的相对运动精度、相互位置精度、密封性、清洁度、调整要求等。

⑥ 再制造产品检测。整机测试是保证产品质量的必要工序。与新产品测试

不同的是，每一台再制造产品必须进行整机测试。再制造工艺流程具体如图 5-1 所示。

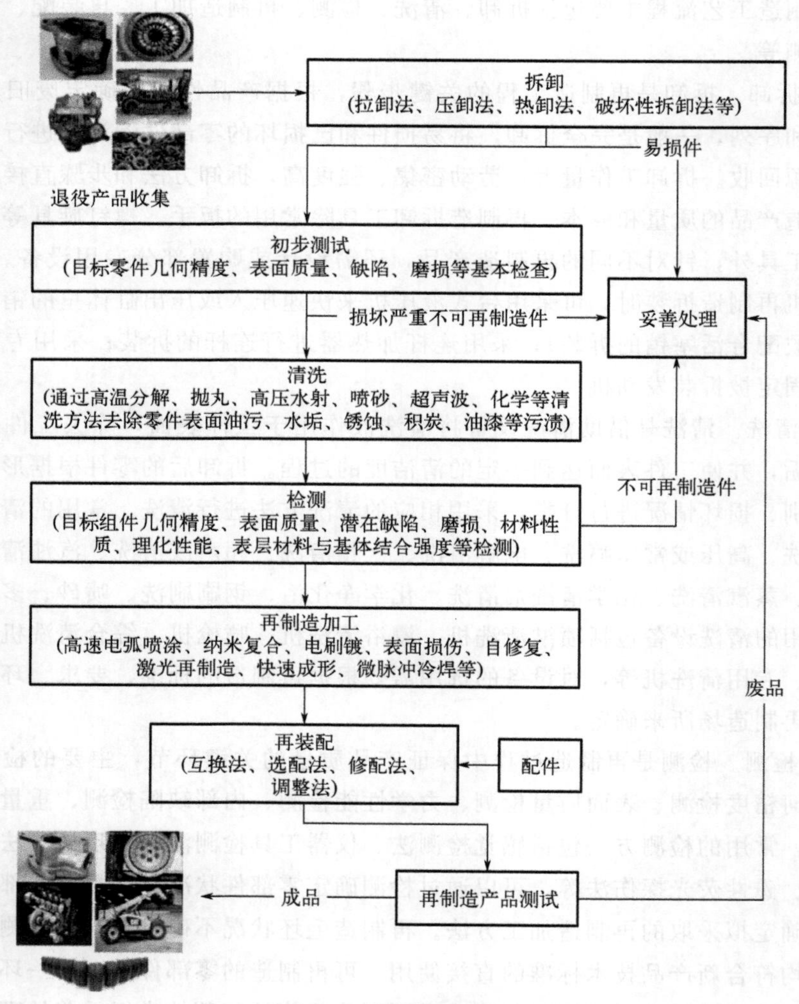

图 5-1 再制造工艺流程

(3) 再制造加工方法

退役的产品再制造拆卸后，有大量的零部件因磨损、腐蚀、氧化、刮伤、变形等而失去其原有的尺寸及性能，无法再直接使用。对这些失效零部件的再制造加工是保证再制造产品质量的关键。

再制造加工是指对废旧失效零部件进行几何尺寸和力学性能恢复或升级的加工过程。主要的再制造加工方法包括机械加工法和表面工程技术方法，具体又可以分为机加工恢复法（如再制造修理尺寸恢复法、换位法、镶套法等）、塑性变形法（如校正、镦粗法等）、电镀法（如电刷镀、电镀、电喷镀等）、喷涂法（如等离子喷涂法、火焰喷涂、电弧喷涂、爆炸喷涂等）、焊修法（如焊补法、堆焊法等）、熔覆法（如激光熔覆、低真空熔覆、火焰熔覆等）、粘修法（如有机粘接、无机粘接等）。

再制造加工是一个实践性很强的专业，其工艺技术内容繁多，经常要复合应用几种技术才能使失效零件的再制造取得良好的质量和效益。

① 再制造机械加工法。机加工恢复法目前应用最广，下面对常用的几种机加工恢复法进行介绍。

a. 再制造修理尺寸恢复法。再制造修理尺寸恢复法是采用切削加工或其他加工方法恢复零部件形状精度、位置精度、表面粗糙度和其他技术条件，从而获得再制造的修理尺寸，与原零部件相配合的零部件则按再制造修理尺寸配制新件或修复，该方法的实质是恢复零部件配合尺寸链，如修轴颈、换套或扩孔镶套等。

b. 镶套法。镶套法是在结构和强度允许的条件下，通过增加一个零部件来补偿原零部件由于磨损和修复掉的部分以恢复原配合精度的方法。例如，箱体或复杂零部件上的内孔损坏后，通过扩孔后再镶加一个套筒类零件以恢复原零件的内孔尺寸。

c. 局部更换法。对于有些零部件可能各部位出现不均匀的磨损，如果零部件结构允许，可把损坏的部分除去，重新制作一个新的部分，并使新换上的部分与原有零部件的基本部分连接成为整体，从而恢复零部件的工作能力，这种再制造恢复方法称为局部更换法。例如，多联齿轮和有花键孔的齿轮，当齿部损坏时，可用镶齿圈的方法修复。

d. 换位法。有些零部件在使用时产生单边磨损，或磨损有明显的方向性。如果结构允许，在不具备彻底对零部件进行修复的条件下，可以利用零部件未磨损的一边，将它换一个方向安装即可继续使用，这种方法称为换位法。

e. 塑性变形法。塑性变形法是利用外力的作用使金属产生塑性变形以恢复零部件的几何形状，或使零部件非工作部分的金属向磨损部分移动以补偿磨损掉的金属，从而恢复零部件工作表面原来的尺寸精度和形状精度。根据金属材料可塑性的不同，分为常温下进行的冷压加工和热态下进行的热压加工。常用的方法有镦粗法、扩张法、缩小法、压延法和校正。

② 再制造表面工程技术方法。表面工程技术可通过表面涂覆、表面改性或多种表面技术复合处理，改变固体金属表面或非金属表面的形态、化学成分、组织结构和应力状况，以获得所需要表面性能的系统工程技术。

a. 电刷镀。电刷镀技术是改进的电镀技术，使用镀刷取代电镀阳极。它是在电镀过程中，零部件表面与镀刷保持接触，并相对运动，从而获得表面镀层的涂层技术。电刷镀有设备轻便、工艺灵活、镀层种类多、结合强度高、使用方便等优点，是表面磨损失效的零件再制造修复和强化的有效手段。其工艺包括表面准备，电净，强活化，弱活化，镀底层，镀尺寸层，镀工作层，打磨、抛光等镀后处理。该技术具有恢复磨损零部件的尺寸精度与几何精度，填补零部件表面的划伤沟槽、压坑，强化零部件表面，提高零部件表面的防腐性和装饰零部件表面等效果。电镀液一般采用镀铬或镀镍电镀液。

b. 堆焊。堆焊是用电焊或气焊法把金属熔化，堆在工具或机器零部件上的焊接方法，通常用来修复磨损和崩裂部分。例如，发动机缸体属铸造件，材料多为灰口铸铁，当缸体出现细微裂缝、划伤沟槽、压坑、崩裂时，可以采用堆焊的方法恢复缸体尺寸。

c. 高速电弧热喷涂技术。高速电弧热喷涂技术是采用机器人或操作机的操作臂夹持喷枪，通过红外温度场监测和程序控制高速电弧喷枪实现各种规划路径，实时反馈调节喷涂工艺参数，实现自动喷涂作业的智能控制。该技术结合新开发的 FeAl 和 FeAlMn 系粉芯丝材制备出的喷涂层，结合强度高，硬度高，耐磨损性能好，已成功应用于废旧斯太尔发动机缸体的再制造。

d. 激光熔覆。激光熔覆也称激光熔敷或激光包覆，是一种新的材料表面技术。该技术通过在基材表面添加熔覆材料，利用高能激光束使之与基材表面薄层一起熔凝的方法，在材料表面形成冶金结合的添料熔覆层。激光熔覆能够完全修复材料的尺寸及性能。研究表明，采用激光熔覆技术能够修复轴类零件，将金属粉末熔覆在轴表面上，随后进行机械加工，使轴恢复到原始直径尺寸，能够完全修复零件。熔覆材料主要有镍基、钴基、铁基合金、碳化钨复合材料。

(4) 再制造产品需要满足的条件

再制造工程运用先进技术和产业化生产，使报废产品高质量地再生，是一种对产品附加值（包括能量、劳动、材料）的最优化资源回收方式。但并不是所有产品都适合再制造，一般再制造产品需要满足下述条件。

① 再制造加工成本要明显低于新件制造成本。产品的价值多在后续的加工制造过程中形成，零部件结构越复杂、加工要求越严格、尺寸精度要求越高，则零部件的材料费用在整个零部件的价值中所占比例越小，其附加值也越高。再制造加工主要针对附加值比较高的核心零部件进行，对低成本的易耗件一般直接进行换件。但当针对某类废旧产品再制造且不一定能获得某个备件时，则针对该备件的再制造通常不把成本放在首位。

② 失效零部件本身成分符合环保要求，不含有环境保护法规中禁止使用的有毒有害物质。

③ 产品应是批量生产的，标准化程度较高。为保证再制造生产的连续性，必须保证稳定的毛坯供应，只有批量生产的产品才会批量报废和回收。产品标准化程度较高，可以实现报废零部件的互换性，便于再制造时采购和更换不具备再

制造价值或不能再制造的零部件。

④ 应具有较为成熟和经济的再制造技术。成熟的再制造技术为再制造产品提供质量保证，较好的经济性是再制造产品市场竞争力的核心。再制造技术应保证再制造件能达到原件的配合精度、表面粗糙度、硬度、强度、刚度等技术条件，且再制造后零部件的寿命至少能维持再制造产品使用的一个最小寿命周期，满足再制造产品性能不低于新产品的要求。

⑤ 产品应具有较为稳定的市场需求，技术相对稳定。再制造以退役产品为毛坯，因为产品从生产到报废需要一定的时间，时间长短随产品不同而不同，只有在产品技术相对稳定的情况下，再制造后的产品或零部件才能作为那些仍然在使用的产品的维修配件或替代品。反之，如果产品由于技术原因，更新速度快，就可能由于早期产品技术落后而失去再制造价值。

⑥ 有成熟和经济的技术升级方法。产品报废形式包括物理报废、非物理报废、使用过程中由于能耗过高或污染严重而被强制报废。后两种报废形式中，产品功能并没有完全失去，它们是由于技术落后引起的报废。再制造的关键就是有成熟和经济的技术升级方法来提高原有产品的性能，如普通车床改造为数控机床。如果无法进行升级，则通过再制造加工使报废产品的主要零部件作为其他产品的配件（如手机报废后，利用具有通话功能的报废手机主板，设计成无线座机），可以提高废物利用率。

国外对再制造领域的研究开展较早，涉及面广，在汽车零部件（如发动机、离合器、变速箱等）、工业设备（如机床）、医疗设备（如核磁共振图像设备）、办公设备（如复印件）、家电（如洗衣机、电视、计算机等）等领域均有应用。例如，施乐公司在20世纪80年代至90年代构建了一个正规的再制造系统，目前已经遍布全球，并获得了巨大的经济利益。分析家宣称，施乐公司的成功是由于产品稳健、易于拆卸、可再制造。美国军队的大量武器均采用再制造部件。例如，美军B-52H型轰炸机于1948年开始设计，经过两次再制造，其服役寿命可延长到2030年。美国国防部已将"新的再制造技术"列为国防制造工业的新重点。日本JRC株式会社作为日本最大的汽车零部件再制造企业，其生产的可再制造产品包括发动机、转向器、变速器、转向泵、底盘、制动器等，其中，仅转向器和转向泵的再制造年产量就达500万台以上。图5-2是小松印尼再制造中心。

自20世纪90年代，我国再制造业随着资源枯竭、环境污染的紧迫形势而逐渐提上日程。虽然我国对再制造工程研究较晚，但是发展态势良好，再制造工程领域受到了政府部门、科研单位、企业界的共同重视，中国工程院、国家自然科学基金委员会、政府机关、军队总部机关都先后支持开展再制造理论、技术的研究和实践活动。例如，复强动力是国内第一家汽车发动机再制造公司，2005年10月被国家发展和改革委员会等六部委确定为国家循环经济首批示范单位，目前已经具备包括康明斯、斯太尔、大柴 6110、朝柴 6102、桑塔纳、奥迪等十几个系列 20 多个品种 2 万台发动机的年再制造能力。

图 5-2 小松印尼再制造中心

(5) 再制造与维修、制造的区别

再制造不同于维修、制造，具体区别如下。

① 再制造与维修。

产品维修是为使产品发生故障后恢复良好的技术状况和正常运行而采取的修复措施。产品维修是单件、小规模、小作坊式的生产，而再制造是规模化、批量化、专业化的生产，必须采用先进技术和现代生产管理对产品进行技术升级，使其性能和质量达到或超过新产品。

② 再制造与制造。

再制造是制造学科的重要内容，是先进制造、绿色制造的有机组成部分。制造是生产新产品的过程，对象是原材料及其制成的毛坯，主要通过机械加工方法来完成新零件的生产，并最终通过零件的装配完成产品的生产过程。而再制造的对象是废旧产品及零部件，除了采用传统的机械加工方法，还采用表面工程技术、拆卸技术、清洗技术等工艺技术对废旧产品及零部件进行升级改造。

(6) 再制造工程组成

再制造是一个系统的工程，研究内容广泛，主要包括再制造策略、再制造环境分析、产品失效分析与寿命评估、回收和拆卸方法、再制造设计与方法、质量控制管理、成本分析、综合评价等。再制造设计为再制造提供毛坯保障（前提），质量控制是再制造工程的核心，再制造成型技术和表面技术是再制造工程的关键。再制造工程的组成具体如下。

① 再制造工程的设计基础。包括再制造的可行性评价、环境行为及失效机理研究、寿命预测及剩余寿命评估、再制造过程的模拟和仿真、表面工程技术与复合表面技术、再制造快速成形技术。

② 技术基础。包括纳米材料与纳米涂层技术、修复热处理技术、快速维修技术、再制造特种加工技术、再制造机械加工技术、过时产品性能升级和改造技术。

③ 质量控制。包括再制造毛坯的质量检验、再制造加工的在线质量监控、再制造产品的检验与评价。

④ 技术设计。包括再制造工艺技术设计、再制造工艺装备与车间设计、再制造技术经济核算、再制造工程的现代化管理。

5.1.2 面向再制造的可持续设计

Robert Lund 于 20 世纪 70 年代末至 80 年代初，在再制造方面做了大量研究，是这一领域的开拓者。产品设计决定了再制造阶段的诸多因素，如关键零部件的结构布局、材料属性、修复部位等。面向再制造的可持续设计又称再制造设计（design for remanufacture，DfRem），是根据再制造工程要求，运用科学决策方法，在产品设计阶段考虑产品报废后再制造工艺阶段的各个因素，通过设计优化产品再制造性，实现资源回收最大化、污染和成本最小化。再制造设计有助于对产品再制造经济性进行分析和预算，对环保和资源的影响程度进行评估，确定具体的技术单元，形成废旧资源最优化再制造方案，实现资源回收最大化、生态污染最小化、再制造产品最优化等目的，为废旧产品的再制造利用提供科学依据。

再制造设计是再制造工程的前提，设计阶段可以决定产品 2/3 的再制造性，是再制造工程发展和应用的原动力，可从根本上提高产品的再制造性，最大化回收产品的附加值，实现产品的可持续发展和多寿命使用周期，是再制造工程中最关键的研究领域，具有以下特征。

① 再制造设计是实现产品再制造能力提升的一种有效方式，追求获得再制造效益最大化。

② 再制造设计在产品设计和再制造工程中具有对象的系统性和可操作性。

③ 再制造设计具有毛坯性能的个体性和毛坯数量、质量的不确定性等特点。

④ 再制造设计具有产品再制造性的可认知性和再制造目标的多样性。

⑤ 再制造设计具有面向资源、环境的再制造工程需求性和产品性能可持续发展的规律性。

再制造设计通过在产品设计阶段就考虑产品可再制造性，提出再制造性指标和要求。使产品在寿命末端具有良好的再制造性的所有设计过程都属于再制造设计范畴。再制造设计不仅要考虑新产品设计时需要考虑的因素，还要着重考虑产品报废后的易于再制造性能。再制造设计步骤如下。

① 废旧产品或零部件收集到再制造工厂，进行整理分类。

② 进行废旧产品或零部件再制造性评估。

③ 搜集再制造产品顾客需求或直接从顾客需求信息库中进行挖掘，确定产品设计特性、再制造工艺、生产步骤和新的再制造性综合评价标准。

再制造设计一直是再制造工程领域的研究热点，其研究始于 20 世纪 90 年代至 21 世纪初的美国和加拿大，主要围绕再制造性影响因素识别、再制造设计优化方法、再制造性评价等开展研究。

目前，再制造设计优化方法主要包括基于准则的再制造设计方法、主动再制造设计方法、过时产品性能升级设计方法、基于拆卸分析的再制造设计方法、基于评价工具的再制造设计方法、再制造反演设计方法等。

再制造设计准则是为了将系统的再制造性要求及使用和保障约束转化为具体的产品设计而确定的通用或专用设计准则，以此准则进行设计和评审，确保产品再制造性要求落实在产品设计中，并实现这一要求。主动再制造设计是合肥工业大学提出的新设计理念，即在产品设计阶段预先分析产品的服役信息和规律以获得最佳时期的最佳主动再制造策略。过时产品性能升级设计指对过时产品或不符合可持续发展要求的产品进行技术改造，用高新技术模块及时装备或改造过时产品，实现技术升级，延长其技术寿命和经济寿命，实现产品的可持续发展。在设计中，通过利用高新技术或设备对原产品进行修复或改造，达到资源（材料和能源）的最大节约。例如，在对某一产品进行再制造加工时，可根据最新产品的发展，对原废旧产品进行改造或更换，以高新技术模块代替原产品的功能模块，同时去除原产品中过时、冗余的功能模块，减少再制造产品对材料的占有量。

再制造设计是一个多学科多技术的多层次融合体，具有特殊的约束条件和较大的技术难度，比起制造设计难度更大，要求更高。目前新产品的再制造设计主要是通过案例研究、主观判断等方式获取再制造设计约束，并向设计过程反馈利用产品再制造的因素，属于正向设计法，尚处于定性分析阶段，未形成科学的再制造设计体系。再制造设计正受到越来越多的关注，本节将对部分方法进行介绍。

5.2 基于准则的再制造设计方法

新产品的设计是一个综合功能、经济、环境、材料等多种因素的过程。基于准则的再制造设计方法是目前最为有效和常用的方法。

5.2.1　再制造设计准则

再制造设计准则包括材料、结构、紧固和连接方法等方面的准则，Yang 等根据再制造工艺过程将这些设计准则进行了总结归纳。

(1) 易于废旧产品回收准则

产品再制造的前提是收集退役产品并运输到再制造生产点，退役产品的回收对于再制造效率、成本等具有重要影响。为了便于退役产品回收和各工位的转换，产品结构设计时应尽量减少产品体积，尽量避免在运输过程中有易于损坏的突出部位，且便于存储堆放（如产品外观几何形状应规则），尽量避免不规则的凸台。同时，产品搬运过程往往需要借助叉车等工具，产品设计中应留有足够的抓取空间和支撑。

产品信息应以标签、图形等形式放置在产品表面，以便了解产品是否适合再制造。

(2) 易于拆卸准则

拆卸是再制造的首要步骤，如果设计过程中不考虑可拆卸性，则可能使再制造拆卸过程成为劳动密集型过程，降低再制造的经济性。再制造拆卸不同于材料回收拆卸，必须保证拆卸过程中零部件损坏尽量少。产品的可拆卸性与产品结构密切相关，为此，产品设计中应尽量采用可实现无损拆卸的结构，进行模块化和标准化设计，设计拆卸时的支撑和定位结构，实现产品易于拆卸的能力；减少紧固件数量和类型，尽量使用标准化的紧固件可以有效减少拆卸工具的使用，节省拆卸时间和成本；连接处避免腐蚀，减少拆卸深度，提供清晰的产品拆卸过程指示等。

(3) 易于分类和检测准则

再制造分类和检测主要针对拆解后的退役产品进行快速检测和分类，区分出可直接重用、再制造重用和废弃三大类零件，易于分类直接影响再制造产品的质量。因此，在产品设计中，具有相同功能的零件应具有相同的特征，设计中尽量采用标准化的零件，减少零件种类；对于相似零件，需要增加零件结构外形易于辨识的特征或标识进行标记等，如通过在产品零部件上设计永久性标识或条码，可以实现产品零部件材料类别、服役时间、规格等信息的全寿命监控，便于对零部件进行快速分类和性能检测。

(4) 易于清洗准则

零部件拆卸后要对所有需要进行再加工或再利用的零部件进行清洗，去掉废旧零部件表面的油脂、锈蚀、油漆等，清洗过程是一个能源和劳动密集型过程，异形面或管路等复杂结构会造成清洗困难、费用高、清洁度低等难题。设计产品时应尽量使产品表面平整、结构统一，避免采用需要特殊清洗方法的材料，标签和指示牌应在清洗过程中不易损坏等。

(5) 易于再制造加工准则

退役产品存在各种形式的损伤，其结构损伤能否恢复，决定着产品的再制造率和再制造能力，因此，在产品设计中需要预测其结构损伤失效模式，不断改进结构，避免产品零部件的结构性损伤，对于已产生损伤的零部件，能够提供便于恢复加工的定位支撑结构。设计耐用性好的零部件，零部件表面应具有较强的耐磨性，或将易于失效的部分设计为一个可移除或可替代的零部件，如销或套筒。

(6) 易于装配准则

模块化设计和零部件的标准化设计明显利于装配，据估计，再制造设计中，如果拆卸时间减少 10%，装配时间将减少 5%。

(7) 易于升级准则

产品设计中需要预测产品末端时的功能发展，应使产品结构灵活，能够适应未来的技术升级，即在恢复性能的同时，通过结构改造增加新的功能模块以提升性能。

产品再制造设计具体准则清晰地描绘了再制造设计是什么，最终得到的再制造产品应该是什么样的，如表 5-1 所示。

表 5-1 产品再制造设计具体准则

再制造工艺	再制造需求	再制造设计具体准则
逆向物流	产品的基本描述	产品信息应以标签、图形等形式放置在产品表面，以便了解产品是否适合再制造
	避免运输中损坏	提供足够的抓取空间和支撑 避免不规则凸出结构
拆卸	内部区域可达	减少为达到内部区域移除零部件的时间
	易于拆卸紧固件和连接件	移除的紧固件个数尽量少
	拆卸工具类型更换次数少	紧固件类型尽量统一
	拆卸过程中避免零件损坏	拆卸工具类型尽量统一
	避免零件腐蚀	减少永久性连接
	清晰的拆卸步骤指示说明	零部件损坏个数尽量少
	连接可达性	损坏的连接个数尽量少
	紧固件易于识别	易于损坏部分单独设计
	使用一个拆卸方向	使用不可腐蚀材料
	一次操作实现多个零件并行拆卸	提供拆卸步骤指示 定位零部件 连接件类型、零部件尽量标准化

续表

再制造工艺	再制造需求	再制造设计具体准则
分类和检测	组件易于分类	组件结构统一或相似零部件进行标记
	组件状况易于评估	零部件标准化
	更多的客观检测方法	组件和连接个数尽量少
	易于分类的工具开发	相似零部件的颜色分类编码
	易于检测磨损和腐蚀	检测工具个数尽量少
	清晰标识组件信息(生命周期、组成、磨损指标等)	简单的零部件测试
	检测点可达	提供了生命周期、组成、磨损指标等产品信息
清洗	内部组件可达	难以清洗的死角(如凹坑、拐角)数量尽量少
	清洗方法简单	表面光滑
	内外表面简单	产生的废弃物尽量少
	清洗方法标准	清洗时间尽量少
	废弃物少且清洗过程环保	使用的清洗材料尽量少
	清洗方法尽量统一	指定清洗方法
	清洗方法指示	标签和指示能够在清洗过程中不损坏
	标签和指示牌在清洗过程不易损坏	选择合适的材料类型和零部件形状
再制造加工	零部件稳健性好	保留足够的强度冗余
	避免主观准则	表面具有抗磨性
	替换的零部件尽量少	循环使用的生命周期次数尽量多 废弃的组件个数少 再制造加工零部件个数多,替换的零部件个数少
	技术可升级	磨损和失效部位易于定位
	模块化可升级	维修的组件个数和成本少
	展示产品清晰的信息 纹理区域可再修复	组件可升级性 组件模块化 报废组件技术周期,包含产品周期追踪的方法 再制造毛坯的纹理可循环
再装配和整机测试	易于调整	调整次数少
	能够并适合升级	再装配时间要尽量少
	测试方法简单	最后测试时间少,提升结构装配性能

上述设计准则为产品面向再制造的可持续设计提供了方法指南。然而，面向准则的再制造设计方法存在诸多不足，如设计过程中不可能考虑所有的设计准则、设计准则之间存在冲突和设计准则不完善等。

5.2.2 基于失效准则的再制造优化策略

影响再制造设计的因素很多，如产品毛坯材料的选择、零部件可拆卸性和可再制造性等。再制造设计准则包括材料准则、结构准则、紧固和连接方法等方面的准则，这些准则往往通过案例研究获得。再制造工程与失效分析密切相关，通过对退役产品关键零部件失效模式的分析可以获得再制造设计影响因素，并采取优化措施。以发动机曲轴为例，其主要失效形式为疲劳断裂和磨损损伤，如图 5-3 所示。显然，零部件结构强度不足是影响产品再制造的一个重要因素，进一步对曲轴最大压力工况的应力云图进行分析，发现最大应力出现在油孔处，特别是应力集中主要发生在油孔、连杆轴颈圆角处等，在产品设计时适当增加强度冗余量可以有效提高零部件的可再制造性。

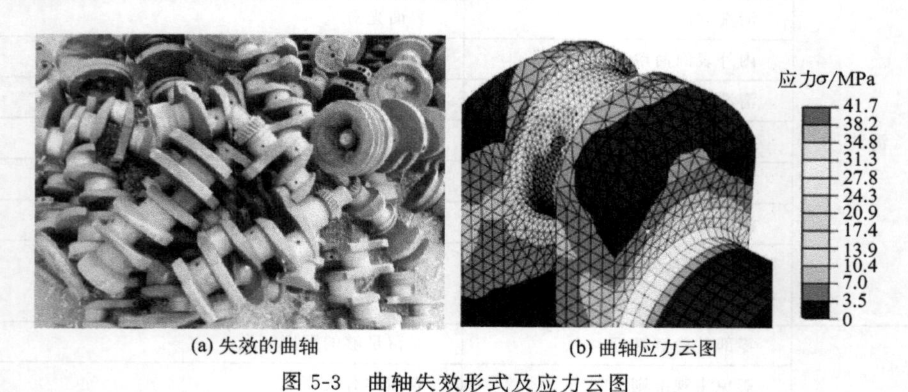

(a) 失效的曲轴　　(b) 曲轴应力云图

图 5-3　曲轴失效形式及应力云图

此外，可以将易于失效部分进行替换。以某墨盒上的卡扣连接为例，其失效形式为断裂，如图 5-4 所示。这种失效形式导致无法经济地进行再制造，因此，在产品设计过程中将易于失效的特征与零件主体之间设置分离点，这些分离点往往是零件失效时的断裂位置，在零件失效后，将这部分易于失效的特征进行替换，而零件的其他部分重用，如图 5-5 所示。

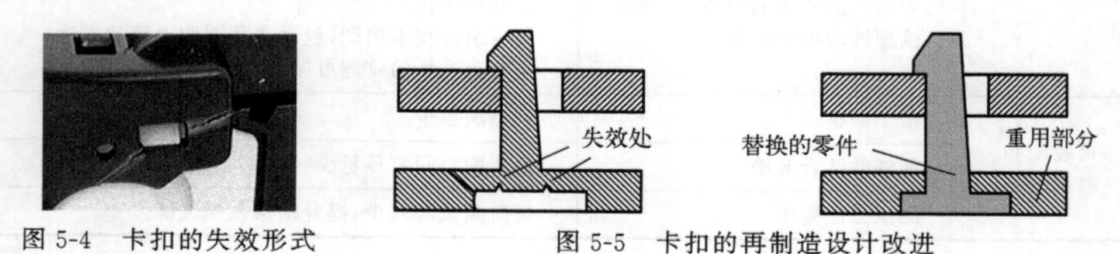

图 5-4　卡扣的失效形式　　图 5-5　卡扣的再制造设计改进

5.2.3 梯度寿命再制造设计

传统的产品属于单寿命周期服役，通过再制造，可以实现产品整体的多寿命周期服役使用。产品梯度寿命再制造设计策略就是基于产品多寿命周期服役的思想提出的，该理论以产品服役条件和服役寿命为基础，采用寿命梯度基准来量化设计零部件的使用寿命，使价值低、再制造中需要更换的零部件寿命等于产品单次使用寿命，而高价值的且需要重新利用的零部件的寿命根据工况及性能满足要求设计为产品单次寿命的不同梯度倍数，如此优化形成最佳再制造方案，即在产品 N 次再制造中只需要替换一次寿命和达到 N 倍寿命的零部件，使该产品在再制造过程中减少对零部件的剩余寿命评估和对损伤件的恢复工艺过程，简化再制造生产过程。

5.3　基于评价工具的再制造设计方法

传统的产品设计主要考虑产品的功能、装配、维修、测试等属性，造成产品退役后无法再制造或不宜再制造，为了提高产品末端的易于再制造的能力，需要综合设计产品的再制造性。再制造性是指废旧产品所具有的通过维修或改造后恢复或超过原产品性能的能力。如果在产品设计阶段考虑产品报废后再制造处理的因素，包括产品报废后适于拆解、清洗、加工等，将能够显著地提高产品的再制造能力。而对废旧产品的再制造性评价是决定其能否再制造的前提，是再制造基础理论研究中的首要问题。由于再制造属于新兴学科，以往产品的设计中多没有考虑可再制造性，而通过对废旧零件再制造性评价，可为再制造加工提供综合考虑技术、经济和环境后的最优方案，并为在产品设计阶段进行面向再制造的产品设计提供技术及数据参考。

基于评价工具的再制造设计方法的基本思路是在产品设计阶段全面考虑再制造过程并确定产品设计方案中再制造性能影响因素，分析产品设计方案的再制造流程，预测和评价设计方案的再制造性，构建产品再制造设计反馈机制，以此优化设计因素，提高关键零部件良好的再制造性能，实现再制造流程的初步预测和控制，提高产品资源利用率。

5.3.1　再制造性影响因素识别与量化

识别出影响产品再制造性的关键因素是再制造设计的前提，产品是否可再制造往往与其再制造工艺过程密切相关。英国巴斯大学 Ijomath 等分析了产品再制造工艺过程，通过与产品特征相关联，给出了影响产品再制造设计的产品特征属性，如材料类型、连接方法、零件表面类型等。

Bras 和 Hammond 认为再制造工艺包括拆卸、清洗、检测、再制造加工、再装配、零部件替换、维修、整机测试等过程，并将这些再制造工艺作为产品再制造性影响因素，同时将这些因素作为评价产品再制造性的技术性评价指标，为了消除这些指标之间的信息冗余，将技术性指标分为两个层次，指标1为关键零部件的替换，指标2由四个部分组成：①零件连接，包括拆卸和再装配两个评价准则；②质量保证，包括整机测试和检测两个评价准则；③损坏修复，包括基本零部件替换和再制造加工两个准则；④清洗准则。再制造技术性评价指标的详细结构如表5-2所示。将再制造性能影响因素集成到设计表，通过评价进行设计修改以提高产品的再制造性。

表5-2 再制造技术性评价指标

指标	度量准则	相对权重	评价准则	相对权重
指标1	关键零部件的替换	—	—	—
指标2	零件连接	30%	拆卸	30%
			再装配	70%
	质量保证	5%	整机测试	80%
			检测	20%
	损坏修复	40%	替换(基本)	20%
			再制造加工	80%
	清洗	25%	—	

这些评价指标的量化通过理想参数与实际参数之比值确定，具体介绍如下。

(1) 关键零部件替换指标

关键零部件是指产品中价值较高的零部件，如果不可再制造的关键零部件数增多，则需要替换的关键零部件数也增多，此时，则由于经济原因，产品不可再制造。因此，理想的产品应该是所有关键零部件可以直接回收重用，关键零部件替换指标定义如下。

$$\mu_1=1-\frac{n_{kr}}{n_k} \tag{5-1}$$

式中，n_{kr} 为需要替换的关键零部件个数；n_k 为总的关键零部件个数。

(2) 零件连接指标

零件连接指标包括拆卸和再装配两个子指标，拆卸与再装配相似，但是彼此独立，易于装配并非易于拆卸，例如卡扣连接便于装配，但是拆卸却很困难。零件连接指标计算式如下。

$$\mu_{21}=\varpi_{\mathrm{d}}\times\frac{t_{\mathrm{d}}n}{T_{\mathrm{d}}}+\varpi_{\mathrm{a}}\times\frac{t_{\mathrm{a}}n}{T_{\mathrm{a}}} \tag{5-2}$$

式中，ϖ_{d} 为拆卸指标权重；ϖ_{a} 为装配指标权重；n 为理想零件个数；T_{d}、T_{a} 分别为拆卸和装配所用的实际时间；t_{a}、t_{d} 分别为零件理想的装配时间和拆卸时间，一般分别等于3s和1.5s。

(3) 质量保证指标

再制造产品质量必须得以保证，质量保证指标由整机测试和检测两个再制造性评价指标组成。检测指标用来评估产品再制造过程对零部件失效的检验性评估，整机测试指标则用来评估安装后的再制造产品的性能。质量保证指标定义如下。

$$\mu_{22}=\frac{\tilde{\omega}_i \times n_{\mathrm{I}}}{(\text{零件总数}-\text{替换零件数})}+\tilde{\omega}_t \times t_t \frac{n_t}{T_t} \tag{5-3}$$

式中，$\tilde{\omega}_i$、$\tilde{\omega}_t$ 分别为检测指标权重和整机测试指标权重；n_{I} 为理想的检测零件个数；t_t 为平均每个零件测试的理想时间，一般等于 10s；n_t 为总的需要测试的零件个数；T_t 为整机测试时间。

(4) 损坏修复指标

再制造过程中，损坏的零部件必须通过维修或再制造加工恢复性能，对于严重损坏的零部件必须进行替换。再制造中希望尽可能多的原零部件可以循环重用，因此在产品设计中应该将易于损坏失效的部分与有价值的零部件分离，这样通过替换再制造价值不大的易损件可以节省再制造成本。因此，设计中应尽量使有价值的零部件避免失效，即使可重用的零件数最大化。

损坏修复指标包括零件再制造加工指标和零件替换指标。零件再制造加工指标用于评估产品再制造过程中的修复性能，零件替换指标用于评估非关键零部件的互换性，损坏修复指标定义如下。

$$\mu_{23}=\tilde{\omega}_m \times \left(1-\frac{n_m}{N}\right)+\tilde{\omega}_r \times \left(1-\frac{n_r-n_{kr}}{N}\right) \tag{5-4}$$

式中，$\tilde{\omega}_m$ 为零件再制造加工指标权重；$\tilde{\omega}_r$ 为零件替换指标权重；n_m 为需要再制造加工的零部件个数；N 为总的零部件个数；n_r 为替换的零部件个数；n_{kr} 为关键零部件替换个数。

(5) 清洗指标

清洗用于除去零部件表面的油污、水垢、腐蚀等，是再制造过程中重要的程序。清洗过程需要大量的资金投入来保证其符合环境法律法规和废弃物处理要求。一般清洗工艺包括四类：吹、擦、烘、洗。不同的清洗工艺，资源投入均不同，根据投入资源相对多少，评价指标分为 1.0、3.0、5.0、0.3、0.2 五个等级，即分别表示行列所示的两种清洗工艺投入资源一样多、多、比较多、投入少、比较少，量化后的清洗工艺指标相对重要性和分值如表 5-3 所示。

表 5-3　清洗工艺分值

项目	吹	擦	烘	洗	分值	相对重要性	清洗工艺分值
吹	1.0	0.3	0.2	0.2	1.7	6.5%	1
擦	3.0	1.0	0.3	0.3	4.6	17.5%	3

续表

项目	吹	擦	烘	洗	分值	相对重要性	清洗工艺分值
烘	5.0	3.0	1.0	1.0	10.0	38%	6
洗	5.0	3.0	1.0	1.0	10.0	38%	6

清洗过程中理想的情况是所有零部件仅需要吹或洗，且需要清洗的零部件个数最少。为此，评价指标定义如下。

$$\mu_{24}=\frac{s_1 n_c}{s} \tag{5-5}$$

式中，s_1 为最理想的清洗工艺分值，一般等于 1；n_c 为理想的需要清洗的零部件个数；s 为实际清洗分值。

5.3.2 再制造设计综合评价方法和设计反馈

根据表 5-2，由指标 1 和指标 2 可以获得总的再制造技术性评价指标。

$$\mu=\frac{\mu_1}{\sum_{i=1}^{4}\left(\frac{\varpi_{2i}}{\mu_{2i}}\right)} \tag{5-6}$$

式中，$\varpi_{2i}(i=1,2,3,4)$分别为零件连接指标权重、质量保证指标权重、损坏修复指标权重、清洗指标权重。

基于评价工具的再制造设计方法步骤如下。

① 理想零部件的识别。Bras 和 Hammond 认为理想零部件应该满足以下条件之一：a. 零部件移动范围要求足够大；b. 零部件要达到设计要求必须采用特定的材料，即对材料特性有特殊要求；c. 零部件必须方便拆卸或装配；d. 零部件需要将其磨损转移到价值相对比较低的零件上。

② 根据式(5-1) ～式(5-5) 求得关键零部件替换指标、零件连接指标、质量保证指标、损坏修复指标、清洗指标五个评价指标。

③ 根据式(5-6) 求得产品的总的再制造技术性评价指标。

④ 将产品总的再制造技术性评价指标值反馈给产品设计人员，采取相应策略改进产品设计。

该方法还停留在学术研究领域，尚没有在工业中进行应用。其原因有两个：一是这些设计工具非常复杂，只适合应用于产品设计后期，而此时大部分设计决策均已完成；二是该方法没有考虑全生命周期，只是局部优化。

5.4 基于拆卸分析的再制造设计方法

拆卸过程将可重复利用和不可重用的组件分离，是退役产品回收决策的关键步骤，特别是产品的关键零部件的拆卸设计直接影响再制造产品的成本和资源回收率，对于再制造设计具有重要影响。基于拆卸分析的再制造设计是以提高产品再制造拆卸性为结构设计优化的目的，通过对拆卸关键零部件的再制造性分析，获得设计因素与再制造拆卸特性之间的映射关系和关键可控设计要素，通过优化这些要素，获得最佳再制造设计方案。

5.4.1　再制造拆卸的特性与预测

根据拆卸目的、拆卸对零部件的损伤程度、拆卸深度等不同的标准可以将拆卸进行分类，具体如表 5-4 所示。

表 5-4　拆卸分类

分类标准	分类		
拆卸目的	材料回收性拆卸	维修性拆卸	再制造拆卸
拆卸对零部件的损伤程度	破坏性拆卸	部分破坏性拆卸	非破坏性拆卸
拆卸深度	完全拆卸	选择性拆卸	
拆卸工艺	顺序拆卸	并行拆卸	
自动化程度	自动拆卸	半自动化拆卸	手工拆卸

拆卸目的不同，拆卸方式也不同。如果是面向产品维修维护，则只需拆卸部分零部件即可；如果是面向零部件回收重用，则需要完全拆卸；如果是面向材料或能源回收，则需要破坏性拆卸。

再制造拆卸是以功能零部件形式而非材料形式回收，再制造拆卸中要求再制造零部件可以高效拆卸，尽量避免关键零部件在拆卸过程中再损伤，避免增加修复成本，因此，面向再制造的拆卸需要非破坏性拆卸。

再制造拆卸的特性主要体现在两个方面：①关键零部件拆卸过程简单，拆卸深度较浅；②关键零部件尽量保证非破坏性拆卸或部分破坏性拆卸。再制造拆卸不仅要求产品具有良好的拆卸性能，而且要求关键再制造零部件能够以较高的拆卸效率获得，同时也要求再制造拆卸的零部件具有良好的再制造工艺性。

影响关键零部件的再制造拆卸的设计因素很多，如接头的数量和类型、零件的材料、零部件的装配方式、连接件的标准化程度等，以零部件配合类型和拆卸损伤修复影响最为明显。刘志峰等从技术性和经济性两个方面对关键零部件在再制造拆卸阶段的再制造性进行了分析，如图 5-6 所示。

(1) 技术性

要求关键零部件的再制造拆卸在技术和工艺上可行，关键零部件结构设计中相关零件连接类型应布局合理，连接应可以高效拆卸，且具有良好的连接损伤修复效率。即耗费时间越少，技术可行性越高。

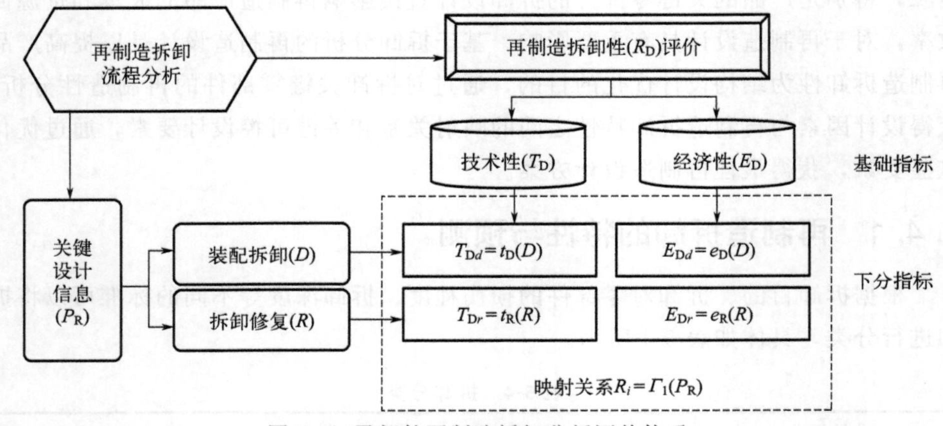

图 5-6　零部件再制造拆卸分析评估体系

由于配合类型影响零部件的拆卸序列和拆卸深度等，因此，关键零部件配合类型拆卸技术性指标 T_{Dd} 定义如下。

$$T_{Dd}=t_D(D_1,D_2,\cdots,D_n)=\frac{1}{\sum_{i=1}^{n}t_{Di}} \tag{5-7}$$

式中，$t_D()$为配合类型拆卸技术性与拆卸参数之间的映射函数；D_1，D_2，…，D_n 分别为各配合类型拆卸参数；t_{Di} 为配合类型 i 拆卸时间，如果等于 0，则表示该配合类型可以主动拆卸，当 $t_{Di}\to\infty$时表示该类配合不可拆卸。

拆卸损伤类型决定着再制造修复工艺是否可行，一定配合类型的零部件拆卸损伤修复技术性指标如下。

$$T_{Dr}=t_R(R_1,R_2,\cdots,R_m)=\frac{1}{\sum_{i=1}^{m}k_i t_{Ri}} \tag{5-8}$$

式中，$t_R()$为拆卸损伤修复技术性与修复参数之间的映射函数；R_1，R_2，…，R_m 分别为各拆卸损伤的修复参数；t_{Ri} 为拆卸损伤 i 的单位损伤量修复效率，t_{Ri} 等于 0 表示该类损伤无需修复，t_{Ri} 为无穷大则表示该类损伤无法修复；k_i 为拆卸损伤 i 的所需修复量。

(2) 经济性

经济可行性指标用于评估退役产品再制造拆卸成本投入是否可行。投入成本一般包括拆卸过程中的资源消耗（如人力消耗、工具消耗等）以及拆卸中产生的零部件损伤修复成本 e。再制造回收经济效益最大化是推动关键零部件再制造拆卸的主要动力。

关键零部件配合类型拆卸经济性指标如下。

$$E_{Dd}=e_D(D_1,D_2,\cdots,D_n)=\frac{1}{E_M\sum_{i=1}^{n}t_{Di}+\sum_{j=1}^{n}t_j e_{Tj}} \tag{5-9}$$

式中，$e_D()$为配合类型拆卸经济性与拆卸参数之间的映射函数；E_M 为拆卸人员单元时间成本；t_j 为第 j 个工具使用时间；e_{Tj} 为拆卸工具 j 的单位时间使用成本。

拆卸修复经济性指标用于评估拆卸损伤类型修复工艺的资源投入多少，再制造拆卸经济性指标定义如下。

$$E_{Dr}=e_R(R_1,R_2,\cdots,R_n)=\frac{1}{\sum_{j=1}^{n}k_{Rj}e_{Rj}} \tag{5-10}$$

式中，$e_R()$为拆卸损伤修复经济性与修复参数之间的映射函数；e_{Rj} 为第 j 类拆卸损伤的单位损伤修复量所需成本。

通过上述分析可以预测产品设计能否保证再制造拆卸流程的技术性和经济性指标要求，再制造拆卸是否可行。如果不可行，则需要通过关键零部件设计因素 (D,R) 与其再制造性的映射关系$[t(),e()]$对产品初始设计进行改进优化，直至满足设计要求。例如机械变速箱输入轴端采用锁紧螺母固定，由于锁紧螺母拆卸需要破坏锁紧部位，该过程降低了整体的拆卸效率，同时增加了拆卸消耗，而且螺母连接需要进行螺纹修复，虽然易于装配，但是从再制造拆卸的角度考虑，经济性和技术性均不满足要求，该锁紧零件的再制造性差，需要改进设计。优化方法之一是选用再制造性良好轴端固定方式，如卡环固定。

5.4.2 再制造设计优化策略

根据产品初始设计方案进行实验仿真拆卸，预测产品再制造拆卸特性，在分析产品设计参数与再制造拆卸特性映射的基础上，构建与再制造拆卸特性的映射函数，通过调控设计参数实现产品再制造设计。该设计过程主要分为拆卸仿真和设计优化两部分，详细流程如图 5-7 所示。

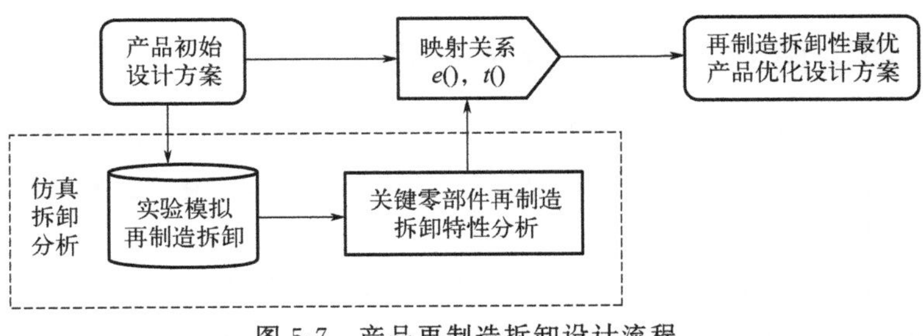

图 5-7　产品再制造拆卸设计流程

（1）拆卸仿真

根据产品初始设计方案，构建产品再制造拆卸工艺规划方案，以此为依据进行再制造拆卸模拟仿真，获得再制造特性分析数据，通过产品再制造拆卸特性评估方法获得产品中的关键零部件的技术性和经济性指标，同时分析设计参数与再制造拆卸特性映射关系，得到 P_R，建立起与再制造拆卸特性的映射关系。

（2）设计优化

将得到的 P_R 作为优化对象，将其与 E_D、T_D 之间的映射关系作为产品优化设计的目标函数，也可以增加功能、装配等设计要求作为约束函数，构建产品再制造设计优化模型。通过求解该函数，获得产品再制造拆卸性最优相关联的设计因素，将其向产品设计人员反馈，通过设计改进达到产品再制造设计的要求。

5.5 再制造反演设计方法

再制造设计是提高再制造效率和有效性的原动力，再制造设计约束数量庞大，在产品设计过程中难以全部考虑，一般只能主观地选择几个约束，例如材料、紧固件和连接、模块化等。不同程度、不同类型的失效模式对应的再制造修复方法也不同，因此，从技术角度考虑，产品的再制造性与其零部件的失效模式密切相关，例如，轻微失效的零件的再制造性要高于严重失效的零件。工程实践中，基于失效的再制造性研究非常有价值，已受到广泛关注。

报废产品零部件再制造旨在有效重用零部件的残余附加值，再制造重用与零部件报废时的失效模式密切相关，即失效模式数据中隐藏了大量对产品设计有用的信息，而且失效模式、报废模式等信息之间存在复杂的交互耦合关系，因此，提出了再制造反演设计方法，应用多色集合理论表示产品失效模式、失效程度、报废模式、经济性和过时准则、回收决策等信息之间的关系，根据推断出的各零部件的再制造特性和识别出的关键再制造设计约束对产品进行再制造优化设计，为同类新产品设计提供数据支持。

5.5.1 典型再制造设计约束的获取

再制造设计是增强产品再制造性的原动力，然而，大部分的再制造设计方法需要大量的数据，而这些数据在产品设计初期难以获得。根据文献资料整理了典型的再制造设计约束，具体如表 5-5 所示。

根据是否与产品本身相关，再制造设计约束分为技术因子和操作因子。技术因子是指产品特征和特性，主要包括工程特征和设计准则，例如易于可达、易于分割、易于拆卸、组件模块化等。操作因子是 DfRem 集成到企业设计过程中涉及的因素，包括管理层委员会、设计优先级、原设备制造商与再制造商之间的关系、设计动机、再制造操作、再制造产品市场、逆向物流与产品供应商之间的关系等。

表 5-5　典型的再制造设计约束

设计约束	特点	获取方法	学者
技术因子	经济、立法、生态约束 再制造设计准则，例如，易于拆卸、清洗、检测、替换、再装配、重用、标准化等	汽车门的案例研究和访谈再制造商、设计师	Amezquita 等
	连接与紧固方法	研究了连接与紧固方法对制造、装配、维修、废物循环等的影响	Shu 和 Flowers
	抗磨性，易于识别、可达、抓取、分割、对齐、堆放等	基于 RemPro 矩阵描述产品属性与再制造步骤之间的关系	Sundin，2004；Sundin 和 Bras
	易于拆卸、分类、清洗，再制造、再装配准则等	文献研究和咨询制造及再制造代表	Mabee 等
	易于拆卸的紧固件选择	基于 ANP 的紧固件选择法为设计者决策提供指导	Jeandin 和 Mascle
	失效与报废模式	汽车废物流分析法	Sherwood 和 Shu
	产品特性（例如，表面、材料、形状、抗腐蚀性、紧固与连接、模块化、标准化零件、抗磨性）和特征（例如，时尚与风格、立法、过时、再制造时间和成本、技术稳定性、维护、顾客接受度和需求、再制造毛坯充足、技术可达性、循环的本质）	根据小组讨论获得	Ijomah、Hammond 等
	材料、紧固连接方法（例如，螺栓、螺钉、粘接、焊接等）、结构设计和表面喷涂法	主观选择	Yang 等
操作因子	外部操作因子，包括顾客需求、产品适合再制造、可持续性、竞争力和利润；内部操作因子，包括社会心理因素、商业、原设备制造商和再制造商的关系、设计过程	三个原设备制造商的案例研究法	Hatcher 等
	再制造产品的营销、再制造操作、逆向物流和废旧产品供应商的联系	案例研究法	Saavedra 等

根据设计因子与再制造性关联的密切程度，分为显性因子和隐性因子。显性因子是与再制造性直接关联的因素，例如易于拆卸、易于清洗等；隐性因子则对再制造性的影响不明显，例如形状、材料、重量等。当一个零件由于拆卸损坏或磨损而失效，通过提高可拆卸性和抗磨性可以提高再制造性，而零件的结构、形状、材料等都与抗磨性相关。

5.5.2 再制造性约束靶向映射模型

根据表 5-5，DfRem 特征划分为设计准则和工程特征两类，具体详见表 5-6。

表 5-6 DfRem 特征

设计准则	工程特征	
	产品特性(product features)	产品特征(product characteristics)
易于拆卸	抗腐蚀性(e_1)	时尚与造型(e_{17})
易于分离	抗磨性(e_2)	过时性(e_{18})
易于对齐	模块化(e_3)	技术稳定性(e_{19})
易于堆放	材料(e_4)	顾客接受度和需求(e_{20})
易于清洗	连接与紧固方法(e_5)	技术可达性(e_{21})
易于检测	零部件的标准化(e_6)	毛坯可达性(e_{22})
易于固定	零部件表面(e_7)	生命周期性(e_{23})
零件易于替换	零部件的几何形状(e_8)	所有权(原设备制造商,其他)(e_{24})
易于再装配	产品适合再制造(e_9)	维修(e_{25})
易于分类与识别	重量(e_{10})	再制造时间与成本(e_{26})
易于可达	体积(e_{11})	竞争力与收益(e_{27})
易于处理	零部件个数(e_{12})	
易于验证	材料类型数(e_{13})	
	硬度(e_{14})	
	连接与紧固位置(e_{15})	
	物理生命周期(e_{16})	

产品工程特征包括 16 个产品特性和 11 个产品特征。然而，产品的 DfRem 是一个涉及各种因素的复杂过程，因此，识别关键工程特征和再制造设计准则对于简化问题和避免准则冲突具有重要意义。

质量功能配置（quality function deployment，QFD）是一个有效的产品开发规划工具，可以将模糊的顾客需求转换为产品或服务的工程特征。传统的 QFD 包括工程规划、组件配置、过程规划、生产规划四个阶段。QFD 法可以降低产品开发周期和成本，已广泛应用于 DfX 中。产品的再制造性和重用性的阻碍因素与失效模式密切相关，而失效模式易于观察获得。为了解决失效模式到产品 DfRem 准则的映射，本章对传统 QFD 的框架进行了改进，构建了再制造性约束靶向映射模型。该模型包括失效模式—工程特征转换和关键工程特征—DfRem 准则映射两个阶段。第一阶段，通过文献资料、案例研究、专家访问等多种渠道收集产品的失效模式和工程特征，构建关联矩阵 $\boldsymbol{FE}$，根据失效模式筛选出相对重要的工程特征 EC；第二阶段，构建关键工程特征 EC 与再制造设计准则之间的关联矩阵 $\boldsymbol{EG}$，筛选出相对重要的再制造设计准则。再制造性约束靶向映射模型如图 5-8 所示。

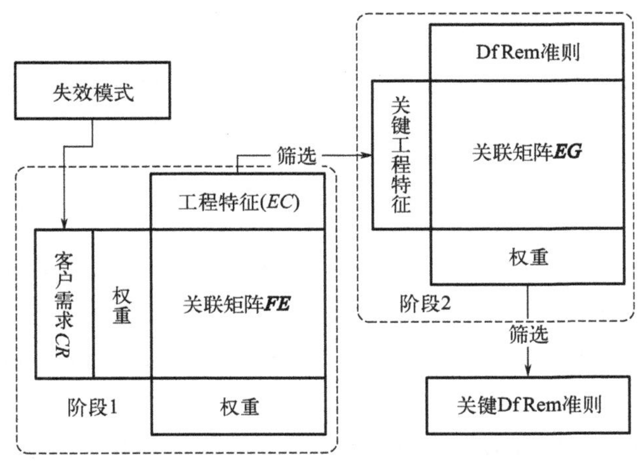

图 5-8　再制造性约束靶向映射模型

(1) 基于失效反馈和模糊综合评价法的顾客需求确定

失效信息包括失效模式、报废模式等。典型的失效模式包括磨损、弯曲、裂纹、烧伤、断裂、腐蚀、紧固件失效、松动等。典型的报废模式包括外观缺陷、尺寸不足、材料损失、匹配零件丢失、无法修复、库存过剩、零件性能不足等。一种失效模式可能导致许多废弃模式，反之亦然。因此，失效越少，产品的再制造性越好。由失效模式和报废模式可以推导出提高再制造性的顾客需求，如表 5-7 所示。

表 5-7　失效反馈与顾客需求之间的映射关系

失效模式	报废模式	顾客需求
磨损	尺寸过大或过小	无磨损
		磨损后可再制造
弯曲/扭曲	零件弱化	无弯曲或扭曲
		弯曲后可再制造
裂纹	性能不足	无裂纹
		裂纹可再制造修复
烧伤	尺寸和性能不满足要求	无烧伤
		烧伤后可再制造
断裂	无法修复	无断裂
		断裂后可再制造
腐蚀	性能不足	无腐蚀
		腐蚀后可再制造

续表

失效模式	报废模式	顾客需求
孔洞	材料损失	无孔洞
		孔洞可再制造修复
紧固件失效	库存过剩	无紧固件失效
		紧固件失效后可再制造
凹坑	外观缺陷	无凹坑
		凹坑失效可再制造修复

对于某一产品，其失效模式可能是表5-7中某些典型失效模式或新增失效模式。该产品的失效模式应该通过访问顾客、再制造商、回收商、设计人员和退役产品处置工程师获得。假设一个产品有 Q 种失效模式，其相应的顾客需求记为：

$$\boldsymbol{F}_{\mathrm{fm}}=\{f_1,f_2,\cdots,f_{2Q}\} \tag{5-11}$$

实践中，并不是所有的失效模式都能通过再制造修复。例如，具有裂纹的组件由于高成本和技术不可行可能导致无法再制造重用。由失效模式推演顾客需求存在模糊性、不确定性，因此，顾客需求的重要性可用模糊语言变量描述。

三角模糊数是特殊的模糊集合，给定一个 $\boldsymbol{R}$ 空间上的三角模糊数 $\widetilde{M}=(L,M,U)$，其成员函数 $f_{\boldsymbol{\beta}}(x):\boldsymbol{R}\to[0,1]$ 定义如下：

$$f_{\boldsymbol{\beta}}(x)=\begin{cases}\dfrac{x-L}{M-L}, x\in[L,M]\\ \dfrac{x-U}{M-U}, x\in[M,U]\\ 0,\text{其他}\end{cases} \tag{5-12}$$

式中，$\boldsymbol{\beta}$ 为元素的集合 $\{x\in\boldsymbol{R} \mid L<x<U\}$。

模糊操作法则如下：

$$\widetilde{M}_1+\widetilde{M}_2=(L_1+L_2,M_1+M_2,U_1+U_2) \tag{5-13}$$

$$\widetilde{M}_1\otimes\widetilde{M}_2=(L_1L_2,M_1M_2,U_1U_2) \tag{5-14}$$

$$\lambda\widetilde{M}_1=(\lambda L_1,\lambda M_1,\lambda U_1),\lambda>0,\lambda\in\boldsymbol{R} \tag{5-15}$$

$$\frac{\widetilde{M}_1}{\widetilde{M}_2}=\left(\frac{L_1}{L_2},\frac{M_1}{M_2},\frac{U_1}{U_2}\right) \tag{5-16}$$

假设模糊集 $\widetilde{D}=(d_1,d_2,d_3)$ 的成员函数为 $\mu_{\widetilde{D}}(x_i)$，三角模糊数可以采用式(5-17)去模糊化。

$$x=\frac{d_1+2d_2+d_3}{4} \tag{5-17}$$

为了解决顾客需求权重确定过程中存在的模糊性、不确定性和主观性等问题，提出了基于模糊综合评价法和失效反馈的顾客需求权重确定方法，具体步骤如下。

① 定义评价准则集合 $\boldsymbol{U}=\{u_1, u_2, \cdots, u_j, \cdots, u_m\}$，其中，$m$ 为评价准则个数。为了表示评价准则的重要性，定义了权重系数集合 $\boldsymbol{A}=\{a_1, a_2, \cdots, a_m\}$。

② 定义评语等级集合 $\boldsymbol{V}=\{v_1, v_2, \cdots, v_i, \cdots, v_n\}$，其中，$n$ 为评语等级，例如，高、低、中等。

③ 对于每个元素 $f_J \in \boldsymbol{F}_{\mathrm{fm}}$，通过专家打分法进行单项元素模糊评价。

模糊关系矩阵 $\boldsymbol{R}_j$ 表示如下。

$$\boldsymbol{R}_j=\begin{bmatrix} r_{11}^J & r_{12}^J & \cdots & r_{1n}^J \\ r_{21}^J & r_{22}^J & \cdots & r_{2n}^J \\ \vdots & \vdots & \ddots & \vdots \\ r_{m1}^J & r_{m2}^J & \cdots & r_{mn}^J \end{bmatrix}, r_{ij}^J \in [0,1]$$

④ 求元素 f_J 的综合评价结果。

$$\begin{aligned} \boldsymbol{B}_J &= \boldsymbol{A}\boldsymbol{R}_j=[B_1, B_2, \cdots, B_n] \\ &= [a_1, a_2, \cdots, a_m]\begin{bmatrix} r_{11}^J & r_{12}^J & \cdots & r_{1n}^J \\ r_{21}^J & r_{22}^J & \cdots & r_{2n}^J \\ \vdots & \vdots & \ddots & \vdots \\ r_{m1}^J & r_{m2}^J & \cdots & r_{mn}^J \end{bmatrix}, J=1,2,\cdots,2Q \end{aligned}$$

应用最大成员函数原则获得 f_J 的权重 W_J，假设 $B_y=\max\limits_{0 \leqslant j \leqslant n}\{B_j\}$，则 $W_J=v_y$。为了便于后续操作，将权重 W_J 转换为语义变量集 $\boldsymbol{\delta}=\{l_0, l_1, \cdots, l_q, \cdots, l_p\}$，并将 l_q 映射为三角模糊数 $\left(\frac{q-1}{p}, \frac{q}{p}, \frac{q+1}{p}\right)$。因此，第 J 个客户需求的模糊权重 $\widetilde{w}_J$ 可以表达如下：

$$\widetilde{w}_J=(w_J^L, w_J^M, w_J^U), J=1,2,\cdots,2Q \tag{5-18}$$

根据式(5-17) 进行权重的去模糊化处理，并应用式(5-19) 进行规范化处理。

$$x_J=\frac{W_J^L+2W_J^M+W_J^U}{4}$$

$$\overline{w}_J=\frac{x_J}{\sum\limits_{J=1}^{2Q} x_J} \tag{5-19}$$

(2) 工程特征与关联矩阵 *FE* 的确定

产品的工程特征记录了工程师的“声音”，一般通过访问产品设计工程师或文献资料获得，本节的工程特征选自表 5-6。

关联矩阵 ***FE*** 描述了工程需求对于相应的顾客需求的重要程度，并定义相对重要度为{'Very Weak(VW)','Weak(W)','Medium(M)','Strong(S)','Very Strong(VS)'}五个级别。根据工程经验、专家知识、文献资料等可构建失效模式与工程需求之间的关联度。例如，磨损可以分为磨粒磨损、黏着磨损、表面疲劳磨损、腐蚀磨损和微动磨损等，与正载荷、材料的屈服应力、润滑状态、滑移距离等有关，因此，磨损与材料、抗磨损性、硬度等是强关联性'Very Strong (VS)'，以此类推，具体如表 5-8 所示。

表 5-8 失效模式与工程需求之间的关联度

失效模式	磨损			弯曲	断裂			裂纹	烧伤	变形	凹痕	腐蚀	紧固件失效	处理失效
	黏着磨损	磨粒磨损	腐蚀磨损		疲劳断裂	脆性断裂	延性断裂							
耐腐蚀性(e_1)	W	W	VS	VW	W	W	W	W	VW	W	W	VS	M	VW
抗磨损性(e_2)	VS	VS	VS	W	W	W	W	VW	VW	W	W	M	W	VW
模块化(e_3)	VW	VW	VW	VW	VW	VW	VW	VW	VW	VW	VW	VW	S	VS
材料(e_4)	VS	VS	VS	VS	VS	VS	VS	VS	VS	VS	VS	VS	VS	S
连接与紧固方法(e_5)	VW	VW	VW	VW	VW	VW	VW	W	VW	VW	VW	VW	VS	VS
零部件的标准化(e_6)	W	W	W	VW	VW	VW	VW	VW	VW	VW	VW	VW	W	S
零部件表面(e_7)	M	M	M	W	S	S	S	S	W	W	W	VS	VW	M
零部件的几何形状(e_8)	S	S	VS	S	VS	VS	VS	VS	W	VS	S	S	VW	VS
产品适合再制造(e_9)	S	S	S	S	S	S	S	S	W	S	S	S	S	S
重量(e_{10})	W	W	W	W	W	W	W	W	W	W	W	W	W	VS
体积(e_{11})	W	W	W	W	W	W	W	W	W	W	W	W	W	VS
零部件个数(e_{12})	VW	VW	VW	VW	VW	VW	VW	VW	VW	VW	VW	VW	W	M
材料类型数(e_{13})	W	W	W	W	W	W	W	W	W	W	W	W	M	VS
硬度(e_{14})	S	VS	S	M	S	S	S	S	W	S	M	M	VW	S
连接与紧固位置(e_{15})	VW	VW	VW	W	W	W	W	W	VW	W	W	VW	VS	VS
物理生命周期(e_{16})	S	S	S	S	S	S	S	S	S	S	S	S	S	M
时尚与造型(e_{17})	VW	VW	M	VW	VW	VW	VW	VW	VW	M	W	S	W	W
过时性(e_{18})	VW	VW	VW	VW	VW	VW	VW	VW	VW	VW	VW	VW	VW	W
技术稳定性(e_{19})	VW	VW	VW	VW	VW	VW	VW	VW	VW	VW	VW	VW	VW	W
顾客接受度与需求(e_{20})	VW	VW	VW	VW	VW	VW	VW	VW	VW	VW	VW	VW	VW	W
技术可达性(e_{21})	VS	VS	VS	VS	VS	VS	VS	VS	VS	VS	VS	VS	M	VS
毛坯可达性(e_{22})	VW	VW	VW	VW	VW	VW	VW	VW	VW	VW	VW	VW	VW	VW
生命周期(e_{23})	S	S	S	S	VS	S	S	VS	M	S	M	M	S	S

续表

失效模式	磨损			弯曲	断裂			裂纹	烧伤	变形	凹痕	腐蚀	紧固件失效	处理失效
	黏着磨损	磨粒磨损	腐蚀磨损		疲劳断裂	脆性断裂	延性断裂							
所有权(e_{24})	VW	VW	VW	VW	VW	VW	VW	VW	VW	VW	VW	VW	VW	VW
维护(e_{25})	S	S	S	S	VS	S	S	S	S	S	S	S	S	W
再制造时间与成本(e_{26})	VS	VS	VS	VS	VS	VS	VS	VS	VS	VS	VS	VS	VS	VS
竞争力与收益(e_{27})	W	W	W	W	W	W	W	W	W	W	W	W	W	W

根据表 5-8 可以获得关联矩阵 ***FE***。将这些语义变量映射到区间（1,9），模糊关联矩阵 ***FE*** 由式(5-20) 推出。

$$\boldsymbol{FE}=[c_{ij}]_{2Q\times n}=\left[\frac{\sum_{l=1}^{f}c_{ij}^{l}}{f}\right]_{2Q\times n},i=1,2,\cdots,2Q,j=1,2,\cdots,n \tag{5-20}$$

式中，c_{ij} 为第 i 个顾客需求与第 j 个工程特征 EC 之间的关联度；c_{ij}^{l} 为第 l 个专家给出的第 i 个指标与第 j 个元素之间的模糊关联度；f 为邀请的专家总数。

根据式(5-20) 可获得第 j 个工程特征的权重 w_{EC}^{j}：

$$w_{\mathrm{EC}}^{j}=\sum_{i=1}^{2Q}\overline{w}_{i}c_{ij}=[w_{\mathrm{EC}}^{j(L)},w_{\mathrm{EC}}^{j(M)},w_{\mathrm{EC}}^{j(U)}],j=1,2,\cdots,n \tag{5-21}$$

按照式(5-22) 对权重进行去模糊化和规范化处理：

$$x_{\mathrm{EC}}^{j}=\frac{w_{\mathrm{EC}}^{j(L)}+2w_{\mathrm{EC}}^{j(M)}+w_{\mathrm{EC}}^{j(U)}}{4}$$

$$\overline{w}_{\mathrm{EC}}^{j}=\frac{x_{\mathrm{EC}}^{j}}{\sum_{j=1}^{n}x_{\mathrm{EC}}^{J}} \tag{5-22}$$

式中，相对权重 $\overline{w}_{\mathrm{EC}}^{j}$ 描述了每个工程特征符合失效模式需求的情况。

(3) 备选再制造设计准则获取

基于再制造设计准则进行产品再制造设计是最为有效的方法，但是，由于准则数量多，且彼此之间存在冲突等原因而无法考虑全部准则。一般来说，设计准则来源于案例研究、文献资料、工程经验等。本节通过文献资料收集了 DfRem 准则，并定义为 $\boldsymbol{G}=\{g_1,g_2,\cdots,g_k,\cdots,g_q\}$，如表 5-9 所示。

表 5-9　DfRem 准则

再制造需求	DfRem 准则	ID
易于拆卸分离	毛坯上提供拆卸指导	g_1
	易于松开紧固件/连接件	g_2

续表

再制造需求	DfRem 准则	ID
易于拆卸分离	材料单一	g_3
	工具种类最小化	g_4
	使用标准工具	g_5
	移除与拆卸过程无二次损坏	g_6
	尽量不用不可拆卸连接	g_7
	使用一个拆卸方向	g_8
	一对多拆卸	g_9
	去除沉积物和杂质不损坏零件	g_{10}
易于可达	连接件与紧固件可达	g_{11}
	紧固件易于识别	g_{12}
	子系统易于可达	g_{13}
	子系统易于拆除	g_{14}
易于清洗	内外表面简单	g_{15}
	清洗方法单一简便	g_{16}
	待清洗表面光滑	g_{17}
	零件上的标签清洗过程中不易损坏	g_{18}
	零件表面标记清洗过程中不易损坏	g_{19}
易于处理	表面抗磨	g_{20}
	无需二次加工处理	g_{21}
	表面无喷涂	g_{22}
	再制造修复前无需表面处理	g_{23}
	纹理区域可再制造	g_{24}
	零件不易腐蚀	g_{25}
	有毒有害材料最小化	g_{26}
	强度具有一定设计冗余	g_{27}
	易磨损表面超公差设计以延长其使用寿命	g_{28}
	重点的区域易于分离	g_{29}
	底座具有足够的空间与支撑,搬运过程不易损坏	g_{30}
易于分类与识别	组件易于分类	g_{31}
	零件标记材料种类	g_{32}
	所有相似零件易于识别或存在易于分类的标记	g_{33}
易于检测	组件状况易于识别	g_{34}
	测试方法尽量客观	g_{35}

续表

再制造需求	DfRem 准则	ID
易于检测	测试点可达	g_{36}
	检测方法简单快捷	g_{37}
易于再装配	安装点可达	g_{38}
	安装点易于识别	g_{39}

(4) 关联矩阵 *EG* 的构建

第二阶段的关联矩阵 ***EG*** 用于实现工程特征到 DfRem 准则的映射。为了构建 ***EG*** 矩阵，定义了五个相对关联度{'Very Weak(VW)','Weak(W)','Medium(M)','Strong(S)','Very Strong(VS)'}，并由 e 个专家进行评价，***EG*** 矩阵定义如下：

$$\boldsymbol{EG}=[t_{jk}]_{n\times q}=\left[\frac{\sum_{s=1}^{e}t_{jk}^{s}}{e}\right]_{n\times q},j=1,2,\cdots,n,k=1,2,\cdots,q \tag{5-23}$$

式中，e 为邀请的专家个数；n 为工程特征个数；q 为 DfRem 准则个数。

第 k 个 DfRem 准则的模糊权重 w_{EG}^{k} 见式(5-24)，并用式(5-17) 进行去模糊化处理，应用式(5-25) 进行规范化后获得相对权重 $\overline{w}_{\mathrm{EG}}^{k}$，用于描述各 DfRem 准则的相对重要度。

$$w_{\mathrm{EG}}^{k}=\sum_{j=1}^{n}\overline{w}_{\mathrm{EC}}^{j}t_{jk}=[w_{\mathrm{EG}}^{k(L)},w_{\mathrm{EG}}^{k(M)},w_{\mathrm{EG}}^{k(U)}],k=1,2,\cdots,q \tag{5-24}$$

$$x_{\mathrm{EG}}^{k}=\frac{w_{\mathrm{EG}}^{k(L)}+2w_{\mathrm{EG}}^{k(M)}+w_{\mathrm{EG}}^{k(U)}}{4} \tag{5-25}$$

$$\overline{w}_{\mathrm{EG}}^{k}=x_{\mathrm{EG}}^{k}\Big/\sum_{k=1}^{q}x_{\mathrm{EG}}^{k}$$

式中，$\overline{w}_{\mathrm{EC}}^{j}$ 为第 j 个工程特征的权重；q 为 DfRem 准则个数；n 为产品工程特征个数。

5.5.3 关键再制造设计约束的靶向识别方法

本节所提再制造设计因子靶向映射 QFD 模型用于识别产品的关键再制造设计因子，其步骤如下：

① 收集备选产品再制造性约束。再制造性约束包括工程特征和 DfRem 设计准则，一般通过文献资料、专家访谈、案例研究等渠道获得。

② 基于产品失效模式确定顾客需求。由于通过问卷获得的顾客需求一般语义模糊，存在不确定性和主观性，为此，以观察或工具检测获得的同类退役产品

失效模式数据为基础，通过前述的模糊综合评价法将失效模式映射为顾客需求。

③ 构建关联矩阵 ***FE***。通过专家打分法获得顾客需求与工程特征 *EC* 之间的关联矩阵 ***FE***，并计算工程特征的相对权重。

④ 构建关联矩阵 ***EG***。根据工程特征相对权重筛选出相对重要的工程特征，并进一步根据专家打分法获得其与 DfRem 准则的关联矩阵 ***EG***，并计算 DfRem 准则的相对权重，识别出与产品再制造性关系比较密切的准则用于指导产品设计改进。

5.5.4 回收决策分析与筛选

(1) 失效模式与报废模式

零部件失效后无法修复时会进入废物流。失效模式是指零部件无法直接重用的原因。零部件的失效模式一般包括磨损、变形、断裂、腐蚀、老化、孔洞、龟裂、无失效等，根据文献资料，总结整理出 14 种典型的失效模式，并根据其对再制造的影响程度分为一般失效（GF）和严重失效（FF），具体如表 5-10 所示。

表 5-10 典型失效模式

类型	失效模式(ID)	备注
GF	磨损(f_1)	磨损是指零部件摩擦表面的金属在相对运动过程中不断损伤的现象，如气缸工作表面“拉缸”，曲轴“抱轴”，齿轮表面和滚动轴承表面的麻点、凹坑，凸轮轴磨损等
GF	变形(f_2)	变形包括弯曲、扭曲、压痕等，如汽车曲轴或连杆弯曲、扭曲等，气缸体、变速器壳、驱动桥壳等基础件的变形，与外部接触的油底壳和阀盖等也易于出现压痕等变形失效
FF	龟裂(f_3)	龟裂是指零部件在外力或环境作用下产生裂隙，许多裂隙由于拆卸造成更深的裂缝和撕裂。如正时齿轮盖、气缸体、气缸盖等易于产生该失效
GF	烧伤(f_4)	零部件因热而快速燃烧，一般由于维修故障等造成
FF	断裂(f_5)	断裂是构件或材料力学性能的表征，是零部件在力、温度和腐蚀等作用下发生局部开裂或折断的现象，如曲轴断裂、轮齿折断等，主要包括脆性断裂和延性断裂
GF	腐蚀(f_6)	腐蚀是金属受周围介质的作用引起的损伤现象，包括化学腐蚀、电化学腐蚀、穴蚀，如湿式气缸套外壁麻点、孔穴等
GF	孔洞(f_7)	孔洞是零部件本体损失大量材料造成的一种失效，如油底壳、气缸体偶然会发生该失效
FF	紧固件失效(f_8)	零部件的紧固连接部分失效，例如，螺纹孔的失效导致螺纹连接无法拆卸
GF	二次损伤(f_9)	零部件在拆卸、清洗、搬运等过程中造成的失效
GF	凹痕(f_{10})	诸如油底壳、阀盖等薄壁零件由于重击或压力造成的表面出现中空区域
GF	松动(f_{11})	松动失效描述了一种特殊的磨损形式，一般是由于安装或装配不当造成
GF	设计缺陷(f_{12})	不合理的设计造成的失效

续表

类型	失效模式(ID)	备注
FF	老化(f_{13})	老化是指材料发生变化,如褪色、黏性失效、感光材料失效、橡胶轮胎失效等
GF	无失效(f_{14})	零部件能正常工作

报废模式是指零部件失效且无法修复重用的现象，主要包括尺寸不合格、性能不足、残余价值低、材料缺失、配套零件丢失、外观不佳等。通过文献分析，识别出 7 种典型的报废模式，如表 5-11 所示。

表 5-11　典型的报废模式

ID	报废模式	备注
c_1	外观不佳	塑料制品表面的划痕等缺失影响产品外观美观性
c_2	尺寸不合格	尺寸公差不符合要求
c_3	材料缺失	材料缺失表面无法替换,零部件无法经济地、可靠地再制造修复,主要与腐蚀、刮痕、断裂、破碎、孔洞等失效相关
c_4	配套零件丢失	配套零件之一丢失,例如连杆组件必须完整。如果配套零件丢失,则其他零件无法再制造重用
c_5	性能不足	零部件功能或剩余寿命不适合下一个生命周期,且性能恢复和检测成本高
c_6	库存过剩	新零件比再制造零件成本低
c_7	无法修复	现有技术无法完成再制造修复
c_8	无报废	没有明显的报废特征,但需要专业方法检测是否可以再制造

造成产品报废的原因大体包括：①产品在正常使用过程中发生过度磨损、变形等失效；②产品在回收、拆卸、清洗、再制造处置等过程中发生损坏；③由于未知原因而发生零件丢失、性能测试未通过、无损拆卸困难、当前技术无法修复等。

工程实践中，这些失效模式与报废模式将不断丰富。一般来说，一种失效模式可能导致许多种报废模式，反之亦然。

(2) 基于失效反馈的组件回收决策

退役产品的零部件往往存在多种失效模式，难以量化失效程度。模糊综合评价法是一种处理这种模糊、不确定性问题的有效方法。此处将失效程度模糊地分为四个等级，即无失效（no failure）、轻微失效（slight failure）、中等失效（medium failure）和重度失效（serious failure）。某一失效模式的失效程度可以根据再制造专家和检测人员的反馈确定。失效程度可定义如下：

$$\boldsymbol{S}=\{s_1,s_2,s_3,s_4\}=\{\text{无失效},\text{轻微失效},\text{中等失效},\text{重度失效}\}$$

根据回收等级，退役产品组件的回收决策定义如下：

$$\boldsymbol{H}=\{h_1,h_2,h_3,h_4\}=\{\text{直接重用,再制造,材料回收,废弃处理}\}$$

回收决策 $\boldsymbol{H}$ 是产品退役后采取的行为，按照技术、环境、经济性等多方面的影响，回收等级从高到低包括直接重用、再制造、材料回收、废弃处理。

从技术角度考虑，退役产品本身是否可以再服役与失效模式、失效程度、报废模式等失效反馈密切相关。失效严重程度与回收决策之间的映射关系如图 5-9 所示。横坐标为产品（零件、部件等）失效程度，存在三个极限值，即失效模式下限 F_1、失效模式中限 F_2、失效模式上限 F_3。失效模式下限 F_1 是产品失效程度最轻的上限值，当产品失效程度小于或等于失效模式下限时为轻微失效，此时往往通过维修就可以直接重用。失效模式中限 F_2 是产品失效后性能可恢复的极限情况，当产品失效程度介于 F_1 和 F_2 之间时，属于中等失效，采取再制造回收决策。失效模式上限 F_3 是产品失效程度最严重的情况，当产品失效程度介于 F_2 和 F_3 时，属于重度失效，可进行材料回收。当失效程度大于 F_3 时，为完全失效，表示产品有毒或已经完全失效，需要进行焚烧、掩埋等废弃处理。例如，当曲轴弯曲和扭转变形不大时，可以进行再制造；当曲轴出现断裂、过度变形、轴颈表面过度磨损、擦伤、烧伤等失效模式时，则已超出失效模式上限，需要进行材料回收。

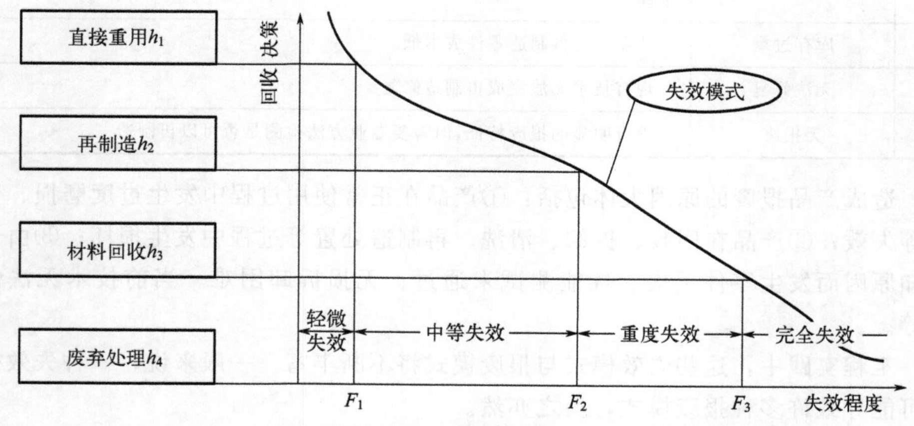

图 5-9　失效严重程度与回收决策之间的映射关系

理论上，根据产品失效程度即可判定其回收决策，但是由于实践中的技术性、经济性、资源环境性、服役周期、剩余寿命等原因，回收决策、报废模式、失效模式之间存在多对多的复杂关系，需要根据多种情况综合考虑，根据工程经验和咨询专家，其相关关系具体如表 5-12 所示。例如，没有失效和报废的零件一般可以直接重用，但是，如果存在配套零件丢失或零件本身价格低廉等情况，则实践中一般采用材料可回收或再制造回收决策。同理，轻微失效的零件一般采用再制造回收决策，但是，如果存在某种典型的报废模式，则降级为材料回收。

表 5-12　回收决策与失效反馈之间的关系

回收决策	失效模式		失效程度				报废模式
	一般失效(GF)	严重失效(FF)	无失效(s_1)	轻微失效(s_2)	中等失效(s_3)	重度失效(s_4)	
直接重用(h_1)	●		●				
再制造(h_2)	●			●	●		
材料回收(h_3)	●		●				●
	●			●			●
	●				●		●
	●					●	
		●		●	●	●	
		●		●	●	●	●
废弃处理(h_4)	●	●				●	●

注：●表示该项指标对应回收决策的一个必要条件，回收决策由失效模式、失效程度和报废模式综合决定。

(3) 基于经济性和过时性准则的回收决策再筛选

工程实践中，组件回收决策受到经济性、环境性、技术性、社会性等多因素影响。例如，某些曲轴重新研磨后可直接重用，然而，如果曲轴具有表面喷涂物，则不适合再制造。本研究只考虑设计人员可以控制干涉的经济性和技术性因素，选择经济性和过时性准则进行回收决策的再筛选。

经济性定义为回收成本与生产成本的比值，即 β= 回收成本/生产成本，成本阈值 β_t 由企业管理人员确定。则相对回收成本 **RC** 定义如下：

$$\boldsymbol{RC}=\{高成本(\beta>\beta_t),低成本(\beta\leqslant\beta_t)\}=\{\mathrm{RCh},\mathrm{RCl}\}$$

如果一个组件的再制造成本较高，即使该组件可再制造，也只能进行材料回收。同样，如果一个组件的材料回收成本太高，则实践中一般进行废弃处理。

过时性准则要求再制造产品必须从技术性和外观方面满足顾客需求。根据技术进化和顾客使用情况，过时性定义为技术寿命与物理寿命的比值，即$\propto$= 技术寿命/物理寿命，且

$$\boldsymbol{OT}=\{高过时性(\propto<\propto_t),低过时性(\propto\geqslant\propto_t)\}=\{\mathrm{OTh},\mathrm{OTl}\} \quad (5\text{-}26)$$

式中，$\propto_t\in(0,1]$，一般由企业根据情况给定。

如果再制造组件严重过时，且无法升级再制造，那么，由于顾客偏好等原因只能进行材料回收。

根据失效反馈初步确定组件的回收决策，接着利用回收成本和过时性准则进行再筛选，具体过程如图 5-10 所示。

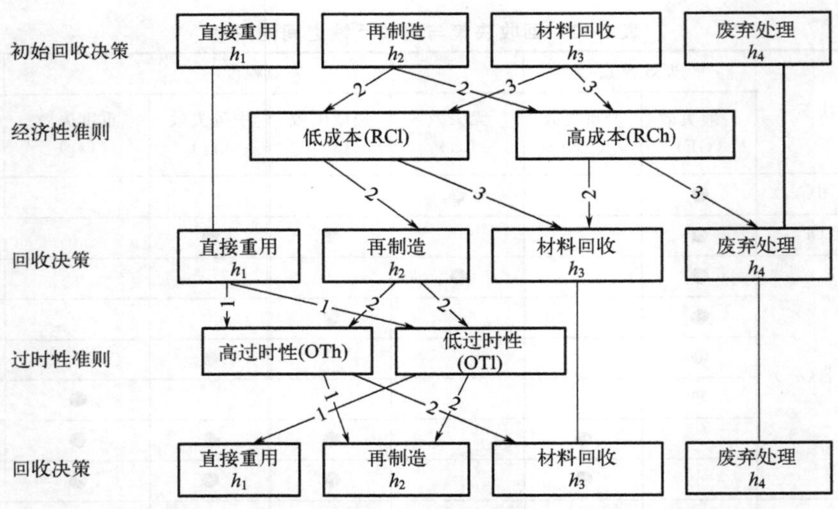

图 5-10　基于经济性和过时性准则的回收决策再筛选模型

5.5.5　再制造反演设计多色模型

(1) 多色集合理论

多色集合是由苏联 Pavlov 教授于 1976 年提出的一种信息处理数学工具，可使用统一的数学模型描述不同的问题。其主要优点是多色集合本身和它的组成元素通过不同的颜色来表示研究对象及元素的性质，能方便地描绘复杂机械系统的各种特征和特征之间的相互关系和联系，便于编程。多色集合理论已广泛应用于概念设计、工作流程建模、资源分配、路径规划等方面。

多色集合一般由 6 个部分组成：

$$\boldsymbol{P}_f=\{\boldsymbol{A},\boldsymbol{F}(a),\boldsymbol{F}(\boldsymbol{A}),[\boldsymbol{A}\times\boldsymbol{F}(a)],[\boldsymbol{F}(a)\times\boldsymbol{F}(\boldsymbol{A})],[\boldsymbol{A}\times\boldsymbol{F}(\boldsymbol{A})]\} \tag{5-27}$$

式中，$\boldsymbol{A}=(a_1,a_2,\cdots,a_i,\cdots,a_n)$为多色集合的元素集合，$n$ 为集合的元素个数；元素 $a_i\in\boldsymbol{A}$ 的个体颜色 $\boldsymbol{F}(a_i)=(f_1,f_2,\cdots,f_i,\cdots,f_m)$，$\boldsymbol{F}(a)$ 为元素 $a_i\in\boldsymbol{A}$ 对应的所有颜色集合；集合 $\boldsymbol{F}(\boldsymbol{A})=[F_1(\boldsymbol{A}),F_2(\boldsymbol{A}),\cdots,F_k(\boldsymbol{A})]$是集合 $\boldsymbol{A}$ 的统一颜色集合，$F_i(\boldsymbol{A})$ 是第 i 个元素，$\boldsymbol{F}\supseteq\boldsymbol{F}(\boldsymbol{A})$；布尔矩阵$[\boldsymbol{A}\times\boldsymbol{F}(a)]$为多色集合所有元素的个体颜色；布尔矩阵$[\boldsymbol{A}\times\boldsymbol{F}(\boldsymbol{A})]=\|r_{i(j)}\|_{\boldsymbol{A},\boldsymbol{F}(a)}$为多色集合所有统一颜色存在的所有个体的元素组成，如果 $F_j\in\boldsymbol{F}(a_i)$ 且 $\boldsymbol{F}(a)=\bigvee_{i=1}^{n}\boldsymbol{F}(a_i)$，则 $r_{i(j)}=1$；矩阵$[\boldsymbol{F}(a)\times\boldsymbol{F}(\boldsymbol{A})]=\|r_{i(j)}\|_{\boldsymbol{F}(a),\boldsymbol{F}(\boldsymbol{A})}$表示个体颜色与统一颜色的围道矩阵；当个体颜色 f_i 影响统一颜色 F_j 时，$r_{i(j)}=1$。实践中，式(5-27) 中的某些元素可以忽略和修改。

多色集合对应的逻辑运算包括析取（$P\vee S$）和合取（$P\wedge S$），表达如下：

$$P \vee S: \text{if } F_j(\boldsymbol{A}) = \bigvee_{p=1}^{m} F_j(a_{ip}) = 1 \\ \text{then } F_j(\boldsymbol{A}) = 1 \tag{5-28}$$

$$P \wedge S: \text{if } F_j(\boldsymbol{A}) = \bigwedge_{p=1}^{m} F_j(a_{ip}) = 1 \\ \text{then } F_j(\boldsymbol{A}) = 1 \tag{5-29}$$

假设给定向量空间 $\boldsymbol{F}=(F_1,F_2,\cdots,F_k)$，令 $\boldsymbol{F}(a_i)=(F_1,F_3)=(1,0,1,\cdots,0,0)$，$\boldsymbol{F}(a_j)=(F_2,F_3,F_{k-1})=(0,1,1,\cdots,1,0)$，则：

$P \vee S: \boldsymbol{F}(a_i) \vee \boldsymbol{F}(a_j)=(1,0,1,\cdots,0,0) \vee (0,1,1,\cdots,1,0)=(1,1,1,\cdots,1,0)$

$P \wedge S: \boldsymbol{F}(a_i) \wedge \boldsymbol{F}(a_j)=(1,0,1,\cdots,0,0) \wedge (0,1,1,\cdots,1,0)=(0,0,1,\cdots,0,0)$

(2) 模型的构建

再制造反演设计多色模型用于描述产品拓扑结构及失效模式、回收决策、报废模式、过时性准则、经济性准则和 DfRem 策略之间的映射传递关系。该再制造反演设计多色模型包括 8 层：产品层、失效模式层、失效程度层、报废模式层、回收决策层、经济性准则层、过时性准则层和 DfRem 再设计策略层。

在产品层，退役产品由 n 个组件构成，定义为集合 $\boldsymbol{P}=\{p_1,p_2,\cdots,p_n\}$。

失效模式层定义了产品零部件典型的失效模式，一般通过目测或专业检测工具获得。

失效程度层，定义集合 $\boldsymbol{S}=\{s_1,s_2,s_3,s_4\}$ 描述失效情况，每种失效模式的失效程度取值可根据图 5-10 所示映射关系由专家评估，对于零部件上存在多种失效模式的情况，取其中最为严重的一种。

报废模式层，将表 5-11 所示的 8 个报废模式定义为集合 $\boldsymbol{C}=\{c_1,c_2,\cdots,c_8\}$，失效程度与报废模式之间的相关关系可由领域专家知识确定。

初始回收决策由失效模式、失效程度和报废模式确定。

经济性准则 $\boldsymbol{RC}=\{\mathrm{RCh},\mathrm{RCl}\}$ 和过时性准则 $\boldsymbol{OT}=\{\mathrm{OTh},\mathrm{OTl}\}$ 用于进行回收决策再筛选。

DfRem 再设计策略层根据关键再制造设计因子和产品零部件回收决策给出具体的再制造优化设计方案，例如，具有相同回收决策且满足材料和装配兼容性的组件聚类为一个模块。虽然关键再制造障碍包括外部因子和内部因子，但是，诸如废旧产品来源不足、顾客拒绝购置再制造产品、高的再制造成本等外部因子是设计师无法控制的，因此，本研究只考虑内部因子。

为便于计算机操作，多色集合理论用于描述上述复杂的层次结构。根据式(5-27)，再制造反演设计多色模型（reverse design for remanufacture polychromatic model，RDPM）定义如下。

$$\boldsymbol{P}_f=\{\boldsymbol{A}^t,\boldsymbol{F}^t(a),\boldsymbol{F}^t(\boldsymbol{A}),[\boldsymbol{A}^t\times\boldsymbol{F}^t(a)],[\boldsymbol{F}^t(a)\times\boldsymbol{F}^t(\boldsymbol{A})],[\boldsymbol{A}^t\times\boldsymbol{F}^t(\boldsymbol{A})]\},t=1,2 \quad (5\text{-}30)$$

式中，当 $t=1$，集合 $\boldsymbol{A}^1=\{a_1,a_2,\cdots,a_n\}=\{p_1,p_2,\cdots,p_n\}$ 表示产品组件的集合；当 $t=2$，集合 $\boldsymbol{A}^2=\boldsymbol{A}^1$。

同理，个人着色 $\boldsymbol{F}^1(a)=\{F_1^1(a),F_2^1(a),\cdots,F_m^1(a)\}=\{f_1(\boldsymbol{S}),f_2(\boldsymbol{S}),\cdots,f_q(\boldsymbol{S}),c_{q+1}(\boldsymbol{S}),c_{q+2}(\boldsymbol{S}),\cdots,c_m(\boldsymbol{S})\}$，表示失效程度和报废模式集合。式中，变量 q 为失效程度个数；m 为集合 $\boldsymbol{F}^1(a)$ 中报废模式和失效程度的总个数。个人着色 $\boldsymbol{F}^2(a)=\{F_1^2(a),F_2^2(a),\cdots,F_q^2(a)\}=\{f_1,f_2,f_3,f_4\}=\{\text{RCh},\text{RCl},\text{OTh},\text{OTl}\}$ 表示经济性准则和过时性准则的集合。统一着色 $\boldsymbol{F}^1(\boldsymbol{A})=\boldsymbol{F}^2(\boldsymbol{A})=\{h_1(\boldsymbol{S}),h_2(\boldsymbol{S}),h_3(\boldsymbol{S}),h_4(\boldsymbol{S})\}$。

再制造反演设计多色集合与推理过程的映射关系如图 5-11 所示。

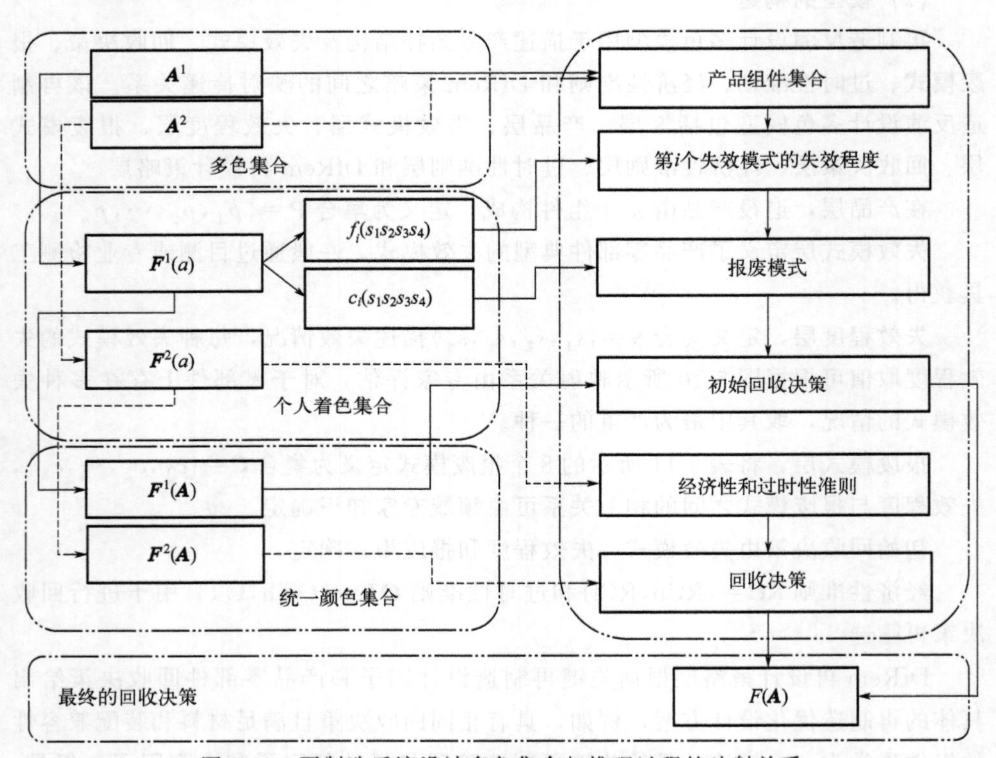

图 5-11 再制造反演设计多色集合与推理过程的映射关系

获得产品失效模式与失效程度之后，产品组件与个体颜色之间的围道矩阵定义如下：

$$\|c_{i(j)}\|_{\boldsymbol{A}^t,\boldsymbol{F}^t(a)}=[\boldsymbol{A}^t\times\boldsymbol{F}^t(a)]$$

$$= \begin{array}{c} \\ \end{array}\begin{bmatrix} \overset{F_1^t(a)}{c_{1(1)}} & \cdots & \overset{F_j^t(a)}{c_{1(j)}} & \cdots & \overset{F_m^t(a)}{c_{1(m)}} \\ \cdots & \cdots & \cdots & \cdots & \cdots \\ c_{i(a)} & \cdots & c_{i(j)} & \cdots & c_{i(m)} \\ \cdots & \cdots & \cdots & \cdots & \cdots \\ c_{n(1)} & \cdots & c_{n(j)} & \cdots & c_{n(m)} \end{bmatrix} \begin{matrix} a_1 \\ \\ a_i \\ \\ a_n \end{matrix} \tag{5-31}$$

式中，$t=1$，2；$\boldsymbol{F}^t(a)=\overset{n}{\underset{i=1}{Y}}\boldsymbol{F}^t(a_i)$。如果 $F_j^t(a)\in\boldsymbol{F}^t(a_i)$，则 $c_{i(j)}=1$；否则 $c_{i(j)}=0$。

当 $t=1, c_{i(j)}=\begin{cases} f_j(\mathrm{S})=f_j(s_1s_2s_3s_4), j\in[1,q] \\ c_j(\mathrm{S})=c_j(s_1s_2s_3s_4), j\in(q,m] \end{cases}$

式中

$$f_j(s_1s_2s_3s_4)=\begin{cases} 0000,\text{无失效} \\ 0100,\text{轻微失效} \\ 0010,\text{中等失效} \\ 0001,\text{重度失效} \end{cases}$$

$$c_j(s_1s_2s_3s_4)=\begin{cases} 0001, F_j^1(a)\in\boldsymbol{F}^1(a_i)\text{且 } j\neq 8 \\ 0000,\text{其他} \end{cases}$$

当 $t=2$

$$\|c_{i(j)}\|_{\boldsymbol{A}^2,\boldsymbol{F}^2(a)}=[\boldsymbol{A}^2\times\boldsymbol{F}^2\ \ (a)]=\begin{bmatrix} \overset{\mathrm{RCh}}{c_{1(1)}} & \overset{\mathrm{RCl}}{c_{1(2)}} & \overset{\mathrm{OTh}}{c_{1(3)}} & \overset{\mathrm{OTl}}{c_{1(4)}} \\ \cdots & \cdots & \cdots & \cdots \\ c_{i(1)} & c_{i(2)} & c_{i(3)} & c_{i(4)} \\ \cdots & \cdots & \cdots & \cdots \\ c_{n(1)} & c_{n(2)} & c_{n(3)} & c_{n(4)} \end{bmatrix} \begin{matrix} a_1 \\ \\ a_i \\ \\ a_n \end{matrix}$$

个人着色与统一着色的围道矩阵表示如下：

$$\|c_{j(k)}\|_{\boldsymbol{F}^t(a),\boldsymbol{F}^t(\mathbf{A})}=[\boldsymbol{F}^t(a)\times\boldsymbol{F}^t(\mathbf{A})] \tag{5-32}$$

式中，如果 $t=1$，则

$$c_{j(k)}=h_k(\boldsymbol{S})=h_k(s_1s_2s_3s_4)=\begin{cases} 1000,\text{重用}(k=1) \\ 0100,\text{再制造}(k=2) \\ 0010,\text{材料回收}(k=3) \\ 0001,\text{废弃处理}(k=4) \\ 0000,\text{其他} \end{cases}$$

如果 $t=2$ 且个人着色影响统一着色，则 $c_{j(k)}=1$；否则，$c_{j(k)}=0$。

产品组件和统一着色的围道矩阵表示如下：

$$\|c_{i(k)}\|_{\boldsymbol{A}^t,\boldsymbol{F}^t(\boldsymbol{A})}=[\boldsymbol{A}^t\times\boldsymbol{F}^t(\boldsymbol{A})]$$

式中，$\boldsymbol{F}^t(\boldsymbol{A})=\bigcup_{i=1}^{n}\boldsymbol{F}_i^t(\boldsymbol{A})$，如果 $\boldsymbol{F}_j^t(\boldsymbol{A})\subset\boldsymbol{F}_i^t(\boldsymbol{A})$，那么 $c_{i(k)}=1$，否则，$c_{i(k)}=0$。

5.5.6 再设计策略多色推演方法

基于多色集合布尔操作进行组件回收决策的推理过程如图 5-11 所示，具体步骤如下。

① 根据产品组件失效模式、失效程度、报废模式，构建围道矩阵 $[\boldsymbol{A}^1\times\boldsymbol{F}^1(a)]$。

② 回收决策与失效反馈之间的关系（表 5-12）可以映射为围道矩阵 $[\boldsymbol{F}^1(a)\times\boldsymbol{F}^1(\boldsymbol{A})]$，一般通过专家知识与经验构建。

③ 根据式(5-28) 和式(5-29)，组件的回收决策围道矩阵 $[\boldsymbol{A}^1\times\boldsymbol{F}^1(\boldsymbol{A})]$ 可以由下面的式(5-33) 推理。

$$\begin{aligned}[\boldsymbol{A}^1\times\boldsymbol{F}^1(\boldsymbol{A})]&=\|c_{i(k)}\|_{\boldsymbol{A}^1,\boldsymbol{F}^1(\boldsymbol{A})}=[\boldsymbol{A}^1\times\boldsymbol{F}^1(a)]\otimes[\boldsymbol{F}^1(a)\times\boldsymbol{F}^1(\boldsymbol{A})]\\&=\|c_{i(j)}\|_{\boldsymbol{A}^1,\boldsymbol{F}^1(a)}\otimes\|c_{j(k)}\|_{\boldsymbol{F}^1(a),\boldsymbol{F}^1(\boldsymbol{A})}\end{aligned}\tag{5-33}$$

式中，$c_{i(k)}=\bigvee_{j=1}^{m}(c_{i(j)}\wedge c_{j(k)})$。

④ 根据产品组件和经济性、过时性准则之间的关系构建围道矩阵 $[\boldsymbol{A}^2\times\boldsymbol{F}^2(a)]$。

⑤ 围道矩阵 $[\boldsymbol{F}^2(a)\times\boldsymbol{F}^2(\boldsymbol{A})]$ 描述了准则与回收决策之间的关系，可以根据图 5-11 确定。

$$[\boldsymbol{F}^2(a)\times\boldsymbol{F}^2(\boldsymbol{A})]=\begin{matrix}\\ \text{RCh}\\ \text{RCl}\\ \text{OTh}\\ \text{OTl}\end{matrix}\begin{matrix}h_1 & h_2 & h_3 & h_4\\ \left[\begin{matrix}1000 & 0010 & 0001 & 0001\\ 1000 & 0100 & 0010 & 0001\\ 0100 & 0010 & 0010 & 0001\\ 1000 & 0100 & 0010 & 0001\end{matrix}\right.\end{matrix}\left.\begin{matrix}\\ \\ \\ \\ \end{matrix}\right]\tag{5-34}$$

⑥ 与式(5-33) 类似，回收决策筛选公式可以定义如下：

$$\begin{aligned}[\boldsymbol{A}^2\times\boldsymbol{F}^2(\boldsymbol{A})]&=\|c_{i(k)}\|_{\boldsymbol{A}^2,\boldsymbol{F}^2(\boldsymbol{A})}=[\boldsymbol{A}^2\times\boldsymbol{F}^2(a)]\otimes[\boldsymbol{F}^2(a)\times\boldsymbol{F}^2(\boldsymbol{A})]\\&=\|c_{i(j)}\|_{\boldsymbol{A}^2,\boldsymbol{F}^2(a)}\otimes\|c_{j(k)}\|_{\boldsymbol{F}^2(a),\boldsymbol{F}^2(A)}\end{aligned}\tag{5-35}$$

式中，$c_{i(k)}=\bigvee_{j=1}^{m}(c_{i(j)}\wedge c_{j(k)})$。

⑦ 最终的回收决策可以由式(5-36) 确定。

$$\begin{aligned}[\boldsymbol{A}^2\times\boldsymbol{F}(\boldsymbol{A})]&=\|c_{i(k)}\|_{\boldsymbol{A}^2,\boldsymbol{F}(\boldsymbol{A})}=[\boldsymbol{A}^1\times\boldsymbol{F}^1(\boldsymbol{A})]\ominus[\boldsymbol{A}^2\times\boldsymbol{F}^2(\boldsymbol{A})]\\&=\begin{cases}\|c_{i(k)}\|_{\boldsymbol{A}^1,\boldsymbol{F}^1(\boldsymbol{A})}\vee\|c_{i(k)}\|_{\boldsymbol{A}^2,\boldsymbol{F}^2(\boldsymbol{A})}, & \sum c_{i(k)}>1\\ \|c_{i(k)}\|_{\boldsymbol{A}^1,\boldsymbol{F}^1(\boldsymbol{A})}\wedge\|c_{i(k)}\|_{\boldsymbol{A}^2,\boldsymbol{F}^2(\boldsymbol{A})}, & \text{其他}\end{cases}\end{aligned}\tag{5-36}$$

⑧ 根据回收决策可以将零部件聚类为重用模块（Mreu）、再制造模块（Mrem）、材料回收模块（Mrec）和废弃处理模块（Mdis）。则产品 $P=\{\mathrm{Mreu}, \mathrm{Mrem}, \mathrm{Mrec}, \mathrm{Mdis}\}$。模块 Mreu 和 Mrem 通过再设计使其易于拆卸、清洗、再装配、再制造等。

这些模块根据零部件之间的关联强度进行分割和再聚类等操作。其中，关联强度描述了两个组件（或子模块）之间的亲密程度。基于装配约束和材料兼容性，关联强度定义如下：

$$F(a_i, a_j)=T_{ij}M_{ij}=\{11,10,01,00\} \tag{5-37}$$

式中，$T_{ij}=\begin{cases}1, & \text{组件 } a_i \text{ 与组件 } a_j \text{ 接触}\\0, & \text{其他}\end{cases}$

$M_{ij}=\begin{cases}1, & \text{if 组件 } a_i \text{ 与组件 } a_j \text{ 材料兼容}\\0, & \text{其他}\end{cases}$

只有当 $F(a_i, a_j)=11$ 时，两个组件才能聚类为一个模块；当 $F(a_i, a_j)$ 等于 10 或 01 时，两个组件应该通过改变材料或结构后再聚类为一个模块。

5.5.7　再制造反演设计方法流程

再制造性影响因素识别通过案例研究法、再制造过程分析法等获得材料选择、连接和紧固方法、组件可达性等再制造设计的技术因子（如产品的属性和特征）。再制造设计优化则通过改善这些影响因子以提高产品再制造性能，包括准则法、模块化法、主动再制造设计方法等。准则法通过将易于失效的特征设计为独立的零部件、材料选择等指南对材料、结构、连接和紧固方法等进行改进，但是，设计过程中无法考虑所有的设计准则，且某些设计准则之间存在冲突。模块化法将再制造需求与产品生命周期各阶段融合，从再制造性、材料兼容性、维护性能、功能和物理可行性等角度将零部件聚类为模块，以提高产品再制造性。主动再制造设计方法在产品设计阶段预先分析产品的服役信息和规律以获得最佳时期的最佳主动再制造策略。

这些传统的再制造设计方法是在产品设计之初将再制造设计因子融入产品设计过程以提高其再制造性，实施起来非常困难。况且，不同的产品，其主要再制造设计因子也不同。研究表明，大部分再制造设计因子隐藏在退役产品的失效模式数据中。

再制造反演设计方法旨在通过退役产品失效模式和报废模式反馈预测出同类或类似新产品中组件的回收决策，根据回收决策和识别出的关键再制造设计因子进行产品改进，提高其再制造性。主要包括三个步骤。

① 收集退役产品失效信息，根据失效反馈预测产品组件的回收决策，进一步根据经济性和过时性准则对回收决策进行修正，识别出具有潜在再制造性或重

用性的组件。

② 构建再制造反演设计多色模型以描述失效模式、失效程度、报废模式、经济性和过时性准则、退役产品回收决策之间的关联。

③ 基于回收决策和关键再制造设计因子推演出产品再设计策略，以提高产品再制造性。例如，将具有相同回收决策的组件聚类为一个模块以便于拆卸、分类、再装配等，使可重用或可再制造的组件易于再制造或再制造升级。

再制造反演设计方法流程如图 5-12 所示。

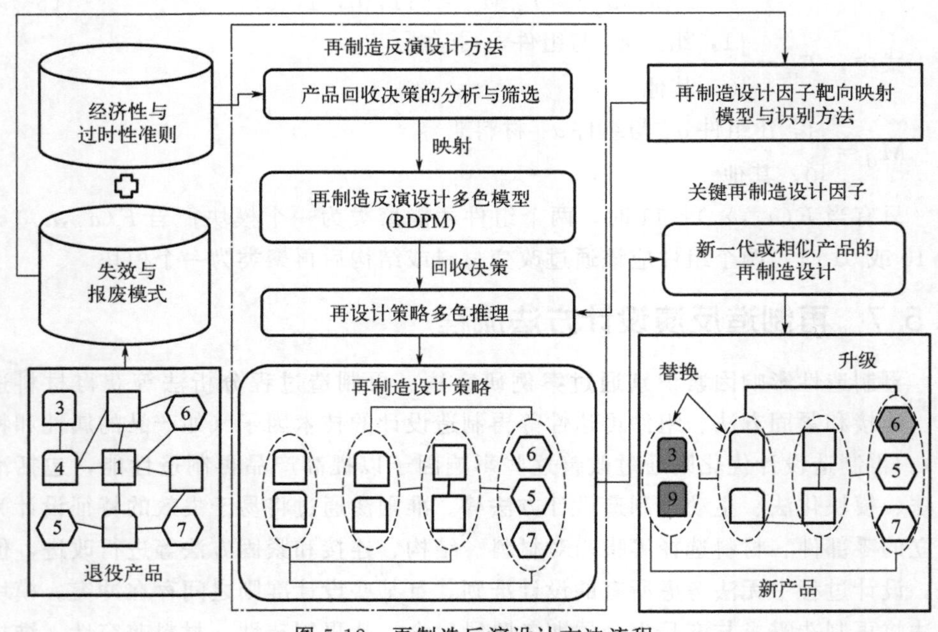

图 5-12 再制造反演设计方法流程

5.6 再制造设计评价与反馈

5.6.1 基于图像的零部件表面失效程度量化方法

退役零部件的失效模式多种多样，包括磨损、老化、断裂、裂纹等。不同的失效模式及失效程度是影响零部件能否再制造的关键因素之一，快速精确量化表征其失效特征对于退役零部件的再制造评价、再制造设计反馈和再制造工艺选择具有重要意义。

零部件内部的失效特征多采用超声波无损探伤、电磁波无损探伤、射线检测等技术测量并表征其失效程度。零部件表面的失效特征常采用模糊评价法、3D

扫描重建法等进行表征。其中，模糊评价法通过专家评价结果进行失效特征量化，主观性较大，评价结果不精确。3D 扫描重建法使用 3D 扫描仪获取零部件的三维点云，通过对比分析新旧零部件得到其失效特征表征结果，精度高，但需要特定的设备，成本高，过程复杂，效率低。为此，某课题组提出了一种基于图像三维重建的退役零部件失效特征表征方法，关键技术包括自标定全局 SFM 算法、图像重建精度评价等，实现了退役零部件表面失效特征的高效量化表征，节约了成本，获取了退役零部件三维模型，可为退役零部件再制造评价与修复提供数据支持。

(1) 自标定全局式 SFM 算法

图像三维重建一直是计算机视觉中的经典问题。图像三维重建分为多摄像头重建和单摄像头重建，单摄像头重建方法成本更低，包括由聚焦获取深度（depth from focus，DFF）、由阴影恢复形状（shape from shading，SFS）、由运动恢复结构（structure from motion，SFM）等典型方法。其中，SFM 算法具有重建精度高、效率高等特点，是近年来研究和应用的热点算法。SFM 算法应用 SIFT、SURF、AKAZE 等特征检测算法提取序列图像中的特征点，以相同特征点建立假定光度匹配，并使用 RANSCA 算法对匹配结果进行优化，且根据后续流程不同，SFM 算法可分为增量式 SFM 算法和全局式 SFM 算法。增量式 SFM 算法选取最大相匹配特征点和最佳基线角度的图像作为初始图像对两视图进行重建，利用三角定位恢复特征点三维坐标，应用光束平差法对坐标进行优化，并逐张加入图像实现多视图重建，得到稀疏点云。由于增量式 SFM 算法在重建过程中逐张加入图像，计算图像中特征点的三维坐标，随着图像数量增加，导致计算误差积累，相机轨迹闭包处理困难，重建点云产生漂移。全局式 SFM 算法的优势在于小基线下可以非常精确估计相对应的两视图旋转，将误差平均分布，同时减少了光束平差次数，提高了重建效率，但对图像质量和相机内部参数要求更为严格。

退役零部件的表面失效模式包括变形、磨损、腐蚀等，其失效量级多为毫米级，失效部分形状不规则，需要完整获取退役零部件的全部失效特征，并保证重建点云的闭合性和完整性，且为减少点云处理步骤，增加点云光滑度，需要尽可能减少噪点数量。增量式 SFM 算法存在重建点云中三维点漂移，重建过程中相机闭包处理困难等问题；全局式 SFM 算法误差分布均匀，噪点少，但相机内部参数的精确度有待提升。因此，上述方法都无法直接用于表面失效特征的三维重建。为此，提出自标定全局 SFM 算法，在构建退役零部件图像集的基础上，应用光束平差法进行相机自标定，无需单独标定相机，提高了点云坐标精度和相机位姿估计的准确度，降低了稠密点云中的噪点数量。

1）相机自标定

被测物体的图像坐标与世界三维坐标转换的准确度很大程度上影响图像三维

重建结果的好坏，坐标转换公式如下。

$$Z_C=\begin{bmatrix}u\\v\\1\end{bmatrix}=\begin{bmatrix}f_x & s & c_x\\0 & f_y & c_y\\0 & 0 & 1\end{bmatrix}\begin{bmatrix}R & T\\0^{\mathrm{T}} & 1\end{bmatrix}\begin{bmatrix}X_W\\Y_W\\Z_W\\1\end{bmatrix}=\boldsymbol{KM}\begin{bmatrix}X_W\\Y_W\\Z_W\\1\end{bmatrix} \tag{5-38}$$

式中，(X_W,Y_W,Z_W)为三维物体世界坐标；Z_C 为相机坐标；(u,v) 为像素平面坐标；$\boldsymbol{K}$ 为相机内参矩阵；$\boldsymbol{M}$ 为相机外参矩阵，包括旋转矩阵 $\boldsymbol{R}$ 和平移矩阵 $\boldsymbol{T}$，描述了如何把点从世界坐标系转换到相机坐标系；f_x、f_y 分别为归一化焦距，一般两者相等；s 为倾斜因子，理想情况下为 0；(c_x,c_y) 为点在图像坐标系上的坐标。式(5-38) 是针孔相机模型的坐标转换公式，实际情况中还需要考虑相机的径向畸变参数。由式(5-38) 可知，影响重建精度的主要因素为相机的内参矩阵和外参矩阵，内参矩阵的主要影响因子为相机的焦距和畸变参数，已有研究一般应用张友正提出的相机标定法标定，需要构建相机标靶的图像集，耗时长，适用场景有限，且拍摄图片过程中，相机畸变受温度、风速、气压等外界环境影响，单独的实验室标定数据难以符合实际情况。本节使用退役零部件图像集中的退役零部件作为标定物，无需单独制作相机标靶进行相机标定。构建图像集时应用同一相机从不同角度获取待重建物体的序列图像，获取图像之间大量匹配点对，应用光束平差算法求解相机焦距和径向畸变参数。相机自标定模型如图 5-13 所示。

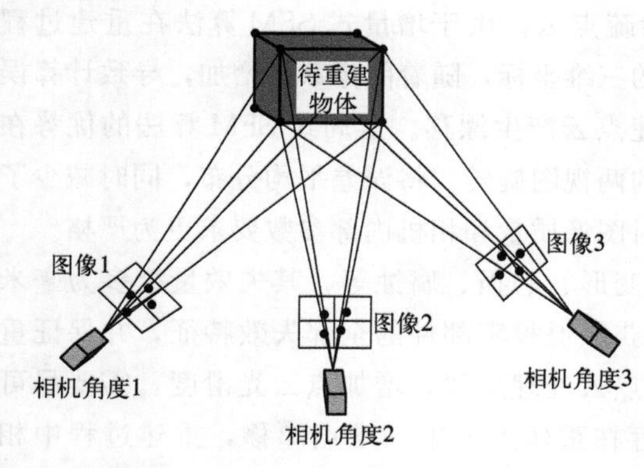

图 5-13　相机自标定模型

根据图片内部的可交换图像文件（EXIF）信息估计相机的焦距，其公式如下：

$$f_{\mathrm{p}}=\frac{\max(w_{\mathrm{p}}h_{\mathrm{p}})\times f_{\mathrm{m}}}{\mathrm{ccd}w_{\mathrm{m}}} \tag{5-39}$$

式中，f_{p} 为相机焦距，像素；f_{m} 为相机焦距，mm；w_{p}、h_{p} 分别为图像宽度和长度，像素；$\mathrm{ccd}w_{\mathrm{m}}$ 为相机传感器宽度，mm。应用 SIFT 算法提取图像中的特征点并建立匹配关系，应用 AC-RANSAC 算法消除误匹配，应用增量式 SFM 算法寻找筛选初始图像对，完成二视图重建和三视图重建。由于参与重建的图像数量少，避免了增量式 SFM 算法累积误差的产生，同时可获取足量特征点的三维坐标，然后应用光束平差算法求解相机的焦距 f_{p} 和畸变，其中，考虑相机模型为针孔径向，相机畸变参数只考虑径向畸变，阶数为三阶，径向畸变模型如下。

$$\begin{cases} x_c = x(1+k_1r^2+k_2r^4+k_3r^6) \\ y_c = y(1+k_1r^2+k_2r^4+k_3r^6) \end{cases} \tag{5-40}$$

式中，r 为像平面坐标系中点（x，y）与图像中心（x_0，y_0）的像素距离；（x_c，y_c）为修正后的坐标；k_1、k_2、k_3 分别为径向畸变系数。

对于一个特征点，可在多幅图像上列出其误差方程：

$$\boldsymbol{V}=\boldsymbol{A}X_1+\boldsymbol{B}X_2+\boldsymbol{C}X_3-\boldsymbol{L} \tag{5-41}$$

$$\boldsymbol{V}=[V_x,V_y]^{\mathrm{T}}$$

$$\boldsymbol{L}=[L_x,L_y]^{\mathrm{T}}$$

式中，$\boldsymbol{V}$ 为特征点像素坐标系的修正矩阵；$\boldsymbol{A}$、$\boldsymbol{B}$、$\boldsymbol{C}$ 分别为相机内外参数和特征点三维坐标的偏导数矩阵；X_1、X_2、X_3 分别为相机内外参数和特征点三维坐标的修正数；$\boldsymbol{L}$ 为观测值向量。

根据最小二乘原理可列出式(5-41) 的法方程式为

$$\begin{bmatrix} A \\ B \\ C \end{bmatrix} \boldsymbol{P} [A \quad B \quad C] \begin{bmatrix} X_1 \\ X_2 \\ X_3 \end{bmatrix} = \begin{bmatrix} A \\ B \\ C \end{bmatrix} \boldsymbol{PL} \tag{5-42}$$

式中，$\boldsymbol{P}$ 为特征点观测值的权矩阵。

对法方程式消元即可得到关于相机内外参数的非齐次线性方程组，求解得出相机的焦距和三阶径向畸变参数。

2）自标定全局式 SFM 算法流程

本节将相机自标定融入全局式 SFM 算法中，提出了自标定全局式 SFM 算法，其步骤如下。

① 对图像集中的图像进行预处理，获取相机的内参信息，应用 SIFT 算法提取和匹配图像中的特征点，构建图像匹配关系。

② 应用增量式 SFM 算法完成三视图重建，获取三视图之间大量匹配点对。

③ 应用光束平差算法求解相机焦距和三阶径向畸变参数。

④ 以求解的相机内部参数和已经构建好的图像匹配关系为基础，计算每个视图全局旋转矩阵。

⑤ 计算每个视图的平移矩阵，进行三角定位和整体光束平差得到重建物体的稀疏点云。

⑥ 应用 CMVS/PMVS 算法得到重建物体的稠密点云。

自标定全局式 SFM 算法流程如图 5-14 所示。

(2) 基于实验的图像重建精度评价

1）重建精度评价模型

退役零部件三维模型的重建精度受以下多种因素影响。

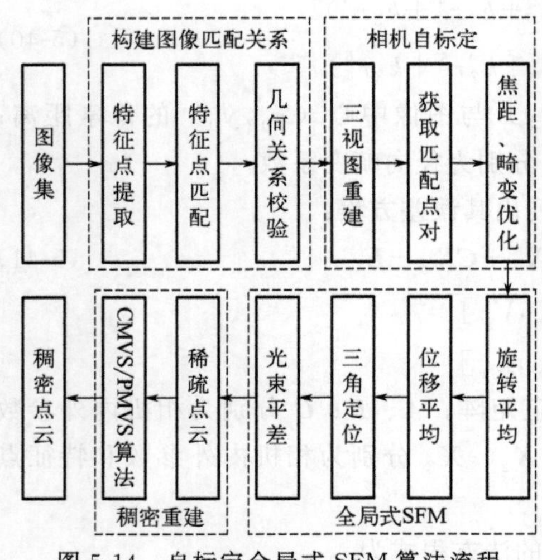

图 5-14　自标定全局式 SFM 算法流程

① 重建有效三维点数量占比。

退役零部件重建三维曲面由退役零部件稠密点云中的有效三维点相互连接构成，为了能够使三维点拟合而成的曲面更加致密，需要三维重建算法能够求解出尽可能多的三维点以生成高精度的稠密点云。由于图像中的噪声点和图像对之间错误匹配对的存在，重建后的稠密点云中不可避免地会产生噪点，增加逆向工程重建的时间复杂度，如删除不尽，则可能与有效三维点相连接而形成错误的三维曲面，从而引入误差，影响三维模型的表面形状。为减少上述问题，应使重建有效三维点数量尽可能多，同时，重建有效三维点数量占重建三维点总数的比例应尽可能高。

② 点云完整度。

由于失效特征在退役零部件表面呈随机分布，重建出的退役零部件三维模型应尽可能包含全部失效特征，这要求在尽可能恢复更多有效三维点的基础上使三维点均匀分布，构成退役零部件的完整模型。

③ 相机位姿估计准确度。

三维点坐标由基本矩阵分解得到的内参矩阵和外参矩阵转换求出，相机旋转位姿估计的准确与否影响三维点坐标的精确度。

根据上述分析，本节以重建有效三维点数量占比、点云完整度和相机位姿估计准确度为评价标准，根据影响程度不同设置不同的权重，构建重建精度评价模型，如式(5-43) 所示。

$$P=\frac{S_{\mathrm{e}}}{S_{\mathrm{a}}}\left(\frac{S_{\mathrm{e}}}{\mathrm{Max}S_{\mathrm{e}}}w_1+Iw_2+Cw_3\right) \tag{5-43}$$

式中，S_{a} 为重建稠密点云中三维点总数；S_{e} 为重建有效三维点数量，该值由 S_{a} 减去噪点数确定，重建产生的噪点应用点云滤波算法去除；$\mathrm{Max}S_{\mathrm{e}}$ 为重建相同物体时不同方法所获取的最大有效三维点数量；I 为点云完整度，完成程度为四个级别｛1、0.9、0.8、0.7｝；C 为相机位姿估计准确度，根据相机姿态分为四个级别｛1、0.9、0.8、0.7｝；w_1、w_2、w_3 分别为对应权重，根据对后续逆向重建的影响程度，依据层次分析法确定，分别为 0.3、0.4、0.3；P 为重建精度，范围为 0～1，数值越大，重建精度越高。

2）实验及结果分析

退役零部件的形状多种多样，不同形状的零部件重建效果不尽相同，退役零部件图像集中图像数量不同图像分辨率不同，会影响重建质量。为模拟各种可能的情况，本节选取了形状各不相同的物体、拍摄不同数量的图片构成图像集，各图像集中图像的分辨率各不相同，为了进一步验证本节所提自标定全局式 SFM 算法的有效性，与 VisualSFM 提供的增量式 SFM 算法、OpenVMS 提供的增量式和全局式 SFM 算法进行了比较，选取 4 个图像集进行实验。

本节基于 OpenVMS 开源库进行程序开发，实验环境为处理器 Intel Core i5-4200H，3.4GHz，8GB 内存，Windows10 操作系统，软件平台为 CMVS/PMVS 开源库、Geomagic 软件、MeshLab 软件。图像集信息如表 5-13 所示。

表 5-13　图像集信息

图像集	设备	图片数量/张	分辨率/像素	焦距/mm
玩偶	Redmi note7	46	2250×3000	4.7mm
箱体	Redmi note7	62	2250×2600	4.7mm
刹车片	Redmi note7	57	2250×2800	4.7mm
摇杆	Redmi note7	43	2250×2700	4.7mm

重建后有效三维点组成的稠密点云和相机位姿对比如图 5-15 所示。

由图 5-15 可见，中部为重建物体的稠密点云，围绕稠密点云呈环形分布的是重建的相机位姿，本节所提自标定全局式 SFM 算法的相机位姿位置估计最为

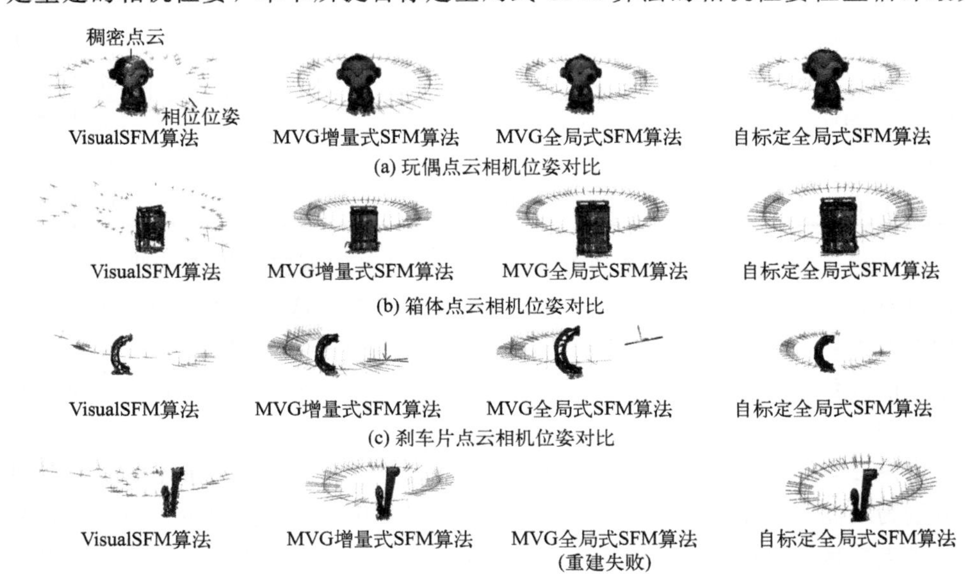

图 5-15　重建后有效三维点组成的稠密点云和相机位姿对比

准确，相机位置分布均匀，稠密点云完整度最高。这是由于自标定全局式 SFM 算法使用校准后的相机焦距和三阶径向畸变参数，在求解相机外参矩阵即相机位姿时数值更为精准，点云完整度更高。其次分别为 MVG 全局式 SFM 算法、MVG 增量式 SFM 算法，使用式(5-39）估计相机焦距，结果存在一定的偏差。最次为 VisualSFM 算法，由于使用图像内部的焦距信息作为初始参数，其相机位姿估计有明显的偏差，点云完整度低且存在部分点云漂移。

重建有效稠密点云信息与计算精度如表 5-14 所示。

表 5-14　重建有效稠密点云信息与计算精度

图像集	算法	S_e	S_a	有效三维点比例/%	I	C	P
玩偶	VisualSFM	360030	415289	87	0.7	0.7	0.617
玩偶	MVG 增量式 SFM	486988	538467	90	0.8	0.8	0.778
玩偶	MVG 全局式 SFM	477034	504137	95	0.9	0.9	0.874
玩偶	自标定全局式 SFM	464725	468010	99	1	1	0.979
箱体	VisualSFM	418521	459551	91	0.7	0.7	0.719
箱体	MVG 增量式 SFM	341018	378305	90	0.8	0.8	0.725
箱体	MVG 全局式 SFM	306286	321634	95	0.9	0.9	0.809
箱体	自标定全局式 SFM	318634	328170	97	1	1	0.901
刹车片	VisualSFM	127284	156983	81	0.7	0.7	0.534
刹车片	MVG 增量式 SFM	226512	264855	86	0.9	0.9	0.795
刹车片	MVG 全局式 SFM	202890	223623	91	0.8	0.8	0.752
刹车片	自标定全局式 SFM	204599	221892	92	1	1	0.840
摇杆	VisualSFM	123594	154632	80	0.7	0.7	0.559
摇杆	MVG 增量式 SFM	176637	198803	89	0.8	0.8	0.764
摇杆	MVG 全局式 SFM	0	0	0	0	0	0
摇杆	自标定全局式 SFM	152599	167569	91	1	1	0.873

对比表 5-14 中三维点参数可知，该算法重建出的稠密三维点云噪点数量最少，且有效三维点数量占重建三维点总数的比例最高，这是由于校正了相机三阶径向畸变参数，提高了点云中三维点的坐标精度，且全局式 SFM 算法减少了光束平差的次数，避免了误匹配对被错误地优化到稠密点云中。不同算法重建精度对比如图 5-16 所示。

由图 5-16 可见，自标定全局式 SFM 算法的重建精度最高，重建精度由高到低分别为玩偶、箱体、摇杆、刹车片。玩偶图像集中图像数量较少，但重建后有效三维点数量和数量占比均较高，原因在于玩偶表面凹凸不平，可类比为磨损不规则且十分严重的零部件，这增加了图像之间特征点匹配对的数量，降低了误匹配对的数量。其余图像集中图像数量较少，但重建后有效三维点数量较多、数量

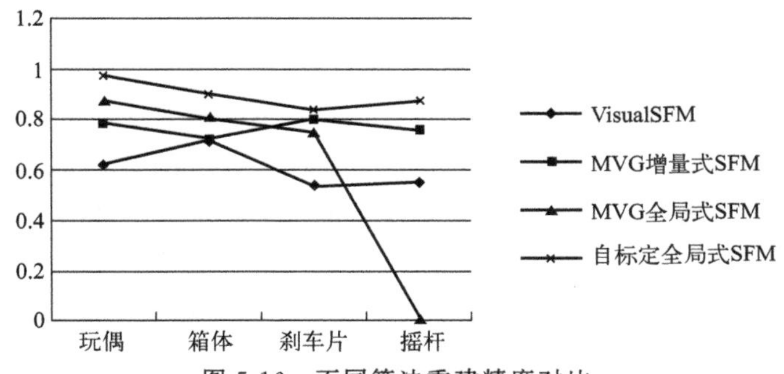

图 5-16　不同算法重建精度对比

占比较高，原因在于物体表面光滑，基本无磨损且具有一定的金属光泽，这增加了图像之间误匹配对的数量，降低了匹配对数量，且刹车片形状不规则，表面存在曲率快速变化的位置，使一些图像由于特征点过少的原因无法与其他图像相匹配，进一步降低了重建精度。由于上述问题导致重建精度降低时，可对具有金属光泽的光滑曲面进行着色喷涂，并适当增加曲率快速变化位置的图像数量，以提高重建精度。自标定全局式 SFM 算法重建精度相较 MVG 全局式 SFM 算法提高 10%左右，解决了 MVG 全局式 SFM 算法重建失败的问题，鲁棒性有所提高。

自标定全局式 SFM 算法使用光束平差校准的焦距和径向畸变值作为输入，可以很好地适用于视频中提取出的图像构成的图像集或图片内缺少 EXIF 信息的情况下的重建，增强了算法的鲁棒性，减少了重建后稀疏点云中的噪点数量，提高了精度。

（3）表面失效特征表征

表面失效特征表征包括逆向工程重建和失效特征量化两个部分，表面失效特征表征流程如图 5-17 所示。

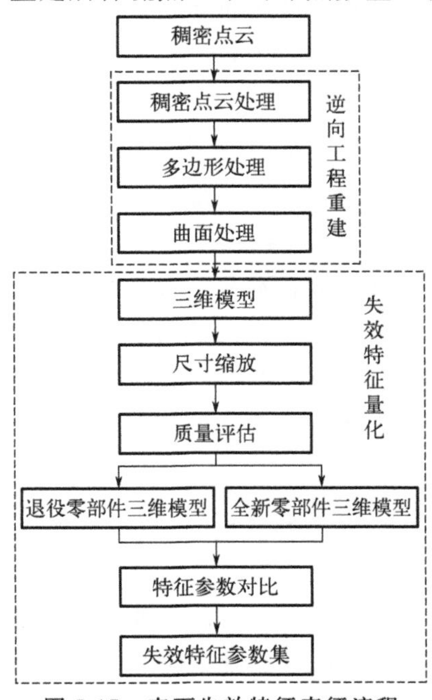

图 5-17　表面失效特征表征流程

1）失效特征的逆向工程重建

逆向工程重建包括稠密点云处理、多边形处理和曲面处理三部分。稠密点云处理包括稠密点云结构定义，降低点云中的噪点，删除异常点等步骤；多边形处理主要是对稠密点云进行局部三角化和全局三角化，识别残缺的孔，填充形成多边形模型；曲面处理则是将多边形模型通过三角剖分分解为多个四边形块，经过约束优化使其内角均接近 90°且数量尽可能少，并对优化后的四边形进行连接得到非均匀有理 B 样条曲面构成的三维模型。

2）失效特征量化

失效特征量化包括尺寸缩放、质量评估和特征参数对比三部分。

① 尺寸缩放。由于图像三维重建过程中对三维点的坐标进行归一化处理，使逆向工程重建恢复的三维模型失去了原有的尺寸特征，需要进行尺寸缩放。定义尺寸缩放公式如下。

$$\eta=\frac{\sqrt{\Delta X_{\mathrm{b}}^{2}+\Delta Y_{\mathrm{b}}^{2}+\Delta Z_{\mathrm{b}}^{2}}}{\Delta X_{\mathrm{n}}^{2}+\Delta Y_{\mathrm{n}}^{2}+\Delta Z_{\mathrm{n}}^{2}} \tag{5-44}$$

式中，η 为尺寸缩放系数；ΔX_{b}、ΔY_{b}、ΔZ_{b} 分别为实际两点三维坐标差值；ΔX_{n}、ΔY_{n}、ΔZ_{n} 分别为重建三维模型相同两点三维坐标差值。经过尺寸缩放后，即可恢复物体的原有尺寸。

② 质量评估。质量评估包括表面积、体积和质量的计算，假设重建物体的表面为有界曲面 $z=z(x,y),(x,y)\in D_{xy}$，其表面积计算公式如下：

$$S=\iint_{D_{xy}}\sqrt{1+Z'^{2}_{x}+Z'^{2}_{y}}\,\mathrm{d}x\,\mathrm{d}y \tag{5-45}$$

体积计算公式为：

$$I_{\mathrm{V}}=\iiint_{\Omega}\mathrm{d}V \tag{5-46}$$

式中，Ω 为重建物体的积分区域。

质量计算公式为：

$$M_{\mathrm{b}}=\rho_{\mathrm{b}}I_{\mathrm{V}} \tag{5-47}$$

式中，ρ_{b} 为重建物体的密度，$\mathrm{g/m^3}$；I_{V} 为重建物体的体积，$\mathrm{m^3}$。

通过计算可获得重建物体的表面积、体积、质量特征。

③ 特征参数对比。特征参数对比旨在比较退役零部件特征参数与全新零部件特征参数，本节分为两种情况：当已有全新零部件的标称三维模型时，直接比较特征参数，对比量化退役零部件失效特征；当缺少全新零部件的标称三维模型时，应用本节所提方法获取全新零部件的标称三维模型，对比量化退役失效特征，失效特征信息集如下：

$$C=\{S_{\mathrm{n}}-S_{\mathrm{r}},I_{\mathrm{Vn}}-I_{\mathrm{Vr}},M_{\mathrm{bn}}-M_{\mathrm{hr}}\} \tag{5-48}$$

式中，S_{n}、I_{Vn}、M_{bn} 分别为全新零部件的表面积、体积、质量，$\mathrm{m^2}$、$\mathrm{m^3}$、g；S_{r}、I_{Vr}、M_{br} 分别为退役零部件的表面积、体积、质量，$\mathrm{m^2}$、$\mathrm{m^3}$、g。

信息集中包含退役零部件的表面积、体积和质量的失效特征信息。

基于图像三维重建的退役零部件表面失效特征表征并量化，包括图像三维重建、重建精度评价和表面失效特征量化三个阶段，其步骤如下。

a. 构建退役零部件图像集。图像集可由相机拍摄获取，也可由视频分解获取。

b. 应用自标定全局式 SFM 算法重建退役零部件稠密点云。

c. 重建精度评价。根据式(5-43) 对退役零部件稠密点云进行重建精度评价。

d. 重建精度判断。根据重建精度 P 的值判断重建是否成功，当 P 值大于 λ 时认定重建精度符合要求，执行下一步；重建精度 P 小于 λ 时认定重建失败，需重新构建退役零部件图像集再次重建。λ 的值根据客户需求确定，一般大于 0.8。

e. 表面失效特征量化。对退役零部件通过逆向工程重建获取其三维模型，根据式(5-44) 对三维模型进行尺寸缩放，根据式(5-45) ～式(5-47) 求解退役零部件失效特征的参数集。

5.6.2　基于图像的电梯导靴表面失效特征表征应用

电梯导向系统由导轨、导靴、导轨支架、安全钳等组成。其中，导靴是电梯导向系统的重要部件，表面易产生磨损失效。为了验证所提基于图像三维重建的表面失效特征表征方法的有效性，以形状较为复杂，具有复杂的曲面、平面和孔洞的某型退役电梯导靴为例进行验证。

(1) 导靴图像集获取

由于缺乏全新导靴的三维数字化模型，故需要对退役导靴和全新导靴分别进行图像三维重建获取其三维模型。

下面以图 5-18 所示的退役和全新导靴为对象。图 5-18(a) 所示退役导靴头部具有一定程度的磨损，使用手机拍摄采集了 145 张退役导靴图像构成退役导靴图像集，每张图像分辨率为 4032×3024 像素，采集 158 张全新导靴图像构成全新导靴图像集，每张图像分辨率为 4032×2724 像素。

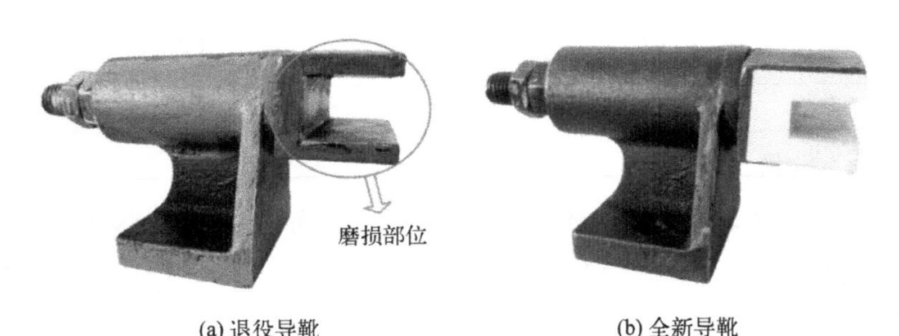

(a) 退役导靴　　(b) 全新导靴

图 5-18　退役和全新导靴实物

(2) 导靴三维重建与精度评价

下面应用自标定全局式 SFM 算法分别对退役导靴图像集和全新导靴图像集进行相机自标定，获取相机焦距和三阶径向畸变参数，应用 MVG 全局式 SFM 算法重建其稀疏点云，应用 CMVS/PMVS 算法获取退役导靴和全新导靴的稠密点云。

将退役导靴和全新导靴的稠密点云信息代入点云精度评价公式(5-43) 进行精度评价，其计算结果如表 5-15 所示。

表 5-15　导靴点云信息与计算精度

图像集	S_e	S_a	I	C	P
退役导靴	595022	653969	1	1	0.910
全新导靴	544944	590959	1	1	0.899

此处，根据客户需求设 λ 为 0.85，由表 5-15 可知退役导靴和全新导靴的重建精度均大于 0.85，满足精度要求，可以进行表面失效特征量化。

(3) 失效特征量化

下面对退役导靴和全新导靴的稠密点云进行三维重建，经多边形和曲面处理后得到退役导靴和全新导靴的三维模型，如图 5-19 所示。

(a) 退役导靴三维模型

(b) 全新导靴三维模型

图 5-19　导靴三维模型

由图 5-19 可知，该方法基本重建出了导靴的复杂曲面、平面和孔洞等细节特征。

根据式(5-44) 对重建后的三维模型进行尺寸缩放，经计算得出尺寸缩放系数为 5.6。导靴材料为灰铸铁，根据式(5-45) ～式(5-47) 对其进行质量评估，获取导靴特征参数和退役导靴失效特征集，具体如表 5-16 所示。

表 5-16　失效特征信息对比

对象	表面积/cm^2	体积/cm^3	质量/g
退役导靴	440	238	1715
全新导靴	454	258	1856
失效特征集	14	20	141

由表 5-16 可知，退役导靴质量为 1715g，全新导靴质量为 1856g，对退役导靴和全新导靴实物进行质量测量，其质量分别为 1783.8g 和 1916.4g，计算得退役导靴重建精度为 96.1%，全新导靴重建精度为 96.8%。

下面对标退役导靴和全新导靴的三维模型，提取出退役导靴磨损部分的三维模型，如图 5-20 所示。

我们对其精确形位尺寸进行评估，其质量为 138.5g，体积为 19.2cm^3，表面积为 89.1cm^2，与实际测量的质量 132.6g 进行比较，重建精度为 95.7%。

图 5-20　退役导靴磨损部位三维模型

上述计算结果快速精确地量化了导靴的失效特征，为导靴的再制造性判断和再制造工艺路线规划提供了数据支撑。

5.6.3　多维递阶再制造性评价方法

(1) 基于再制造系统任务流的评价指标识别

再制造性评价指标体系的确定是评价的关键环节，涉及技术性、经济性、社会环境性、政策环境性等多方面的因素，需要全面分析整个系统。为了客观科学地确定评价指标，分析零部件回收、再制造、出售等整个再制造系统，提取再制造性评价指标并按照技术、经济和环境三类关键效能指标（key performance index，KPI）进行梳理。

退役机械零部件再制造系统分为输入、再制造及输出三大阶段。

1）输入阶段

再制造系统输入阶段主要包括再制造毛坯回收和人员、工具及场地等要素的准备任务。涉及的再制造影响因素包括合理的退役产品（包含目标退役机械零部件）价格、充足的退役产品、人员薪金、当地的人才环境指标（再制造相关人才是否充裕且熟练）、大量常用工具成本的差异性、再制造场地费用、再制造政策推进力度等。根据输入阶段任务流分析，获取了常用工具、场地费用、退役产品价格、退役产品充足程度、政策环境、人力、人才环境等指标，具体如图 5-21 所示。

2）再制造阶段

再制造阶段包括再制造准备、再制造加工和再制造后处理阶段。

① 再制造准备阶段。

从退役产品拆卸再制造毛坯并对其检测为再制造准备阶段。该阶段涉及拆卸、清洗和检测 3 个任务。其中，拆卸目前主要以物理方式进行，但不同的机械零部件的拆卸序列、拆卸难度均不相同；常用的清洗方法包括打磨、酸洗、超声波清洗及喷丸处理等；检测则包含水检、量具检测、超声检测及磁检测等。不同的拆卸、清洗、检测方式直接影响着再制造效率与再制造产品的质量。

② 再制造加工阶段。

再制造加工阶段主要确定再制造方案，确定再制造的日程、再制造设备和耗材以及后续修复加工。其中，常用的再制造方案包括物理加工、电刷镀、激光熔覆及等离子弧熔覆等，不同方案的技术难度不同，所以引入方案技术指标。除需要考虑上述方案的技术指标外，如何根据准备阶段的结果确定适合的再制造方案需要依靠方案决策人员的方案决策能力，即方案决策指标。

③ 再制造后处理阶段。

再制造后处理阶段包括检测安装、整体检测及包装过程，主要将修复后的再制造机械零部件转变为可投入市场的成品。不同机械零部件的安装、用于整体检

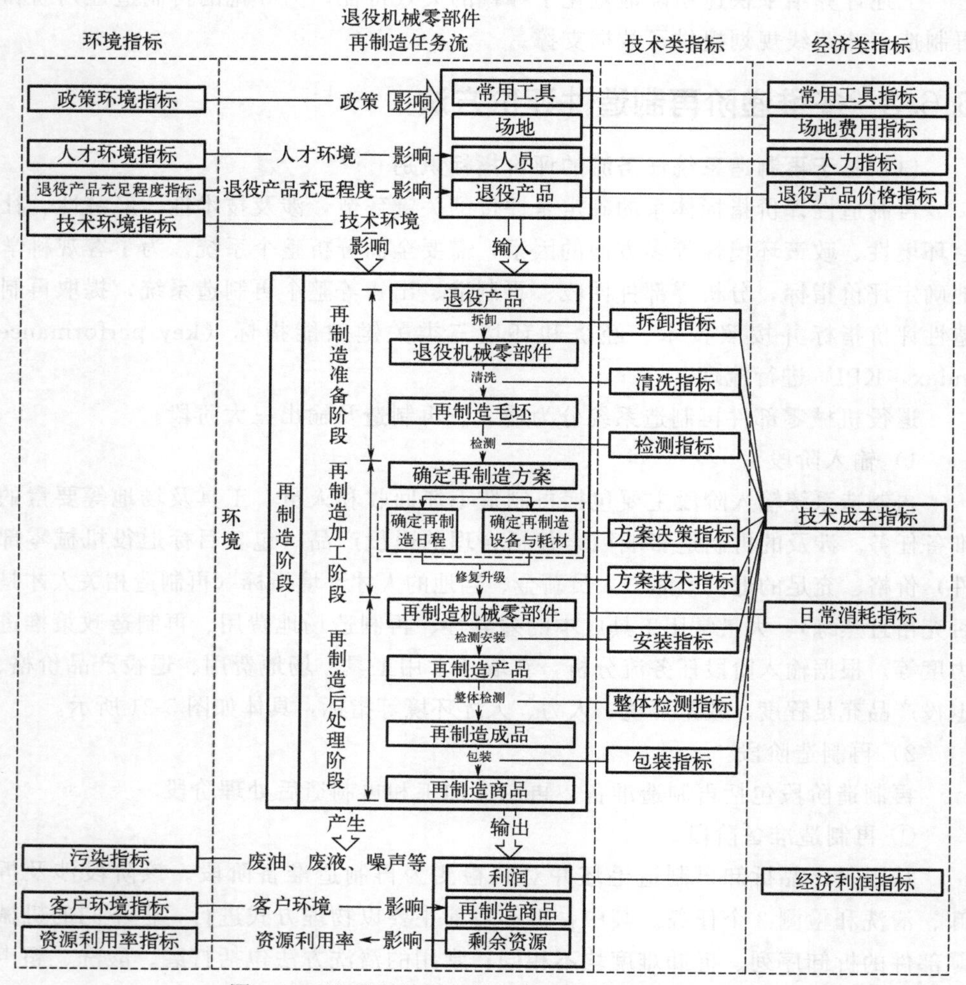

图 5-21　退役机械零部件再制造系统任务流分析

测的技术和采用的包装技术的难易程度的不同均影响机械零部件再制造的评价结果。

综上所述，再制造系统整个工艺流程包括拆卸、清洗、检测、修复升级、检测安装、整体检测及包装 7 个步骤。每个步骤都与再制造性关系密切。此外，在整个再制造阶段，需要考虑其日常消耗（不同工期、不同技术产生的水电等日常消耗费用）、技术成本（上述每一个工艺环节均有不同的技术，其相应的设备成本均不同）的经济类指标和技术造成的污染、当地的技术环境（即上述技术在当地的发展是否成熟，是否有足够的工艺完成上述任务）的环境类指标。根据再制造任务流分析，可获得拆卸、清洗、检测、安装、整体检测、方案决策指标、方案技术指标等 12 项指标，如图 5-21 所示。

3）输出阶段

输出阶段主要指再制造机械零部件出售的阶段，该阶段售价情况直接关系到机械产品的利润，同时，相应的环境类指标也不同程度地影响着退役机械零部件的再制造性。因此，经济利润指标、资源利用率指标（即剩余资源是否过多，是否造成资源浪费）、客户环境指标（即客户满意度以及是否及时付费等）是影响机械零部件再制造评价结果的主要因素。根据输出任务流分析，获得经济利润指标、资源利用率指标和客户环境指标。

(2) 多维递阶再制造性评价模型

根据再制造系统任务流分析可知，整个再制造系统涉及大量 KPI 子指标。结合系统工程理论，应用目标树法建立退役机械零部件多维递阶再制造性评价模型，如图 5-22 所示。

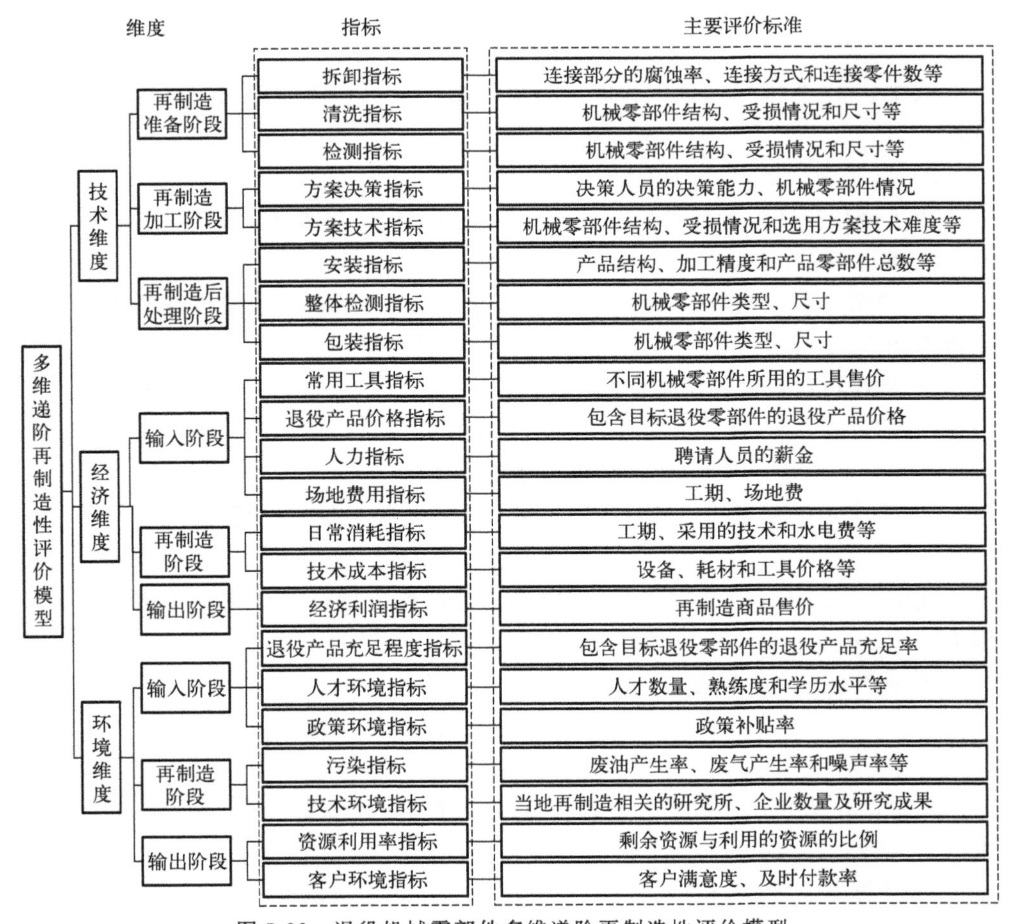

图 5-22　退役机械零部件多维递阶再制造性评价模型

1）基于模糊评价法的指标量化

鉴于指标数量较多、精确量化困难等问题，采用模糊评价法对22个再制造评价指标进行量化，具体步骤如下。

① 为了度量各再制造性评价指标的优劣程度，定义评价向量。

$$\boldsymbol{E}=[e_1,e_2,e_3,e_4,e_5]=\{\text{优秀},\text{良好},\text{中等},\text{合格},\text{不合格}\} \tag{5-49}$$

② 计算第 j 个再制造评价指标评语集相应的隶属度向量。

$$\boldsymbol{R}_j=[r_i],i=1,2,\cdots,5 \tag{5-50}$$

$$r_i=\frac{n_{r_i}}{N}$$

式中，r_i 为相应再制造评价指标的第 i 个评价结果的隶属度；N 为参与评价的专家总数量；n_{r_i} 为选择第 i 个评定值的专家数量。

③ 获得第 j 个再制造评价指标量化数值。

$$S_j=\boldsymbol{E}\boldsymbol{R}_j^{\mathrm{T}} \tag{5-51}$$

式中，S_j 为指标的量化数值，该值越高，表示零部件再制造性越好，反之亦然。

2）基于结构熵权法的权重划分

为了避免突变值导致评价结果失真，应用结构熵权法计算再制造评价指标权重，具体步骤如下。

① 邀请 k 位有再制造工作经验的专家或技术人员，分别按再制造指标的优先级对图5-22所示的22个再制造性评价指标进行排序。

② 构建再制造性评价指标集。

$$\boldsymbol{U}=\{u_1,u_2,\cdots,u_n\} \tag{5-52}$$

式中，u_n 为第 n 个再制造性评价指标，本例 $n=22$。

③ 统计 k 位专家的意见，构建再制造性评价指标优先级矩阵。

$$\boldsymbol{A}=[a_{ij}]_{k\times n} \tag{5-53}$$

式中，a_{ij} 为第 i 位专家对第 j 项再制造性评价指标的优先级排序，取值范围为$[1,2,\cdots,n]$。

④ 计算 a_{ij} 的隶属度。

$$b_{ij}=\frac{-\ln(m-a_{ij})}{\ln(m-1)} \tag{5-54}$$

式中，m 为转化参数量，与最大优先级序号 n 有关，一般令 $m=n+2$。则本例 $m=22+2=24$。

⑤ 计算 k 个专家对再制造性评价指标 u_j 的平均认识度。

$$b_j=\frac{(b_{1j}+b_{2j}+\cdots+b_{kj})}{k} \tag{5-55}$$

⑥ 计算再制造性评价指标的盲度。

$$Q_j=\left|\frac{\{[\max(b_{1j},b_{2j},\cdots,b_{kj})-b_j]+[\min(b_{1j},b_{2j},\cdots,b_{kj})-b_j]\}}{2}\right|$$

⑦ 计算得到 k 个专家对再制造性评价指标 u_j 的总体认识度。

$$x_j=b_j(1-Q_j),x_j>0 \tag{5-56}$$

⑧ 计算得到 k 个专家对全体再制造性评价指标 $\boldsymbol{U}$ 的评价向量。

$$\boldsymbol{X}=[x_1,x_2,\cdots,x_{22}] \tag{5-57}$$

⑨ 对式(5-57) 进行归一化，得到第 j 个指标的权重。

$$\alpha_j=\frac{x_j}{\sum\limits_{i=1}^{22}x_j} \tag{5-58}$$

⑩ 计算得到再制造性评价指标集的权向量。

$$\boldsymbol{W}=[\alpha_1,\alpha_2,\cdots,\alpha_{22}] \tag{5-59}$$

3） 权重敏感性分析

结构熵权法虽然可以通过熵函数降低权重赋值的不确定性，但权重的赋值依然受到一定的人为因素的影响，通过 OAT（one-at-a-time）法对权重划分结果进行敏感性分析，进一步提高指标权重划分的准确性。具体步骤如下。

① 确定再制造指标权重的百分比变化范围（range of percent change，RPC)，即再制造指标权重原始数据的离散百分比变化范围，取±30%。

② 确定再制造指标权重的百分比变化增量（increment of percent change，IPC)，即再制造指标权重每次变化的百分数，取±2%，表示权重在 RPC 范围内每次以 2%的幅度进行增加或减少。

③ 计算变换后的再制造指标权重。

选取一个需改变权重的再制造指标 C_m，在 RPC 范围内，其改变后的权重如下：

$$W(C_m,p)=W(C_m,0)+W(C_m,0)\times p,1\leqslant m\leqslant n \tag{5-60}$$

式中，$W(C_m,0)$为 C_m 指标权重初始值；n 为指标个数；p 为 $W(C_m,0)$的变化百分比，$p\in[-30\%,30\%]$。

为了满足所有权重值之和为 1.0，需对其余指标权重 $W(C_j,p)$进行适当调整，表达式如下：

$$W(C_j,p)=\frac{[1-W(C_m,p)W(C_j,0)]}{W(C_m,0)} \tag{5-61}$$

式中，$W(C_j,0)$为第 j 个指标的初始权重，$j\neq m$。

④ 计算权重改变后的评价值。

$$R(C_m,p)=W(C_m,p)A_m+\sum_{j\neq m}^{n}W(C_j,p)A_j \tag{5-62}$$

式中，A_m 为 C_m 指标的评价值；A_j 为 C_j 指标的评价值。

为了能够清楚反映权重值变化后的评价值 $R(C_m,p)$ 相对原评价值 R_0 的变化，计算变化率如下：

$$C_k(C_m,p)=\frac{100\%\times[R(C_m,p)-R_0]}{R_0},k=1,2,\cdots,n \tag{5-63}$$

⑤ 为了便于分析整个体系的综合敏感性，计算 W（C_m，p）随权重改变时的绝对平均变化率（mean absolute change rate，MACR）。

$$MACR(C_m,p)=\sum_{k=1}^{n}\frac{1}{n}|C_k(C_m,p)|\times 100\% \tag{5-64}$$

⑥ 根据计算结果确定 MACR 与权重变化率之间的关系，若某项指标权重的 MACR 不小于权重变化率，则表明该指标权重敏感性较大，需再次邀请多位专家重新划分权重，直至其指标敏感性降低至合理区间；反之，则证明该指标权重的敏感性较小，权重赋值较为合理。

(3) 再制造性分段递阶综合评价法

秩和比（rank-sum ratio，RSR）法是一种能直观、有效地评估多指标系统的综合评价方法，由国内著名统计学教授田凤调于 1988 年提出，通过建立指标——目标矩阵，计算其秩次，从而消除异常值干扰，操作方便。

由图 5-22 可知，再制造性评价指标较多，且各指标相互耦合，为此，采用加权 RSR 法提升评价结果的精度。为了进一步降低计算量，提出分段递阶综合评价法，将总指标组分为技术、经济和环境指标组，分别递阶计算各段加权 RSR，如图 5-23 所示。

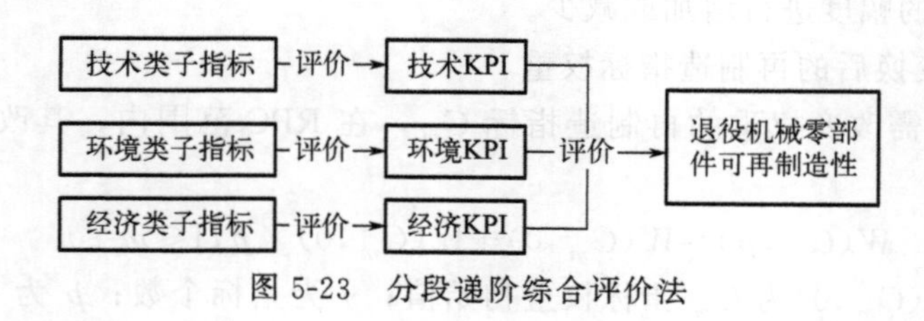

图 5-23　分段递阶综合评价法

再制造性综合评价的具体步骤如下。

① 根据前述方法，分别针对环境类、技术类和经济类子指标进行指标量化和权重划分。

② 为了计算方便，所有指标统一采用高优指标编秩，即依据指标数据从小到大进行排序，指标越大，则其秩越大，再制造性越好。针对 1 个评价对象、n 个评价指标获得秩矩阵。

$$\boldsymbol{S}=[s_{ij}]_{l\times n} \tag{5-65}$$

式中，s_{ij} 为第 i 个评价对象的第 j 个指标的秩。

③ 分别计算各评价对象的环境、经济和技术指标组的加权秩和比。

$$RSR_z=\frac{1}{l}\sum_{j=1}^{n}\alpha_j s_{ij} \tag{5-66}$$

式中，α_j 为第 j 个指标的权重；RSR_z 为第 z 个指标组的加权秩和比，其中，$z=1$ 为技术指标组，$z=2$ 时为经济指标组，$z=3$ 时为环境指标组。

④ 利用结构熵权法分别对环境、技术、经济三项 KPI 进行权重划分。

根据式(5-66) 计算出各评价对象的环境、技术、经济指标组的加权秩和比，并进行再次编秩，获得如下矩阵：

$$\boldsymbol{T}=[t_{ij}]_{l\times 3} \tag{5-67}$$

式中，t_{ij} 为第 i 个评价对象第 j 个指标组的秩。

计算各评价对象的再制造性总加权秩和比：

$$RSR=\frac{1}{l}\sum_{j=1}^{3}\beta_j t_{ij} \tag{5-68}$$

式中，β_j 为第 j 个指标组的权重。

⑤ 将式(5-68) 计算的 RSR 按照由小到大的顺序依次排列，确定各候选目标再制造性总加权秩和比的累计频数 $\sum f$，以确定各评价对象再制造性加权秩和比的秩次范围 R 以及平均秩次 $\overline{R}$。

累次频率表达式如下：

$$p_i=\frac{\overline{R}}{l} \tag{5-69}$$

其中，最后一个候选目标的再制造性秩和比的累计频率计算出来后需根据百分率与概率单位对照表查得其概率单位 P。

⑥ 以 P 为自变量，RSR 为因变量，应用 SPSS 软件进行直线拟合，获得以 RSR_{fit} 为函数拟合值的回归方程。

$$RSR_{\text{fit}}=a+bP \tag{5-70}$$

⑦ 根据式(5-70) 计算所得结果 RSR_{fit}，将评估对象按照是否适合机械零部件再制造划分为再制造性优秀、再制造性良好、再制造性合格、不可再制造四个等级，或根据 RSR_{fit} 比较评价对象的再制造性优劣。根据常用分档情况概率单位临界值，分别令 P 为 3.5、5、6.5，计算函数拟合值 RSR_{fit}，针对评价对象进行分档排序。

5.6.4　帕萨特 B5 发动机多维递阶再制造性评价案例

下面以报废的帕萨特 B5 发动机的主要零件气缸盖、气缸体、连杆、活塞和曲轴为例进行研究，依次对各零件编号为 A、B、C、D、E，如图 5-24 所示。

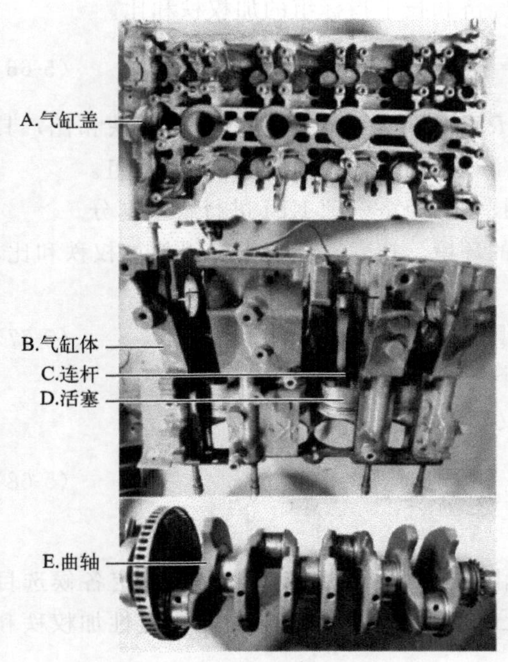

图 5-24 帕萨特 B5 发动机主要零件

(1) 再制造性评价

邀请 25 位专家，分别对技术指标组、经济指标组、环境指标组的子指标划分权重。其中技术指标组权向量 $\boldsymbol{W}_t=[0.131, 0.127, 0.129, 0.111, 0.140, 0.129, 0.120, 0.113]$；经济指标组权向量 $\boldsymbol{W}_e=[0.103, 0.144, 0.121, 0.117, 0.142, 0.163, 0.210]$；环境指标组权向量 $\boldsymbol{W}_c=[0.185, 0.152, 0.132, 0.146, 0.128, 0.144, 0.113]$。最后再对技术、经济、环境三项指标划分权重，求得权向量 $\boldsymbol{W}=[0.398, 0.399, 0.203]$。

由专家对 A、B、C、D、E 这 5 个主要零件进行模糊评价，确定其各指标的优先顺序，计算其加权秩和比。技术指标组、经济指标组和环境指标组结果分别如表 5-17～表 5-19 所示。

表 5-17 机械零部件技术指标组编秩结果和加权秩和比

评估对象	秩 S_{ij}								RSR_1
	t_1	t_2	t_3	t_4	t_5	t_6	t_7	t_8	
A	5	1	2	1	1	5	2	2	2.402
B	4	2	1	3	3	4	1	1	2.409
C	2	4	5	4	5	2	4	5	3.862
D	1	5	4	2	2	1	5	4	2.965
E	3	3	3	5	4	3	3	3	3.362

表 5-18 机械零部件经济指标组编秩结果和加权秩和比

评估对象	秩 S_{ij}							RSR_2
	e_1	e_2	e_3	e_4	e_5	e_6	e_7	
A	4	3	1	2	1	1	3	2.107
B	3	2	3	1	2	2	5	2.764
C	2	5	4	5	5	5	1	3.730
D	1	4	2	3	3	3	2	2.607

续表

评估对象	秩S_{ij}							RSR_2
	e_1	e_2	e_3	e_4	e_5	e_6	e_7	
E	5	1	5	4	4	3	4	3.620

表 5-19　机械零部件环境指标组编秩结果和加权秩和比

评估对象	秩S_{ij}							RSR_3
	c_1	c_2	c_3	c_4	c_5	c_6	c_7	
A	4	1	4	1	1	4	3	2.609
B	5	3	5	4	3	5	5	4.294
C	1	5	1	5	5	1	1	2.704
D	2	4	2	2	2	2	2	2.304
E	3	2	3	3	4	3	4	3.089

表 5-17～表 5-19 中，t_1～t_8 分别为拆卸、清洗、检测、方案决策、方案技术、安装、整体检测和包装指标；e_1～e_7 分别为常用工具、退役机械零部件价格、人力、场地费用、日常消耗、技术成本和经济利润指标；c_1～c_7 分别为退役机械零部件充足程度、人才环境、政策环境、污染、技术环境、资源利用率和客户环境指标。根据表 5-17～表 5-19 中得出的结果，按照技术、经济、环境三大 KPI 进行重新编秩，分别计算机械零部件 A、B、C、D、E 的总加权秩和比，计算结果如表 5-20 所示。

表 5-20　帕萨特 B5 主要零部件总指标组编秩结果和加权秩和比

评估对象	秩t_{ij}			RSR
	技术	经济	环境	
A	1	1	2	1.203
B	2	3	5	3.008
C	5	5	3	4.594
D	3	2	1	2.195
E	4	4	4	4.000

(2) 再制造性评价指标权重敏感性分析

下面应用敏感性分析方法对再制造评价指标权重进行敏感性分析。其中，技术子指标 8 个、经济子指标 7 个，环境子指标 7 个，总指标 3 个，选择变化百分比，分别产生 240、210、210、90 组权重，针对 A～E 这 5 个评估对象，根据式(5-60)～式(5-64) 分别计算出各自的 $MACR$，计算结果如图 5-25 所示。图 5-25 中，W_r 为权重变化率。可以看出，上述各指标组的绝对平均变化率以权重变化率为 0 对称分布，且随权重变化率的变化呈现一定的线性增长，当权重变化为 30%时，比较此时的 $MACR$ 与权重变化值，在 $MACR$ 小于权重变化率 30%的前提下，$MACR$ 越小，则评价结果越稳定，权重分配越合理。经济指标的 $MACR$ 最大（为 3.80%），远低于权重变化率，因此评价结果稳定，确定的权重是合理的。

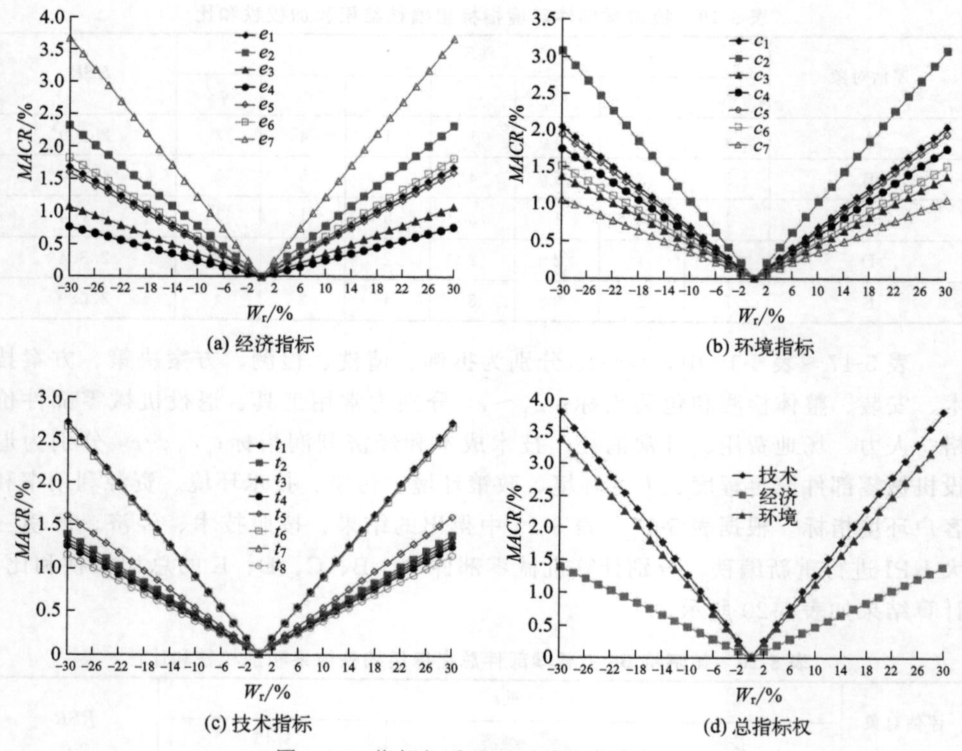

图 5-25 指标权重绝对平均变化率结果

将表 5-20 中各机械零部件按照 RSR 从小到大排列，计算累计频数 $\sum f$、秩次范围 R、累次频率 p_i 及平均秩次 $\overline{R}$，并通过百分率与概率单位对照表获得概率单位 P，其结果如表 5-21 所示。

表 5-21 机械零部件概率单位计算结果及加权秩和比分布

评估对象	RSR	f	$\sum f$	R	$\overline{R}$	p_i	P
A	1.203	1	1	1	1	0.20	4.16
D	2.195	1	2	2	2	0.40	4.75
B	3.008	1	3	3	3	0.60	5.25
E	4.000	1	4	4	4	0.80	5.84
C	4.594	1	5	5	5	0.95	6.64

以 P 为自变量，RSR 为因变量，应用SPSS软件获得一元回归方程：$RSR_{fit}=1.401P-4.4648$。分别令 $P=3.5$、5、6.5，计算对应的 RSR_{fit}，确定再制造性优秀、再制造性良好、再制造性合格、不适合再制造这4个等级分界点，对5个零部件的再制造性进行分档，结果如表5-22所示。可以看出，按照机械零部件再制造性优劣程度排序为连杆＞曲轴＞气缸体＞活塞＞气缸盖。其中，连杆的再制造性优秀，曲轴和气缸体的再制造性良好，活塞和气缸盖的再制造性合格。

表5-22　机械零部件再制造可行性等级划分

等级	P	RSR_{fit} 范围	RSR_{fit}	分档
再制造性优秀	≥6.5	≥4.642	4.838	C
再制造性良好	[5,6.5)	[2.540,4.642)	3.717 2.890	E B
再制造性合格	[3.5,5)	[0.439,2.540)	2.190 1.363	D A
不适合再制造	≤3.5	≤0.439	—	—

我们通过市场调研以及相关文献可知，目前发动机再制造零件主要以曲轴、连杆、气缸体和气缸盖等典型零件为主。

① 连杆组件中的连杆零件结构简单，清洗、检测、修复等技术难度小，修复连杆产生的废料少，且回收退役连杆的价格较低，客户购买度较高，所以发动机中的连杆零件拥有优秀的再制造性。

② 活塞零件虽然回收成本也比较低，但结构较连杆复杂，再制造技术难度大，再制造成本高，因此，活塞具有较差的再制造性。

③ 曲轴是发动机重要零件，长期承受周期性载荷和转矩的复合作用，易于失效，导致退役曲轴比较充足，目前曲轴再制造具有良好的经济性、环境性及技术性。

④ 机体组的气缸体与气缸盖均属于发动机结构复杂的零件，修复技术有一定的难度，且两者再制造过程中均会产生较多的废油、废料。但是从经济角度出发，两者再制造产品相较于购买新产品拥有更高的经济收益，所以气缸体与气缸盖具有一定的再制造性。此外，气缸体由于技术环境和经济效益略优于气缸盖，所以气缸体的再制造性比气缸盖略好。

综上所述，目前的发动机零部件的再制造性优劣顺序为连杆＞曲轴＞气缸体＞气缸盖＞活塞，与评价结果基本一致。咨询多家零件回收处了解到，本实例所采用的型号，退役活塞的储存量比退役气缸盖大，收购成本更低，所以，本实例的型号活塞的再制造性略高于气缸盖。将上述实际分析结果与评价结果进行比较，最终验证了所提方法的有效性。

5.7 应用研究

5.7.1 QR 轿车变速箱的再制造设计

刘志峰等以 QR 轿车的两种变速箱为例，研究了基于拆卸分析的再制造设计方法和实施，给出了 QR 轿车的两种变速箱的输入轴部件装配图，分为方案 A 和方案 B，见图 5-26。通过分析输入部分的再制造拆卸性能，识别出影响再制造拆卸特性的设计因素，从而进行优化设计改进，设计流程如图 5-27 所示。

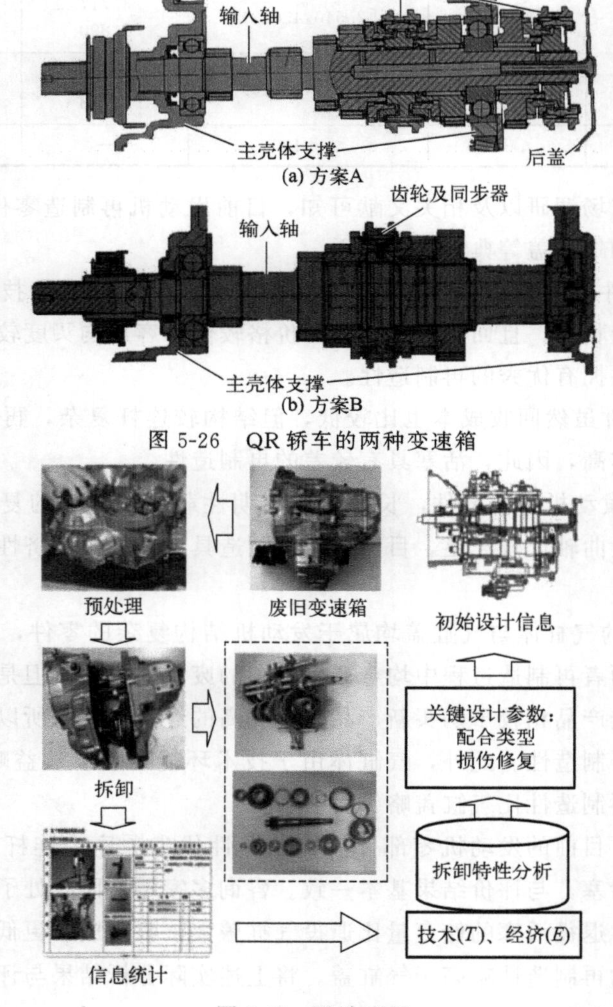

图 5-26 QR 轿车的两种变速箱

图 5-27 设计流程

这两种输入轴部件皆为合金结构钢，再制造拆卸及修复的工艺技术与工具类型基本相同。对于输入轴的设计，方案A和方案B都采用了齿轮轴的布局，只有齿轮面的设计略有不同，其他部件装配方式的选择在两种方案中各不相同，具体装配结构和拆卸数据如表5-23和表5-24所示。

表5-23　方案A的装配结构和拆卸数据

连接零件	连接方式	拆卸损伤	拆卸时间/s	连接零件	连接方式	拆卸损伤	拆卸时间/s
壳体螺钉			120	卡环	卡槽		10
前轴承	压装	结合面精度	10+20	滚针轴承	过盈	结合面磨损	2
一挡从动齿轮	齿轮			后轴承	压装	结合面精度	10+20
倒挡中间齿轮	齿轮			后盖螺钉			60
二挡从动齿轮	齿轮			衬套	压装	结合面精度	2
滚针轴承	过盈	结合面磨损	2	五挡转接齿毂	花键	花键精度	15+30
三四挡转接齿毂	花键	花键精度	15+30	锁紧螺母	螺纹	螺纹磨损	40+20

表5-24　方案B的装配结构及拆卸数据

连接零件	连接方式	拆卸损伤	拆卸时间/s	连接零件	连接方式	拆卸损伤	拆卸时间/s
壳体螺钉			120	衬套	压装	结合面精度	2
卡环	卡槽		10	五挡主动齿轮	花键	花键精度	2
前轴承	压装	结合面精度	10+20	止推板	卡槽		15
一挡从动齿轮	齿轮			倒挡中间齿轮	齿轮		
二挡从动齿轮	齿轮			后轴承	压装	结合面精度	10+20
滚针轴承	过盈	结合面磨损	2	卡环	卡槽		10
三四挡转接齿毂	花键	花键精度	15+30				

由表5-23和表5-24中数据可以看出，方案A和方案B整体相似，但是零件结构布局及部件组合方式有所不同，由此造成拆卸过程也不相同。

变速箱设计中对零部件的尺寸要求较高，方案A中将输入轴的五挡主动齿轮和相应同步器安置于主壳体外部，需要进行两次壳体上螺钉的拆卸，增加了主壳体内零部件拆卸时的调整和装夹等准备时间，而且消除端部锁紧螺母的锁紧部分耗费了部分准备时间。方案B的相应零部件皆在主壳体内，拆卸方式较为单一，相应的调整时间也较短。

对于方案A和方案B中的输入轴零件来说，基于目前的表面修复工艺，其拆卸破坏面的修复工艺主要是去除残余应力后，利用堆焊及机械加工，使表面恢复至原尺寸，为了便于比较结构设计，假定方案A和方案B中相同功能的零部件结合面具有相同的尺寸。

假设压装拆卸平均拆卸成本为 e_Y，螺母锁紧部分拆卸采用专用夹具进行破坏性拆卸，平均拆卸成本分别为 e_S；单位面积堆焊效率及成本分别为 t_R 和 e_R，磨削单位面积效率及成本分别为 t_{RM} 和 e_{RM}，铣削花键单位长度效率及成本分别为 t_{RX} 和 e_{RX}，车螺纹单位长度效率和成本为 t_{RC} 和 e_{RC}。

滚针轴承装配面应用堆焊和模型加工进行修复，齿毂装配面采用堆焊和铣削加工修复，轴承装配面采用堆焊、磨削和精磨削加工修复。在上述数据的基础上，两种变速箱设计方案的输入轴的再制造拆卸特性计算结果如表 5-25 所示。

表 5-25 两种变速箱设计方案的输入轴再制造拆卸特性计算结果及比较

再制造拆卸特性		方案 A	方案 B
拆卸	技术性指标	406s	266s
	经济性指标	$406E_M+100e_Y+40e_S$	$266E_M+70e_{TY}$
修复	技术性指标	$14t_{RC}+10102t_{RM}+36t_{RX}+10235t_{RD}$	$7612t_{RM}+35t_{RX}+7485t_{RD}$
	经济性指标	$14e_{RC}+8418e_{RM}+36e_{RX}+10235e_{RD}$	$6344e_{RM}+35e_{RX}+7485e_{RD}$

通过分析比较表 5-25 所示两种方案的再制造拆卸特性指标结果，发现方案 B 的输入轴再制造拆卸特性比方案 A 优秀。其原因在于：①方案 A 中输入轴上零件在主壳体内外均有分布，拆卸过程需要增加对后盖的拆卸操作，零件的拆卸也需要分别装夹两次，大幅降低了输入轴的拆卸效率，同时使用两次压装拆卸工具，增加了拆卸成本。②方案 A 中由于锁紧螺母锁紧部位去除困难，导致拆卸效率低下，且拆卸过程中锁紧部位易于发生拆卸损伤，使修复成本增加。③方案 B 将一部分五挡同步器机构移到输出轴上，减少了输入轴上的连接零件，大幅简化了拆卸工艺，且大幅避免了拆卸同步器齿毂产生的拆卸及损伤修复成本，这些设计显著提高了方案 B 的再制造拆卸性能。④方案 B 中将五挡主动齿轮之间采用轴套式连接，避免了方案 A 中卡环结构的使用，减少了拆卸步骤。

根据上述再制造拆卸特性分析，将设计方案中的各项设计因素与再制造拆卸特性进行映射关联，获得花键面数量、动载荷面数量、螺纹面数量、卡环数量、零部件拆卸准备时间、修复面面积等设计参数与再制造拆卸特性之间的函数。为使关键零部件再制造拆卸性能尽量最高，可以采用以下设计改进措施。

① 减少零件数。输入轴设计时尽量减少关键零部件所连接的零部件个数，必要时可以将其设置到其他非再制造零件上，以提高关键零部件拆卸效率，并减少修复成本。

② 避免使用螺纹和卡环固定。轴类关键零部件的紧固件尽量避免用螺纹紧固件，因为这类零部件拆卸时往往为破坏拆卸，会增加修复成本。另外，减少卡环数量可以有效提高拆卸效率，保证轴上零部件的一次性拆卸。

③ 减少非重要零部件连接面，以减少关键零部件本身连接面的修复成本。

5.7.2 电梯的再制造反演设计

(1) 电梯结构及失效模式

以垂直曳引电梯为例，其整体结构如图 5-28 所示。电梯的结构分为机械装置和电气控制系统两部分。机械装置包括曳引系统、导向系统、轿厢系统、重量平衡系统、门系统、安全保护系统等；电气控制系统包括控制柜、操纵装置及其他电气元件。功能包括标准功能和选用功能，层次结构如图 5-29 所示。

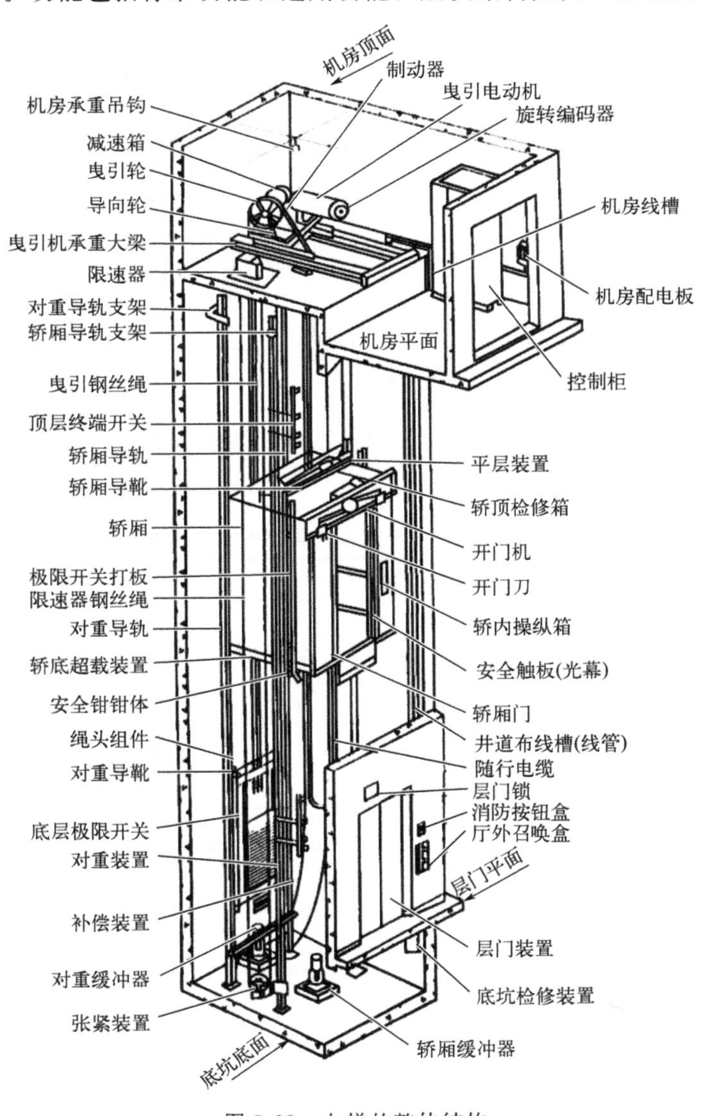

图 5-28　电梯的整体结构

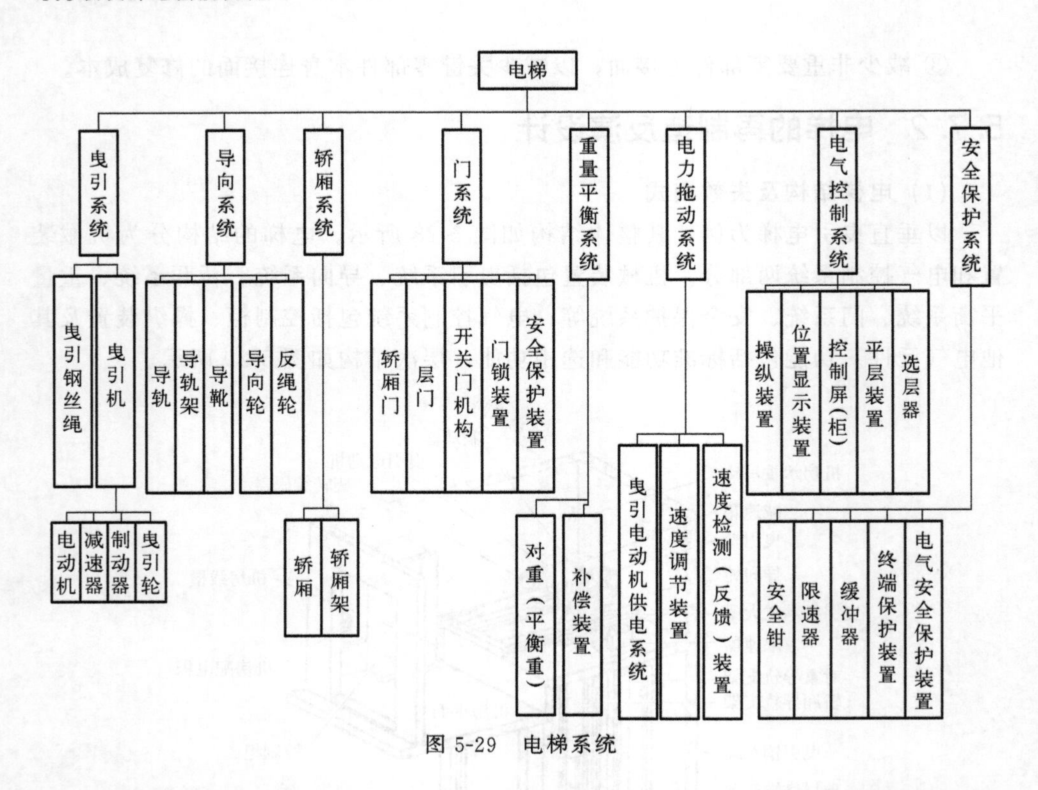

图 5-29　电梯系统

通过文献资料和专家访谈，总结归纳了电梯主要零部件的典型失效模式及故障，如表 5-26 所示。

表 5-26　电梯主要零部件的典型失效模式与故障

零部件名称	失效模式	故障
电动机	外部控制电路烧坏	无动力
	电动机绕组烧坏	
	电动机机械损坏	
	电动机扫堂	轴承磨损或破裂、轴弯曲、端盖安装偏离中心、外部杂质进入
制动器	密封失效	漏油
	蜗杆与蜗轮轴的轴承损坏	转动卡顿
	蜗杆蜗轮轴磨损	颤动与噪声
曳引轮	磨损	曳引力不足
导向轮	磨损	导向力不足
限速器	油泥多、弹簧失效	限速及复位慢
曳引钢丝绳	磨损、断裂、弯折、笼状畸变	磨损量达到直径的 10%报废处理
导靴	磨损	轿厢运动时产生晃动

续表

零部件名称	失效模式	故障
轿厢架	锈蚀	性能不足
轿厢门与层门	门板锈蚀、破损穿孔、加强筋脱落、裂纹等	强度不足应报废
	门扇变形	间隙不均匀导致开关门受阻
	门锁失效	开关门受阻
安全钳	油泥过多、锈蚀、电气开关失效、钳体裂纹	性能不足
导轨	锈蚀、刮痕	运行受阻
绳头组件	疲劳裂纹	性能不足
限速器张紧装置	电气开关失效	无法工作
缓冲器	锈蚀、柱塞卡阻	柱塞复位不畅
	电气开关失效、老化	性能不足
轿壁	锈蚀与变形	运行受阻
开门机	电动机失效、皮带老化	开关门不畅

根据《电梯主要部件报废技术条件》（GB/T 31821—2015），如果零部件具有机械损伤（如开裂、变形）、非正常磨损、锈蚀、材料老化、电气故障、电气元件破损，则应报废。电梯整体报废造成资源极大浪费、环境严重污染、成本高等问题。电梯作为一种垂直交通工具，本质上与汽车一样，可以进行再制造。

(2) 关键再制造性约束的识别

所有参与再制造设计的零部件都需要进行关键再制造性约束的识别，此处，以卧式曳引机为例阐述再制造设计约束识别流程。卧式曳引机是输送与传递动力的电梯主机，由电动机、制动器、联轴器、减速箱、曳引轮、机架、导向轮及附属盘车手轮等组成，如图 5-30 所示。常见的失效模式有磨损、腐蚀、变形、断裂、紧固件失效。

图 5-30　卧式曳引机

根据 5.5 节所提方法，将上述失效模式转换为客户需求 $\boldsymbol{F}_{fm}=\{f_1,f_2,f_3,f_4,f_5,f_6,f_7,f_8,f_9,f_{10}\}=$ {无磨损，无腐蚀，无变形，无断裂，无紧固件失效，磨损后可再制造，腐蚀后可再制造，变形后可再制造，断裂后可再制造，紧固件失效后可再制造}。

确定曳引机的评价指标 $\boldsymbol{U}=\{u_1,u_2\}=$ {经济性，技术性}，再制造性越好，经济性、技术性越高。根据专家打分法确定了指标权重系数集合 $\boldsymbol{A}=\{a_1,a_2\}=$

{0.45,0.55}，确定评语等级集合为 $\boldsymbol{V}=\{v_1,v_2,v_3,v_4,v_5\}$={高,较高,中等,较低,低}。根据邀请专家评价各顾客需求的模糊综合评价结果如下：

$$B_1=(0.185,0.293,0.199,0.229,0.095)$$

$$B_2=(0.280,0.234,0.230,0.156,0.102)$$

$$B_3=(0.229,0.271,0.120,0.160,0.221)$$

$$B_4=(0.217,0.210,0.131,0.280,0.163)$$

$$B_5=(0.271,0.139,0.182,0.169,0.241)$$

$$B_6=(0.130,0.170,0.316,0.320,0.065)$$

$$B_7=(0.275,0.130,0.221,0.272,0.103)$$

$$B_8=(0.251,0.126,0.196,0.184,0.244)$$

$$B_9=(0.167,0.172,0.139,0.268,0.255)$$

$$B_{10}=(0.218,0.318,0.100,0.265,0.100)$$

下面应用最大成员函数原则获得 f_j 的权重 W_j，其中 $W_1\sim W_{10}$ 为（较高、高、较高、较低、高、较低、高、高、较低、较高），其相对权重如表 5-27 所示。

表 5-27 失效模式的权重

失效模式	评价准则	评价指标					模糊权重	相对权重
		高	较高	中等	较低	低		
无磨损	经济性	0.13	0.21	0.16	0.35	0.15	较高 (0.5,0.75,1)	0.1287
	技术性	0.23	0.36	0.23	0.13	0.05		
无腐蚀	经济性	0.230	0.360	0.230	0.150	0.030	高 (0.75,0.75,1)	0.1287
	技术性	0.320	0.130	0.230	0.160	0.160		
无变形	经济性	0.350	0.210	0.120	0.160	0.160	较高 (0.5,0.75,1)	0.1189
	技术性	0.130	0.320	0.120	0.160	0.270		
无断裂	经济性	0.200	0.320	0.120	0.230	0.130	较低 (0,0.25,0.5)	0.0396
	技术性	0.230	0.120	0.140	0.320	0.190		
无紧固件失效	经济性	0.210	0.150	0.220	0.130	0.290	高 (0.75,0.75,1)	0.1287
	技术性	0.320	0.130	0.150	0.200	0.200		
磨损后可再制造	经济性	0.130	0.230	0.310	0.210	0.120	较低 (0,0.25,0.5)	0.0396
	技术性	0.130	0.120	0.320	0.410	0.020		
腐蚀后可再制造	经济性	0.330	0.130	0.210	0.310	0.020	高 (0.75,0.75,1)	0.1287
	技术性	0.230	0.130	0.230	0.240	0.170		
变形后可再制造	经济性	0.300	0.120	0.130	0.250	0.200	高 (0.75,0.75,1)	0.1287
	技术性	0.210	0.130	0.250	0.130	0.280		

续表

失效模式	评价准则	评价指标					模糊权重	相对权重
		高	较高	中等	较低	低		
断裂后可再制造	经济性	0.200	0.100	0.150	0.350	0.200	较低(0,0.25,0.5)	0.0396
	技术性	0.140	0.230	0.130	0.200	0.300		
紧固件失效后可再制造	经济性	0.300	0.400	0.100	0.100	0.100	较高(0.5,0.75,1)	0.1189
	技术性	0.150	0.250	0.100	0.400	0.100		

关联矩阵 ***FE*** 描述了工程需求对于相应的顾客需求的重要程度，并定义相对重要度为{'Very Weak（VW）','Weak(W)','Medium(M)','Strong(S)','Very Strong(VS)'}五个级别。邀请10位专家根据表5-8进行打分，构建关联矩阵 ***FE***，如表5-28所示。

表5-28　关联矩阵 *FE* 评价变量

工程特征	f_1	f_2	f_3	f_4	f_5	f_6	f_7	f_8	f_9	f_{10}
e_1	6S,2M,2W	10VS	4VW,2W,4M	6VW,2W,2M	8W,2M	6VW,4W	6VW,4W	6VW,4W	10W	5W,5M
e_2	7VS,3S	8M,2S	6W,4M	3VW,4W,3M	10W	10VS	5M,1S,3W	9W,1VW	9W,1VW	6M,4W
e_3	10VW	9VW,1W	6VW,4W	5VW,4W,1M	6S,4M	8VW,2W	6VW,4W	5VW,5W	10VW	8S,2VS
…	…	…	…	…	…	…	…	…	…	…
e_{25}	3M,5S,2VS	2W,5M,3S	2VW,3W,5M	5VS,3S,2M	5M,4S,1VS	5M,3S,2VS	3W,4M,3S	3W,5M,2S	5VS,3S,2M	3S,5M,2W
e_{26}	5M,3W,2VS	3W,5S,2M	2W,4M,2S,1VW,1VS	3W,4S,2M,1VW	1M,6S,3VS	1S,9VS	2M,5S,3VS	3M,5S,2VS	1VS,5S,4M	9VS,1M
e_{27}	2VW,5W,3M	5VW,5W	3VW,2W,3M,2S	3VW,4W,3M	1M,5S,4VS	1M,3S,6VS	3M,3S,4VS	3M,4S,3VS	9W,1VW	8VW,2W

通过式(5-20)～式(5-22)由关联矩阵 ***FE*** 推出工程特征的相对重要性权重 $\overline{w}_{\mathrm{EC}}^{j}$，具体如表5-29所示。

表5-29　工程特征的相对权重

工程特征	三角模糊数			去模糊化 x_{EC}^{j}	规范化 $\overline{w}_{\mathrm{EC}}^{j}$
e_1	3.164	3.915	4.786	3.9450	0.0340
e_2	3.629	4.587	5.445	4.5620	0.0394
e_3	2.394	2.846	3.822	2.977	0.0257

续表

工程特征	三角模糊数			去模糊化x_{EC}^{j}	规范化$\overline{w}_{EC}^{j}$
…	…	…	…	…	…
e_{25}	4.529	5.505	6.419	5.489	0.0474
e_{26}	5.543	6.527	7.240	6.459	0.0557
e_{27}	3.876	4.639	5.474	4.657	0.0400

基于再制造设计准则进行产品再制造设计是最为有效的方法。因此，根据表 5-9 的 DfRem 准则构建关联矩阵 $\boldsymbol{EG}$，通过式(5-17)、式(5-23)～式(5-25) 计算 DfRem 的相对重要性权重，其结果如表 5-30 所示。

表 5-30　DfRem 准则的相对权重

DfRem准则	模糊变量 w_{EG}^{k}			相对权重 $\overline{w}_{EG}^{k}$	DfRem准则	模糊变量 w_{EG}^{k}			相对权重 $\overline{w}_{EG}^{k}$
g_1	2.387	2.690	3.627	0.023	g_{21}	2.175	2.700	3.691	0.022
g_2	2.514	2.932	3.860	0.024	g_{22}	2.081	2.507	3.485	0.021
g_3	1.994	2.399	3.371	0.02	g_{23}	3.380	4.019	4.936	0.032
g_4	1.803	2.040	3.023	0.018	g_{24}	2.694	3.204	4.139	0.026
g_5	2.182	2.411	3.324	0.02	g_{25}	4.096	4.790	5.608	0.038
g_6	1.988	2.243	3.207	0.019	g_{26}	2.956	3.424	4.299	0.028
g_7	2.357	2.772	3.742	0.023	g_{27}	3.099	3.663	4.580	0.030
g_8	2.305	2.669	3.636	0.022	g_{28}	4.204	4.955	5.824	0.039
g_9	2.592	3.029	3.987	0.025	g_{29}	2.635	3.141	4.048	0.026
g_{10}	3.292	4.021	4.983	0.032	g_{30}	2.590	3.063	4.013	0.025
g_{11}	2.527	3.016	3.958	0.025	g_{31}	2.454	2.941	3.914	0.024
g_{12}	2.674	3.176	4.120	0.026	g_{32}	2.646	3.146	4.074	0.026
g_{13}	2.378	2.839	3.816	0.024	g_{33}	2.579	3.089	4.041	0.025
g_{14}	2.615	3.112	4.060	0.026	g_{34}	2.394	2.853	3.798	0.024
g_{15}	3.121	3.553	4.466	0.029	g_{35}	1.837	2.189	3.175	0.019
g_{16}	2.650	3.146	4.121	0.026	g_{36}	2.338	2.778	3.728	0.023
g_{17}	2.687	3.159	4.094	0.026	g_{37}	2.545	3.006	3.950	0.025
g_{18}	2.091	2.572	3.561	0.021	g_{38}	3.076	3.642	4.587	0.030
g_{19}	1.878	2.273	3.249	0.019	g_{39}	3.153	3.735	4.653	0.030
g_{20}	4.181	4.842	5.685	0.039					

由表 5-30 中的数据显示，DfRem 准则 g_{20}、g_{28} 具有最大优先级，而 g_4 具有最低优先级。此处，确定了 5 个 DfRem 准则，如表 5-31 所示。

表 5-31　卧式曳引机的关键再制造约束

编号	DfRem 准则	内容
1	g_{20}	表面抗磨
2	g_{28}	易磨损表面超公差设计以延长其使用寿命
3	g_{25}	零件不易腐蚀
4	g_{10}	去除沉积物和杂质不损坏零件
5	g_{23}	再制造修复前无需表面处理

根据上述推理出的关键再制造设计准则可以对下一代曳引机进行设计改进。例如，可以通过材料选择、结构设计或热处理来改善曳引机减速器等的磨损表面。

(3) 电梯的再制造反演设计多色模型与多色推理

退役电梯一般经过拆卸、清洗、分类、检测等程序进行回收，一些零部件达到报废条件进行报废处理，其余零部件进一步检查以判别其再制造性。本研究主要通过退役零部件的回收决策分析，为同类或相似产品零部件提供再设计策略，以提高其再制造性能。

为了简化计算，此处选择电梯的 16 个关键零部件为例进行分析。通过访谈、检测、查阅文献等方法收集整理了这 16 个零部件的失效数据，部件或零件往往存在多种失效模式，如表 5-26 所示。此处只考虑较为典型和失效程度较大的失效模式，整理后的电梯关键零部件失效信息如表 5-32 所示。

表 5-32　电梯关键零部件失效信息

ID	名称	失效模式	失效程度	报废模式	成本	过时性
a_1	电动机	电机绕组烧坏	中等	性能不足	高	低
a_2	配重	无失效	无	无	低	低
a_3	曳引轮	磨损	中等	无	高	低
a_4	导向轮	磨损	轻微	无	低	低
a_5	限速器	弹簧失效	中等	库存过剩	高	低
a_6	曳引钢丝绳	磨损	中等	库存过剩	高	低
a_7	导靴	磨损	中等	无	低	低
a_8	轿厢架	锈蚀	轻微	无	低	低
a_9	轿门	门扇变形	轻微	外观不佳	低	低
a_{10}	安全钳	钳体龟裂	轻微	性能不足	高	低
a_{11}	导轨	磨损	轻微	无	低	低
a_{12}	绳头组件	疲劳裂纹	中等	性能不足	高	低
a_{13}	缓冲器	锈蚀	轻微	无	低	低

续表

ID	名称	失效模式	失效程度	报废模式	成本	过时性
a_{14}	轿壁	无失效	无	无	低	高
a_{15}	开门机	皮带老化	重度	性能不足	高	低
a_{16}	制动器	蜗轮蜗杆磨损	中等	无	高	低

根据表5-32，设电梯产品组件集合 $\boldsymbol{A}=\boldsymbol{A}^1=\boldsymbol{A}^2=\{a_1,a_2,\cdots,a_{16}\}$，失效模式 $\boldsymbol{F}=\{f_1,f_2,f_3,f_4,f_6,f_8,f_{13},f_{14}\}$={磨损,变形,龟裂,烧伤,腐蚀,弹簧失效,老化,无失效}。失效程度集合 $\boldsymbol{S}=\{s_1,s_2,s_3,s_4\}$={无失效,轻微失效,中等失效,重度失效}。报废模式集合 $\boldsymbol{C}=\{c_1,c_5,c_6,c_8\}$={外观不佳,性能不足,库存过剩,无报废}。

根据再制造反演设计多色模型（RDPM）的定义，个人着色 $\boldsymbol{F}^1(a)=\{f_1(\boldsymbol{S}),f_2(\boldsymbol{S}),f_3(\boldsymbol{S}),f_4(\boldsymbol{S}),f_6(\boldsymbol{S}),f_8(\boldsymbol{S}),f_{13}(\boldsymbol{S}),f_{14}(\boldsymbol{S}),c_1,c_5,c_6,c_8\}$。根据上述信息及公式(5-31)，构建围道矩阵 $[\boldsymbol{A}^1\times\boldsymbol{F}^1(a)]$，如表5-33所示，其中，失效程度与报废模式以加粗数字标识。

表 5-33　围道矩阵 $[\boldsymbol{A}^1\times\boldsymbol{F}^1(a)]$

ID	$f_1(\boldsymbol{S})$	$f_2(\boldsymbol{S})$	$f_3(\boldsymbol{S})$	$f_4(\boldsymbol{S})$	$f_6(\boldsymbol{S})$	$f_8(\boldsymbol{S})$	$f_{13}(\boldsymbol{S})$	$f_{14}(\boldsymbol{S})$	c_1	c_5	c_6	c_8
a_1	0000	0000	0000	**0010**	0000	0000	0000	0000	0000	**0001**	0000	0000
a_2	0000	0000	0000	0000	0000	0000	0000	**1000**	0000	0000	0000	0000
a_3	**0010**	0000	0000	0000	0000	0000	0000	0000	0000	0000	0000	0000
a_4	**0100**	0000	0000	0000	0000	0000	0000	0000	0000	0000	0000	0000
a_5	0000	0000	0000	0000	0000	**0010**	0000	0000	0000	0000	**0001**	0000
a_6	**0010**	0000	0000	0000	0000	0000	0000	0000	0000	0000	**0001**	0000
a_7	**0010**	0000	0000	0000	0000	0000	0000	0000	0000	0000	0000	0000
a_8	0000	0000	0000	0000	**0100**	0000	0000	0000	0000	0000	0000	0000
a_9	0000	**0100**	0000	0000	0000	0000	0000	0000	**0001**	0000	0000	0000
a_{10}	0000	0000	**0100**	0000	0000	0000	0000	0000	0000	**0001**	0000	0000
a_{11}	**0100**	0000	0000	0000	0000	0000	0000	0000	0000	0000	0000	0000
a_{12}	0000	0000	**0001**	0000	0000	0000	0000	0000	0000	**0001**	0000	0000
a_{13}	0000	0000	0000	0000	**0100**	0000	0000	0000	0000	0000	0000	0000
a_{14}	0000	0000	0000	0000	0000	0000	0000	**1000**	0000	0000	0000	0000
a_{15}	0000	0000	0000	0000	0000	0000	**0001**	0000	0000	**0001**	0000	0000
a_{16}	**0010**	0000	0000	0000	0000	0000	0000	0000	0000	0000	0000	0000

设电梯零部件的回收决策集合 $\boldsymbol{H}=\{h_1,h_2,h_3,h_4\}$={重用,再制造,材料回收,报废}，统一着色 $\boldsymbol{F}^1(\boldsymbol{A})=\{h_1,h_2,h_3,h_4\}$。根据再制造领域知识和工程实践

经验，构建失效程度、报废模式、退役回收决策之间的围道矩阵$[\boldsymbol{F}^1(a)\times\boldsymbol{F}^1(\boldsymbol{A})]$，如表 5-34 所示。

表 5-34　围道矩阵$[\boldsymbol{F}^1(a)\times\boldsymbol{F}^1(\boldsymbol{A})]$

项目	h_1	h_2	h_3	h_4	项目	h_1	h_2	h_3	h_4
$f_1(\boldsymbol{S})$	1000	0100	0010	0001	$f_{13}(\boldsymbol{S})$	0000	0000	0010	0001
$f_2(\boldsymbol{S})$	1000	0100	0010	0001	$f_{14}(\boldsymbol{S})$	1000	0100	0010	0001
$f_3(\boldsymbol{S})$	1000	0100	0010	0001	c_1	0000	0000	0010	0001
$f_4(\boldsymbol{S})$	1000	0100	0010	0001	c_5	0000	0000	0010	0001
$f_6(\boldsymbol{S})$	1000	0100	0010	0001	c_6	0000	0000	0010	0001
$f_8(\boldsymbol{S})$	1000	0100	0010	0001	c_8	1000	0100	0010	0001

根据公式(5-33)，可得：

$$
\begin{aligned}
[\boldsymbol{A}^1\times\boldsymbol{F}^1(\boldsymbol{A})]&=\|c_{i(k)}\|_{\boldsymbol{A}^1,\boldsymbol{F}^1(\boldsymbol{A})}=[\boldsymbol{A}^1\times\boldsymbol{F}^1(a)]\otimes[\boldsymbol{F}^1(a)\times\boldsymbol{F}^1(\boldsymbol{A})]\\
&=\|c_{i(j)}\|_{16\times 12}\otimes\|c_{j(k)}\|_{12\times 4}\\
&=\begin{bmatrix}0000 & 0000 & 0010 & 0001\\ 1000 & 0000 & 0000 & 0000\\ \cdots & \cdots & \cdots & \cdots\\ 0000 & 0000 & 0010 & 0000\end{bmatrix}
\end{aligned}
$$

其中：

$c_{11}=((0000)\wedge(1000))\vee((0000)\wedge(1000))\vee((0000)\wedge(1000))\vee((0010)\wedge(1000))\vee((0000)\wedge(1000))\vee((0000)\wedge(0000))\vee((0000)\wedge(0000))\vee((0000)\wedge(1000))\vee((0000)\wedge(0000))\vee((0000)\wedge(0000))\vee((0000)\wedge(0000))\vee((0000)\wedge(1000))=0000$

以此类推，推演出围道矩阵$[\boldsymbol{A}^1\times\boldsymbol{F}^1(\boldsymbol{A})]$，如表 5-35 所示。

表 5-35　围道矩阵$[\boldsymbol{A}^1\times\boldsymbol{F}^1(\boldsymbol{A})]$

项目	h_1	h_2	h_3	h_4	回收决策	项目	h_1	h_2	h_3	h_4	回收决策
a_1	0000	0000	**0010**	**0001**	材料回收	a_9	0000	**0100**	0000	**0001**	再制造或报废
a_2	1000	0000	0000	0000	重用	a_{10}	0000	**0100**	0000	**0001**	再制造或报废
a_3	0000	0000	**0010**	0000	材料回收	a_{11}	0000	**0100**	0000	0000	再制造
a_4	0000	**0100**	0000	0000	再制造	a_{12}	0000	0000	0000	**0001**	报废
a_5	0000	0000	**0010**	**0001**	材料回收	a_{13}	0000	**0100**	0000	0000	再制造
a_6	0000	0000	**0010**	**0001**	材料回收	a_{14}	**1000**	0000	0000	0000	重用
a_7	0000	0000	**0010**	0000	材料回收	a_{15}	**0000**	0000	0000	**0001**	报废
a_8	0000	**0100**	0000	0000	再制造	a_{16}	0000	0000	**0010**	0000	材料回收

根据表5-32，构建出组件的经济性与过时性准则的关系矩阵，具体如表5-36所示。

表 5-36 围道矩阵$[\boldsymbol{A}^2 \times \boldsymbol{F}^2(a)]$

项目	RCh	RCl	OTh	OTl	项目	RCh	RCl	OTh	OTl
a_1	1	0	0	1	a_9	0	1	0	1
a_2	0	1	0	1	a_{10}	1	0	0	1
a_3	1	0	0	1	a_{11}	0	1	0	1
a_4	0	1	0	1	a_{12}	1	0	0	1
a_5	1	0	0	1	a_{13}	0	1	0	1
a_6	1	0	0	1	a_{14}	0	1	1	0
a_7	0	1	0	1	a_{15}	1	0	0	1
a_8	0	1	0	1	a_{16}	1	0	0	1

根据式(5-34) 和式(5-35)，推演出围道矩阵$[\boldsymbol{A}^2 \times \boldsymbol{F}^2(\boldsymbol{A})]$如下：

$$
\begin{aligned}
[\boldsymbol{A}^2 \times \boldsymbol{F}^2(\boldsymbol{A})] &= \| c_{i(k)} \|_{\boldsymbol{A}^2, \boldsymbol{F}^2(\boldsymbol{A})} = [\boldsymbol{A}^2 \times \boldsymbol{F}^2(a)] \otimes [\boldsymbol{F}^2(a) \times \boldsymbol{F}^2(\boldsymbol{A})] \\
&= \| c_{i(j)} \|_{16\times 4} \otimes \| c_{j(k)} \|_{4\times 4} \\
&= \begin{bmatrix} 1 & 0 & 0 & 1 \\ 0 & 1 & 0 & 1 \\ \cdots & \cdots & \cdots & \cdots \\ 1 & 0 & 0 & 1 \end{bmatrix} \otimes \begin{bmatrix} 1000 & 0010 & 0001 & 0001 \\ 1000 & 0100 & 0010 & 0001 \\ 0100 & 0010 & 0010 & 0001 \\ 1000 & 0100 & 0010 & 0001 \end{bmatrix} \\
&= \begin{bmatrix} 1000 & 0110 & 0011 & 0001 \\ 1000 & 0100 & 0010 & 0001 \\ \cdots & \cdots & \cdots & \cdots \\ 1000 & 0110 & 0011 & 0001 \end{bmatrix}
\end{aligned}
$$

根据式(5-36) 进一步筛选回收决策，结果如表5-37所示。为了安全，选择低一级的回收决策。

表 5-37 围道矩阵$[\boldsymbol{A}^2 \times \boldsymbol{F}(\boldsymbol{A})]$

项目	h_1	h_2	h_3	h_4	回收决策	项目	h_1	h_2	h_3	h_4	回收决策
a_1	0000	0000	**0011**	**0001**	废弃	a_9	0000	**0100**	0000	**0001**	废弃
a_2	**1000**	0000	0000	0000	**重用**	a_{10}	0000	**0110**	0000	**0001**	废弃
a_3	0000	0000	**0010**	0000	材料回收	a_{11}	0000	**0100**	0000	0000	**再制造**
a_4	0000	**0100**	0000	0000	**再制造**	a_{12}	0000	0000	0000	**0001**	废弃
a_5	0000	0000	**0010**	**0001**	废弃	a_{13}	0000	**0100**	0000	0000	**再制造**
a_6	0000	0000	**0011**	**0001**	废弃	a_{14}	**1100**	0000	0000	0000	**重用**
a_7	0000	0000	**0010**	0000	材料回收	a_{15}	0000	0000	0000	**0001**	废弃
a_8	0000	**0100**	0000	0000	**再制造**	a_{16}	0000	0000	**0011**	0000	材料回收

(4) 电梯的再制造设计策略

根据失效反馈和经济性、过时性准则和式(5-37) 推演出电梯的理想架构，结合前面识别出的关键再制造设计因子，给出再制造再设计策略，如表5-38所示。

表5-38　再设计策略

<table>
<tr><th>模块</th><th>零部件</th><th>再设计策略</th></tr>
<tr><td rowspan="2">Mreu</td><td>配重(a_2)</td><td rowspan="2">①配重和轿壁与相邻部件尽可能采取易于拆卸的紧固连接件
②选择抗腐蚀性、耐磨性的材料</td></tr>
<tr><td>轿壁(a_{14})</td></tr>
<tr><td rowspan="4">Mrem</td><td>导向轮(a_4)</td><td rowspan="4">①各部件中可再制造的零件尽可能易于拆卸
②选择耐磨性、抗腐蚀性材料制造可再制造零部件
③通过结构改进提升产品的回收性能</td></tr>
<tr><td>轿厢架(a_8)</td></tr>
<tr><td>导轨(a_{11})</td></tr>
<tr><td>缓冲器(a_{13})</td></tr>
<tr><td rowspan="3">Mrec</td><td>曳引轮(a_3)</td><td rowspan="3">①零部件材料应兼容
②零部件应标记材料组成
③选择耐腐蚀、耐磨性的材料</td></tr>
<tr><td>导靴(a_7)</td></tr>
<tr><td>制动器(a_{16})</td></tr>
<tr><td rowspan="7">Mdis</td><td>电动机(a_1)</td><td rowspan="7">①各部件尽可能模块化设计
②标记材料组成情况
③通过设计改进提升零部件的回收性能
④通过结构改进提升产品的回收性能</td></tr>
<tr><td>限速器(a_5)</td></tr>
<tr><td>曳引钢丝绳(a_6)</td></tr>
<tr><td>轿门(a_9)</td></tr>
<tr><td>安全钳(a_{10})</td></tr>
<tr><td>绳头组件(a_{12})</td></tr>
<tr><td>开门机(a_{15})</td></tr>
</table>

由于退役电梯产品质量参差不齐，导致结果存在偏差。因此，工程实践中，失效模式、失效程度、报废模式、经济性和过时性准则等信息应该从退役电梯产品的大数据流中统计分析获得。

第6章

面向增材制造的可持续设计

6.1 概述

6.1.1 增材制造原理与技术

增材制造（additive manufacturing，AM）是指以零件三维数字化模型为基础，通过逐层堆积材料形成实体零件的新型制造技术，与减材制造、受迫成形等传统制造技术相比，具有生产成本低、制造产品的复杂性提升、使用梯度功能复合材料、废弃物少、按需制造、即时装配等特点，具体如图 6-1 所示。然而，该技术在表面质量、力学性能、尺寸限制、制造效率、残余应力、支撑结构等方面存在不足，需要进一步研究。

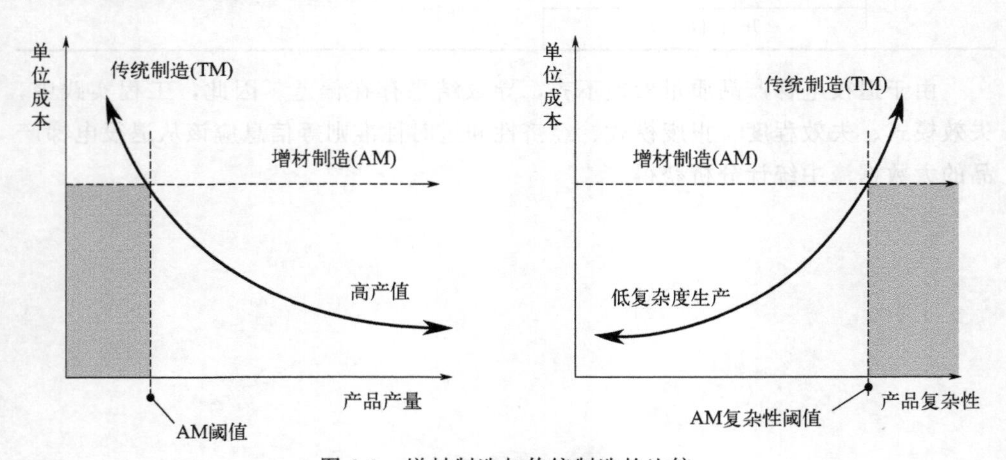

图 6-1 增材制造与传统制造的比较

根据成形材料、每层生成方式、层层之间粘接方式等的不同，AM 拥有熔凝、烧结、黏结等不同的加工技术，至今已有 50 多种，目前仍在继续发展。

美国材料与试验协会增材制造技术委员会（ASTM F42）将AM工艺分为黏结剂喷射（binder jetting，BJ）、光聚合（vat photopolymerization，VP）、定向能量沉积（direct energy deposition，DED）、材料挤出成形（material extrusion，ME）、层压（sheet lamination，SL）、粉末床熔融（powder bed fusion，PBF）、冷喷涂（cold spray，CS）等，具体性能特点如表6-1所示。

表6-1　典型AM技术原理

美国材料试验协会标准	技术原理	工作原理图示	AM技术举例
黏结剂喷射(BJ)	利用喷头喷黏结剂，选择性地黏结粉末来成形	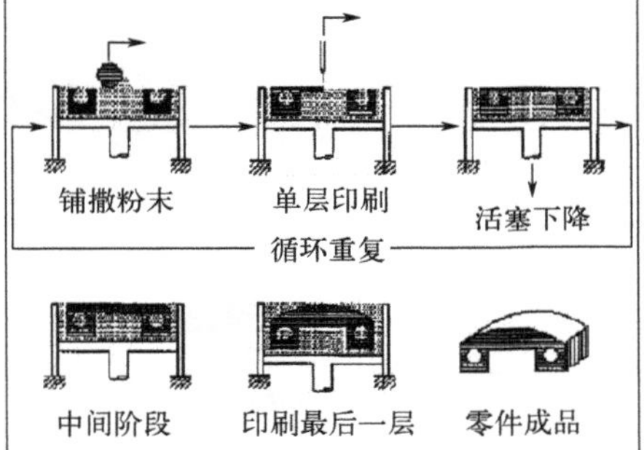 铺撒粉末 单层印刷 活塞下降 循环重复 中间阶段 印刷最后一层 零件成品	三维印刷技术(3DP)
光聚合(VP)	液体槽中盛满液态光敏树脂，在特定波长的紫外光照射下发生聚合反应而固化。聚焦光点在液面上按照打印系统扫描路径扫描，将液态树脂固化并与托板粘接在一起，再将托板下降一层的距离，重复进行上面的过程	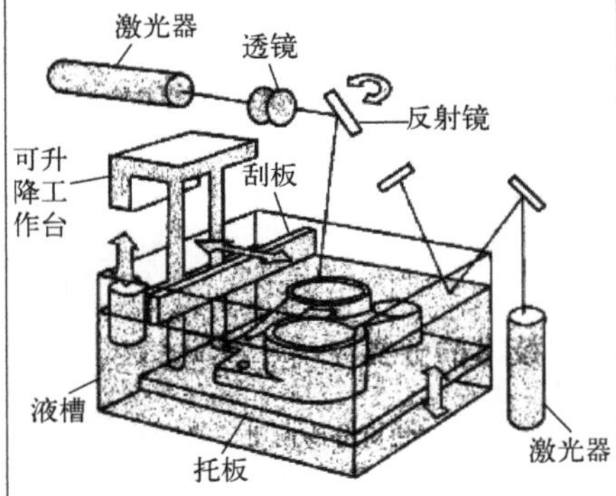 激光器 透镜 反射镜 可升降工作台 刮板 液槽 托板 激光器	立体光刻(stereo lithography，SLA) 连续液体界面生产(continuous liquid interface production，CLIP)
定向能量沉积(DED)	粉末材料在高温下熔化，逐层沉积成形		激光近净成形(laser engineering net shaping，LENS) 等离子弧熔融(plasma arc melting，PAM) 激光熔覆(laser cladding，LC)

续表

美国材料试验协会标准	技术原理	工作原理图示	AM技术举例
材料挤出成形(ME)	材料经过高温液态化，通过喷嘴挤压出小小的球状颗粒，这些颗粒在立体空间排列组合形成实物	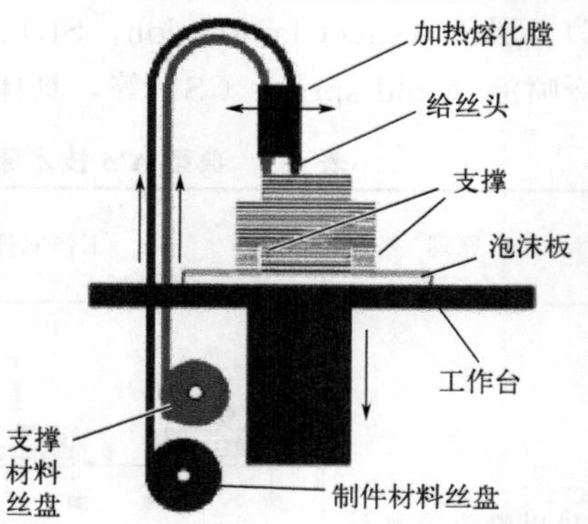 加热熔化膛 给丝头 支撑 泡沫板 工作台 支撑材料丝盘 制件材料丝盘	熔融沉积技术(fused depositon modeling,FDM) 三维喷墨打印技术（3D inkjet technology)
层压(SL)	通过加热辊/超声波将片材逐层黏结/焊接形成三维物体	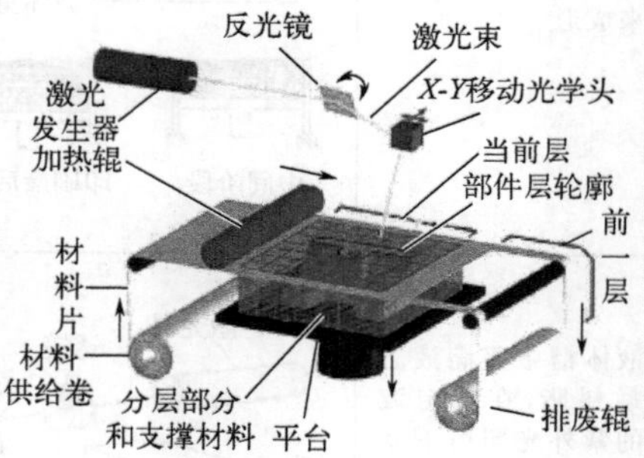 反光镜 激光束 激光发生器 *X-Y*移动光学头 加热辊 当前层 部件层轮廓 前一层 材料片 材料供给卷 分层部分和支撑材料 平台 排废辊	分层实体制造技术(laminated object manufacturing,LOM) 超声融合/超声增材制造(ultrasound consolidation/ultrasound additive manufacturing,UC/UAM)
粉末床熔融(PBF)	采用金属粉末，通过使用局部聚焦激光束使其“焊接”，通过层层堆积形成三维物体	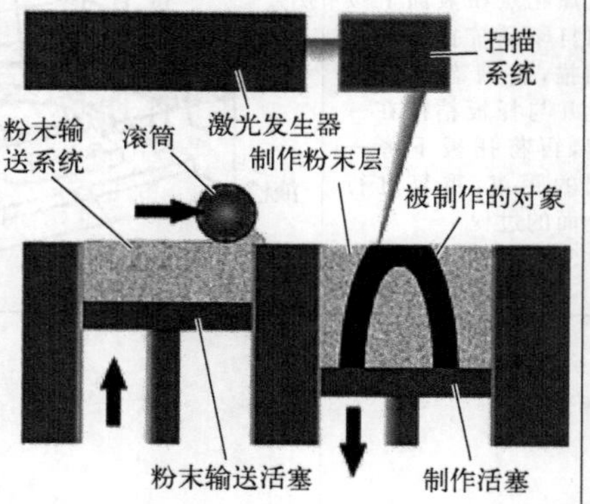 扫描系统 激光发生器 粉末输送系统 滚筒 制作粉末层 被制作的对象 粉末输送活塞 制作活塞	直接金属激光烧结(direct metal laser sintering,DMLS) 电子束熔融(electron beam melting,EBM) 选择性激光烧结/熔融(selective laser sintering/melting,SLS/SLM)
冷喷涂(CS)	高速将粉末注入成形材料进行粘接		多金属沉积(multi-metal deposition)

增材制造加工工艺包括设计规范、概念设计、详细设计、数字化模型的构建、成型几何体的生成、分层切片、打印路径规划、制造、检验等步骤。

① 设计规范。根据设计需求，定义明确的设计规范，包括设计约束条件、目标、边界条件、点云参考数据、表面处理、力学性能、材料约束等。

② 概念设计。根据设计规范，确定拓扑结构、制造过程、材料等方案。为了辅助设计，可以采用拓扑优化、数字化仿真、增材制造性模拟、创成式设计等方法。材料选择是该阶段最具有挑战性的，因为候选材料库巨大，不同的材料选择与其性能、设计者经验等相关。

③ 详细设计。在获得的初始设计方案的基础上，进行具体设计细节的确定，定义工程生产文档，包括标称和公差几何体、初加工和精加工、打印方向、支撑结构、具体的检测细节。详细设计方法包括 CAE 分析、参数优化、创成式设计。

④ 数字化模型的构建。应用计算机辅助设计工具，根据详细设计方案生成数字化几何数据，包括体积或外部面、显式或隐式数据、相关数据存储协议、公称几何体表示。数字化模型显式的数据结构包括构造实体几何（CSG）和边界表示法（B-rep），隐式的数据结构包括体素法、层集合、标量场等。

⑤ 成型几何体的生成。在计算机辅助设计定义的数字化几何数据的基础上，形成系列数据文件，以适应后续设计过程（例如切片分层），并保证存储和计算可行。典型的数据格式包括 STL、AMF、PLY、3MF、nTop 等。其中，STL 文件格式由 3D Systems 公司的创始人 Charles W. Hull 于 1988 年发明，主要针对光固化立体成型（stereo lithograph）工艺，现已成为全世界 CAD/CAM 系统接口文件格式的工业标准，是 3D 打印机支持的最常见 3D 文件。STL 文件格式用小三角形面片逼近三维实体的自由曲面，每个三角形面片的描述包括三角形各个顶点的三维坐标及三角形面片的法向量。PLY 格式用于存储三维扫描生成的复杂数据。AMF 和 3MF 格式用于增材制造数据存储。AMF 格式由 ASTM 增材制造技术委员会（F42）提出，以 XML 格式定义，根据 ZIP 压缩协议进行压缩，与任何 AM 技术都兼容，数据结构简单，避免了数据重复，具有高效的数据存储、读取能力，能够描述几何单元。AMF 格式额外的信息包括颜色、纹理、梯度材料、周期结构、多个独立几何体、注释等。nTop 文件是一种基于隐式体的文件格式，因为它只存储函数和变化的程序，所以比传统的 CAD 文件要小很多，且较适合并行计算和多核多线程的计算机。

⑥ 分层切片。成形几何体离散化为层数据，一般由成形机自带的切片分层模块自动化完成。

⑦ 打印路径规划。刀具路径指的是执行器的运动轨迹。路径规划是 AM 中具有挑战性的一个问题，不合理的设计与路径会导致零件内部缺陷，如图 6-2 所示。因此，大量的 DfAM 策略要求优化路径以最小化打印时间、提高成形质量、避免不连续路径、使应力集中等。路径生成策略的选择需要考虑可行的计算时间

和数字化存储空间，因此，工艺参数的设置非常重要。

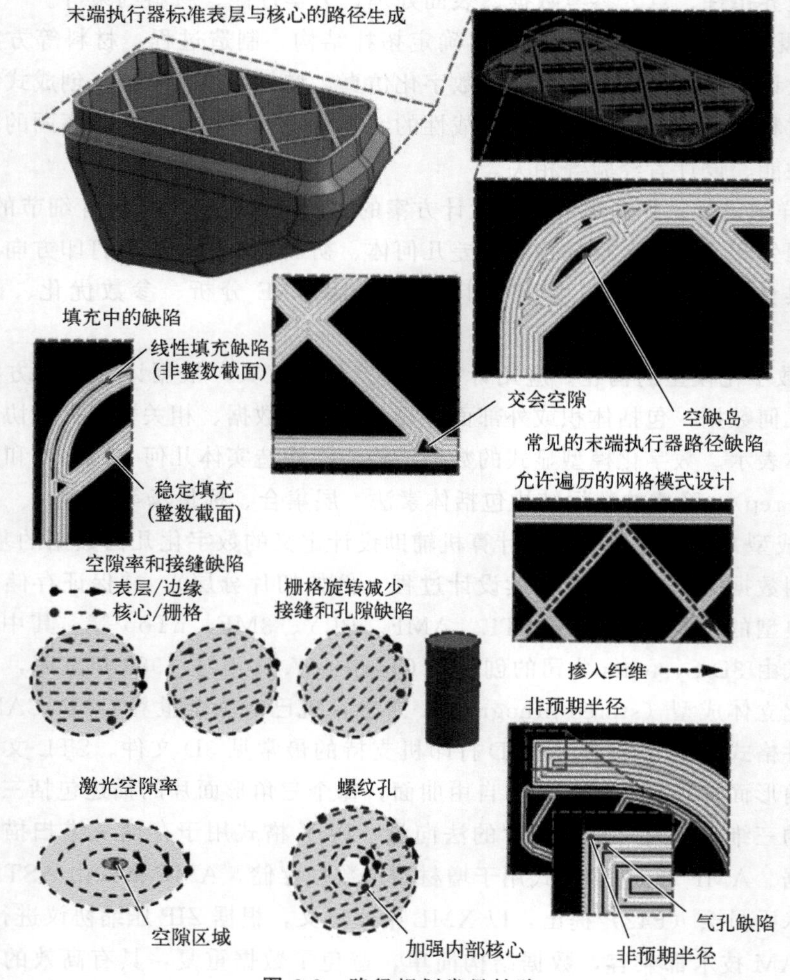

图 6-2 路径规划常见缺陷

⑧ 制造。增材制造过程中生成的数字化数据根据所用系统的不同而不同，可能包括环境变量传感器读数、工艺参数反馈等。

⑨ 检验。对制造的产品质量进行检验，包括尺寸公差、力学性能、外形等。检验数据可以来自 Micro-CT 扫描的体数据，三坐标测量机、热感摄像机、微结构和拉伸测试的面数据，以及热电偶、高温计、硬度仪等点数据。

6.1.2 面向增材制造的可持续设计内涵

增材制造设计（design for additive manufacture，DfAM）是为了使产品结构更适合增材制造工艺而对产品进行的设计。

由于增材制造在功能、材料、层次、形状复杂性上具有显著优势，为了在工业应用中充分体现这种优势，需要设计师利用这些优势对产品或零件进行 DfAM。

DfAM 包括直接零件替换的增材制造设计、适应增材制造的设计、面向增材制造的设计三个层次。直接零件替换的增材制造设计只修改 AM 生产工艺参数；适应增材制造的设计通过修改零件形状以更好地适应 AM 工艺；面向增材制造的设计则是完全重新设计产品，将精密的设计信息承载到物理实体上，以发挥 AM 工艺的优势。图 6-3 所示为某歧管的增材制造设计实现方法，由图 6-3 可见，面向增材制造的设计所需空间较小，轻量化程度最高。

(a) 直接零件替换的增材制造设计

(b) 适应增材制造的设计

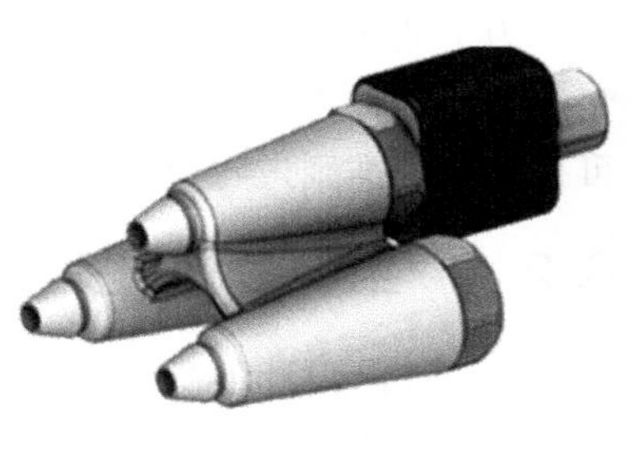

(c) 面向增材制造的设计

图 6-3　歧管的增材制造设计实现方法

DfAM 有助于减少材料的使用，或将多个零件合并为单一零件，同时，有助于提高产品增材制造效率和自动化程度，可以使组装更容易，帮助辨识产品品牌以及更轻松地跟踪库存，在零件上添加有用的外观细节、徽标、说明、零件编号等也无需花费更多。由此可见，DfAM 就是一种面向增材制造的可持续设计。

图 6-4 所示为某高价值航空支架的 DfAM 案例。通过面向增材制造的设计，不仅最小化了材料的使用，而且通过几何体方向优化最小化了支撑结构的使用。传统设计关注外部表面，增材制造设计可以实现由内而外的设计结构优化，不仅提高了产品力学性能，而且节省了制造时间和成本。通过优化工艺参数，使支撑结构变脆，易于去除。AM 易于实

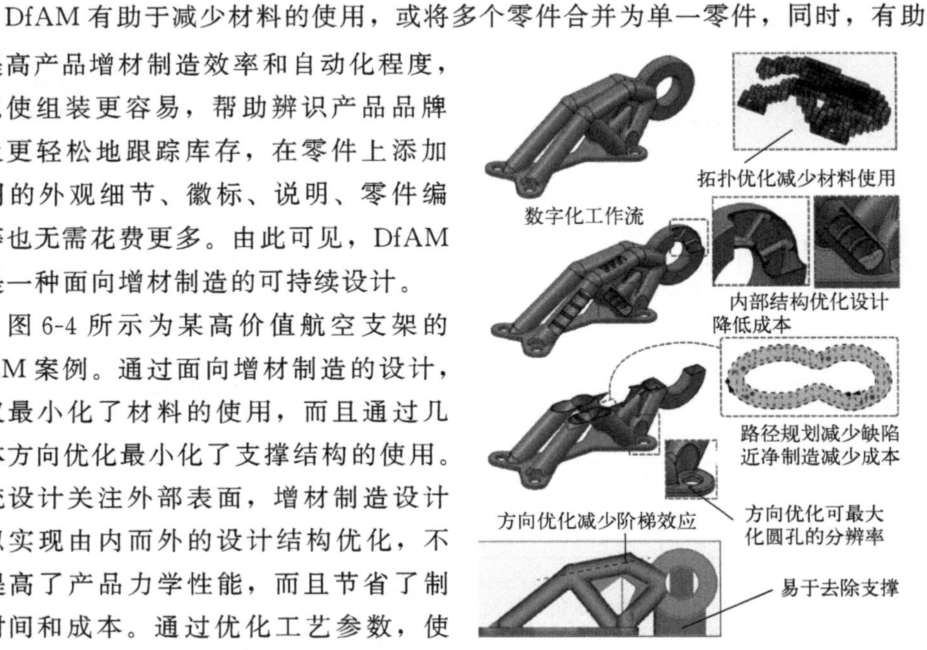

图 6-4　航空支架的 DfAM

现产品创新设计，特别是高复杂度、小批量的情况。近净制造减少或避免了后处理，节约了成本。构建方向与产品性能密切相关，通过构建方向优化，可以减少热应力、阶梯效应等。

6.2 增材制造可持续设计准则

产品设计过程中，一般需要考虑工艺和几何结构等要素。工艺方面包括构建策略、增材方向、残余应力、支撑策略、层厚、打印速度、表面质量等。几何结构方面包括功能梯度材料、尺寸精度、零件合并、优化技术、强度、硬度等。

为了便于设计师开展增材制造可持续设计，与其他可持续设计方法类似，基于准则的设计方法是应用最为广泛的方法，下面将对研究者已经提出的增材制造可持续设计准则进行分类归纳总结。

6.2.1 结构设计准则

DfAM的设计不受产品复杂性的限制，可以在给定的设计空间内和给定的边界条件下优化材料分布，以优化重量、硬度、频率等零件性能目标。目前，尚无系统的设计方案，可以在设计过程中遵循结构设计准则，根据文献资料对其进行了整理，具体见表6-2。

表 6-2 DfAM 结构设计准则

准则名称	准则内容	备注
圆角准则	对所有尖锐的边缘进行倒角处理(圆角),一般圆角为厚度的1/4	使产品更符合人体工程学,便于握持和使用。由于消除了锋利边缘的危险,减少了发生在尖锐角落和过渡处的可能会影响产品强度的应力集中,降低了打印成本
最大强度打印方向准则	应在最大强度方向打印,最佳的打印方向通常是使构件总高度最小的方向	打印方向决定各向异性的方向,打印方向与零件的质量(强度、材料性能、表面质量和支撑量等)密切相关。如果对孔的圆度的加工要求很高,则最好在竖直方向上进行打印。水平打印的孔会受到阶梯效应的影响,并且也会略呈椭圆形
避免各向异性	在设计组件时,了解其打印方向,优化其力学性能	打印的零件在不同方向上力学性能的差异是增材制造的致命弱点,选择打印方向时要综合考虑打印时间、力学性能、几何精度、表面质量和支撑材料去除等因素
尽量减少打印时间	应用抽壳、蜂窝、晶格或采用多孔材料填充固体部分以减少打印时间	使用的材料越少,零件AM速度就越快,成本也就越低
最小化后处理	用永久性墙体代替临时支撑;改变需要支撑特征的角度	支撑材料可以看作在零件打印后将被去除的临时墙体。如果一个特征是水平的,则其下方就需要支撑材料。但是,如果可以更改其角度,倒角或插入与底部水平面成45°的三角板,就可以避免使用支撑材料

续表

准则名称	准则内容	备注
功能准则	将零件简化为仅有提供功能的那些特征	以实现功能为主，去除不必要的材料，消除残余应力，避免额外的热处理
一体化设计准则	通过功能集成减少产品零件数量和装配操作	根据是否存在相对运动、材料差异、妨碍装配、标准件、电子设备、尺寸限制等判断是否可以合并零件。如果超过 1/3 的部件是紧固件，应该通过零件组合减少紧固件数量
路径规划	横截面宽度应该为刀具路径宽度的整数倍，尖锐部分应倒圆角，要大于路径半径	避免填充缺陷，例如孤岛、孔洞等

图 6-5 所示为 Atlas Copco 地下钻机中的液压歧管。对歧管进行增材制造设计，使歧管质量从 14.6kg 降至 1.3kg，支撑材料较少。原设计中入口与出口的位置取决于最易钻孔的方向，重新设计后，出口移至顶部表面，入口保留在底部表面，以便于歧管安装。

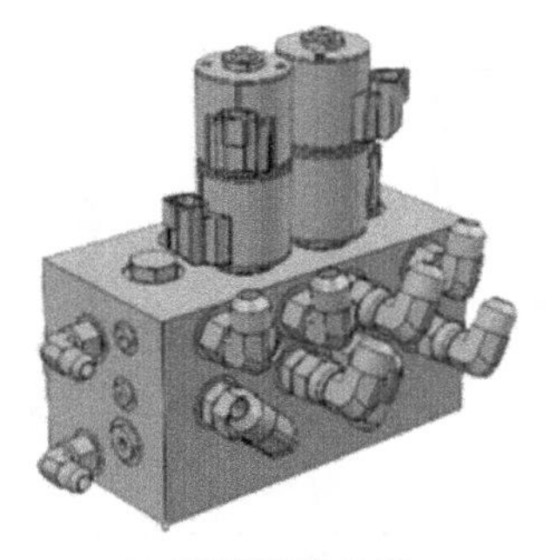

(a) 原始设计的歧管

(b) DfAM的歧管

图 6-5　Atlas Copco 地下钻机中的液压歧管

6.2.2 支撑设计准则

增材制造的支撑用于固定组件，以帮助支撑悬垂特征并将热量从组件传递出去，包括树状结构、树枝状支撑结构、桥状结构、Y 形结构等。支撑影响材料量、成形质量和打印时间，因此，支撑结构应该易于去除，尽量减少或避免支撑材料的使用是 DfAM 的重要目标。支撑结构与成形工艺、材料、零件结构等密切相关。

在产品设计过程中，尽量遵循以下支撑设计准则。

① 尽量使产品特征与竖直方向的夹角小于某个角度值（该值取决于打印的材料），大多数 AM 系统允许选择临界角度来加支撑材料。

② 用永久性墙体代替临时支撑。

③ 结构内部尽量不使用支撑。

④ 选择合理的打印方向，例如大直径管道一般竖直打印，水平管径在6～8mm的不需要支撑。

⑤ 表面质量要求较高的面不宜与支撑材料接触，否则，需要额外的后处理。

⑥ 支撑结构应该便于近净成形，不影响功能表面，如图6-6(a) 所示。

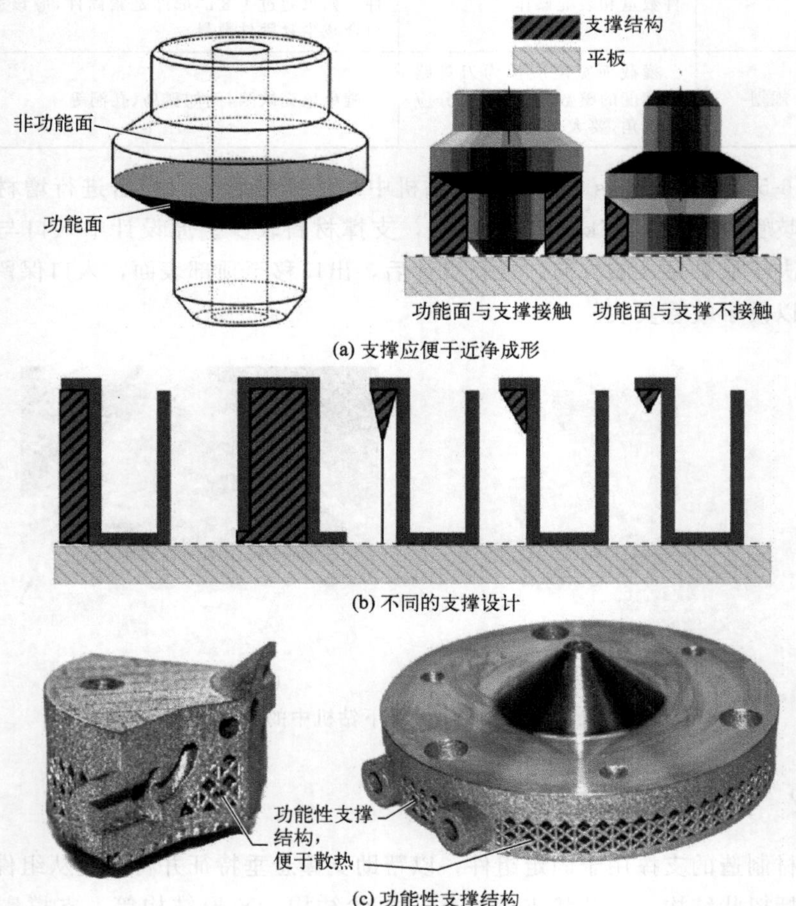

(a) 支撑应便于近净成形

(b) 不同的支撑设计

(c) 功能性支撑结构

图 6-6 支撑结构设计准则举例

⑦ 悬垂结构尽可能小，以减少支撑材料的使用，如图6-6(b) 所示。

⑧ 使用功能性支撑结构提升产品性能，避免去除支撑的后处理操作，如图6-6(c) 所示。

6.2.3 聚合物零件的增材制造可持续设计准则

材料影响产品的功能、性能、重量等，由于DfAM具有更加灵活的设计自由度，根据 AM 的特点，在进行材料选择设计时，需要遵循以下准则。

① 在 DfAM 中，优先考虑功能结构，然后查看可用的 AM 材料，所选择材料在满足其功能和必须达到的力学性能的基础上，尽可能减少零件材料种类。

② 最小化材料量的使用，通过拓扑优化、晶格结构等避免任何不必要的材料。

③ 如果两个或多个相邻的零件由相同的材料制成，并且彼此之间不产生相对运动，可以将它们合并为一个零件。

本节给出面向聚合物零件的增材制造可持续设计一般准则。

(1) 避免各向异性

各向异性是指零件的力学性能不是在所有方向上都相同。对于 AM，因为层间的黏结机械强度可能比层内本体的机械强度弱，因此，各层之间始终存在一定量的各向异性。但是，对于某些技术（如粉末床熔融），当超过一定厚度时，各向异性会被最小化。例如，在使用粉末床熔融技术时，对于直径大于 6mm 的螺纹凸台来说，各向异性可以忽略不计。

在 DfAM 中，应该根据 AM 工艺特点，通过打印方向、结构设计等避免各向异性，并保证产品获得最佳的表面质量和力学性能。

(2) 壁厚

① 对于轻量型的消费产品，聚合物 AM 零件的壁厚范围应为 0.6～2.5mm。对于更多工业用途的高负荷工业产品，其壁厚范围应为 3～5mm。

② 避免大面积平坦的薄壁，可以使用肋板来加固壁面。

③ 整个零件尽量保证壁厚均匀。

(3) 孔

为了获得尽可能圆的孔，最好总是在竖直方向上打印孔。在水平位置打印的孔不但受阶梯效应的影响，而且受下垂的影响，这可能使孔略呈椭圆形。

孔的尺寸通常会稍微偏小，但是可以通过将 CAD 中孔的尺寸调大约 0.1mm（但要对每台特定的打印机进行测试，因为每台打印机都会有细微差异）轻松地补偿误差，或在打印后以钻孔的方式使其达到精确的所需尺寸。

可以实现的最小孔径在很大程度上取决于孔要通过的材料厚度。通常对于大多数约 2mm 厚的壁面而言，可以实现 0.5mm 直径的孔。

(4) 肋板

将肋板添加到 3D 打印的聚合物零件中的一般准则如下。

① 肋板厚度约为壁厚的 73%；肋板高度小于厚度的 3 倍；肋间距大于厚度的 2 倍；始终将肋与壁的相交处圆角化。

② 最好通过增加肋板的数量而不是增加其高度来达到给定的刚度。

③ 对于非常厚的肋板，最好将其去芯，以免引入大量材料，大量材料可能

导致其变形，并且提高打印成本。其他选择包括将肋板去芯至均匀的壁厚（使其空心化）以及打印填充支撑材料或晶格结构。

不同的AM工艺，其产品的DfAM准则也不同，根据文献资料进行了整理，具体见表6-3。

表6-3 不同AM工艺下聚合物DfAM准则

AM工艺	参数	设计准则
材料挤出成形(ME)	精度与公差	精度每25mm为±0.1mm(或±0.03mm),以较大者为准;公差一般为0.25mm;最小特征尺寸约1mm
	层厚	层厚一般为0.1～0.3mm,可以选择0.18mm、0.25mm、0.33mm等值,平整结构宜选择较厚层厚,曲面结构宜选择较薄层厚
	填充方式	受到各向异性的影响,一般高负载的特征方向应为水平方向
	竖直壁厚	壁厚最小值一般为层厚的2倍,推荐值一般为层厚的4倍。例如,当层厚为0.18mm时,壁厚最小值为0.36mm,推荐最小值为0.72mm
	水平壁面	至少使用四层材料厚度,并让产品所有壁厚相等
	支撑材料悬垂角	默认的最大值为45°,小于45°时需要支撑
	活动零件之间的间隙	水平方向最小间隙为层厚的2倍,对于带有可溶性支撑的情况,竖直方向最小间隙与层厚相等,对于带有可去除支撑的情况,竖直方向有足够的空间方便去除支撑即可
	竖直圆孔	孔的直径会收缩约0.2mm,因此,需要根据该值对CAD模型进行调整,或进行后处理
	圆柱销	在销钉与面连接处倒圆角,圆柱销的最小直径约为2.0mm
	内置螺纹	螺纹的顶部与根部要倒圆角,一般倒角为相邻壁厚的1/4,最小螺纹直径为5mm,则"止端螺纹"最短导入线长为1.0mm
粉末床熔融	精度与公差	精度下限为±0.3mm;公差为±0.25mm(或±0.0015mm),以较大者为准
	层厚	典型层厚0.1mm,个别系统允许层厚0.06mm
	新粉率	新粉与旧粉的比例范围为1/4～7/13
	壁厚	最小壁厚为0.6～0.8mm,推荐值为1.0mm,最大壁厚为1.5～3mm,若需要表面积大的薄壁,可以添加肋板以提高壁的刚度,所有壁厚应均匀
	活动零件之间的间隙	一般最小间隙为0.5mm,如果紧靠面的表面积只有几平方毫米,两面之间的间隙可以为0.2mm
	圆形轮廓通孔	一般小于1.5mm的圆形孔与壁厚密切相关,对于1mm的壁厚,竖直孔最小直径为0.5mm,水平孔最小直径为1.3mm;对于4mm的壁厚,竖直孔最小直径为0.8mm,水平孔最小直径为1.75mm;对于8mm的壁厚,竖直孔最小直径为1.5mm,水平孔最小直径为2.0mm

续表

AM 工艺	参数	设计准则
粉末床熔融	方形轮廓通孔	一般边长小于 1.5mm 的方形孔与壁厚密切相关，对于 1mm 的壁厚，竖直孔最小边长为 0.5mm，水平孔最小边长为 0.8mm；对于 4mm 的壁厚，竖直孔的最小边长为 0.8mm，水平孔的最小边长为 1.2mm；对于 8mm 的壁厚，竖直孔的最小边长为 1.5mm，水平孔的最小边长为 1.3mm
	圆柱销	圆柱销与面连接处倒圆角，销的最小直径为 0.8mm
	孔到边缘的最小距离	孔越大，与相邻边边缘的距离越大，例如，孔径为 2.5mm，孔到边缘的最小距离为 0.8mm；孔径为 5.0mm，竖直孔到边缘的最小距离为 0.9mm，水平孔到边缘的最小距离为 0.95mm；孔径为 10mm，竖直孔到边缘的最小距离为 1.05mm，水平孔到边缘的最小距离为 1.0mm
立体光固化（SLA）	分辨率	X、Y 方向的分辨率取决于激光光斑的尺寸，范围为 50～100μm，因此，最小特征尺寸不能小于激光光斑尺寸。Z 方向的分辨率为 25～200μm，取决于机器允许的层厚选择
	打印方向	将横截面较大的零件与成形平台形成一定角度来打印，确定零件方向以使 Z 轴的横截面最小化。减少打印方向上水平区域的数量、对组件进行抽壳处理、减少横截面面积可优化设计
	悬垂结构	不带支撑的悬垂结构的长度必须小于 1.0mm，并且与水平方向的夹角要大于等于 20°
	细节特征	浮雕类细节必须至少比打印件表面高 0.1mm，镌刻类细节的宽度和深度必须至少为 0.4mm，以确保可见
	公差	需要装配的零件具有一定的公差，0.2mm 的间隙适用于装配连接，0.1mm 的间隙适合推入配合或紧密配合。对于互锁的移动零件，移动零件之间的公差应为 0.5mm
	壁厚	支撑壁的最小厚度应为 0.4mm，如果支撑壁表面积大，需要更大的壁厚；无支撑壁的壁厚至少为 0.6mm，以防止翘曲或脱落；面与面相交部分应倒圆角；壁厚应均匀
	圆孔	最小孔直径为 0.5mm

6.2.4　金属零件的增材制造可持续设计准则

目前，金属零件的增材制造主要包括黏结剂喷射、粉末床熔融、挤出、定向能量沉积、喷墨等技术，使用的材料包括不锈钢、工具钢、铝合金、钛合金、镍基合金、钴铬合金和贵金属等。由于金属零件的增材制造成本较高，过程较为复杂，因此，零件的几何形状必须足够复杂以至于无法通过传统方法制造才使用增材制造技术。不恰当的设计可能导致金属零件的增材制造面临残余应力、应力集中、内部缺陷等挑战，因此，金属零件的 DfAM 应该遵循下面的设计准则，具体如表 6-4 所示。

表 6-4　金属零件的增材制造设计准则

AM 工艺	参数	设计准则
激光粉末床熔融	机加工余量	0.1～0.5mm
	壁厚	无支撑薄壁结构的壁厚最小为 1mm,尽可能保证壁厚均匀,避免较大横截面变化和大块的体积,面与面相交处进行倒角,倒角一般为壁厚的 1/4 左右,具体通过测试件进行调整
	水平孔	水平圆孔直径小于 8mm 可以无支撑打印,较大孔无支撑打印可以将圆形替换为椭圆形、泪滴形、菱形等
	悬垂角	悬垂角最好大于 45°(某些材料为 60°),否则需要增加支撑结构
	活动零件之间的间隙	水平间隙最小为 0.2mm,竖直方向预留的间隙便于去除支撑即可
	竖直方向的槽、凸台与圆孔、圆柱销	槽、凸台的宽或圆孔、圆柱销直径最小为 0.5mm,并对内部尖角进行圆角处理,一般为厚度的 1/4
	内置外螺纹	M4 以下的螺纹可以打印出来,但是所有螺纹必须进行攻螺纹处理,并保证螺纹垂直打印
电子束熔化	细节特征	小细节特征的表面朝上,且不能添加支撑
	机加工余量	0.5～2mm 的机加工余量
	镂空零件	开放的点阵设计,最小壁厚为 0.6mm 的结构需要考虑块状的去除
	壁厚	最小为 0.6mm,一般大于或等于 1mm
	孔/管结构	直径在 0.5～2.0mm 的结构可以打印,但粉末去除困难
	槽和圆孔	为避免粗糙的表面造成孔径闭合,水平圆孔最小直径为 0.5mm,竖直圆孔最小直径为 1mm;当壁厚大于 2mm 时,竖直圆孔直径不能小于 2mm,水平圆孔直径不能小于 1mm
	间隙	至少 1mm
	螺钉与螺纹	螺纹尽可能竖直方向打印,与平面的交接处倒圆角,大小约为壁厚的 1/4
金属黏结剂喷射	最小特征	约 2mm
	收缩	与零件几何形状相关,零件长度为 25～73mm 时,收缩比例为 0.8%～2%;尺寸更大时,收缩比例约 3%
	壁厚	打印尺寸为 3～75mm 时,最小壁厚为 1.0mm;打印尺寸为 76～152mm 时,最小壁厚为 1.5mm;打印尺寸为 153～203mm 时,最小壁厚为 2.0mm;打印尺寸为 204～305 时,最小壁厚为 3.2mm
	悬垂结构	最小厚度 2mm,最小宽度 25mm
	圆孔	水平圆孔最小直径 2mm,竖直圆孔最小直径 1.5mm
	溢粉孔	尽可能大,最小直径为 5mm,数量为 2 个以上

6.3　增材制造可持续设计方法

增材制造可持续设计方法通常需要考虑可行性、适应性和稳定性。可行性关注增材制造的可制造性能，即将前面所提的增材制造设计准则融入产品几何特征以引导设计。适应性关注的是增材制造是否可以带来增值，一般通过轻量化设计实现，包括拓扑优化、创成式设计、晶格结构填充等。

6.3.1　基于组件的增材制造设计

基于组件的增材制造设计（C-DfAM）旨在设计或再设计单一的组件，设计者需要定义功能实体进行后续的拓扑优化，或将零件的 CAD 模型与参数化晶格结构混合，然后挑战优化零件的形状以适应制造，最后进行评估、后处理等，具体如图 6-7 所示。

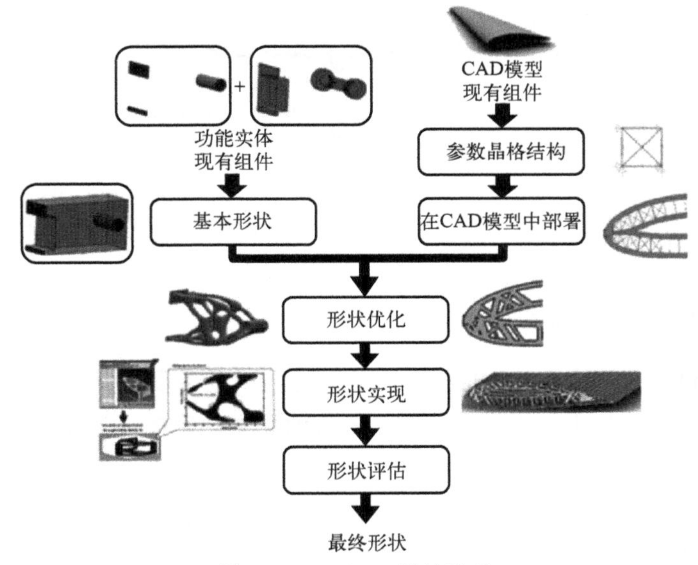

图 6-7　C-DfAM 设计流程

例如，眼镜蛇航空公司以晶格结构作为无人机发动机气缸的传热介质，通过多物理场模拟分析，应用 nTopology 软件的场驱动在空间上改变晶格的厚度和密度，并依据功能一体化准则将 6 个零件进行合并，最终设计的无人机发动机气缸不仅满足重量的要求（图 6-8），而且重量减少 50％，支撑最少，设计周期缩短 85％。

图 6-8　无人机发动机气缸

6.3.2 基于装配体的增材制造设计

基于装配体的增材制造设计（A-DfAM）旨在设计或再设计一个装配体或将组件集合成更少的零件，需要定义装配体的规格，将功能规格聚类为集合，设计师对每个功能集合进行拓扑优化，同时，为每个功能集合定义几何体，寻求符合所有功能集合的几何体，具体流程如图 6-9 所示。

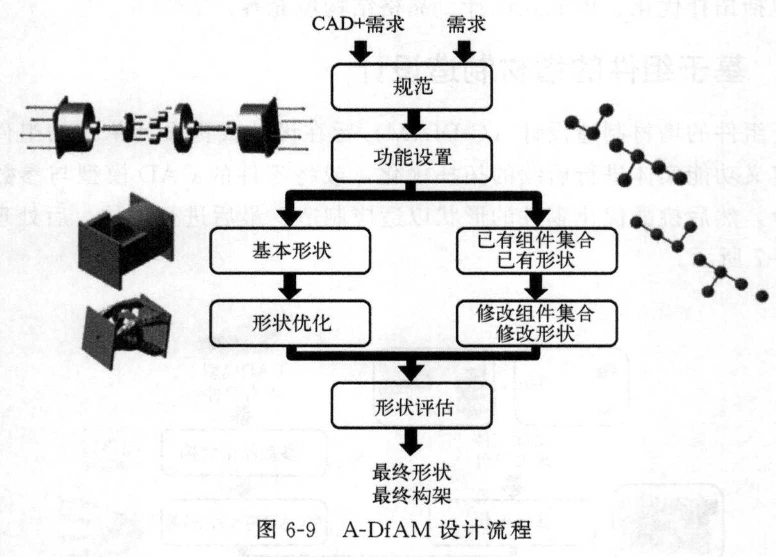

图 6-9 A-DfAM 设计流程

6.3.3 创成式设计

创成式设计（generative design，GD）是一种提供设计方案或优化已有设计以符合用户需求的技术，也是一种基于输入的准则、约束、目标等自动搜索并生成满足这些需求的最优设计方案的方法。随着变量的增加，解空间将呈指数级增长，实践中，这些解的评估将变得异常困难。为此，创成式设计需要增材制造设计软件的辅助，这类软件属于自底向上的创成式设计工具，基于输入的准则帮助设计师探索设计方案空间并生成设计结果，主要用于建筑设计、零件设计等。一般的 GD 步骤如图 6-10 所示。

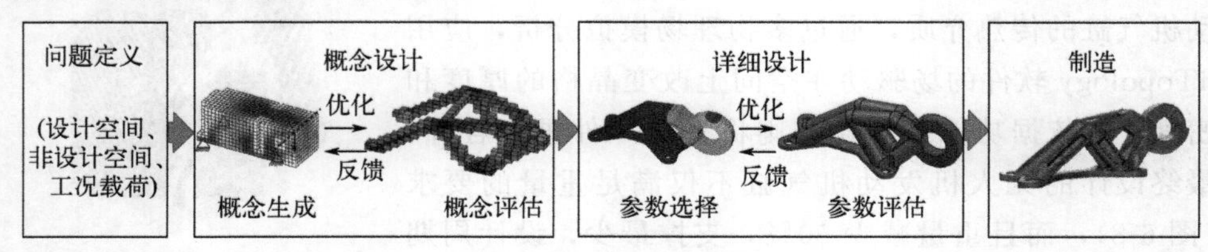

图 6-10 创成式设计流程

① 问题定义。根据用户需求和功能分析，指定可进行设计优化的设计空间和无法进行设计变更的非设计空间部分，并定义边界条件、工况载荷等。

② 概念设计。设置优化目标和约束，生成初步设计概念方案。

③ 详细设计。具体化结构方案，进行仿真分析，通过拓扑优化技术或晶格填充等在给定设计空间进行材料布局优化，通过反复迭代，获得最佳方案。

④ 制造。选择合适的 AM 方式，进行物理样机的制造、后处理等。

以 Briard 等所提 G-DfAM 方法为例讲解，该方法包括 4 个阶段。

① 问题映射。将零件的规格映射为典型的创成式设计数据，定义设计空间、非设计区域、载荷工况等。

② 初始化。无约束优化阶段，在给定的设计空间进行优化准备，其主要优化目标是确定最优化参数，循环迭代优化参数，分析优化结果等，以获得最佳优化结果。

③ 增材制造准则集成阶段。在初始最佳优化结果的基础上，集成增材制造参数，迭代优化过程，获得适合增材制造的优化后的零件。

④ 精细化阶段。搜索所有潜在的增材制造和创成式设计方案，确定晶格结构和填充区域，迭代循环完善优化结果，并打印零件。

G-DfAM 具体流程如图 6-11 所示。

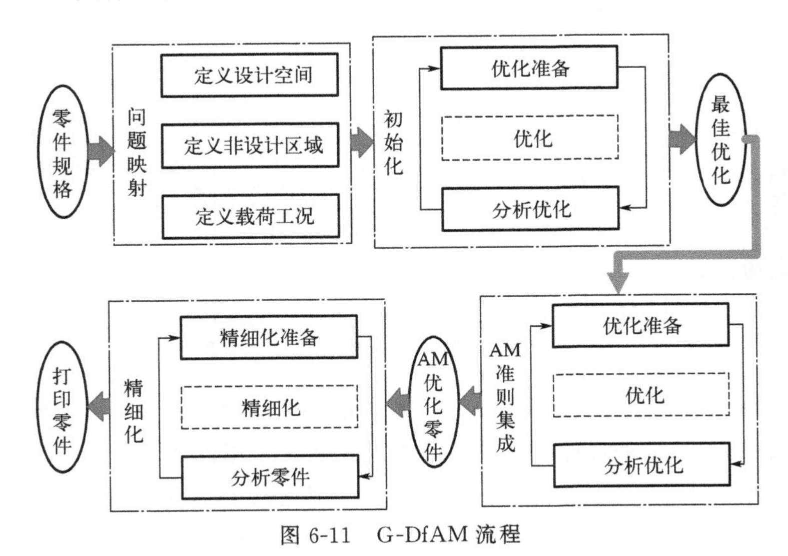

图 6-11　G-DfAM 流程

6.4　增材制造可持续设计案例分析

6.4.1　汽车座椅安全带支架的设计

图 6-12 是某汽车座椅安全带支架，应用创成式增材设计法对其进行优化。

目标是最小化支架质量，同时保障 Von Mises 应力和位移要求。按照创成式设计的四个阶段进行设计：在问题映射阶段将设计规范转化为 GD 的输入，即确定设计空间、非设计空间和工况载荷等；初始化阶段是一个无约束优化阶段，设计者需要在不同的参数设置下迭代多次进行寻优，并对结果的合理性进行分析，当设计满足需求时，可以进行下一步；在 AM 准则集成阶段，用户需要根据 AM 的具体特点进行新的优化，例如，最小化支撑，这些新的约束在此阶段被集成到产品设计中，如果条件允许，用户可以修改零件的几何形状，并进行试打印，以分析优化 AM 生产过程，最终结果必须符合设计需求；在精细化阶段，前面的 AM 最优化结果继续完善，一般通过元结构填充，以节省材料、减少生产成本和时间等。具体设计流程如图 6-13 所示。

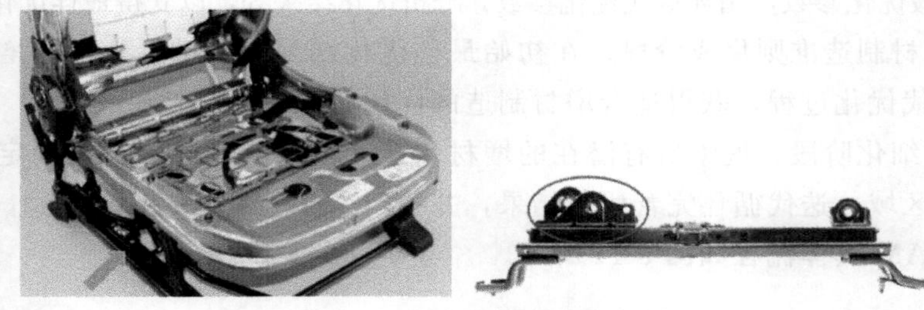

图 6-12　汽车座椅安全带支架

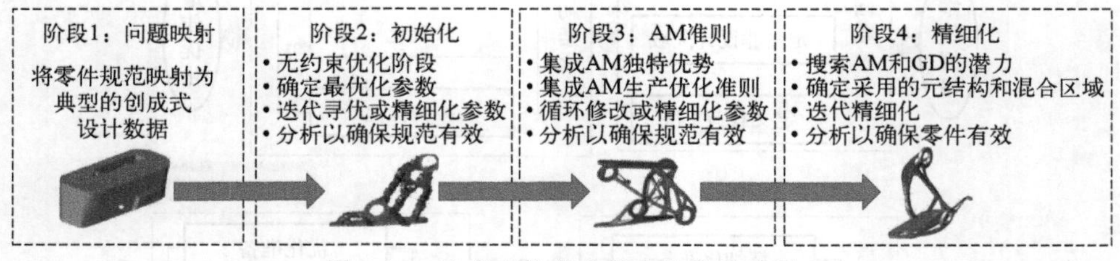

图 6-13　汽车座椅安全带支架设计流程

我们应用 5 个不同的创成式设计软件获得 6 个不同方案，所提方案提供了不同的形状、几何结构和性能。为评价方案的优劣，采用性能、精准性、AM 的准备状态、创造性四个概念评估指标进行评价。将这四个一级指标根据其重要性进行权重分配，并将其细分为子指标，每个子指标的评分为 1～3。其中，性能指标的权重设为 4，是最重要的指标，用于评价原零件质量、最大化 Von Mises 应力和位移与优化后零件的差异；精准性指标的权重为 3，用于评价创成式设计方法的应用情况，考虑了元结构（例如晶格等）的使用、几何体和形状的简化情况等；AM 的准备状态的权重为 3，用于评价 AM 准则集成到结果方案的程度，诸如支撑优化、连续厚度、生产优化等 AM 准则在设计方案中的应用情况；创造性指标的权重为 2，用于评价设计方案是否具有原创性、审美性等。

优化方案及评分结果具体如图 6-14 所示。

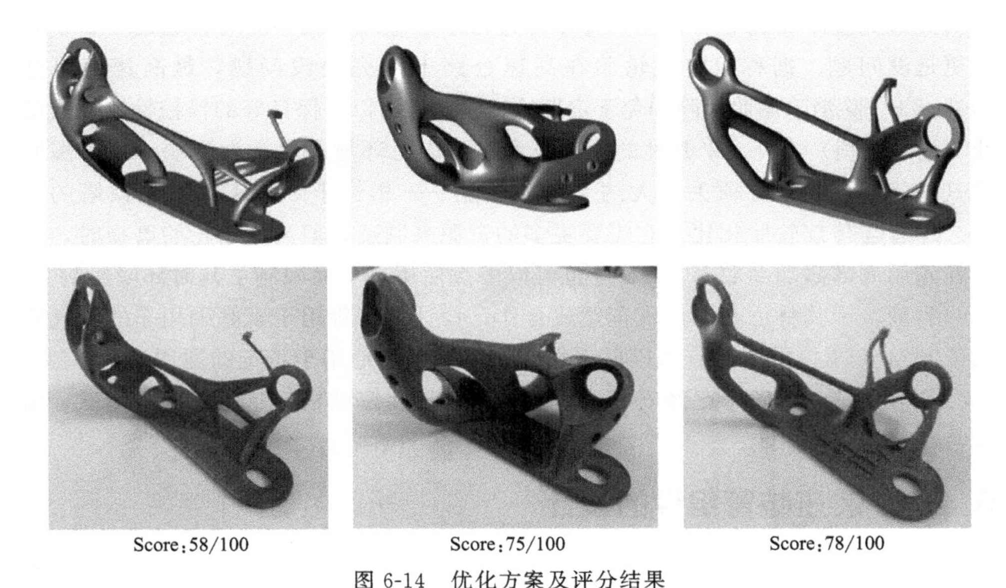

图 6-14　优化方案及评分结果

6.4.2　米其林的 3D 打印轮胎

在汽车行业，轮胎制造商米其林推出了使用寿命更长、针对性更强的全 3D 打印轮胎。该轮胎采用高强度树脂材料，里面添加了玻璃纤维和复合橡胶，其中 46%为可持续材料，包含回收得来的 143 个酸奶杯和大约 12.5 个 PET 瓶，通过 3D 打印技术制造而成，如图 6-15 所示。米其林的目标是到 2024 年首批包含回收酸奶杯和 PET 瓶的轮胎投入生产，每年回收约 40 亿个 PET 瓶作为轮胎原材料；到 2050 年使用 100%的可持续材料生产轮胎。

图 6-15　米其林的 3D 打印轮胎 Uptis

在 2021 年慕尼黑 IAA 商用车展上，米其林首次将 3D 打印轮胎（Uptis）用在家用汽车上。据反馈，3D 打印轮胎的舒适度和普通轮胎没有什么区别。

3D 打印的 Uptis 轮胎胎纹与普通轮胎类似，看起来并没有什么特别之处，但是没有侧壁，取代它的是一些镂空的波浪形缓冲结构。同时，轮胎配有一个特制的铝合金轮毂，可以像普通车轮一样安装在汽车上，虽然比传统的车轮重约 7%，但是抗冲击能力更强，使用寿命更长。除此之外，轮胎抓地性能也没有太多改变。重要的是，从此车上再也不需要备胎了，因为它永远不会爆胎，上尖角的马路边完全不用担心。甚至，开车轧过钉子也毫发无伤，应对普通的小石子路况更是没问题。据称，这款轮胎在高速公路上跑完全没问题，最高速度可达210km/h。除消除爆胎风险和免于定期检查轮胎压力以确保良好的操控性（以及防止不均匀磨损）之外，米其林的无气技术还可以对环境产生重大影响。由于爆胎或其他问题，每年必须丢弃大约 2 亿条轮胎——相当于 200 座埃菲尔铁塔的重量。尽管与传统轮胎相比，它需要更多的资源来制造，但当原始轮胎磨损时，通过在轮胎底部添加新胎面，Uptis 也可以多次使用，从而限制了其对环境影响。

目前，米其林已与通用汽车达成合作，设计并销售用于家庭乘用车的无气轮胎，2024 年第一批产品有望推向市场，它们将可选地用于特定的通用汽车车型。

雪佛兰 Bolt EV 车已经安装了这种轮胎，已在密歇根州东南部进行测试，预计会在 2024 年上市。

6.4.3 液压歧管组件的设计

下面案例选自 Wang 和 Zheng 等研究成果，目标是通过增材制造设计将原来的液压歧管轻量化并提升性能。原始设计方案中内部孔直角交叉，由传统的钻孔机制造，存在较大设计冗余，直角会降低油压，并引发振动。该方案的上下表面为装配接口，通过盲孔连接，所有的内部孔为功能特征，如图 6-16(a) 所示。

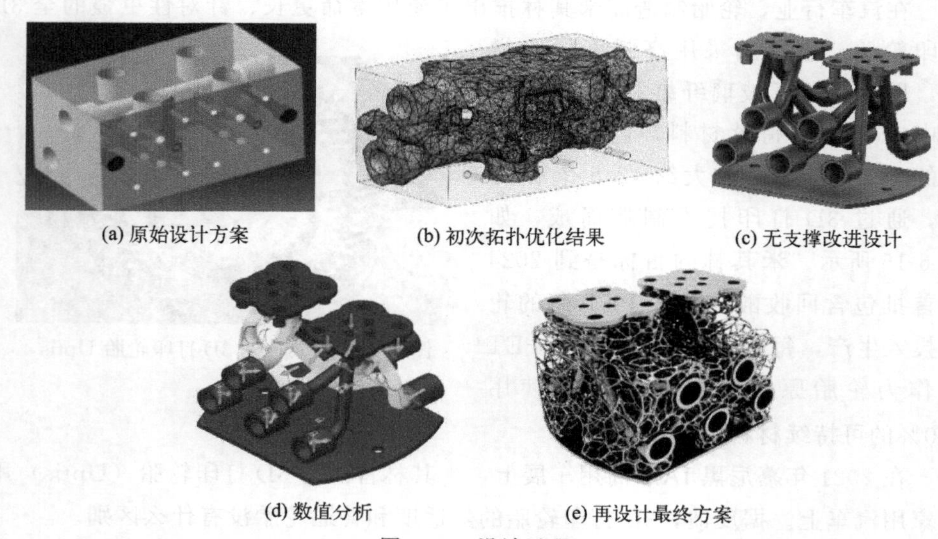

(a) 原始设计方案　(b) 初次拓扑优化结果　(c) 无支撑改进设计

(d) 数值分析　(e) 再设计最终方案

图 6-16　设计过程

在原始方案的基础上，利用软件 Fusion 360 进行拓扑优化，结果如图 6-16(b) 所示。为了确保所得方案能够进行增材制造，需要应用增材制造设计准则进行功能特征改进，无支撑改进设计结果如图 6-16(c) 所示。所有功能特征修改完毕之后，进行数值模拟，其边界条件与拓扑优化的边界条件一致，结果如图 6-16(d) 所示。针对薄弱区域进一步进行修改，直到满足设计要求。生成连接或支撑体积将所有特征连接起来以备打印。此外，采用生成设计方法（网格生成算法）在由装配界面和功能特征边界定义的凹壳内生成仿生支撑结构，可以由成熟的商业软件实现。一般为了保障支撑易于去除，应使用没有尖锐接触尖端的固体支撑来确保连接强度。将支撑结构与功能结构组合形成再设计最终方案，如图 6-16(e) 所示。

6.4.4　悬臂枢轴的再设计

下面案例选自 Ercolini 等的研究论文，目标是提升产品性能，避免装配。

原始设计包括两个圆柱形套筒，由两个互相垂直的柔性臂连接，具体如图 6-17(a) 所示。AM 设计可以避免装配环节，因此，首先将该悬臂枢轴作为一个零件进行再设计，使用圆角减少热应力集中。接着，应用 ANSYS 16.0 对初次改进设计的悬臂枢轴进行分析，设置材料为铝合金 AlSi10Mg，一个套筒固定，另一个套筒的工况包括径向拉力、径向压力和旋转，安全系数为 1，压力作用下，其最大等效应力为 230MPa。为了进一步减少应力集中，进行几何参数修改，s 设置为 1.5mm，进行敏感性分析，参数 a_1 增加，a_2 减少，R 值增加，安全系数增加。通过几何参数修改，在通道工况下（1375N），最大等效应力由 230MPa 降为 139MPa，具体参数如表 6-5 所示，优化结果如图 6-17(b) 所示。进一步对柔性臂进行拓扑优化，结果如图 6-17(c) 所示。拉压载荷分别为 2250N 和 2225N，最大旋转角为 3.4°，低于原始设计。以平行于套筒轴线的方向为打印方向，采用自支撑结构进行优化设计，减少支撑数量，以便于去除支撑，结果详见图 6-17(d)。对再设计后的悬臂枢轴进行数值模拟，结果显示最大旋转角度为 2.4°，低于前面的设计结果。为了保证最小旋转角度 5°，将悬臂枢轴构建为一个整体部件（从四个部件变为一个部件）并移除任何组装操作，设计结果如图 6-17(e) 所示。该创新结构（18g AM 铝合金）比原始结构（30g 铸造铝合金）轻 40%。对于具有较低剖面扭转的几何形状，获得的旋转分别比原始设计（3.2°）和 L-PBF 重新设计的枢轴（2.4°）多 2.1°和 2.9°。该案例研究展示了利用 AM 设计新型弯曲接头的潜力，并为快速扩展的精密机械部件生产领域增添了新的内容。

表 6-5　几何参数优化结果

项目	r_1/mm	r_2/mm	R/mm	s/mm	a_1/mm	a_2/mm	σ_{max}/MPa
优化前	0.5	0.5	5	1.5	17	9	230
优化后	0.5	0.5	7	1.5	23	6	139

(a) 原始设计　(b) 参数优化　(c) 拓扑优化结果　(d) 面向AM的优化结果

(e) 不同配置的新型再设计结果

图 6-17　再设计过程

第7章

面向全生命周期的可持续设计

面向全生命周期的可持续设计是多学科交叉融合的先进设计理念，在设计阶段考虑从材料选用、生产制造、包装运输、使用维修和回收处理等整个生命周期各阶段各环节的资源消耗，对生态环境、经济、社会等方面的影响情况，并力求找出改善设计的途径。本章从产品系统在生态环境、人类健康和资源消耗领域内的环境影响，阐述了产品生命周期评价、低碳设计等内容。

7.1 生命周期评价

7.1.1 生命周期评价简介

生命周期评价（life cycle assessment，LCA）最早起源于20世纪60年代末至70年代初的美国，当时被称为资源与环境状况分析（REPA）。其开始的标志是1969年美国中西部资源研究所针对可口可乐公司的饮料包装瓶进行的评价研究，该研究使可口可乐公司抛弃了过去长期使用的玻璃瓶，转而采用塑料包装瓶。随后，美国伊利诺伊大学、富兰克林研究会、斯坦福大学以及欧洲国家、日本的一些研究机构也相继开展了一系列针对其他包装品的类似研究。这一时期的工作主要由工业企业发起，研究结果作为企业内部产品开发与管理的决策支持工具。

20世纪70年代末到80年代中期，随着全球性固体废弃物问题的出现，REPA成为一种资源分析工具。欧美一些咨询机构根据REPA的思想发展了有关废弃物管理的系列方法论。例如，1984年，瑞士联邦材料测试与研究实验室为瑞士环境部开展了一项有关包装材料的研究，首次采用了健康标准评估系统，后来发展为临界体积方法，该项研究引起了国际学术界的普遍关注。该实验室据此理论建立了清单数据库，收录了一些重要工业部门的生产工艺数据和能源利用数据。1991年，该实验室开发了一款商业化计算机软件，为生命周期评价方法论的发展奠定了重要基础。苏黎世大学冷冻工程研究所利用荷兰莱顿大学和瑞士联邦森林景观厅的数据库，从生态平衡和环境评价等角度对生命周期评价进行了较系统的研究，对生命周期评价领域的研究起到了决定性的作用。

1990年，由国际环境毒理学与化学学会（SETAC）首次主持召开了有关生命周期评价的国际研讨会，在该次会议上首次提出了生命周期评价的概念。在以后的几年里，SETAC又主持和召开了多次学术研讨会，对生命周期评价在理论与方法上展开了广泛的研究，对生命周期评价的方法论发展作出了重要贡献。1993年，SETAC根据在葡萄牙的一次学术会议的主要结论，出版了一本纲领性报告《生命周期评价（LCA）纲要：实用指南》。该报告为LCA方法提供了一个基本技术框架，成为生命周期评价方法论研究起步的一个重要里程碑。

SETAC与国际标准化组织（ISO）为生命周期评价方法的国际标准化做出了努力。其中，国际标准化组织（ISO）于1993年成立了环境管理标准化技术委员会（TC207），负责环境管理体系的国际标准化工作。TC207为生命周期评价预留了10个标准号（14040～14049）。其中，1997年颁布了ISO 14040《环境管理：生命周期评价-原则与框架》；1998年颁布了ISO 14041《环境管理：生命周期评价-目标和范围定义-清单分析》；2000年颁布了ISO 14042《环境管理：生命周期评价-生命周期影响评价》、ISO 14043《环境管理：生命周期评价-解释》和ISO 14049《环境管理：生命周期评价-目标、范围定义和清单分析的应用举例》；2002年颁布了ISO 14048《环境管理：生命周期评价-数据文件说明格式》；2006年颁布了ISO 14044《环境管理：生命周期评价-需求和指导》，对前面的标准进行了技术修订；2015年颁布了新版ISO 14001《环境管理体系：规范及使用指南》；为减少和控制温室气体（GHG）排放，ISO颁布了ISO 14064、ISO 14065，英国标准协会（BSI）等颁布了PAS 2050和PAS 2060，具体见表7-1。

表 7-1 生命周期评价标准

标准	标题	内容
ISO 14040	环境管理：生命周期评价-原则与框架	一般框架、原则、实施和报告LCA研究的要求
ISO 14041	环境管理：生命周期评价-目标和范围定义-清单分析	汇编和准备目标定义和LCA范围进行介绍、报告LCA清单分析（LCI）所必须的要求和程序
ISO 14042	环境管理：生命周期评价-生命周期影响评价	LCA的生命周期影响评价（LCIA）阶段的一般框架，LCIA的重要特色和某些内在限制，LCIA的要求及与其他LCA阶段的关系
ISO 14043	环境管理：生命周期评价-解释	解释的要求和建议
ISO 14044	环境管理-生命周期评价-需求和指导	为生命周期清单分析（LCI）的准备、执行和严格审查而设立，同时也是LCA的动机评估阶段和解释阶段，为收集的数据的高质量提供指引

续表

标准	标题	内容
ISO/TR 14049 技术报告	环境管理：生命周期评价-ISO 14041 目标、范围定义和清单分析的应用实例	开展 LCI 获得实例，作为满足 ISO 14041 某些标准条款的手段
ISO 14001	环境管理体系：规范及使用指南	以支持环境保护和预防污染为出发点，旨在为组织提供体系框架以协调环境保护与社会经济需求之间的平衡，更好地帮助企业提高市场竞争力：加强管理，降低成本，减少环境责任事故
ISO 14064	温室气体计算与验证	规定了设计、开发、管理和报告组织或公司 GHG 清单的原则和要求；确定减少 GHG 项目基线及相关监测、量化和报告项目绩效的原则和要求；实际验证过程
ISO 14065	温室气体：温室气体审定和核证机构要求	为实施碳足迹认证的机构提供规范性要求，以确保第三方碳足迹认证公正、规范、科学、可信
PAS 2050	商品与服务的生命周期温室气体排放评价规范	对产品和服务整个生命周期中所产生的温室气体排放量进行核算与评估
PAS 2060	实施碳中和参考规范	规范统一碳中和的定义、认证标准和宣告碳中和的方法

生命周期评价是现今产品发展与设计所需参考的一项重要指标方针。对生命周期评价并没有统一的定义。美国环境毒物及化学协会将生命周期评价定义为一个衡量产品生产或人类活动所伴随的环境负荷的工具，不仅需要了解整个生产过程的能量原料需求量及环保排放量，还要将这些能源及排放量所造成的影响予以评估，并提出改善机会与方法。ISO 对生命周期评价的定义是汇总和评估一个产品（或服务）体系在其整个生命周期内的所有投入及产出对环境造成的潜在的影响的方法。通俗地讲，产品生命周期评价是一种用于评估产品从原材料获取、生产制造、运输、销售、使用、回收、维护到退役处置整个生命周期对环境影响的技术和方法，考虑的环境影响一般包括资源使用、人类健康和生态后果三大类。

虽然生命周期评价的定义不统一，但是其内涵基本一致，归纳如下。

① 生命周期评价着眼于产品生产过程中的环境影响，这与产品质量管理和控制等方法是完全不同的，即生命周期评价要求考虑各种产品系统或服务系统造成的环境影响，而不是评估空间意义上的环境质量。

② 生命周期评价的评估范围要求覆盖产品的整个生命周期，而不只是产品生命周期中的某个或某些阶段。Life Cycle 的概念是生命周期评价方法最基本的特性之一，是全面和深入地认识产品环境影响的基础，是得出正确结论和做出正确决策的前提。

③ 生命周期评价主要思路是通过收集与产品相关的环境编目数据，应用生

命周期评价定义的一套计算方法，从资源消耗、人体健康和生态环境影响等方面对产品的环境影响做出定性和定量的评估，并进一步分析和寻找改善产品环境表现的时机与途径。其中，环境编目数据就是在产品生命周期中流入和流出产品系统的物质。物质流既包含了产品在整个生命周期中消耗的所有资源，也包含所有的废弃物以及产品本身。生命周期评价是建立在具体的环境编目数据基础之上的，这也是生命周期评价最基本的特性之一，是实现其客观性和科学性的必要保证，是进行量化计算和分析的基础。

常用的生命周期评价方法包括 EPS 方法、CML 生命周期评价方法、生态指数法等。

EPS（environmental priority strategies in design product）方法是由瑞典环境研究所和沃尔沃公司共同研究并提出的，该方法旨在对各种产品从所消耗材料的角度来进行生命周期评价，进而设计了一种材料综合评价体系。EPS 方法将环境影响分为生物多样性、生态健康、人类健康、资源价值和美学价值五个类别，根据价值观念对环境影响因素进行评价，获得一个总的环境指标。EPS 方法综合性强，从影响的强度、时间范围、干扰单位对干扰流的贡献程度等多方面综合考虑对环境与健康的影响，但 EPS 方法中环境负荷指标中生态、经济和社会影响是相互耦合的。EPS 方法的生命周期评价步骤为分类、特征化和加权三个阶段，和其他方法的一个很大的差别是它没有归一化过程。

CML 生命周期评价方法是由荷兰莱顿大学环境科学中心提出，其总体思想是将总的环境影响分为若干个影响子类别，分别对子类别进行计算，采用专家打分等主观评价的方式对各影响子类别进行重要度排序。CML 生命周期评价方法的具体过程是：首先将所有环境影响因素根据其产生的环境影响效应进行分类，例如将所有造成温室效应的环境影响因素归到一类，为了区分其中的各个环境影响因素的不同影响程度，需要设置加权因子，为了更直观地了解影响的程度，需要将结果进行标准化处理，最后综合形成单一的评价指数。整个评价过程分为分类特征化、标准化和影响三个步骤。该方法采用影响进行分类，避免了结果耦合失真的情况，但是加权因子的设置主观性较强，人为因素对评价结果影响大。

生态指数法（Eco-indicator 99）是在荷兰和瑞士共同资助下开发的基于环境损害原理对产品生命周期进行环境影响评价的方法。该方法建立了影响因子和环境影响类别之间的定量化模型，以具体的数值表示影响因子在环境影响类别中的重要性。其中，环境包括以下几个方面。

① 资源。主要是对地球上无生命的物质资源的影响，如各种原材料的消耗、能源的枯竭等。主要以开采矿石、化石能源等所需能量进行表示，单位为 MJ。

② 人类健康。对由于环境条件变化所引起的各种社会问题、致病因素，并

由此产生的对于处在这一环境中的人类健康的影响进行分析，具体包括致癌物、可吸入性有机物、可吸入性无机物、气候变化、辐射、臭氧层破坏等。该指标以因故突然死亡或身体功能受损而损失的寿命年数进行描述，单位为 DALYs（伤残生命折算，disability adjusted life year）。

③ 生态系统质量。主要包括除对人类以外的生命物种的影响，通过产品对生物多样性与物种生存环境的影响进行描述，如生态毒性物质、酸雨/富营养化等，以在特定时间、地点内的环境负荷所引起的物种损失表示，单位 PDF·m^2·yr（potentially disappeared fraction，PDF）。

生态指数法主要包括特征化、损害评估、标准化、加权、单一计分五个步骤。首先，将产品清单分析的数据按照一定的环境机制进行分类特征化；然后，将各种环境影响类别用转换因子归纳合并为三类环境影响，进行损害评价；依照欧洲地区平均每人每年所承担的环境负荷，赋予标准化因子；最后由专家咨询和问卷调查获得加权因子；将各种环境影响结果相加获得单一计分，归一化后得到产品的生态指数值。

7.1.2　生命周期评价流程

ISO 14041 标准把生命周期评价的实施步骤分为目标和范围界定（goal and scope definition）、清单分析（life cycle inventory analysis，LCI）、影响评价（life cycle impact assessment，LCIA）和结果解析（life cycle interpretation）四个部分，如图 7-1 所示。

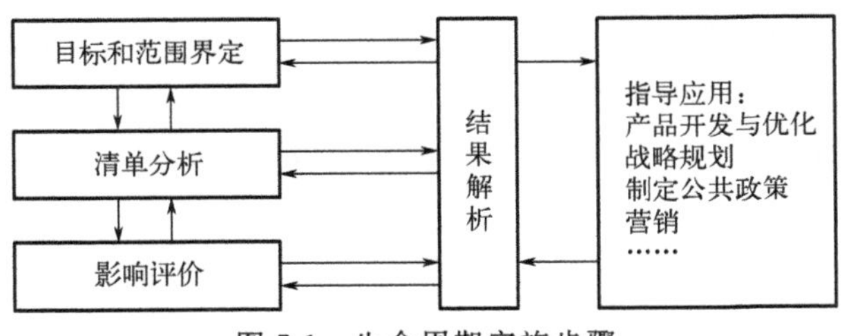

图 7-1　生命周期实施步骤

（1）目标和范围界定

确定目标和范围是生命周期评价研究的第一步，主要内容包括确定评价目标和范围、建立功能单元、系统边界、建立保证研究质量的程序等。评价目标必须清楚说明开展生命周期评价的目的、原因和研究结果预期的应用领域。生命周期评价的评价目标一般包括：①与竞争对手比较，看谁的产品更具有环境优势；②通过分析研究，找出产品的长短处；③帮助政府部门制定某类产品的生态标志或有关的环境政策法规。

范围界定需要考虑产品系统功能的定义、产品系统功能单元的定义、产品系统的定义、产品系统边界的定义、系统输入输出的分配方法、采用的环境影响评估方法及相应的解释方法、数据要求、评估中使用的假设、评估中存在的局限性、原始数据的数据质量要求、采用的审核方法、评估报告的类型与格式。

所谓产品系统，是由提供一种或多种确定功能的中间产品流联系起来的单元过程的集合，一般包括单元过程、通过系统边界（输入或输出）的基本流、产品流及系统内部的中间流。其中，基本流是指在给定产品系统中为实现单位功能所需的过程输入输出量，具体如图 7-2 所示。

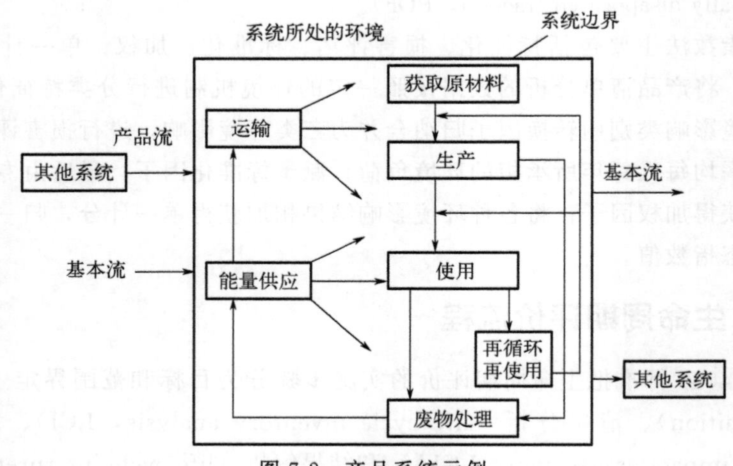

图 7-2　产品系统示例

产品系统可以进一步细分为一组单元过程，单元过程之间通过中间流和（或）待处理的废物相联系，与其他产品系统之间通过产品流相联系，与环境之间通过基本流相联系，如图 7-3 所示。

范围界定随研究目标的不同变化很大，没有一个固定的模式可以套用，但必须反映资料收集和影响分析的根本方向。

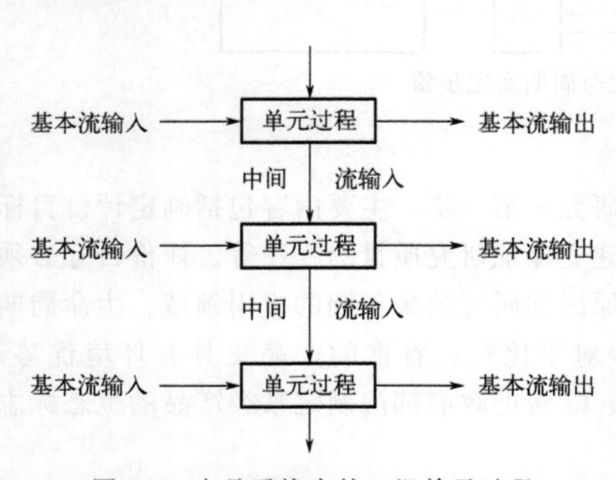

图 7-3　产品系统内的一组单元过程

生命周期评价范围按不同的特性可以分为五类：①生命周期范围；②细节标准范围，如采用 5%规则对产品材料范围进行界定，即忽略材料相对密度小于 5%的材料；③自然生态系统范围，如木材发电过程，工业部分是木材燃烧和收获，自然部分是木材量的形成和收获废料的微生物分解，有些评价只考虑了工业部分；④空间和时间；⑤范围的选择。

另外，生命周期评价是一个反复的过程，根据收集到的数据和信息，可能修正最初设定的范围来满足研究的目标。在某些情况下，由于某种没有预见到的限制条件、障碍或其他信息，研究目标本身也可能需要修正。

（2）清单分析

清单分析是对产品在其整个生命周期内的能量与原材料需要量及对环境的排放进行以数据为基础的客观量化过程。其任务是收集数据，并通过一些计算给出该产品系统各种输入输出，作为下一步影响评价的依据。输入的资源包括原材料和能源，输出的除了产品，还有向大气、水和土壤的排放。在计算能源时要考虑使用的各种形式的燃料和电力、能源的转化和分配效率以及与该能源相关的输入输出。清单分析包括生命周期所有阶段每一个单元过程原料与能量消耗、废弃物排放等数据的收集与处理。清单分析是一个反复的过程，当收集到一批系统数据以及了解到更多的信息之后，可能会出现新的数据要求，从而修正收集程序使之满足研究目标。

生命周期清单分析涉及数据收集和计算程序，数据收集是工作量最大的部分，步骤如下。

① 根据清单分析的目标和范围进行数据收集的准备工作。

数据收集准备工作核心内容包括明确数据质量目标、确定数据的来源和种类、建立数据质量的指示器、设计数据调查表。

数据质量指的是分析中所用数据的来源和数据值的可靠性。数据质量目标要针对确定的最终结果的精确性和代表性。数据质量目标指示了何处数据质量优先性高，以及为了获得满意的数据质量需要付出多大的努力。确定数据质量目标需要先确定清单分析使用的单个数据源中的数据质量水平、清单分析参数集中或整个清单分析的数据质量水平。

数据的来源包括政府文件、报告、杂志、参考文献、产品和生产过程说明书等，总体可以分为原始数据和间接数据两类。

数据质量指示器作为一种基准来对数据进行定性和定量分析，以确定数据质量是否满足要求。常用的数据质量指示器定义如下。

可接受度：数据源经过一个可接受的标准的评价或经过专家的评定的程度。

偏差：使数据平均值总是高于或低于真实值的系统误差的程度。

比较性：不同的方法和数据体系能被视为相近或相等的程度。

完备性：相比所需要的数据总量，能得到的用于分析的数据量的比率。

数据收集方法和局限性：描述数据收集方法（包括与数据收集相联系的数据局限性）的信息的水平。

精确度：变异性或分散的程度。

参考性：数据值参考原始数据源的程度。

代表性：数据能代表分析所要表达内容的程度。

数据调查表用于获取重要数据，必须与数据质量密切相连，调查表收集的数据越多，就越能确定数据质量是否达到要求。

② 进行数据收集。

数据的获取工作开始于建模，收集人员需要和设计与制造人员合作绘制详细目录流程图解，用以描绘所有需要建立模型的单元过程和它们之间的相互关系，详细表述每一个单元过程，并列出与之相关的数据类型，编制计量单位清单，针对每种数据类型，进行数据收集技术和计算技术的表述。目录流程图解详细地描述了系统的输入输出流，为清单分析奠定了基础。

清单分析需收集系统边界内每一个单元过程中要纳入清单中的数据。数据包括定量数据和定性数据。常用的数据收集方法包括自行收集、现有生命周期分析数据库和知识库、文献数据、非报告性数据。例如对于产品生产制造数据的收集，一般借助企业生产流程图，将产品整个生产过程划分为若干个便于收集数据的单元过程。一个单元过程包括一个或若干个工艺过程，具体要根据数据收集的方便性确定。通过基本流与自然环境直接相连，进入每个单元过程的基本流包括矿石、煤、原油、沙子、风能、太阳能等自然资源，离开每一个单元的基本流包括三废、射线、噪声等，中间流则是基础材料或零部件等。单元过程确定之后，可对每个单元过程输入、输出的各种原材料、能源和环境排放数据进行收集、计算，然后按照功能单位进行换算即可获得该单元过程的清单数据，汇总后获得该产品生产阶段的清单数据。

③ 分析数据的有效性。

数据的有效性确认包括运用数据质量指示器来分析数据源、评价数据的质量以发现不合理的数据并予以替换、对数据缺失和缺乏的处理。

数据质量指示器分析数据时受到数据质量目标、数据类型（原始数据还是间接数据等）、数据的处理（是外推的还是内插替换）、数据质量分析方法类型（是在 LCI 分析过程中还是分析已存在的 LCI）的影响。

LCI 数据质量的评价是合理解释 LCI 结果的前提，优秀的数据质量得到的 LCI 结果较为精确，反之亦然。数据质量评价的一种方法是用数据质量工作表对核心数据源进行评价，其中需要确定数据源的数据质量指示器的适合度以及数据的质量等级；另外一种方法是利用谱系矩阵对数据质量指示器进行半定量化的表征。

数据缺失和缺乏情况发生的原因可能是不能从事先确定的工厂或生产线、产品、生产过程中得到所需的数据，无法获得某一产品的全部数据，调查表响应不详细等。核心数据源经过数据质量指示器确定并评价，根据数据值对 LCI 结果的影响确定数据源和相应的数据是否满足数据质量目标的要求。如果不满足，则需要进行如下选择：a. 收集其他质量好且能满足要求的数据；b. 重新确定数据质量目标；c. 重新检查并在有可能的情况下重新确定 LCI 的目标和范围；d. 放弃这个 LCI；e. 运用数据补偿方法解决数据问题。

常用的调整数据缺失和缺乏数据集的方法包括代替和权重。代替是用一种合理的替代值代替缺失值，可用于调整多种数据缺失的情况。经过经验或逻辑推理得到的特殊值、经过经验模型产生的预测值都可以作为替代值。通过逻辑替换、演绎推理替代、平均值替代总体情况、随机值替代总体情况、回归分析替代等方法进行数据处理。

④ 将数据与单元过程和功能单位关联。

产品系统可以划分为单元过程，单元过程之间、单元过程和其他系统之间、单元过程和环境之间都是通过流来联系的。由于流形式、单位等不统一，必须确定一个基准流（如 1kg 材料），然后才能计算出单元过程的定量输入和输出数据。通过基准流的确定就可以实现数据与单元过程的关联。

根据流程图和系统边界将各单元过程相互关联，以统一的功能单位作为该系统所有单元过程中物流、能流的基础，通过计算获得系统中所有的输入和输出数据。

⑤ 完善系统边界。

LCA 是一个反复的过程，需要根据敏感性分析所判定的数据重要性来决定数据的取舍，从而对初始分析结果加以验证。而初始产品系统边界必须依据确定范围时所规定的划界准则进行修正完善。

(3) 影响评价

在 LCA 中，影响评价是对清单分析中所辨识出来的环境负荷的影响做定量或定性的描述和评价。影响评价方法一般倾向于把影响评价作为一个“三步走”的模型，即影响分类、特征化和量化评价。

① 影响分类。

将从清单分析得来的数据归到不同的环境影响类型。影响类型通常包括资源耗竭、人类健康影响和生态影响三大类。每一大类下又包含有许多小类，如在生态影响下又包含全球变暖、臭氧层破坏、酸雨、光化学烟雾和富营养化等。另外，一种具体类型可能会同时具有直接和间接两种影响效应。

② 特征化。

特征化是以环境过程的有关科学知识为基础，将每一种影响大类中的不同影响类型汇总。特征化就是选择一种衡量影响的方式，通过特定的评估工具的应用，对补贴的负荷或排放因子在各种形态环境问题中的潜在影响进行分析。目前完成特征化的方法有负荷模型、当量模型、固有的化学特征模型、总体暴露-效应模型等，重点是不同影响类型的当量系数的应用，对某一给定区域的实际影响量进行归一化，这样做是为了增加不同影响类型数据的可比性，然后为下一步的量化评价提供依据。

③ 量化评价。

量化评价是确定不同影响类型的相对贡献大小，即权重，以便能得到一个数字化的可供比较的单一指标。对不同领域内（如气候变化、臭氧层空洞和毒性）的影响进行横向比较，目的是获得一套加权因子，使评价过程更具客观性。数据标准化反映了各种环境影响类型的相对大小，但是，不同影响类型标准化后，即使值相同，也不意味着它们的潜在环境影响一样，因此，需要对不同影响类型的重要性进行排序，即赋予权重。将各种不同影响类型综合为单一指标，以便于对不同产品、产品系统的环境影响进行比较。

④ 改善评价。

根据一定的评价标准，对影响评价的结果做出分析解释，识别出产品的薄弱环节和潜在改善机会，为达到产品的生态最优化目的提出改进建议。

(4) 结果解释

清单分析结果需要根据研究目的和范围进行解释，主要包括敏感性分析、不确定性分析、系统功能和功能单位的规定是否恰当、系统边界的确定性等。

敏感性分析主要用于确定一个模型的输入参数变化后对整个模型结果的影响。一般在数据源可信度不高、待评价的产品系统具有较高的可变性、某一成分的数据丢失或缺乏时需要进行敏感性分析。敏感性分析方法包括一条路敏感性分析法、图表分析法、比率分析法。其中，图表分析法最适合单个系统的敏感性分析，而比率分析法适用于两个系统 LCA 之间的比较。

不确定分析用来确定各种输入参数的不确定性对模型结果的影响。不确定性来源于收集和分析数据时测量和取样方法的随机误差和系统误差、自然变异性、建模的近似性。

7.1.3 生命周期评价工具

生命周期评价工具包括 GaBi、SimaPro、LCAiT（LCA inventory tool）、PEMS（pira environmental management system）、TEAM、KCL-ECO、JEM-LCA 等。数据库是 LCA 的关键，比较著名的数据库有瑞士的 Ecoinvent 数据库、欧盟的 ELCD 数据库、德国的 GaBi 数据库等。

(1) GaBi

GaBi 是德国 Institut fur Kunststoffprufung und Kunst-stoffkunde 公司开发的环境影响评估软件，所含的评价方法主要有 CML、EI、EDIP 和 UBP 等。其数据库由 PE-GaBi、PlasticsEurope、Codes、Eco Inventories of the European

Polymer Industry（APME）与 BUWAL 等数据库联合组成，包括全球地理、欧洲化工业生态冲击与包装材料等数据。GaBi 数据库包括 800 种不同的能源与材料流程，数据库包括能源与材料流及生产技术两大项。每一种流程又可以让使用者自行发展出一套子系统。数据库中也提供了 400 种工业流程，归纳在十种基本流程中，如工业制造、物流、采矿、动力设备、服务、维修等。

GaBi 软件可用于生命周期评价项目、碳足迹计算、生命周期工程项目（技术、经济和生态分析）、生命周期成本研究、原始材料和能流分析、环境应用功能设计、二氧化碳计算、基准研究、环境管理系统支持（EMAS Ⅱ）等。

GaBi 软件的功能如下。

1）清单分析建模

GaBi 软件以直观视觉化的方法展现工艺流程图，并反映真实的产品制造工艺，包含所有输入输出（例如，材料、能源、水和废弃物）以及潜在的环境影响。

图 7-4(a) 所示机油滤清器为汽车的一个部件，以其为研究对象，生命周期评价所需要的信息包括装配部件和元件构成的结构信息、元件的质量、原材料类型、生产工艺、元件生产过程中的运输及原材料损耗等，这些信息可以由图 7-4(b) 所示材料单获得。GaBi 应用软件可以用于系统创建机油滤清器的工艺流程模板。

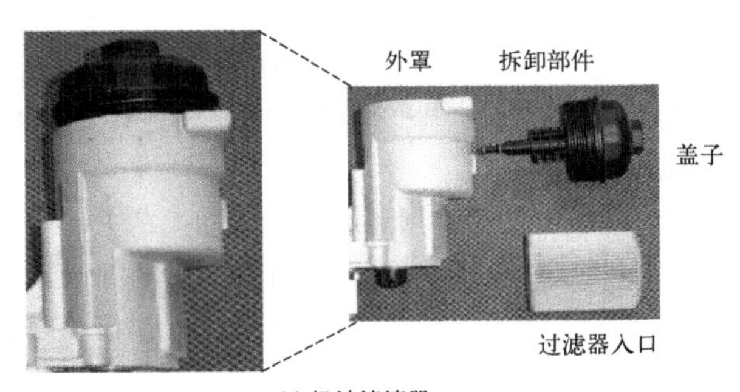

(a) 机油滤清器

名称	质量	原材料	工序
机油滤清器	3.6kg		
→ 外罩	2.4kg	铝	铸件
→ 盖子	0.5kg	聚乙烯	喷射模塑法
→ 过滤器入口0.7kg			
→ → 过滤器	0.4kg	纸	
→ → 机架	0.3kg	钢铁	深冲压(金属板坯加工)

(b) 材料单

图 7-4　机油滤清器及材料单

2）影响评价分析

GaBi 包括 9 种环境影响评价方法，并支持用户自定义环境影响评价方法。

GaBi 软件可以自动计算复杂流程图并显示各单元名称及流量，流程进行层次化结合，使生命周期流向结构清晰。

3）分析和解释评价结果

GaBi 软件的平衡分析是进行分析和解释评价结果的起点，通过平衡视图以百分比或绝对值显示评价结果。该软件提供了阶段分析、参数变更、敏感度分析、蒙特卡洛分析等分析方法，可进行敏感度分析、冲击分析与成本分析，并由数据质量指数加强数据可靠性。

4）数据库管理

GaBi 的主数据库为 GaBi 数据库和大量的 PE/LBP 数据，约 1000 个工艺。GaBi 软件包括辅助对比、辅助合并等智能工具，可以有效帮助用户轻松高效地管理数据库。该软件的数据库的分类整理完善，容易找到数据。

5）存档

GaBi 使用基于浏览器的数据存档系统，与欧盟委员会的 ILCD 手册类似。每一条 GaBi 数据集与一个 HTML 文档链接，该文档包含全面的过程描述信息、分配原则、数据来源、流程图、范围等，支持用户添加自己的存档文件。

GaBi 数据库涵盖了绝大多数行业，包括农业、汽车和交通、建材和建筑、化工和材料、电子和 ICT 技术产品、能源和设施、食品、保健和生命科学、工业产品、金属和采矿、石油和天然气、零售业、服务业、纺织业等。

应用 GaBi 软件实现生命周期评价的步骤如下。

① 使用 GaBi 软件和选择数据库以模拟实际系统，并从数据库中选择最适合且最具代表性的数据。

② 评价全部的清单和影响，使用影响种类和相关的方法学。

③ 采用 GaBi 软件提供的 i-reprt creator 工具创建标准化的 LCA 报告或交互式报告（i-report），可视化展现计算结果，分析 what-if 情境以改进产品或工艺。

（2）SimaPro

SimaPro 软件是由荷兰莱顿大学于 1990 年开发的用于收集、分析、监测产品和服务环境信息的生命周期评价集成软件工具，目前已发展到 SimaPro9 版本。该软件由 Dutch Input Output Database95、Data Archive、BUWAL250、ETH-ESU 96 Unit Process、IDEMAT、Eco Invent Data、Danish Food Data、Franklin USA Data、IO-database for Denmark 1999、USA Input Output Data 等多个数据库联合组成，包括能源与物料的投入产出数据、包装材料数据、油品与电力等各种产业数据以及环境冲击、全球变暖、温室效应等数据，可给使用者提供分析时足够的参考依据，是数据库最丰富的生命周期评价软件之一。

SimaPro 的画面依照 LCA 理论编排，分成盘查分析、冲击评估、阐释、案例底稿与产品普通数据，使用上只要依照 LCA 流程，找到 SimaPro 对应的项目即可开始操作。

SimaPro 软件主要的功能如下。

1）清单分析建模

SimaPro 可以用于对两种或多种产品系统进行对比分析，SimaPro 通过向导式建模方式引导用户构建产品的生命周期模型。该软件可以用于系统过程或单元过程分析。

2）环境影响评价

SimaPro 包含 10 多种环境影响评价方法，几乎包括世界上大多数主流的环境影响评价方法。另外，这些评价方法可以编辑和扩展，也支持用户自定义新的环境评价方法。SimaPro 软件中制造阶段的数据库最为详尽，且其可以选择图文输出方式，除具有生命周期查询的资料外，同时也给予环境影响的评估，并可比较不同程序集原料对环境所产生冲击的大小。该软件除可以针对各种环境影响建立环境指标外，还以树状图清楚地表示环境负荷，由树状图清楚地表现出各个输入的能量与材料的分支，并在各项分支的子系统中以衡量的方式，依据类似温度计的表达方式，使人们快速地判断该材料及能量对环境的影响。

3）分析和解释评价结果

清单分析结果以表格形式表达，环境影响评价结果则以表格或图形方式表达，同时提供特征化、标准化、权重值分析结果。

4）数据库管理

SimaPro 软件整合不同的数据库，将不同来源的数据分级并以库项目的方式组织，可以用于所有工程。用户可以定义任何数量的工程，数据可以在不同库项目和工程之间复制。该软件还可使用其他生命周期评价软件开发的数据。SimaPro 数据库为主数据库，包括所有的库项目和评价方法。

5）存档

SimaPro 软件可以将清单数据存档，同时，环境影响评价方法也存于数据库中。

(3) 其他工具

LCAiT 是瑞典 Chalmers Industriteknik 开发的软件，它仅提供有限的数据库，包括能源、生产燃料及物流、化学物质、塑料、纸浆及纸制品等内容，其优点是可外接其他数据库，适合具有物质能量流动概念的非专业技术的初学者使用。

PEMS 由英国 Pira International 公司研发，可以选择 109 种材料、49 种能源、37 种废弃物管理及 16 种物流等，用来计算影响评估的程度，参数主要采用欧洲的资料，且不可自行修改或编辑，资料输出可采用文字或图表。初学者及专业人士皆可使用。

TEAM 是由法国 Ecobalance 公司开发的软件，其数据库资料文档分为10个大类、216个小类。10个大类分别为纸浆造纸、石化塑料、无机化学、铜、铝、其他金属、玻璃、能量转换、物流、废弃物管理等。TEAM 软件的树结构功能优良，具有图表制作、感应度分析、误差分析、情景分析等功能，使用者可自行定义及编辑资料或单位。该软件具有主要的库存管理程序和控制技术的评价方法，数据库形态为单元式程序。

7.2 低碳设计

7.2.1 低碳设计概述

全球气候变暖问题日益严峻。2020年，我国提出“碳中和”和“碳达峰”即“双碳”战略，对制造业发展提出了新挑战。典型的低碳技术包括碳减量（carbon reduction）、碳再用（carbon reuse）和碳循环（carbon recycling）。碳减量通过降低碳排放强度和材料用量实现，碳再用和碳循环通过退役产品回收再利用实现。设计是制造业的前端环节，对于产品全生命周期的碳排放具有重要影响。产品低碳设计是在满足功能、质量、可靠性等基础上，通过优化各个设计环节以减少产品整个生命周期温室气体排放的低碳技术，可从源头实现节能减排，对于促进新型工业可持续发展具有重要意义。产品低碳设计需要全面考虑生命周期的碳排放、产品性能、生产成本、回收维护成本与效率等多种因素，是一个多目标优化问题，其主要研究内容包括碳足迹计算、低碳认证、低碳设计优化、低碳设计方法等。

产品碳足迹计算用于统计核算产品的碳排放，主要方法包括 BSI PAS2050 通用计算法、投入产出计算法等。低碳认证是产品低碳设计过程的一种评价标准和约束，通过碳标签量化展示产品在全生命周期中产生的温室气体排放量。碳标签包括碳足迹标签、碳减排标签、碳中和标签三类。碳足迹标签公布产品整个生命周期的碳排放，或标出产品全生命周期每一阶段的碳排放量；碳减排标签不公布碳排放数据，仅表明产品整个生命周期内碳排放量低于某个既定标准；碳中和标签不公布碳排放数据，标示了产品碳足迹已通过碳中和的方法被完全抵消。低碳认证尚没有形成统一的国际标准。

产品低碳设计主要采用轻量化、模块化、生态化、新能源替换、TRIZ 等方法开展。大型产品的结构轻量化设计通过减少材料消耗达到制造、使用过程中的减少碳排放的目的，在机床、飞机、汽车等产品中已有广泛应用。产品结构模块化通过产品零部件的标准化、互换、重用、集成等减少装拆过程的碳排放。结构生态化通过将环境因素贯穿于产品整个生命周期来实现绿色低碳化，例如，可拆卸设计、可回收设计、再制造设计等。新能源替换是通过变换动力驱动源实现产品使用阶段低碳排放的方法，包括动力驱动类型、结构、控制系统等的创新。

本节主要介绍某课题组提出的基于连接结构单元的产品碳足迹量化与低碳设计方法。

7.2.2 碳足迹概述

碳足迹（carbon footprint）的概念是在人类活动影响下的气候变化语义下提出的，源于生态足迹，由于碳足迹的研究是由非政府组织、企业、私人机构发起的，所以，碳足迹没有固定统一的定义和计算方法。英国碳信托（Carbon Trust）公司将碳足迹描述为衡量某种产品全生命周期中排放的二氧化碳量及相关的等价物。BSI PAS 2050 中将碳足迹定义为一个用于描述某个特定活动或实体产生温室气体排放量的术语。Thomas Wiedmann 和 Jan Minx 在 2007 年发表的 *A Definition of Carbon Footprint* 一文中将碳足迹定义为社会活动或某一产品生命周期过程中产生的二氧化碳排放量（The carbon footprint is a measure of the exclusive total amount of carbon dioxide emissions that is directly and indirectly caused by an activity or is accumulated over the life stages of a product）。虽然温室气体还包括其他气体，但是碳足迹是以二氧化碳当量表达的全部温室气体量，即其他含碳气体都被换算成二氧化碳来表示。碳足迹表明人们应对气候变化的决心，帮助个人和组织评估温室气体对环境的影响；同时，碳足迹也是参考的基准，有助于评估和减少今后温室气体的排放。碳足迹概念之后又出现了“嵌入式碳”“碳流”“虚拟碳”等类似术语。功能单位供应链中的排放定义为该功能单位的嵌入式碳，排放并非一个功能单位的物理实体，而是通过生产网络与功能单位相关。因此，碳足迹与嵌入式碳排放的定义是相似的。

碳足迹针对不同功能单位在不同尺度上进行分析，例如，大至全球尺度，小到公司、产品尺度等。其中，产品尺度的碳足迹，简称产品碳足迹，是应用较广的概念，指某个产品在整个生命周期内的各种温室气体（greenhouse gas，GHG）的排放，即从原材料提取一直到生产（或提供服务）、分销、使用和处置/再生利用等所有阶段的 GHG 排放。温室气体的范畴包括二氧化碳（CO_2）、甲烷（CH_4）、氮氧化物（N_2O）、氢氟碳化物（HFC）和全氟化碳（PFC）等。由于各种气体对温室效应的影响程度不同，因此，联合国政府间气候变化专门委员会（IPCC）出版了各种与温室效应相关的气体的全球增温潜势（GWP）数据。常见的温室气体的全球增温潜势值见表 7-2。另外，表 7-2 中数值随时间而有所变化，实际应用时需使用 IPCC 最新的 GWP 值。

表 7-2 常见温室气体的全球增温潜势（GWP）

名称	化学分子式	(1908～2008 年)100 年的 GWP
二氧化碳	CO_2	1
甲烷	CH_4	25
氮氧化物	N_2O	298
六氟化硫	SF_6	22800
三氟化氮	NF_3	17200
氢氟碳化物	CHF	124～14800
全氟化碳	PFC	7500～22800

碳排放可以直接测量或间接计算，直接测量获得的数据可靠但实施难度大，间接计算一般需要获取碳排放因子，这些数据一般都由专门组织研究制定，如美国能源部在其网站上公布了相关的碳排放因子数据。

碳足迹是产品低碳性能的重要度量指标，目前尚没有统一权威的碳足迹量化方法。下面是 BSI PAS 2050 中给出的产品碳足迹计算过程。

① 在准备工作中，设定产品碳足迹计算的目标，一般的产品碳足迹计算目标包括指导企业内部评价、低碳认证或对外通报产品的碳足迹等。

② 选择产品，制定功能单位。

③ 列出产品生产涉及的所有活动和材料流、能量流和废物流，绘制产品生命周期流程图。

④ 检查系统边界，确定优先顺序。系统边界指定了产品碳足迹计算的范围，恰当的系统边界便于排除非实质性贡献的排放源，如 GHG 排放量小于总排放量 1%的排放源。

⑤ 收集相关的数据。收集产品整个生命周期中的活动水平和排放因子数据。为计算精确，一般尽可能使用初级活动水平数据，但在无法获取初级数据时，次级数据也很必要。

⑥ 计算碳足迹。某一活动的碳足迹为活动水平数据乘以排放因子，产品的碳足迹即为整个生命周期中所有活动的碳足迹之和。

BSI PAS 2050 给出了通用碳足迹计算方法，由于碳排放数据收集工作量大，导致碳足迹评估困难，为此，某课题组对碳足迹的快速量化进行了研究，提出了基于连接结构单元的产品碳足迹递阶量化法，下面将进行详细介绍。

7.2.3 基于连接结构单元的碳足迹递阶量化法

产品由若干零部件以某种方式组合而成，通过连接关系把零部件组装成装配体，毋庸置疑，结构是一切功能与形态的载体。结构设计涉及产品的功能、材料因素、构造形式、工艺因素、连接方式等，连接方式是结构设计中的重要组成部分。以连接特征为对象，将产品映射为不同粒度结构单元的有机组合，并将最简单不能再细分的结构单元定义为基本结构单元，通过结构单元的再设计实现产品的低碳设计。

低碳设计的关键是识别影响产品碳排放的主要排放源。为便于问题快速求解，以基本结构单元为最小单位划分产品，基于该粒度估算碳足迹，该过程可以描述为碳排放结构单元映射模型，具体如图 7-5 所示。

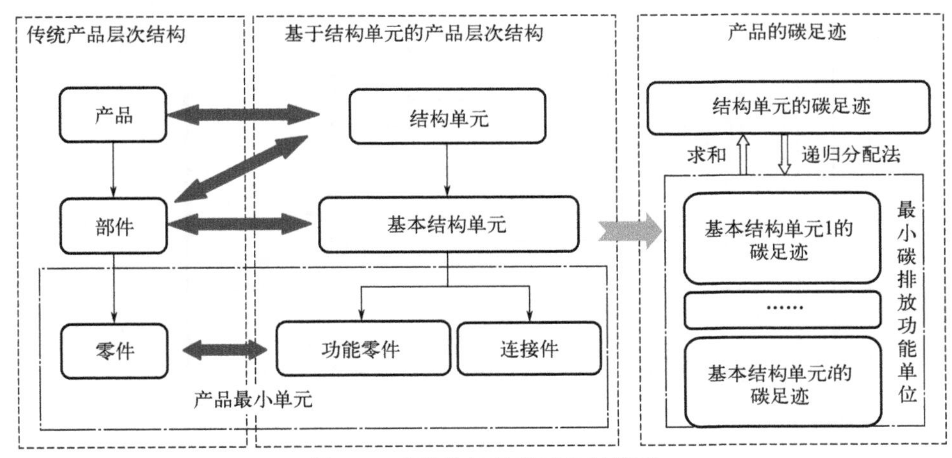

图 7-5 碳排放结构单元映射模型

基本结构单元的碳足迹量化是识别主要碳排放源的关键，它有两种方法：①基于碳排放流分析的碳足迹直接量化方法；②基于递归分配法的基本结构单元碳足迹量化方法。

(1) 基于碳排放流分析的碳足迹直接量化方法

1）产品系统的碳排放流

产品系统包括满足一定功能的材料和零部件的有机组合及全生命周期所有过程和活动的集合，包括材料获取、加工制造、装配包装、流通存储、使用维护、退役回收等阶段。产品的整个生命周期与环境系统进行着能源流、材料流、排放流等的交互循环。据此，构建了产品系统碳排放流模型，具体如图 7-6 所示。

能源和自然资源是产品系统的基础，每个环节都需要能源和自然资源（或产品）作为产品系统的输入，该系统输出的一部分是产品及功能，另外一部分是无用的排放物，排放物包括废气、废液、废物，碳排放为其中的一个组成部分，此处忽略其他排放物，只考虑碳排放。

由产品系统碳排放流模型可以看到，在产品的整个生命周期中不可避免地要消耗能源，释放温室气体等有害物质，碳排放存在于材料获取、加制造、装配包装、流通存储、使用维护、退役回收中，产品总的碳排放量 G_{p} 为各阶段排放量之和，具体描述如下。

$$G_{p}=G_{Raw,p}+G_{Mfg,p}+G_{Asm,p}+G_{Trans,p}+G_{Use,p}+G_{Eol,p} \tag{7-1}$$

式中，$G_{Raw,p}$，$G_{Mfg,p}$，$G_{Asm,p}$，$G_{Trans,p}$，$G_{Use,p}$，$G_{Eol,p}$ 分别为产品材料获取、加制造、装配包装、流通存储、使用维护、退役回收等各阶段的碳排放量。

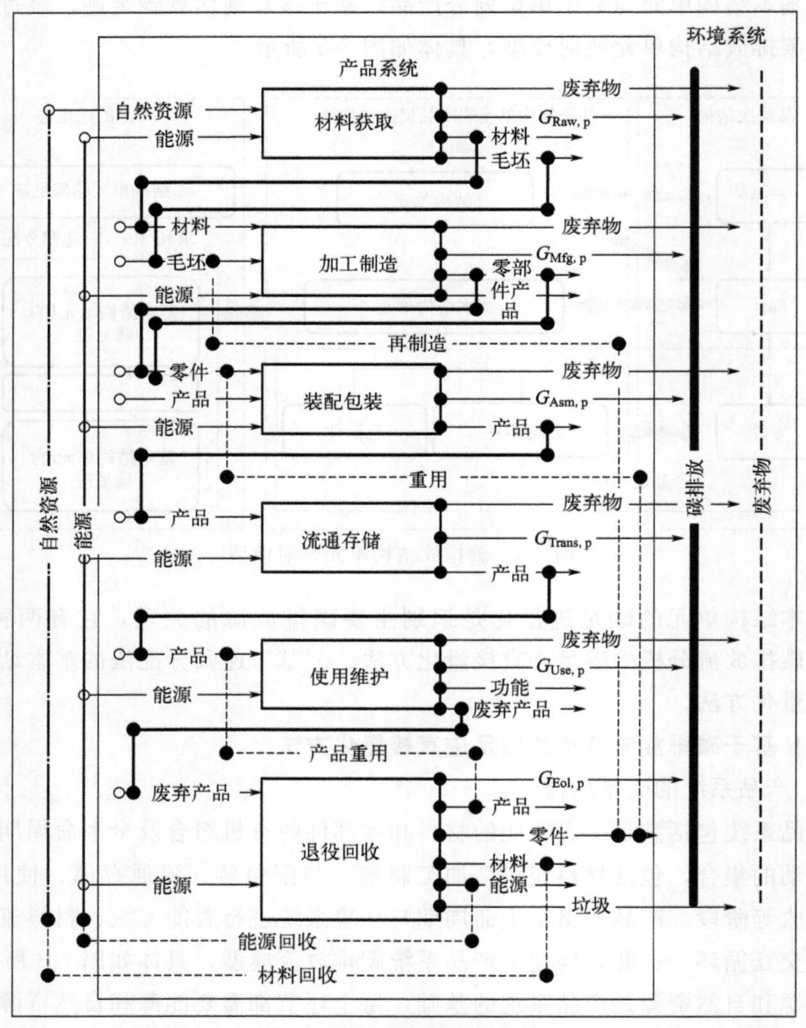

图 7-6 产品系统碳排放流模型

材料获取阶段以自然资源和能源为输入，最终从自然资源中提炼出材料或毛坯，该阶段的碳排放主要来自原材料提炼加工和运输过程。加工制造阶段将材料按照设计要求加工，其输出为零部件或产品，涉及的碳排放包括制造加工过程中耗能所带来的间接排放及该过程中发生的物理化学变化产生的直接排放，一般与被加工件的几何拓扑特征、结构、质量、体积、数量、材料、工艺路线、加工方式等有关。装配包装阶段将各零部件组装成成品并装箱，碳排放来自装配及运输等过程。流通存储阶段的碳排放来自燃料燃烧引发的间接排放，一般与产品的质量、零部件的数量、运输方式、运输距离等有关。使用维护阶段的碳排放与产品是否耗能、运行时间、产品寿命等有关。退役回收阶段只考虑产品的分解和回收引发的排放，忽略废旧产品收集过程的碳排放，排放量与拆卸方法（如破坏性拆卸和非破坏性拆卸方式）和回收级别（由高到低依次为产品重用、零部件重用、零部件再制造重用、材料回收、能源回收）以及产品零部件和材料的重量、类型等相关。式(7-1) 中各项的计算方法包括直接测量和间接计算，如在材料获取、加工制造等阶段，由供应商提供相应碳排放数据，在流通存储、使用维护及退役回收等阶段由运输距离、运输方式和零部件的质量、耗能量等进行间接测量。

2）基本结构单元的碳排放

零件的几何拓扑形状与其功能密切相关，对于功能零件，其造型特征的功能分为实质性功能和连接功能，前者用于辅助产品实现其功能，而后者用于连接，如轴上零件的连接，如果是用圆螺母定位，则轴上相应部位需要加工出螺纹，而如果采用弹性挡圈定位，则需要加工槽特征。对于连接件，只含有连接功能，如螺栓上的螺纹特征起连接作用。连接方式决定零件特征，不同的零件特征在生命周期中产生的能源流和排放流均不同。

根据 BSI PAS 2050，基本结构单元或结构单元的碳排放量理论上可以精确求解。设功能单位为一个基本结构单元，组成元素为被连接的功能零件和连接件，系统边界设为连接件全生命周期的碳排放、被连接的功能零件上的连接特征的加工制造阶段的碳排放、基本结构单元装配阶段的碳排放、基本结构单元退役处理的碳排放。排放源包括能源利用、燃烧过程、化学反应、制冷剂的损失和其他的逃逸、废物等一切系统边界内的活动或实体。

由此，可将基本结构单元的碳排放量 G_{S} 定义如下。

$$G_{\mathrm{S}}=\sum_{i=1}^{m}G_{ci}+\sum_{j=1}^{q}G_{fj}+G_{\mathrm{Asm,s}}+G_{\mathrm{Trans,s}}+G_{\mathrm{Eol,s}} \tag{7-2}$$

式中，G_{ci} 为第 i 个连接介质组成元素的全生命周期的碳排放量；m 为连接介质组成元素的个数，如螺栓连接的连接组成元素包括螺栓、螺母、垫圈三个；G_{fj} 是第 j 个连接特征制造阶段的碳排放量；q 为功能零件个数；$G_{\mathrm{Asm,s}}$、$G_{\mathrm{Trans,s}}$、$G_{\mathrm{Eol,s}}$ 分别为基本结构单元装配包装、流通存储、退役回收等阶段的碳排放量。

式(7-2) 中各项的计算需要获取相应的活动数据，第一项为连接件的碳排放量，连接件本质上也属于零件，因此可按现有的方法直接求取或从供应商处直接获得。第二项为功能零件连接特征的碳排放量，因为零件加工工艺分为多个工序，则零件连接涉及的特征部位的碳排放可以根据这些过程的输入输出能耗评估出来。公式的后三项计算方法与产品碳足迹的计算基本类似。具体计算方法参考PAS 2050或ISO 14067。

(2) 基于递归分配法的基本结构单元碳足迹量化方法

由于上述方法中求解公式(7-2)时活动数据难以获取，所以该方法实施存在困难，为此，本节提出一个递归分配法用于估算结构单元的碳排放。

1) 基于层次分析法的连接类型碳排放影响度计算

层次分析法（analytic hierarchy process，AHP）是由美国运筹学家、匹兹堡大学教授T. L. Saaty提出的一种层次权重决策分析方法，通过定性和定量因素的有机结合使决策思维过程数学化。由于层次分析法的实用性、系统性、简洁性等优点，已被广泛地应用于多个领域。

产品为结构单元的组合，结构单元之间由连接件进行装配。在产品碳足迹已知的情况下，结构单元的碳足迹可以按照分配因子进行递归分配，直至基本结构单元。

分配因子的计算是关键，由于连接类型的碳排放在很大程度上受到连接件及功能零件连接特征制造工艺、材料、装配性能、拆卸性能、回收等级等因素的影响，因此，以上述属性为评价准则，将连接类型对碳排放的相对影响程度加以量化，并定义为相对碳排放影响度，连接类型对碳排放的相对影响越小，则越低碳，其相对碳排放影响度越大，反之亦然。为方便分析，主要以螺纹连接、销连接、键连接、楔连接、铆接、过盈连接、伸张连接、形状连接、焊接、粘接十个典型连接类型为研究对象，应用层次分析法评价其相对碳排放影响度，构建的层次分析模型如图7-7所示。

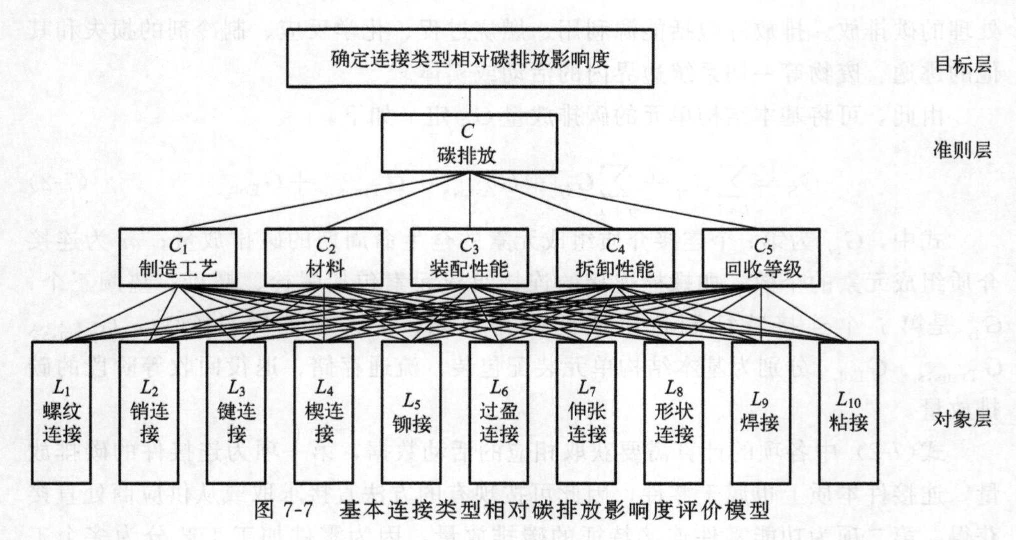

图7-7　基本连接类型相对碳排放影响度评价模型

利用1～9标度法对连接类型相对碳排放影响度进行专家打分，构造6个判

断矩阵 $\boldsymbol{A}_0 \sim \boldsymbol{A}_5$。其中，$\boldsymbol{A}_0$ 是评价准则 $C_1 \sim C_5$ 相对于碳排放 C 的判断矩阵，$\boldsymbol{A}_1 \sim \boldsymbol{A}_5$ 分别是连接类型 $L_1 \sim L_{10}$ 相对于 $C_1 \sim C_5$ 的判断矩阵。由于篇幅限制，下面只对判断矩阵 $\boldsymbol{A}_1$ 进行分析。

$$\boldsymbol{A}_1 = (a_{ij}^1)_{10\times10}$$

$$= \begin{bmatrix} 1 & 3 & 3 & 2 & 1/3 & 2 & 2 & 2 & 1/6 & 1/2 \\ 1/3 & 1 & 1 & 1/2 & 1/4 & 2 & 2 & 3 & 1/7 & 1/3 \\ 1/3 & 1 & 1 & 1/2 & 1/3 & 2 & 2 & 2 & 1/6 & 1/3 \\ 1/2 & 2 & 2 & 1 & 1/3 & 2 & 2 & 3 & 1/5 & 1/3 \\ 3 & 4 & 3 & 3 & 1 & 3 & 4 & 4 & 1/4 & 1/2 \\ 1/2 & 1/2 & 1/2 & 1/2 & 1/3 & 1 & 2 & 2 & 1/4 & 1/3 \\ 1/2 & 1/2 & 1/2 & 1/2 & 1/4 & 1/2 & 1 & 1 & 1/6 & 1/3 \\ 1/2 & 1/3 & 1/2 & 1/3 & 1/4 & 1/2 & 1 & 1 & 1/3 & 1/3 \\ 6 & 7 & 6 & 5 & 4 & 4 & 6 & 3 & 1 & 3 \\ 2 & 3 & 3 & 3 & 2 & 3 & 3 & 3 & 1/3 & 1 \end{bmatrix}$$

式中，元素 a_{ij}^1 为 1 表示元素 i 和 j 相对于指标 C_1 优秀程度相当，3 表示 j 比 i 稍微优秀，5 表示 j 比 i 明显优秀，7 表示 j 比 i 强烈优秀，9 表示 j 比 i 极端优秀，2、4、6、8 表示介于上述相邻判断值之间。元素 j 与 i 的比较判断可以由 $a_{ji}^1 = 1/a_{ij}^1$ 确定。

通过计算和一致性检验分析，获得连接类型 $L_1 \sim L_{10}$ 的相对碳排放影响度向量：

$$\boldsymbol{K} = [0.0937\ 0.0542\ 0.0541\ 0.0763\ 0.1449\ 0.0582\ 0.0429\ 0.0374\ 0.2842\ 0.1541]$$

从中可以看到，形状连接 L_8 的相对碳排放影响度 $k_8 = 0.0374$（最小），而焊接 L_9 的相对碳排放影响度 $k_9 = 0.2842$（最大）。

根据连接类型的相对碳排放影响度可以计算结构单元的分配因子，例如，产品中第 j 个结构单元的分配因子 W_j 可定义为式(7-3) 和式(7-4)。

$$W_j = \frac{Q_j}{\sum_{j=1}^{N} Q_j} \tag{7-3}$$

$$Q_j = \sum_{i=1}^{m} \frac{q_i k_t}{\sum_{t=1} k_t} \tag{7-4}$$

式中，N 为产品中基本结构单元和结构单元总数；Q 参照表 7-3 标准选定，如选择质量，则 m 为 j 结构单元中零件个数；q_i 为零件质量；$k_t \in \boldsymbol{K}$ 为零件所含连接特征的相对碳排放影响度。

表 7-3　分配因子标准

生命周期阶段	结构单元分配因子标准	生命周期阶段	结构单元分配因子标准
原材料选择	质量	运输	质量
制造	质量	使用	耗能量
装配	质量	拆卸回收	领域数据、GHG 数据库

2）结构单元碳足迹的递归分配

该方法的基本思想是先将产品划分为结构单元的组合，然后根据分配准则对功能零件进行虚拟切割，根据结构单元组成零件的情况将切割后的各个零件元素进行重组形成独立的结构单元，与此同时，结构单元的碳足迹即可分配得到。结构单元递归分割原理示例如图 7-8 所示，以滑动轴承部件为研究对象，首先按照低碳与可拆卸结构单元模型构建规则抽象出其结构单元模型，该部件中功能零件为 3、5、6 三个零件，其余连接件作为属性进行编码（此处略去）。三个功能零件构成三个互相耦合的结构单元，按照碳足迹分配标准，在结构单元模型的基础上进行虚拟切割，如零件 5 是结构单元 3 和 1 的组成成分，因此，将其虚拟切割为 3(5) 和 1(5) 两部分，其余类推，重组后得到独立的结构单元及碳足迹。

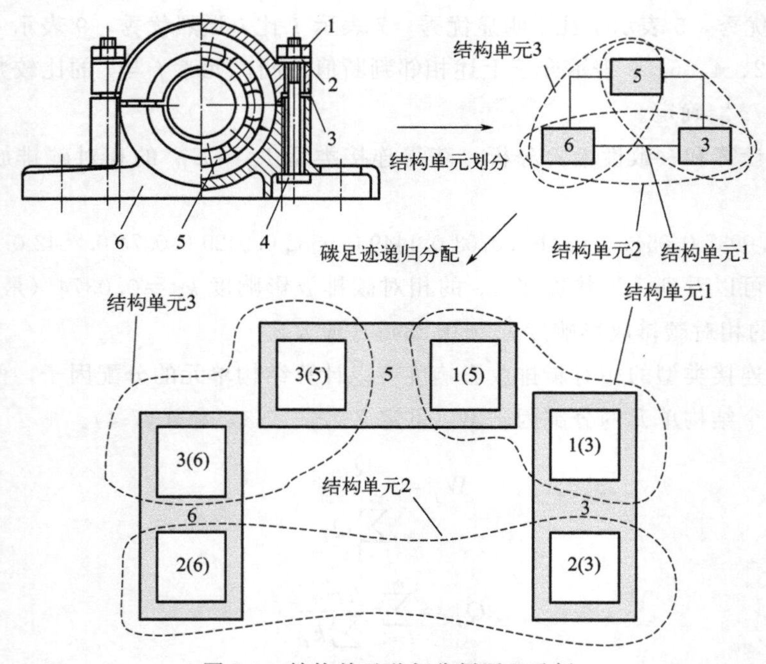

图 7-8　结构单元递归分割原理示例

1—螺母；2—垫圈；3—轴承盖；4—螺栓；5—轴衬总成；6—轴承座

设 $\boldsymbol{S}_{m\times6}$ 为结构单元碳足迹矩阵，$\boldsymbol{W}_{m\times6}$ 为分配因子矩阵，$\boldsymbol{P}_{6\times6}$ 为产品生命

周期碳足迹矩阵。结构单元碳足迹的递归分配法的数学描述如下：

$$\boldsymbol{S}_{m\times 6}=\boldsymbol{W}_{m\times 6}\boldsymbol{P}_{6\times 6} \tag{7-5}$$

将产品 P 划分为 m 个一级结构单元，则一级结构单元在原材料选择 R、制造 M、装配 A、运输 T、使用 U 和拆卸回收 E 六个生命周期阶段的碳排放量 $S_{i,j}(i=1,2,\cdots,m;j=R,M,A,T,U,E)$ 计算如下：

$$\begin{bmatrix} S_{1,\mathrm{R}} & S_{1,\mathrm{M}} & S_{1,\mathrm{A}} & S_{1,\mathrm{T}} & S_{1,\mathrm{U}} & S_{1,\mathrm{E}} \\ S_{2,\mathrm{R}} & S_{2,\mathrm{M}} & S_{2,\mathrm{A}} & S_{2,\mathrm{T}} & S_{2,\mathrm{U}} & S_{2,\mathrm{E}} \\ \cdots & \cdots & \cdots & \cdots & \cdots & \cdots \\ S_{m,\mathrm{R}} & S_{m,\mathrm{M}} & S_{m,\mathrm{A}} & S_{m,\mathrm{T}} & S_{m,\mathrm{U}} & S_{m,\mathrm{E}} \end{bmatrix}$$

$$=\begin{bmatrix} W_{1,\mathrm{R}} & W_{1,\mathrm{M}} & W_{1,\mathrm{A}} & W_{1,\mathrm{T}} & W_{1,\mathrm{U}} & W_{1,\mathrm{E}} \\ W_{2,\mathrm{R}} & W_{2,\mathrm{M}} & W_{2,\mathrm{A}} & W_{2,\mathrm{T}} & W_{2,\mathrm{U}} & W_{2,\mathrm{E}} \\ \cdots & \cdots & \cdots & \cdots & \cdots & \cdots \\ W_{m,\mathrm{R}} & W_{m,\mathrm{M}} & W_{m,\mathrm{A}} & W_{m,\mathrm{T}} & W_{m,\mathrm{U}} & W_{m,\mathrm{E}} \end{bmatrix} \begin{bmatrix} P_{\mathrm{R}} & 0 & 0 & 0 & 0 & 0 \\ 0 & P_{\mathrm{M}} & 0 & 0 & 0 & 0 \\ 0 & 0 & P_{\mathrm{A}} & 0 & 0 & 0 \\ 0 & 0 & 0 & P_{\mathrm{T}} & 0 & 0 \\ 0 & 0 & 0 & 0 & P_{\mathrm{U}} & 0 \\ 0 & 0 & 0 & 0 & 0 & P_{\mathrm{E}} \end{bmatrix} \tag{7-6}$$

同理，将一级结构单元中的 S_1 划分为 q 个二级结构单元，则二级结构单元在各个生命周期阶段的碳排放量 $S_{i1,j}(i=1,2,\cdots,q;j=R,M,A,T,U,E)$ 计算如下：

$$\begin{bmatrix} S_{11,\mathrm{R}} & S_{11,\mathrm{M}} & \cdots & S_{11,\mathrm{E}} \\ S_{21,\mathrm{R}} & S_{21,\mathrm{M}} & \cdots & S_{21,\mathrm{E}} \\ \cdots & \cdots & \ddots & \cdots \\ S_{q1,\mathrm{R}} & S_{q1,\mathrm{M}} & \cdots & S_{q1,\mathrm{E}} \end{bmatrix} = \begin{bmatrix} W_{11,\mathrm{R}} & W_{11,\mathrm{M}} & \cdots & W_{11,\mathrm{E}} \\ W_{21,\mathrm{R}} & W_{21,\mathrm{M}} & \cdots & W_{21,\mathrm{E}} \\ \cdots & \cdots & \ddots & \cdots \\ W_{q1,\mathrm{R}} & W_{q1,\mathrm{M}} & \cdots & W_{q1,\mathrm{E}} \end{bmatrix} \begin{bmatrix} S_{1,\mathrm{R}} & 0 & \cdots & 0 \\ 0 & S_{1,\mathrm{M}} & \cdots & 0 \\ \cdots & \cdots & \ddots & \cdots \\ 0 & \cdots & \cdots & S_{1,\mathrm{E}} \end{bmatrix}$$

将上述过程递归循环即可求得所有基本结构单元或结构单元的碳足迹。

7.2.4　基于结构单元进化的低碳设计框架

产品设计中，功能到结构是一个一对多的映射过程，基于生物优胜劣汰的进化思想，将结构单元进化定义为通过拓展结构方案解域以获得满足预定要求（如低碳排放）的最优结构单元的过程，具体进化方法按照优先级可分为以下三类。

① 结构单元替换法。应用符合功能、用户需求、成本、性能等基本要求的更为低碳的结构单元替换原有结构单元。

② 结构单元衍化法。结构组成元素的改变，如进行功能集成，将结构单元退化为一个功能零件，连接件数量的减少，结构单元构成元素（如功能零件或连接件等）的材料替换，功能零件自身结构的改变等。

③ 结构单元创新法。当常用的结构单元无法满足产品设计需求时，可以根

据产品功能需求，采用创新性的方法设计新型的低碳结构单元。

产品设计是一个综合考虑产品性能、功能、质量、成本及碳排放等约束的过程，此处重点考虑碳排放约束，并将面向低碳的产品结构设计问题描述为在满足产品功能、性能、成本等基本约束的条件下，通过结构设计使产品的碳足迹最小化。根据式(7-1)，该问题也可以用数学模型表述如下。

$$\begin{aligned} f &= \min(G_{\mathrm{p}}) \\ &= \min(G_{\mathrm{Raw,p}}, G_{\mathrm{Mfg,p}}, G_{\mathrm{Asm,p}}, G_{\mathrm{Trans,p}}, G_{\mathrm{Use,p}}, G_{\mathrm{Eol,p}}) \end{aligned} \tag{7-7}$$

与碳排放相关的因素包含在生命周期各个阶段，这些因素对碳排放影响或大或小，而且这些因素彼此关联耦合，为减少碳排放，应采用如下设计准则。

① 材料选择方面，尽量选择清洁、无害、低能耗并可回收再利用的材料；尽量避免使用通过长途运输取得的材料；提高零件的可回收重用率，尽量使用可被生物分解的、相容性好的材料，不兼容材料不易混合使用；减少材料的种类和使用量等。

② 优化产品几何结构和尺寸，以便于加工制造。

③ 优化加工制造技术，采用可替换的加工制造技术，减少生产制造步骤，减少能源消耗和废弃物排放量。

④ 优化运输系统，应用可重用包装材料和节能运输方式。

⑤ 使用过程提倡绿色消费。

⑥ 优化回收系统，尽量提高产品的回收级别等。

在上述准则的指导下，产品设计趋于轻量化、造型简约化、材料结构单一化等。以此为基础，提出如下方法支持产品基于结构单元进化的低碳设计，具体框架如图 7-9 所示。

低碳设计框架主要包括碳足迹量化评估、高碳排放生命周期阶段识别与低碳结构再设计三部分。

根据产品类型，将产品生命周期分为不同的阶段，计算产品全生命周期的碳足迹及各生命周期阶段的碳足迹。分析产品的结构和连接特征，划分结构单元，构建产品的碳排放结构单元映射模型，利用结构单元碳足迹递归分配法快速估算各结构单元的碳足迹。

根据法律法规或企业需求设定产品碳排放阈值，以此作为衡量产品是否低碳的标准。通过阈值尺度衡量产品是否符合低碳标准，如果符合，则无需进行下面的优化，否则，根据估算的碳足迹进行重要度降序排序，在上述设计标准的指导下，针对碳排放最多的生命周期阶段进行结构进化。

通过上述方法改进结构后，比较改进前后结构的温室气体排放量，如果有所降低，则说明进化成功，否则，更新产品全生命周期的碳足迹，并判断产品是否符合低碳标准，按照生命周期重要度排序针对下一个阶段进行结构进化设计，重复上面的步骤，直至产品符合低碳标准。

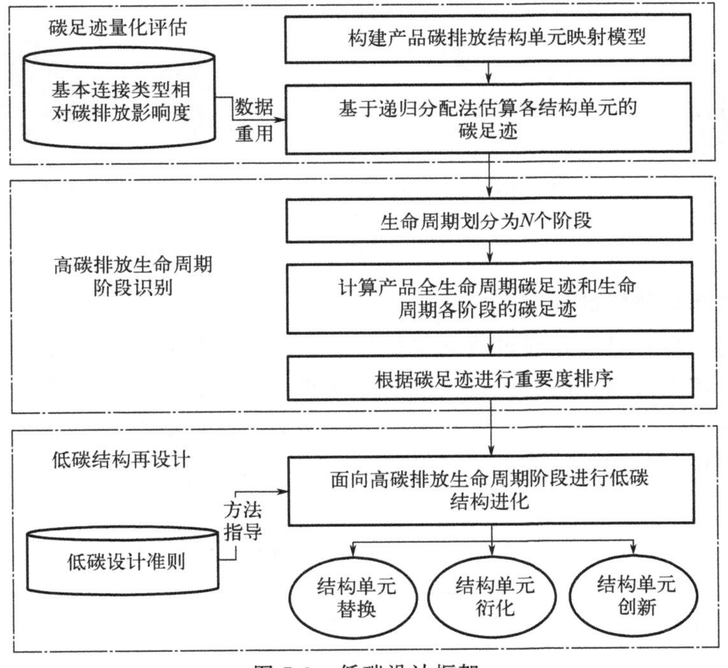

图 7-9　低碳设计框架

7.3　生态可持续设计案例分析

生命周期评价方法已经被广泛应用于制造业环境影响评价，下面以几个具体案例论述生命周期评价的过程。

7.3.1　增材制造液压阀块的生命周期评价

本案例选自浙江大学单乐的硕士学位论文。以液压阀块为对象（图 7-10）构建增材制造液压阀块的全生命周期环境影响评价模型，应用生命周期评价法识别关键问题，并将增材制造液压阀块和传统制造阀块的评价结果进行对比，开发了评价软件 H-LCA。

液压阀块是液压系统的控制元件，通过与插装件、控制盖板和其他控制阀配合，将主油路和控制油路进行集合，实现对液压油方向、压力、流量的调节，以简化液压系统的设计和组装。阀块包括 9 个插装阀接口，4 个控制口，进油口、出油口和传感器口各 1 个，材质为 316L 不锈钢，密度为 7982kg/m^3，传统制造液压阀块和增材制造液压阀块的尺寸分别为 250mm×180mm×95mm 与 238mm×140mm×68mm，质量分别为 31.4035kg 和 2.8727kg。

(a) 传统制造液压阀块

(b) 增材制造液压阀块

(c) 传统制造液压阀块模型

(d) 增材制造液压阀块模型

图 7-10 液压阀块

(1) 目标与范围的确定

本案例的研究目标是通过对阀块的生命周期评价获取其全生命周期的环境影响，并给出环境影响方面的优化建议。根据研究目的确定研究范围，采用单个增材制造液压阀块为功能单位，其系统边界范围为原材料生产、产品生产、产品使用和产品回收再利用四个阶段，具体如图 7-11 所示。锭材生产阶段有自然资源

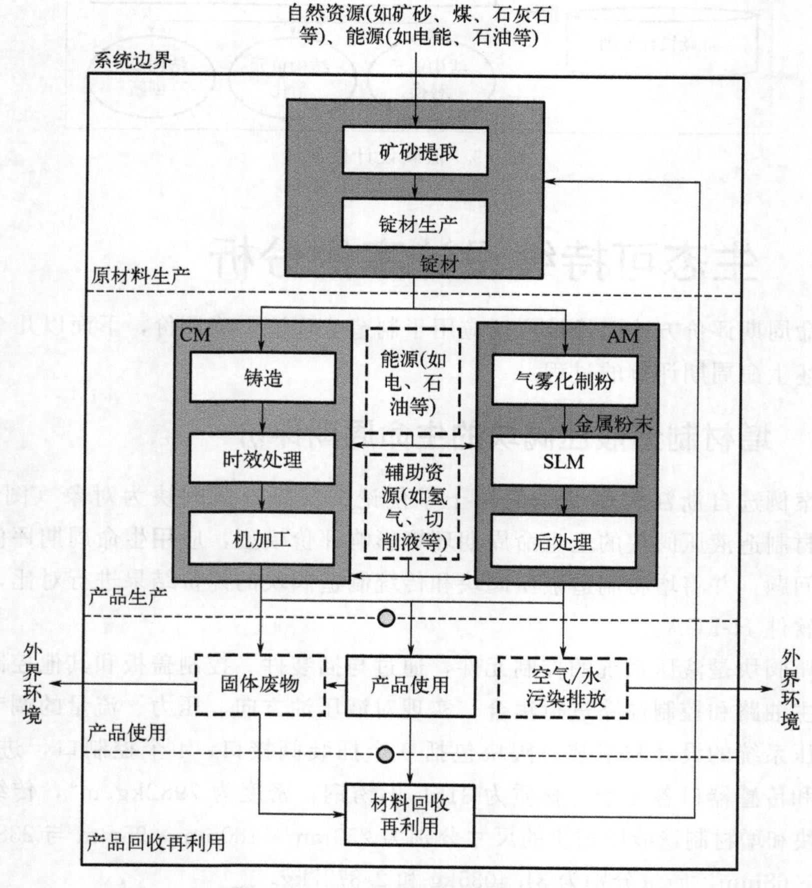

图 7-11 液压阀块的系统边界范围

（如矿砂、煤矿、石灰石等）和能源（如电能、石油等）等输入，输出为锭材。产品生产阶段包括增材制造和传统制造，增材制造包括气雾化制粉、SLM、后处理（热处理、线切割、粗磨、钻孔攻螺纹、精磨），传统制造过程包括铸造、时效处理、机加工，其输入为能源、氢气、切削液等，输出为碎屑和废气、废液等。该案例没有考虑生产制造机器自身的制造过程，电力生产、基本化学品生产、原材料生产等数据来源于 Ecoinvent3.5。

(2) 清单分析

1）原材料生产阶段

原材料生产阶段数据可从表 7-4 中获取。

表 7-4　钢铁生产基准流（瑞士 Ecoinvent）

钢铁生产消耗	单位	数量	排放物	单位	数量
材料消耗	kg	1.03	CO_2	kg	2.12
铁矿石	kg	0.40	CO	g	17.07
石灰岩	g	1.08	CH_4	g	0.70
氮	kg	0.05	NO_x	g	3.78
原油	kg	0.02	粉尘	g	12.11
黏土	kg	0.08	SO_x	g	17.32
NaCl	g	0.26	COD	g	0.29
水	kg	18.60	钠离子	g	3.62
天然气	MJ	7.25	SS	g	1.45
燃油	MJ	2.25	矿渣	kg	0
煤	MJ	17.58	工业废弃物	kg	0
			液体废弃物	kg	3.36

2）产品生产阶段

① 气雾化制粉。

产品生产阶段中气雾化制粉过程的数据源采用了宁波中物力拓超微材料有限公司 2019 年年产 660t 超微金属粉末项目的环评报告，获得该单元过程的基准流，即生产 1kg 的 316L 不锈钢金属粉末的原材料消耗、能源消耗及污染排放量，如表 7-5 所示，该项目的气雾化制粉率为 0.85。

表 7-5　气雾化制粉基准流

气雾化制粉消耗	单位	数量	排放物	单位	数量
锭材	kg	1.073	粉尘	g	0.0143
液态氩	kg	0.833	COD	g	0.0349
液态氮	kg	52.273	BOD	g	0.0076

续表

气雾化制粉消耗	单位	数量	排放物	单位	数量
水	L	0.356	SS	g	0.0061
电	kW·h	1.82	氨氮	g	0.0030
			不合格产品	kg	0.073

② 液压阀块增材制造。

选用英国雷尼绍 AM250 进行液压阀块的增材制造，其工艺参数按表 7-6 设置，打印时流道水平摆放，流道轴线与刮刀方向平行，打印时间为 50h，质量约 4kg。

表 7-6 增材制造液压阀块 SLM 工艺参数

参数种类	参数值	参数种类	参数值
激光功率	200W	扫描速度	750mm/s
曝光时间	80μm	点距	60μm
扫描策略	stripes	扫描间距	0.11mm
定位速度	7000mm/s	层厚	50μm

根据历史实验中测算的铺粉阶段及准备阶段能耗数据，模拟打印软件中测得的打印层数，建模软件中获得模型体积、高度数据后可计算获得该模型的 SLM 能耗值。根据粉末损失比例系数，取循环次数为 20，设备中基板的长、宽分别为 250mm，由此计算获得每次打印后不合格粉末总量。根据文献，该体积的模型 SLM 过程中约消耗 10L 氩气，氩气密度 1.784kg/m^3，最终获得 SLM 单元过程数据集，如表 7-7 所示。

表 7-7 SLM 单元过程清单

项目	材料消耗与排放	单位	数量
输入	316L 不锈钢粉末	kg	5.6312
	氩气	L	10
	能源消耗(电)	MJ	126.21
输出	排放氩气	L	10
	不合格粉末	kg	1.4983

根据文献数据及公式计算可获得线切割过程的基准流，如表 7-8 所示。

表 7-8 线切割基准流

后处理:线切割消耗及排放		单位	数量
消耗	316L 不锈钢	mm^3	1.44×10^{-6}
	钼丝	kg	3.63×10^{-5}

续表

后处理:线切割消耗及排放		单位	数量
消耗	工作液	kg	3.81×10^{-5}
	电	kW·h	3.21×10^{-4}
排放	COD	kg	4.20×10^{-9}
	氨氮含量	kg	1.10×10^{-9}
	固体废弃物	kg	37.84×10^{-9}

当进行高精度加工时，砂轮线速度 16m/s，工件进给速度 2150mm/min，磨削深度 0.4mm，磨削加工比能耗 100J/mm^3。结合粗磨过程碳排放量及常见材料的碳排放因子表可逆向推算得到粗磨基准流，如表 7-9 所示。精磨时，设置砂轮线速度 16m/s，工件进给速度 2150mm/min，磨削深度 0.08mm，磨削加工比能耗 150J/mm^3。结合精磨过程碳排放量及常见材料的碳排放因子表可逆向推算得精磨基准流，如表 7-10 所示。参考数据库 Ecoinvent3.5，传统制造阀块的铸造过程的材料损失率为 0.33。

表 7-9　粗磨基准流

后处理:线切割消耗与排放		单位	数量
消耗	316L 不锈钢	mm^3	1
	砂轮	kg	8.69×10^{-8}
	磨削液	kg	3.65×10^{-6}
	电	kW·h	2.80×10^{-5}
排放	废屑	kg	7.76×10^{-6}
	废液	kg	3.50×10^{-6}

表 7-10　精磨基准流

后处理:线切割消耗与排放		单位	数量
消耗	316L 不锈钢	mm^3	1
	砂轮	g	2.62×10^{-4}
	磨削液	L	9.23×10^{-6}
	电	kJ	0.15
排放	废屑	g	7.98×10^{-3}
	废液	L	9.21×10^{-6}

3）产品使用阶段

① 产品使用。

液压阀块在不同的使用情境下，其能源消耗也不同，案例给出了液压阀块在航空飞机和工程机械中的能源消耗情况，如表 7-11 所示。

表 7-11 使用阶段清单数据 kJ

使用情境	能源消耗		能耗类型
	2.8727kg 增材制造阀块	31.4035kg 传统制造阀块	
航空飞机	1.01×10^{8}	1.10×10^{9}	质量导致耗能
	1.03×10^{7}	1.35×10^{7}	压损导致耗能
工程机械	6.9×10^{5}	7.5×10^{6}	质量导致耗能
	3.12×10^{6}	4.11×10^{6}	压损导致耗能

② 产品运输。

该案例中增材制造公司是杭州当地的先临三维，传统加工工厂选择的是三一集团旗下的杭州力龙液压有限公司。选择各地以工程机械装备为生产主体的工业园区为产品销售运输终点，分别是上海市工业综合开发区、江苏常州高新技术产业开发区、江苏省南京市南京经济技术开发区。环保公司选择当地公司。最终的销售运输与回收运输距离如表 7-12 所示，产品均采用公路运输，其基准流如表 7-13 所示。

表 7-12 销售运输与回收运输距离 km

制造、加工与环保企业	销售运输距离				回收运输距离			
	上海上飞	常州兰翔	南京中航宏光	平均	上海市工业综合开发区	常州高新技术产业开发区	南京经济技术开发区	平均
杭州先临三维	219.7	226.9	301.3	249.3	177.8	262.4	313.2	251.1
杭州力龙	213.2	255.5	326.6	265.1	144.5	233.5	330.2	236.1
当地环保公司	36.1	12.0	37.0	28.4	19.2	8.9	56.6	28.2

表 7-13 公路运输基准流

公路运输消耗与排放		单位	数量
消耗	水	$m^3/(kg\cdot km)$	—
	能耗	$kJ/(kg\cdot km)$	5450.916
排放	CO_2	$kg/(kg\cdot km)$	0.0182
	CO	$kg/(kg\cdot km)$	2.61×10^{-5}
	CH_4	$kg/(kg\cdot km)$	4.38×10^{-7}
	HC	$kg/(kg\cdot km)$	8.93×10^{-6}
	SO_2	$kg/(kg\cdot km)$	1.42×10^{-7}
	NO_x	$kg/(kg\cdot km)$	1.29×10^{-4}
	Dust	$kg/(kg\cdot km)$	2.48×10^{-6}
	N_2O	$kg/(kg\cdot km)$	6.56×10^{-7}
	SO_x	$kg/(kg\cdot km)$	3.99×10^{-6}

注：运输过程的环境影响清单是单位运输周转量的能源、资源消耗量和污染物排放量，货运周转量指的是运输车辆实际运送的每批货物质量与其相应运送距离的乘积之和，单位为千克·千米（kg·km）。

因此，对于传统制造液压阀块、增材制造液压阀块，当其应用于航空飞机上时，平均产品运输距离分别为 293.5km 和 277.7km。当应用于工程机械时，平均产品运输距离分别为 264.3km 和 279.3km。

4）产品回收再利用阶段

根据相关技术报告，废钢回收可节约 60%的能源，因此，产品回收再利用时，其环境影响为原来初次炼钢的 40%。

案例中，经过计算获得阀块处于各生命周期阶段的本身质量及机加工过程中损失的质量，如表 7-14 所示。

表 7-14　增材制造阀块与传统制造阀块生命周期质量清单　　kg

阀块类型	M_{AM_ingot}	M_{powder}	$M_{SLMpart}$	M_{m_loss}	M_{part}
增材制造阀块	6.625	5.6312	4.1329	1.2602	2.8727
阀块类型	M_{CM_ingot}	—	M_{cast_loss}	M_{CMm_loss}	M_{CM_part}
传统制造阀块	49.7459	—	12.343	5.9976	1.29

5）影响评价

案例在获取清单数据库、特征化因子数据库的基础上，在特征因子数据库中搜索匹配对应的单元过程清单物质相对应的特征化因子，依次进行单位换算、特征化、归一化和终点损害类别计算等步骤。

根据数据库 Ecoinvent3.5 获取了清单物质对应的 ReCiPe 评价模型的 18 种环境影响类型特征化因子，如表 7-15 所示。

表 7-15　清单中基本物质的特征化因子

影响类型	电能	液态氩	液态氮	废矿物油	切削液
农业用地占用	0.0686	0.1410	0.0186	0.0003	0.0747
气候变化	0.6080	2.6400	0.4640	0.8800	1.9400
化石燃料消耗	0.2090	0.7140	0.1240	0.0032	1.1700
淡水生态毒性	0.0212	0.0352	0.0057	0.0005	0.0187
淡水富营养化	0.0002	0.0015	0.0002	0.0001	0.0006
人体毒性	0.2190	1.0600	0.1700	0.0127	0.6750
电离辐射	0.0180	0.4140	0.0478	0.0006	0.1440
海洋生态毒性	0.0187	0.0324	0.0052	0.0005	0.0179
海洋富营养化	0.0006	0.0024	0.0004	0.0000	0.0015
金属资源消耗	0.0142	0.0324	0.0051	0.0014	0.0964
自然土地占用	0.0002	0.0003	0.0001	0.0000	0.0001
臭氧层消耗	0.0000	0.0000	0.0000	0.0000	0.0000
颗粒物的形成	0.0013	0.0083	0.0016	0.0000	0.0039

续表

影响类型	电能	液态氩	液态氮	废矿物油	切削液
光学氧化剂	0.0018	0.0066	0.0012	0.0001	0.0061
陆地酸化	0.0032	0.0123	0.0022	0.0001	0.0071
陆地生态毒性	0.0001	0.0001	0.0000	0.0000	0.0001
城市土地占用	0.0033	0.0160	0.0031	0.0003	0.0111
水资源消耗	0.0020	0.0105	0.0071	0.0013	0.0041

6）环境影响结果分析

在上述数据清单的基础上，基于 ReCiPe Midpoint(H) 评价方法计算阀块的生命周期评价的特征化和归一化结果，将清单结果分别乘以对应特征化因子即可得到该项环境类型的特征化结果。为了更加直观对比增材制造阀块与传统制造阀块的各类型的环境影响，将传统制造阀块的各影响类型数据均设置为一个单位，计算得到增材制造阀块各类型数据对其的相对比率，如表 7-16 所示。

表 7-16　增材制造阀块与传统制造阀块生命周期评价中间点指标特征化结果

影响类型	单位	应用于工程机械			应用于航空飞机		
		传统制造	增材制造	比率	传统制造	增材制造	比率
农业用地占用	m^2 a	611.00	145.50	23.8%	21400.00	2170.00	10.1%
气候变化	kg CO_2-Eq	5770.00	1710.00	29.6%	190000.00	19600.00	10.3%
化石燃料消耗	kg oil-Eq	1870.00	524.50	28.0%	65300.00	6690.00	10.2%
淡水生态毒性	kg 1,4-DCB-Eq	205.00	45.30	22.1%	6640.00	671.00	10.1%
淡水富营养化	kg P-Eq	2.32	0.80	34.5%	74.50	7.82	10.5%
人体毒性	kg 1,4-DCB-Eq	2190.00	660.00	30.1%	68600.00	7120.00	10.4%
电离辐射	kg ^{235}U-Eq	274.40	149.00	54.3%	5740.00	680.00	11.8%
海洋生态毒性	kg 1,4-DCB-Eq	185.00	40.80	22.1%	5860.00	592.00	10.1%
海洋富营养化	kg N-Eq	5.77	1.89	32.8%	183.00	19.10	10.4%
金属资源消耗	kg Fe-Eq	746.00	111.00	14.9%	5050.00	530.00	10.5%
自然土地占用	m^2	1.42	0.35	24.6%	54.50	5.51	10.1%
臭氧层消耗	kg CFC-11-Eq	0.00384	0.001	26.0%	0.02	0.002044	10.2%
颗粒物的形成	kg PM_{10}-Eq	14.074	4.56	32.4%	405.00	42.60	10.5%
光学氧化剂	kg NMVOC	16.80	4.70	28.0%	551.00	56.6	10.3%
陆地酸化	kg SO_2-Eq	29.34	8.54	29.1%	994.00	103.28	10.4%
陆地生态毒性	kg 1,4-DCB-Eq	0.625	0.15	24.0%	23.20	2.35	10.1%
城市土地占用	m^2 a	38.40	10.80	28.1%	1050.00	109.00	10.4%
水资源消耗	m^3	24.90	6.30	25.3%	638.00	65.90	10.3%

图 7-12 和图 7-13 分别为应用于工程机械和航空飞机的增材制造阀块与传统制造阀块环境影响中间点指标特征化结果对比排序图，由图可知，增材制造阀块的综合环境影响均小于传统制造阀块。

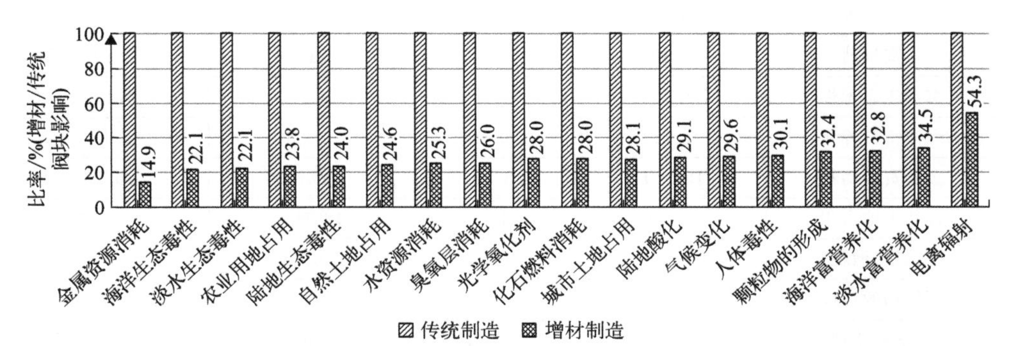

图 7-12 增材制造与传统制造阀块环境影响中间点指标特征化结果对比排序图（工程机械）

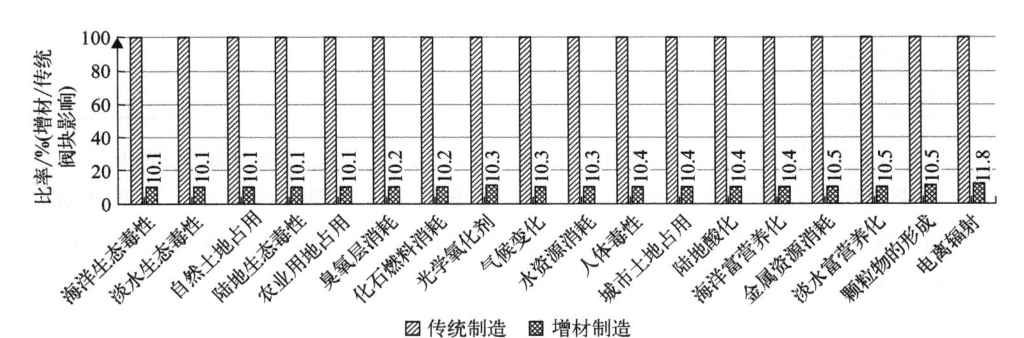

图 7-13 增材制造与传统制造阀块环境影响中间点指标特征化结果对比排序图（航空飞机）

将特征化结果除以同类影响指标的基准值，在 ReCiPe 方法中选用的是世界年人均值，由此得到各影响类型在该同类类型中所占比重（为无量纲数据），也可反映该类型的相对重要度，阀块生命周期评价中间点指标的归一化结果如表 7-17 所示。

表 7-17 增材制造阀块与传统制造阀块生命周期评价中间点指标归一化结果

影响类型	应用于工程机械		应用于航空飞机	
	传统制造	增材制造	传统制造	增材制造
农业用地占用	15.36	2.81	543.29	54.14
气候变化	149.69	28.76	4973.91	497.78
化石燃料消耗	0.08	0.01	1.70	0.17
淡水生态毒性	0.15	0.03	4.89	0.49
淡水富营养化	30.03	4.16	554.93	55.19

续表

影响类型	应用于工程机械		应用于航空飞机	
	传统制造	增材制造	传统制造	增材制造
人体毒性	61.64	12.56	1954.92	196.62
电离辐射	0.65	0.13	21.86	2.19
海洋生态毒性	1.29	0.25	41.34	4.14
海洋富营养化	1.16	0.22	31.81	3.20
金属资源消耗	189.01	36.32	6287.55	629.23
自然土地占用	591.86	112.35	18978.48	1899.92
臭氧层消耗	0.04	0.01	0.91	0.09
颗粒物的形成	0.01	0.00	0.50	0.05
光学氧化剂	35.72	6.83	1030.90	103.58
陆地酸化	2.18	0.42	75.91	7.59
陆地生态毒性	224.96	43.54	7840.55	783.93
城市土地占用	34.59	4.80	233.33	24.13
水资源消耗	15.36	2.81	543.29	54.14

图 7-14 和图 7-15 分别为应用于工程机械、航空飞机的增材制造阀块与传统制造阀块的环境影响中间点指标归一化结果重要性排序图。由图可知，增材制造阀块与传统制造阀块造成的环境影响的重要程度顺序一致，相对重要的前三种环境影响类型为人体毒性、气候变化、化石燃料消耗。此外，较为重要的是自然土地占用、颗粒物的形成、金属资源消耗、海洋生态毒性和农业用地占用。

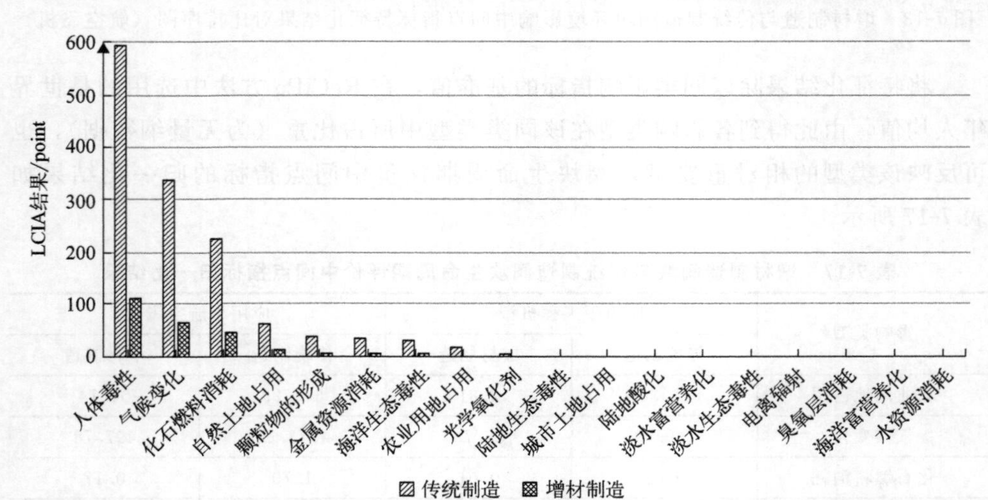

图 7-14 增材制造与传统制造阀块环境影响中间点指标归一化结果重要性排序图（工程机械）

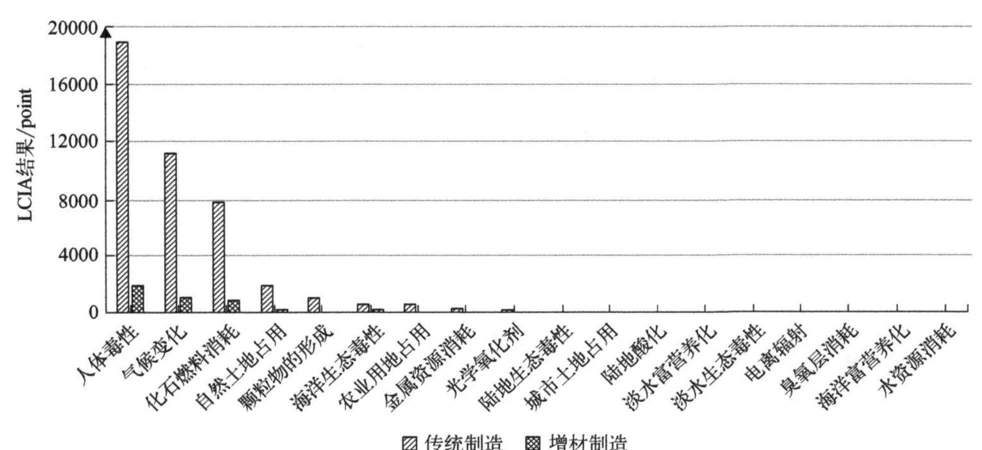

图 7-15　增材制造与传统制造阀块环境影响中间点归一化结果重要性排序图（航空飞机）

由于中间点损害类型过多，为方便后续生命周期解释，采取 ReCiPe Endpoint（H）方法进行最终的环境损害评估，即将上述 18 种损害类型归一化结果以此标准化，加权后得到 3 种损害类别，分别为人类健康、生态环境及资源，且在该方法中中间点归一化结果的影响因子与权重因子均为 1，所以仅需将处于同一类别下的环境影响类型归一化结果相加即可，得到的结果如表 7-18 所示。

表 7-18　增材制造阀块与传统制造阀块生命周期评价终点损害类别评价结果

终点类型	应用于工程机械			应用于航空飞机		
	传统制造	增材制造	影响比率	传统制造	增材制造	影响比率
生态环境	260.34	48.98	18.81%	8141.71	815.22	10.01%
人类健康	818.58	155.88	19.04%	26363.86	2639.42	10.01%
资源	259.58	48.35	18.63%	8075.72	808.24	10.01%
总影响	1338.50	253.21	18.92%	42581.29	4262.88	10.01%

图 7-16 与图 7-17 分别为两种应用场景下、两种制造方式的阀块终点损害类

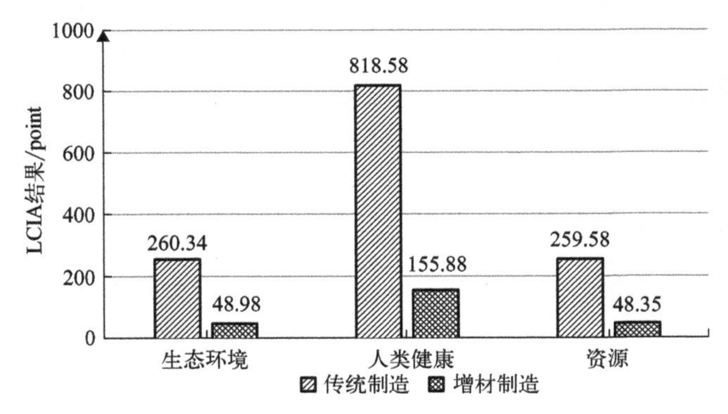

图 7-16　增材制造与传统制造阀块终点损害类别环境影响结果图（工程机械）

别环境影响结果。由图可知，三种损害类别中，人类健康的损害最大，其次是生态环境与资源。当应用在工程机械上时，增材制造阀块与传统制造阀块在生态环境、人类健康与资源三种环境损害的影响比率依次为 18.81%、19.04%、18.63%，其平均比率为 18.92%，而应用在航空飞机上时，对于三种损害，两者比率均为 10.01%。

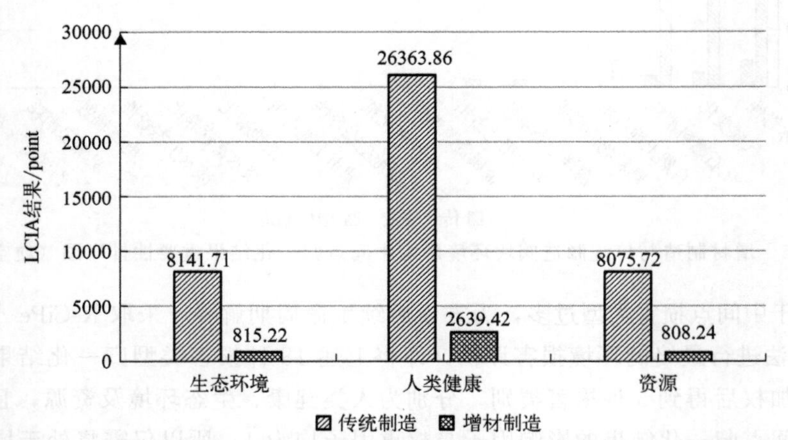

图 7-17 增材制造与传统制造阀块终点损害类别环境影响结果图（航空飞机）

7.3.2 液晶显示器的低碳设计

下面以某型薄膜晶体管液晶显示器（TFT-LCD）为例进行碳排放分析。TFT-LCD 由显示屏、背光系统、驱动电路三大核心部件组成。LCD 显示屏包括 TFT 玻璃、滤光片、偏光片和液晶材料。LCD 液晶成品面板与异方向性导电胶压合，驱动 IC 等驱动电路装配在自动焊接柔性印制电路板上，组成驱动电路单元，通过各向异性导电胶膜、驱动电路柔性引带与 LCD 显示屏相连接。安装背光系统，加框固定。具体结构如图 7-18 所示。

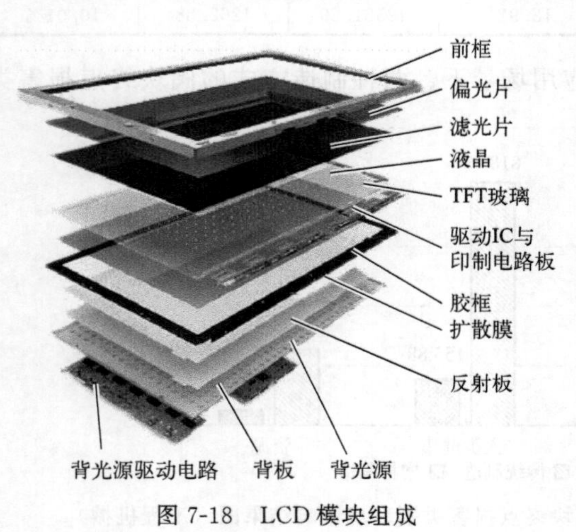

图 7-18 LCD 模块组成

步骤 1：对薄膜晶体管液晶显示器（TFT-LCD）进行结构单元划分，共分为 6 大结构单元，产品 TFT-LCD 本身划分为 5 个结构单元，包装定义为结构单元 6，其中每个节点中的数字代表该组件或结构单元的质量信息，单位为克（g），如图 7-19 所示。

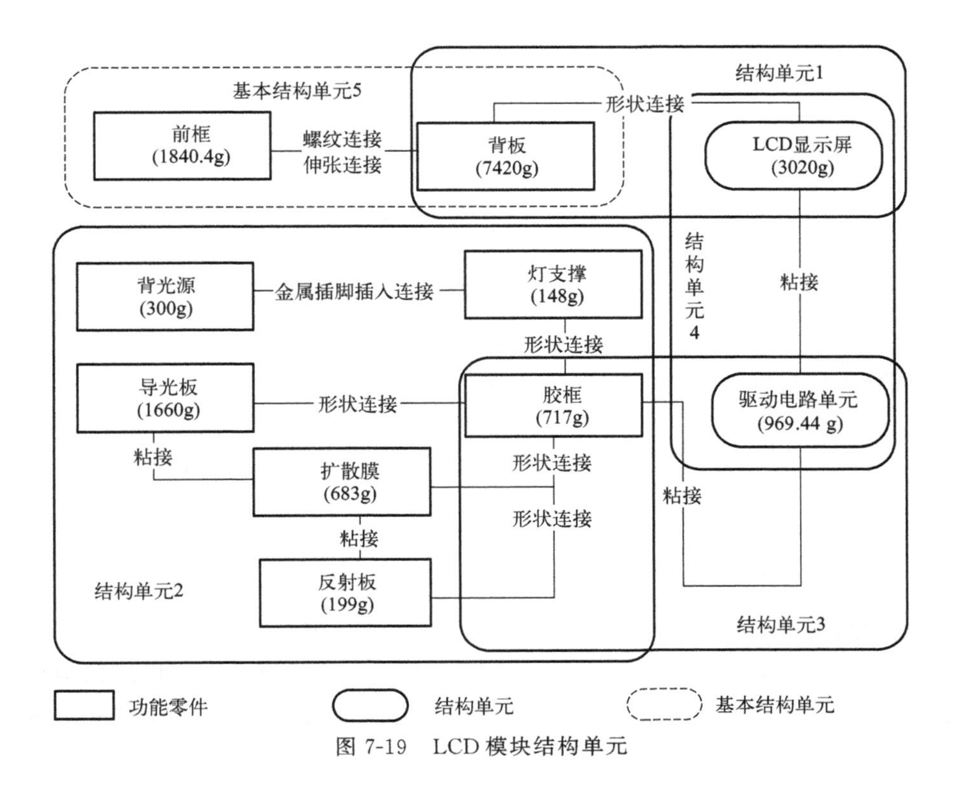

图 7-19　LCD 模块结构单元

步骤 2：产品碳足迹的获取。该部分内容不属于本节研究重点，下面的数据来源于文献 [59]。设产品的功能单位为一个 TFT-LCD 模块，系统边界为所有零部件，涉及的产品生命周期包括原材料使用、制造装配、分销、使用和退役处理五个阶段，每个阶段的碳足迹 P_R、P_M、P_T、P_U、P_E 分别为 97.44kg CO_2-e、140.04kg CO_2-e、27.98kg CO_2-e、1493.72kg CO_2-e、13.93kg CO_2-e，则每功能单位 TFT-LCD 全生命周期的 GHG 排放量为 1773.11kg CO_2-e。此处只分析结构，使用阶段不纳入考虑范畴，因此产品总的嵌入式碳排放量为 279.39kg CO_2-e。

步骤 3：利用结构单元碳足迹递归分配法求各结构单元或基本结构单元的碳足迹，识别主要碳排放源。

首先，取质量为各生命周期阶段的分配标准，计算分配因子。对于结构单元 1，由背板和 LCD 显示屏组成，其质量分别设为 q_1 和 q_2，背板的连接特征由形状连接、螺纹连接和伸张连接组成，其相对碳排放影响度分别为 k_8、k_1、k_7，LCD 显示屏的连接特征由形状连接和粘接组成，对应的相对碳排放影响度为 k_8、k_{10}，设 Q 为产品总质量，将上述参数代入分配因子计算公式(7-3) 和式(7-4) 即可求得结构单元 1 的分配因子 W_1，具体计算过程如下：

$$W_1=\frac{Q_1}{Q}$$

$$=\frac{q_1\times\dfrac{k_8}{k_8+k_1+k_7}+q_2\times\dfrac{k_8}{k_8+k_{10}}}{19866.84}$$

$$=\frac{7420\times\dfrac{0.0374}{0.0374+0.0937+0.0429}+3020\times\dfrac{0.0374}{0.0374+0.1541}}{19866.84}$$

$$=0.11$$

同理，结构单元 2 的排放因子 W_2 计算过程如下：

$$Q_2=(300+1660+199+683+148)+717\times\frac{4k_8}{4k_8+k_{10}}$$

$$=3343.2$$

$$W_2=\frac{Q_2}{Q}=3343.2\div19866.84=0.1683$$

其他结构单元的分配因子计算方法类似，结果如表 7-19 所示。

然后，在获取的分配因子 $W_1\sim W_6$ 和产品碳足迹的基础上，应用结构单元碳足迹递归分配法即可递归获得各个结构单元各生命周期阶段的碳足迹矩阵 $\boldsymbol{S}$。

$$\boldsymbol{S}=\begin{bmatrix}S_{1,R} & S_{1,M} & S_{1,T} & S_{1,E}\\ \cdots & \cdots & \cdots & \cdots\\ S_{6,R} & S_{6,M} & S_{6,T} & S_{6,E}\end{bmatrix}$$

$$=\begin{bmatrix}W_1\\ \cdots\\ W_6\end{bmatrix}\begin{bmatrix}P_R & & & \\ & P_M & & \\ & & P_T & \\ & & & P_E\end{bmatrix}=\begin{bmatrix}0.11\\ \cdots\\ 0.1465\end{bmatrix}\begin{bmatrix}97.44 & & & \\ & 140.04 & & \\ & & 27.98 & \\ & & & 13.93\end{bmatrix}$$

表 7-19　结构单元碳排放量估算结果

结构单元	质量/g	分配因子	生命周期碳足迹/kg CO_2-e				总计/kg CO_2-e
			原材料使用	制造装配	分销	退役处理	
TFT-LCD	19866.84		97.44	140.04	27.98	13.93	279.39
结构单元 1	2184.7	0.110	10.71	15.40	3.08	1.53	30.72
结构单元 2	3343.2	0.1683	16.40	23.57	4.71	2.34	**47.02**
结构单元 3	848.53	0.0427	4.16	5.98	1.20	0.60	11.94
结构单元 4	2914.9	0.1467	14.30	20.55	4.11	2.04	41.00
基本结构单元 5	7665.5	0.3858	**37.60**	**54.03**	10.80	5.37	**107.80**
结构单元 6	2910	0.1465	14.27	20.51	4.1	2.04	40.92

步骤 4：低碳结构改进设计。假设产品的 GHG 排放阈值为 250kg CO_2-e，由于该阈值小于产品目前的碳排放量，因此该产品需要进行低碳结构进化设计。由表 7-19 可见，基本结构单元 5 的 GHG 排放量最多，其次是背光组件构成的结构单元 2 等，并用粗体字显示。所识别出的主要排放源与文献［59］相吻合。按照低碳结构进化方法，对基本结构单元 5 可以进行结构单元替换、结构单元衍化、结构单元创新三种处理方法，由于符合该功能需求的连接中螺纹连接的相对碳排放为最少，所以结构单元替换的方案不可行，考虑原材料使用和制造装配阶段的碳排放量相对比较多，采用结构单元衍化方法改变结构单元中构成元素，如改变背板的材料或通过减少其厚度等措施使其质量减少 22%，则其总 GHG 排放量按此比例降为 86.24kg CO_2-e；同理，对于结构单元 2，其背光单元构成组件繁多，其中背光源冷阴极荧光灯为 24 个，且结构复杂，可以考虑采用结构单元替换或结构单元衍化的方法进行结构低碳进化，可采取的措施如下：①减少灯管个数和灯支撑个数；②用二极管连接结构单元替换原有的冷阴极荧光灯连接结构单元。通过上述方法使结构单元 2 的质量减少 15%，则该结构单元的 GHG 排放量按此比例降为 35.27kg CO_2-e。经过改进后，产品的总 GHG 排放量为 248.63kg CO_2-e，已经符合阈值要求，无需进一步优化，否则，需要对结构单元 6 等依次进行结构优化。最终改进后的 TFT-LCD 可以按照相似的方法进行碳排放量计算，结果如表 7-20 所示。

表 7-20　改进前后 TFT-LCD 碳排放量结果比较

结构单元	生命周期/kg CO_2-e				总计/kg CO_2-e
	原材料使用	制造装配	分销	退役处理	
改进前 TFT-LCD	97.44	140.04	27.98	13.93	279.39
改进后 TFT-LCD	86.71	124.62	24.90	12.40	248.63

由于低碳设计尚处于发展阶段，本节只是从结构进化的角度考虑了低碳设计问题，为产品低碳化提供了一种思路，尚有许多亟待解决的问题，例如，如何在成本、性能、低碳及其他环境因素等多个约束下进行产品结构优化设计将是未来的研究方向。

第8章

服务系统可持续设计

8.1 服务系统概述

8.1.1 系统定义

系统是具有交互作用关系的实体的集合。要素是组成系统的“单元”，也称“元素”，是系统的最基本成分，是系统存在的基础。系统具有整体性、关联性、等级结构性、动态平衡性、有序性、目的性等属性特征。系统一般是有组织的，具有架构；能够完成单个实体无法完成的事情；系统将单个实体进行了集成；系统具有边界，将系统内实体与环境中实体分割开。

不同的系统具有不同的边界，它和环境发生不同的联系。其中，自然系统（natural systems）包括物理和生物材料及相互作用，独立于自然界，人类无法干预。例如，植物的生长是一个系统，利用太阳能、氧气等进行光合作用。环境与生态系统是支持人类生存的基础，例如池塘、花园、湖泊等。组织系统具有管理结构，实体之间具有确定的关系，例如学校、公司、宗教团体等。工程物理系统是完成一定任务的人造系统，组件共同协作执行有用的功能。社会技术系统包括人与机器、工作系统环境方面之间的复杂交互。交互系统是人与机器之间的交互载体，例如具有控制板的洗衣机。社会系统是一个关系网络的模式，构成了存在于个人、团体和机构之间的耦合的整体，例如社区、家庭、城市等。信息系统是用于收集、组织、存储、交流信息的系统。

虽然存在各种各样的系统，但是，广义上可以将系统划分为自然系统和人造系统。人造系统内嵌于自然系统，与自然系统之间存在接口，与自然系统会相互影响。

8.1.2 服务系统的内涵

产品系统是互相关联的零部件按一定的秩序和内部关系组合成的具有一定新功能的整体。服务系统（product service system，PSS）是一个产品与服务紧密结合的集成系统，最早出现在商业管理领域，目前尚无统一定义。

Goedkoop 等（1999 年）将产品服务系统定义为完成顾客需求的商品和服务的结合体。例如，客户需要清洁的衣服，除了需要有洗衣机，还需要洗涤剂、水、电、维修、回收等服务。这里涉及洗衣机和洗涤剂的生产商，水和电的供应商，用户及维修工和回收商等。联合国环境规划署技术工业与经济部将产品服务系统定义为一种创新策略的结果，将商业焦点从仅设计与销售有形商品转变为销售由产品与服务共同满足客户特定需求的系统。该定义将 PSS 描述为一个综合业务模型，能够提供越来越多的非物质化系统来满足用户的需求。该业务模式可以提供高质量的产品，为客户提供更多的定制服务，减少产品在生命周期内的资源消耗与环境影响，提高企业效益，创造新的工作机会。

服务系统设计与通常说的“服务设计”有诸多相似之处，只不过服务系统设计更强调从策划与研发的最初阶段就将产品与服务进行一体化思考，而不是有了产品后再考虑“服务”的“设计”。根据上述定义，服务系统的思想基础是产品服务化，即用户需要的不是产品本身，而是产品提供的某种功能，与前面提到的超物质设计相符，因此，产品服务系统设计是可持续发展的产物。按照前述的可持续设计金字塔架构，产品服务系统设计属于可持续设计的第三个阶段，期望通过产品及服务层面的干预使产品及消费产品的社会尽可能地减少环境影响、社会影响，并提高经济可持续性。

以洗衣机为例，用户真正的需求是拥有一台洗衣机还是干净的衣物？毫无疑问，用户购买洗衣机的真正意图是希望获得干净的衣物，因此，用户的需求是干净的衣物，为了满足这个需求，用户可以购买洗衣机自己洗衣物，可以送衣物到洗衣店洗，可以雇人洗，可以租赁洗衣机洗，或可以设计自我清洁的衣物等。以上可选方案中，从产品层考虑，改良洗衣机或设计自我清洁的衣物是实现可持续的途径；如果从产品服务层考虑，租赁或共享洗衣机是实现可持续的理想途径。

传统的产品设计关注产品本身，例如减少材料、能源消耗，回收重用等。产品服务系统为可持续设计提供了一种新的方案，但是，理想的产品服务系统必须具有竞争力，能够满足用户需求，并比传统商业模型造成的负面影响小。例如，克鲁勃作为世界领先的润滑油供应商之一，除了销售润滑油，还设计了一个可移动的化学实验室，对用户的机器设备使用的润滑油性能及环境影响进行分析，能够控制噪声、振动、烟雾等影响。这种附加服务不仅保障了润滑油的性能和耐用性，还让用户从成本和监控设备问题中解放出来。克鲁勃润滑油产品服务系统减少了每单位润滑油消耗总量和污染排放。

8.1.3 服务系统分类

塔克（Tukker，1978年）根据产品与服务在系统中的不同比重，将服务系统分为三类。

(1) 产品导向的服务系统

产品导向的服务系统强调产品的核心作用和服务的支持作用，将价值增加在产品生命周期，保证产品在整个生命周期内的完美运作，并获得附加值，也就是企业提供额外的服务保障延长产品生命周期，典型的服务包括质保，设备的安装调试、维修、更换部件、升级、置换、回收等。

例如，苹果公司成立于1976年4月，总部位于加利福尼亚州，2003年iTunes上线，初步构建了基于“iPod＋iTunes”的产品服务系统模式。苹果公司的这一转变示范了产品如何走向服务，苹果公司发现用户在意的是音乐，而非音乐设备本身，所以，iPod设计的细节集中在使用的便利性和客户体验。随着AirPort、iBook和iMac G4的推出，苹果公司逐渐摆脱了个人计算机产品制造商的局限，将内容与终端产品结合为一体。2007年1月9日，苹果公司正式推出iPhone手机，意味着苹果已经完成从计算机到移动终端＋内容服务的战略转型，成为一个“产品＋服务”提供商。这是一种产品导向的产品服务系统模式，产品作为承载服务的载体存在，用户需要通过产品获取服务，服务加大了产品功能的外延，但产品的有形部分仍然十分重要。用户不满足于有形产品的拥有，对产品的使用质量更加关注，“拥有”转变为“体验”，消费观念发生改变。苹果公司成功的秘诀在于始终坚持体验导向和极致的产品设计策略，其产品定位是“可接近的未来产品”，始终站在趋势的前方等待消费者跟过来。

(2) 使用导向的服务系统

使用导向的服务系统关注产品各种有价值的使用方式，通过给用户提供一个平台（产品、工具、机会甚至资质）以高效满足人们的某种需求和愿望。例如汽车租赁，用户可以共享使用但无需拥有产品，只是根据双方约定，支付特定时间段或使用消耗的费用。这种服务系统服务所占比重远远大于面向产品的产品服务系统，产品的产权归服务系统提供者所有。

还如，汽车租赁服务系统，用户只需支付租金，即可在固定时间段内获得汽车的使用权，无需关心汽车的维修、维护等，对于用户而言，以较低成本满足了自己的出行需求，具有经济可持续性，同时，由于共享式汽车服务，使汽车利用率提高，减少了资源消耗，具有环境可持续性。

(3) 结果导向的服务系统

结果导向的服务系统不突出具体的产品，服务所占比重最高，将根据用户需要提供最终的结果，如提供高效的出行、供暖、供电服务等。显然，产品的产权属于服务提供者所有，用户无需自己购买或拥有产品，也不用担心维护、保养，甚至无需自己操作产品便能享受最佳的服务。

以纯净水服务系统为例，纯净水服务商拥有净水器的所有权，用户只需要支付所使用水的费用即可，用户可以较低成本享有相应服务，受益人群更为广泛，同时，共享式服务减少了净水器的使用量，具有经济、社会和环境可持续性。

8.1.4 服务系统设计工具

传统产品设计流程包括设计调研、设计说明、概念设计、产品开发和市场营销。服务设计包括问题定义、方案设计、详细设计、验证与执行。产品服务系统设计处于不断发展中，尚无统一的流程标准，比较典型的服务系统设计包括策略分析、共创设计、构思、测试及原型制作、执行等阶段，各阶段所用工具如表 8-1 所示。

表 8-1　产品服务系统设计工具

设计阶段	设计工具	说明
策略分析	SWOT 分析法 （道斯矩阵、态势分析法）	SWOT 是英文 strengths、weaknesses、opportunities 和 threats 的缩写，即企业本身的竞争优势、竞争劣势、机会和威胁。SWOT 分析法于 20 世纪 80 年代初由美国旧金山大学的管理学教授韦里克提出，经常被用于企业战略制定、竞争对手分析等场合。按照企业竞争战略的完整概念，战略应是一个企业“能够做的”（即组织的强项和弱项）和“可能做的”（即环境的机会和威胁）的有机组合
共创设计	群体草图（group sketching）	群体草图是一种快速表达想法的工具，每位参与者通过绘制草图来表达自己的想法
	思维导图（mind map）	思维导图是表达发散性思维的有效图形思维工具，通过图文并茂的技巧把各级主题的层级关系表现出来，建立关键词与图像、颜色等的链接
	亲和图（affinity diagram）	亲和图由日本川喜二郎所创，将大量收集到的未知事物、不明确的事实或构思等语言资料按其相近性进行归纳整理，明确机会点
	角色扮演（role play）	角色扮演是指按照用户担任的角色，编制一套与实际情况相似的活动，进行情景模拟，处理可能出现的各种问题
	问题卡（issue cards）	设计师将事先准备好的机会点以关键词和图片的形式制作在不同的卡片上，并分发给参与者，让其对卡片内容发表建议
构思	参与者地图（actors map）	参与者地图是表达服务过程中各用户关系的工具，帮助设计师形象化地理解服务设计的重点，了解各利益相关者之间的关系，定义服务内容，以便于发现新的机会点
	人物志（persona）	人物志是基于对用户的认知而进行的视觉化表达
	用户旅程图 （customer journey map）	是用户在具体的场景中使用的服务流程工具，可以较好地反映用户情绪变化的节点、服务设计的机会点等问题

续表

设计阶段	设计工具	说明
构思	服务蓝图(service blueprint)	服务蓝图是服务设计中使用最广泛的工具,通过服务的合理分块和过程的逐一描述,可以直观地展示服务实施过程、接待用户的地点、用户雇员的角色及服务中的可见要素
	系统图(system map)	系统图是服务体系的视觉化描述,包含参与服务的对象、彼此之间的关系,以及物资、经历、能量、资金和信息的流动,分别用不同的符号表达。绘制系统图的过程就是识别利益相关者及交互的过程,具体步骤如下: ①创建边界 ②列出利益相关者,并绘制相应的图标,将利益相关者分为提供方和顾客,也可以将顾客进一步划分为商业到用户和商业对商业 ③交互流的识别与绘制。绘制参与者之间的信息流、金融流、劳动力流,同时需要识别产品的拥有者,服务的提供方等
	故事版(story board)	故事版是一种显示效果的视觉草图,在服务设计使用之前通常用于视频创作和广告设计,以表达作者的创意
	情绪版(mood board)	情绪版是一种启发式和探索性工具,可以作为可视化的沟通工具,快速地传达服务设计师想要表达的想法
测试及原型制作	模型制作(mock up)	制作草模(粗模)以检验服务
	易用性测试(usability testing)	易用性测试由交互设计借鉴而来,从服务使用的合理性与方便性等角度对服务系统进行检查,以发现其中不方便用户使用的地方
	认知演练(cognitive walkthrough)	认知演练是基于用户旅程图基础上的一种观察用户的工具,可以和用户旅程图工具配合使用
	绿野仙踪(wizard of OZ)	绿野仙踪是用于观察和记录用户使用服务时的反应的工具,评估者在使用这个工具时被要求根据评价标准提供快速的反馈和修改意见
	服务原型(service prototype)	服务原型用于检验实际流程中参与者与接触点之间产生的问题
执行	任务分析表(task analysis grid)	任务分析表是帮助服务设计师在一张图上清楚地表现用户使用需求的一种传达性工具
	角色剧本(role script)	角色剧本是一种指导服务执行者的脚本
	说明书(specification)	说明书是一种类似于服务规范的书面文档,详细规范地介绍服务设计流程

注:1. 产品服务系统设计 _ 南京艺术学院 _ 中国大学 MOOC(慕课)(icourse163. org)。
2. https://servicedesigntools. org/tools。

图 8-1 所示为某服装设计服务系统,包括多个利益参与者,市场代理为企业提供市场需求信息,企业支付服务费用。根据市场需求,企业将设计需求告知设计者,并支付工资,从设计者获得设计方案或设计图纸,企业进一步雇佣劳动力生产服装,并支付工人工资。生产的商品只有销售出去才能盈利,因此,企业需要支付广告代理一定费用用于服装销售的广告,顾客获取到服装信息,从企业购

置服装。整个服装设计服务系统往往还要与外界环境发生联系，例如，工资支付需要银行提供金融服务，产品销售过程中需要物流服务等。

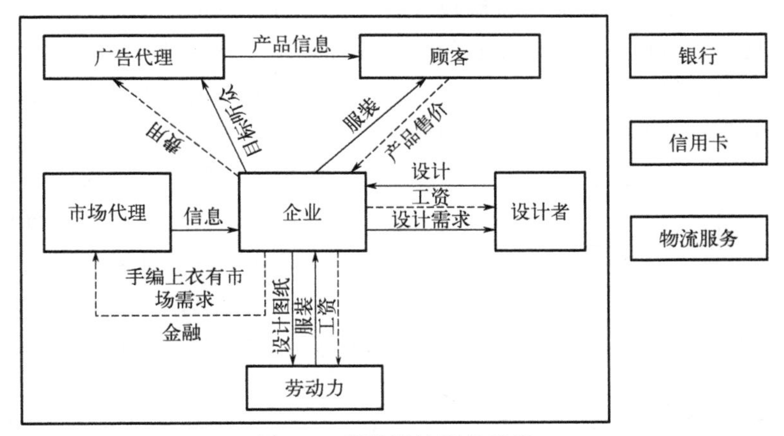

图 8-1　服装设计服务系统

8.2　服务系统可持续设计准则

8.2.1　服务系统可持续设计的内涵

全球经济正向着可持续阶段发展，涉及的领域包括物流、住宿、餐饮等行业。产品服务系统的可持续性表现为产品、服务、系统的可持续，正如并不是所有产品都是可持续的一样，并不是所有的产品服务系统都是可持续的。例如，租车服务系统，如果服务商提供的车辆是高能耗、高污染的，通过共享服务并不能实现环境的可持续。可持续产品服务系统需要根本性的创新性思维，在降低环境影响的同时保持可接受的服务质量。以汽车租赁品牌 AVIS 旗下的子公司 Zipcar 为例，传统产品销售与产品服务系统销售之间存在以下区别。

① 传统产品销售需要消费者购买汽车。而在产品服务系统销售中，消费者租用汽车，购买服务。

② 传统模式下，用户拥有、使用、维护和存放汽车。产品服务系统销售模式下，公司保留汽车的所有权且对汽车的服务负责。

③ 传统模式下，用户的初始投资大。产品服务系统销售模式下，消费成本与消费次数相关。

④ 传统模式下，用户废弃汽车，购买新车。产品服务系统销售模式下，公司负责产品的回收处理。

产品服务系统可持续设计指的是以实现可持续发展为目标，将有形的产品与无形的服务通过某种交互关系结合在一起，以更好地满足用户的某种需求，是服务经济背景下的一种新的商业模式，也是实现社会、经济、环境可持续发展的创新思维方法。产品服务系统可持续设计旨在设计可持续的产品服务系统，这是一个产品、服务、用户三者之间交互的复杂综合系统，是一种基于价值生产系统利益相关者之间的创新交互的寻求经济、环境和社会利益的综合优化方法，设计实施时涉及企业、消费、制度等多个领域。

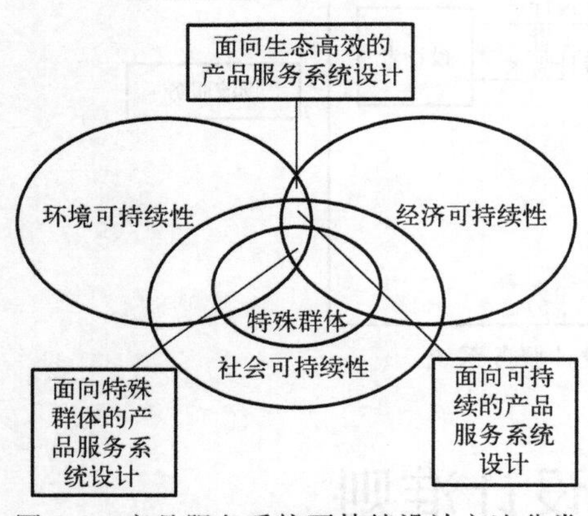

图 8-2　产品服务系统可持续设计方法分类

根据产品服务系统设计满足的可持续特征，可以将产品服务系统可持续设计方法分为三种：面向生态高效的产品服务系统设计（PSS design for eco-efficiency），关注经济和环境可持续性；面向可持续的产品服务系统设计（PSS design for sustainability），在上一个方法的基础上增加了社会可持续性，面向全社会各个阶层；面向特殊群体的产品服务系统设计（PSS design for the bottom of the pyramid），集成了所有可持续特征，且面向社会特殊群体，例如老、弱、病、残等。三者的具体关系如图 8-2 所示。

8.2.2　服务系统环境可持续设计准则

服务系统的环境可持续性体现在服务提供者不以产品销量为利益增长点，系统必须减少对环境的影响，例如，减少资源消耗、废弃物排放等，具体的设计准则如下。

① 系统生命周期优化。

② 减少运输。

③ 减少资源消耗。

④ 废弃物最少化。

⑤ 保护生物相容性。

⑥ 减少毒性物质排放。

密集地使用某产品可以减少该类产品在特定时间段和地点的实际使用数量，减少其环境影响。因此，系统生命周期优化指的是通过设计延长产品生命周期和强化产品的整体使用率。例如，通过给现有车辆更换新发动机以延长产品使用寿命。

减少产品生产量和消费量，有助于降低资源消耗、废弃物排放等。例如，共享单车服务系统为人们提供了便捷的单车使用服务，避免人们自己购买单车，减少了单车生产数量的同时提高了单车使用率。共享单车的轮胎设计为实心发泡式，而非传统的充气式，采用无链条轴传动，提高了自行车的使用寿命和可维护性。其中，曾经的 ofo 小黄车作为全球第一个无桩共享单车平台，于 2015 年 6 月启动，为全球 21 个国家超 250 座城市的 2 亿用户提供了超 60 亿次高效便捷、绿色低碳的出行服务，共计减少碳排放超 324 万吨，相当于为社会节约了超 9.2 亿升汽油，减少了超 155 万吨 PM2.5 排放。通过共享的方式，从所有权的让渡到使用权的共享，提高了自行车的使用效率，减少了城市资源浪费，为城市减少了拥堵，帮助城市节约了更多空间，促进了绿色低碳出行。ofo 小黄车以一种环保便捷的方式解决了用户“最后一公里”的短途行程。

设计的产品服务系统应该达到最少化废弃物的排放，例如，克鲁勃润滑油服务系统通过定时上门服务进行废弃油液的回收处理，减少了废弃物的排放及有毒物质的排放。

8.2.3　服务系统经济可持续设计准则

可持续产品服务系统需要大量的前期投入，以建设基础设施，因此，必须考虑商业发展的长期目标，构建的产品服务系统与竞争对手相比应该有较好的竞争性，市场定位独特，能够为企业盈利，同时，使用户乐意使用服务。关注全球宏观经济影响，判断所设计的产品服务系统是否具有可持续性，具体的经济可持续设计准则如下。

① 提供良好的市场定位和竞争性。

② 为公司盈利。

③ 为用户增值。

④ 长期的商业发展。

⑤ 合作。

⑥ 宏观经济影响。

8.2.4　服务系统社会可持续设计准则

产品服务系统应该关注每个产品的全生命周期及相关的服务，以满足顾客的特定需求，并通过商业机会来促进社会和经济发展，提高产品服务系统的社会可持续性，具体设计准则如下。

① 改善雇员工作环境和条件。

② 提高利益相关者之间的公平程度。

③ 提高社会凝聚力。

④ 增强本地资源。

⑤ 创造可持续的消费模式。

⑥ 提高社会和谐性（多文化、种族）。

⑦ 帮助或整合弱者和被边缘化的人。

例如，某太阳能供电系统以提供电能为目标，并提供照明设备，用户只需要支付消费的电能费用即可，这一服务系统的社会可持续性主要体现在为贫穷地区人群的照明和通信提供了基础。这部分人群没有能力购买昂贵的照明设备和通信设备，该服务系统使用成本低，完全可以满足平时的用电需求，并无需为维修维护等支付费用。

8.3 服务系统可持续设计方法

下面以可持续系统设计方法（methodology for system design for sustainability，MSDS）为例进行介绍。目标是先对已有系统进行评估分析，寻找可持续机会点，生成可持续新点子，检查与可视化可持续概念。

MSDS具有阶段—过程—子过程的模块化结构，根据项目需求，可以有选择性地使用特定阶段，里面涉及若干工具，设计过程中也可以自由选择。此外，该方法考虑了环境、社会、经济三个可持续性尺度，但是可以根据需求自由设置每个尺度的权重。

该方法包括五个主要阶段：策略分析（strategic analysis）、机会点探索（exploring opportunities）、系统概念设计（system concept design）、系统详细设计（system detail design）、交流（communication），具体如表8-2所示。

表8-2　MSDS各阶段及其相关目标和过程

阶段	目标	过程
策略分析	获取必要的信息，以促进可持续系统设计创新思想的产生	①分析项目建议书，了解项目提议方及背景 ②分析引用的语境，分析系统的承载结构，例如，技术、社会风俗、政府法规、经济立法等 ③分析最佳的可持续设计案例 ④分析现有系统的可持续性，并确定次序 ⑤进行充分性评估
机会点探索	制定以可持续设计为导向的方法或一套有前景的可持续系统	①产生以持续性为方向的想法 ②机会点探索 ③概述一个面向设计的可持续场景
系统概念设计	确定一个或多个潜在可持续的系统概念	①愿景、集群和想法的选择 ②形成系统概念 ③环境、社会-道德和经济可持续性评估/可视化 ④自足的系统设计
系统详细设计	将最有前途的系统概念发展成系统实施所需的详细方案	①详细的系统设计 ②系统实施的充分发展 ③环境、社会和经济评估 ④充分的设计评估
交流	起草报告，传达所设计系统的总体和最重要的可持续特征	①起草可持续发展交流文件 ②充分的设计交流

8.3.1 策略分析

策略分析旨在获得和处理便于生成可持续系统创新想法的必要背景信息，包含两层含义：理解现有情况并寻求更多项目提议、所处的社会经济环境及动态影响因素（社会经济、技术和文化趋势）；通过处理信息驱动设计过程获得期望的解决方案。

策略分析有以下两种应用情境。

（1）有明确的项目发起者

项目发起者可以是个人或组织，例如企业、公共机构、非政府组织、研究中心等，或这些组织的组合体，需要明确的第一个问题是谁是项目的主要发起者。

策略分析的第一个过程是项目发起者分析和设计内容定义。

定义设计干预的范围，或需要满足的设计需求，并形成文档，一般这些信息可以从项目发起者处获得。因此，项目发起者的任务、专业领域、优势、弱势、机遇与挑战等应该清晰。此外，如果项目发起者是企业，需要分析价值链以理解其组成、供应商是谁、可能碰到哪些问题、如何提供维修服务、如何向用户发布商品信息等。为此，设计的企业问卷包括以下关键问题：企业当前的问题，创新的动机、需要满足的需求，项目发起者的关键专业领域、主要优点和缺点，谁是主要的参与者、参与者之间的关系如何，与价值链相关的环境、社会伦理、经济问题有哪些，对于终端用户而言价值是什么等。从问卷获得答案，或通过资料搜索，进一步制作 SWOT 矩阵，由此识别出机会点和威胁点。

第二个过程是参考背景分析，主要包括面向设计干涉范围的生产消费系统分析、竞争者分析和终端用户分析。这一阶段主要明确参与者及它们之间的关系，系统本身有哪些动态特征（技术、文化、经济和立法），并用系统图表达。关注当前和潜在的竞争者，应用波特五力模型分析市场定位、竞争者的特征和商业信息等；分析终端用户的需求，用头脑风暴法确定主要功能和用户需求，构建层次价值图，从具体属性、抽象属性、功能结果、心理结果、工具价值、终端价值六个方面深入理解用户需求。这一个过程需要关注的关键问题包括整个生产和消费链的结构及影响范围，主要参与者及兴趣，生产消费链的技术性、文化性、法规动态影响或潜在影响，主要竞争者及商业信息，潜在用户和终端用户及需求等。

（2）没有明确的项目发起者

这种情况也被称为社会经济生态系统（SEE），即社区经济活动根植于社会文化生活方式中，例如，手工业和农业系统，所有人都参与某种经济活动，很难确定出一个发起者，经济活动的本质是分布于自然。因此，社会经济生态系统不是一个集中性组织，不是类似于生产制造企业的集中团体。通常集中性组织有一个设计团队专注于设计，制造团队专注于制造。在分布式经济中，设计也是分布式的。

策略分析第一个过程是项目的社会经济生态分析，包括社会经济生态系统问卷调查、基础设施分析、项目参与者分析等。应用 Awesome Actors Tool 识别出项目参与者及活动，判断参与者属于知识型、服务型、行政型、金融型中的哪种类型，各参与者的贡献如何，增值的动机等。了解地方生态系统的主要价值定位、现存的问题等。确定现存基础设施的类型（知识型，如学校、大学、数据、银行信息等，物理型，社会型等）及需要进行的变换，在问卷调查的基础上，应用价值机会分析法、SWOT、PESTLE、系统图等进行参与者需求分析，通过 AEIOU 映射识别用户群的所有活动及环境，可以用相应的图像进行记录，最后，分析在那种环境下使用的对象。

为了识别用户参与者的需求，将需求进行分类，例如情感需求、核心技术需求、质量需求、人机工程需求等。每个需求下都有子需求，例如，人机工程需求包括舒适性、安全性、易用性；核心技术需求包括可靠性、使能性；质量需求包括耐久性和技艺；情感需求包括冒险、独立、安全、信心、力量。

第二个过程是定义设计内容，应用 Frog Collective Action Toolkit 工具明确设计目标，定义要着力解决的问题，然后召集参与者团队通过头脑风暴找到正确的方向，判断是否需要对目标进行调整。接着，组建团队，寻求共识，提出创新观点，进行实施。

此处可以用波特五力模型进行竞争者分析，如果不适用，可以从类型、类别、可持续性理解、预算水平四个层次进行分析。其中具有相同特征和相同基本功能的产品就是竞争者。例如，饮料的竞争者必须是同类型产品，典型的是可口可乐与百事可乐的竞争。

两种不同情境下，策略分析的第一、二过程略有不同，后面的三个过程相同。

分析系统承载结构（技术角度、社会规范、政府立法、经济）的目的是识别和分享参考背景后的宏观趋势（社会、经济和技术方面）。这对于理解什么潜在影响了情境（或社会技术体制）将成为干预对象非常重要。该阶段需要解决的关键问题是主要的社会、经济、技术宏观趋势，这些如何影响参考情境并最终影响设计选择。

SDO Toolkit 工具可用于分析优秀案例及现存系统的环境、社会和经济可持续性，确定相关设计因素的优先级。

策略分析的具体过程如表 8-3 所示。

表 8-3　策略分析的具体过程

情境	过程	子过程	结果	工具
有明确的项目发起者	项目发起者分析及内容定义	设计背景范围界定	设计说明文档	
		项目发起者分析	任务、主要经历、SWOT、价值链等	筹备企业问卷、迷你文档、SWOT 矩阵、系统图
	参考背景分析	生产和消费系统分析	识别利益相关者及联系；识别技术、文化和立法动态	系统图
		竞争者分析	竞争者是谁，最具创新性的提供者是谁，市场地位	波特五力模型
		终端用户分析	分析客户潜在需求	means-end chain、需求功能分析、蕴含矩阵、阶层价值图（HVM）
	系统承载结构分析	一般宏观趋势分析	宏观趋势分析报告及对背景的影响	
	优秀案例的可持续性分析	识别和分析优秀案例	明确用户之间的交互、利益相关者、可持续特征等	故事版、系统图、Sustainability Design Orienting（SDO） Toolkit
	可持续性分析及优先级确定	现存背景的环境性、社会伦理性、经济性分析	现存系统概述	SDO Toolkit
		定义设计优先级	定义每个可持续性尺度的设计优先级	SDO Toolkit
没有明确的项目发起者	项目社会经济生态系统分析	社会经济生态系统问卷	识别利益相关者及活动	Awesome Actors Tool
		基础设施分析	识别现存基础设施及转换需求	KFPS 知识挖掘工具
		利益相关者分析	利益相关者的需求分析	Empathy Mapping、AEIOU Mapping、价值机会分析、SWOT、PESTLE、系统图
	定义设计内容	确定设计目标	可持续产品服务系统问题陈述、设计纲要、顾客满意度	用 Frog Collective Action Toolkit 工具的“明确目标”部分进行共创设计
		竞争者分析	竞争空间知识	形式、分类、属性、预算层次的竞争者分析、波特五力模型

8.3.2　机会点探索

机会点探索阶段的主要目标是寻找可能的产品服务系统可持续设计切入点，确定所设计的产品服务系统属于哪种类型、服务内容及形式等。具体过程如

表 8-4 所示。

表 8-4 机会点探索过程

过程	子过程	结果	工具
生成面向可持续的想法	定义顾客满意度	形成满意度描述的文档	
	通过群组研讨生成可持续产品服务系统观点	系列具有环境、社会和经济可持续性的系统设计观点	SDO Toolkit——可持续性观点表、满意度系统图、PSS 创新矩阵
列出可持续设计情节	定义一簇和单一想法，识别有潜力的极图、愿景	极图、视听文档	极图（polarity diagram）、offering diagram、动画、系统概念视听

用户的满意度是产品服务系统可持续设计的基础，例如，净水器的案例中，用户的满意度是净化的水，而非净水器。将用户的满意度形成文档，召集团队成员进行共创设计，形成可持续产品服务系统的新想法。团队成员可以是设计人员、市场营销员、工程师、技术员、服务工程师等。应用 SDO Toolkit 形成可持续观点表，记录现存系统的问题及解决方案。SDO Toolkit 软件提供了系统生命周期优化、运输最小化、资源消耗最小化、废弃物最少化、生物兼容性等环境可持续准则。社会可持续准则包括改善雇员工作环境、提高利益相关者之间的公平与正义、可持续消费与使能责任、关注弱势群体、授权和估价当地资源。经济可持续准则包括市场定位和竞争性、盈利与增值、长期发展及合作风险、宏观经济影响等。

设计人员可以根据需求有针对性地选择设计方向。每一可持续性尺度上都会生成一个雷达图，由此生成可持续创新观点，并构建满意度系统图。

满意度系统图中，将满意度单元扩展到子满意度单元，图中心为参考背景内容，内部放置所有相关的参与者。每个象限对应一个子满意度单元，放置相应的参与者。例如，图 8-3 所示为 Fresh 公司（净水器公司）的满意度系统图，满意度单元为净化水，参考背景是家庭，面向国内使用。净化水一般都是用于饮用的，但是，洗澡、洗衣服、洗蔬菜水果等也需要净化水，只是水的质量要求没有那么高而已。因此，Fresh 公

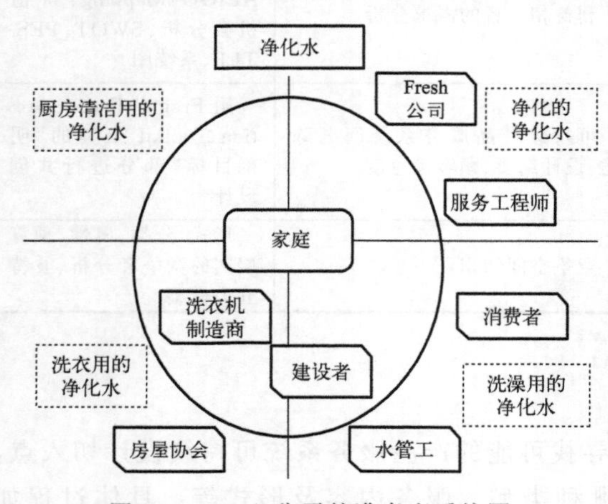

图 8-3 Fresh 公司的满意度系统图

司是提供方，是普通参与者，与此类似的参与者还包括服务工程师、消费者、水管工等。

构建系统满意度单元后，由可持续设计概念创建一个产品服务系统创新矩阵。该矩阵包括空白（gaps）、空间场景和能够填补那些空白的知识产权。从前面的策略分析阶段已经获得了所有的用户市场需求，此处将其分为可见需求和不可见需求，市场也分为可见市场和不可见市场。不是所有的可见需求都已经得到满足，同样，市场也有没拓展的。因此，进一步将需求分为已满足和未满足，将可见市场分为拓展和未拓展。通过识别不可见需求和用户市场，寻求技术创新突破的机会点。

我们可应用极性图罗列出面向可持续的设计观点，极性图的各个象限是设计关注的不同方向，记录相应的设计想法和构思。例如，Fresh 公司在印度拥有 1 个工厂，所有产品集中制造，销售到其他国家，这是一种集中式制造模式，当然，也可以是分布式制造模式。

Offering diagram 包括四类功能：核心功能是产品服务系统的主要性能；基本功能是核心功能必备的功能；增值功能是能与核心功能共同提升产品服务系统价值的功能；子功能描述了产品服务系统工作的方式。

8.3.3 系统概念设计

系统概念设计的目标是在机会点探索阶段获得的想法的基础上确定面向可持续的系统设计方案。具体过程如表 8-5 所示。

表 8-5 系统概念设计过程

过程	子过程	结果	工具
选择一簇或一个想法	选择最佳想法（从经济、技术可行性和用户接受度出发）	生成极图及说明书	极图（polaritiy diagram）、组合图（portfolio diagram）、go/no go evaluation criteria
形成系统概念	定义参与者与新系统之间的交互	参与者图谱及交互（物流、信息流、金融流）	系统图
	定义产品和服务的概念	主要功能的图文概述	offering diagram AD poster
	描述用户和系统之间、其他参与者之间的交互	产品服务系统中的交互序列 不同观点形成可视化视听文档 动作序列的视听文档	交互表、交互故事版、动画、系统概念视听
环境、社会和经济可持续性评估	系统概念的环境、社会和经济改进潜力评估	每个尺度下每个指标的改进潜力描述	SDO Toolkit——检查表概念
	可视化环境、社会和经济改进	环境、社会、经济雷达图 支持可持续性改进的可视化交互	SDO Toolkit——雷达 可持续性交互故事版

第一个过程是使用极图将类似观点聚类成簇，由簇形成系统概念，并进行以下检查。

① 技术性检查。判断是否有小、中、大的改进，引入的新技术是否必要，这是一个短期、中期还是长期的解决方案。

② 可行性检查。首先，判断可行性大小。可行性小，意味着难以实施；可行性中等，代表可能实施；可行性大，代表易于实施。接着，将设计概念放入由可持续性轴和可实施性轴构成的坐标中，判断是否在三个可持续性尺度上具有潜力，是否具有可实施性，同时满足这两个条件的方案位于第一象限。最后，应用 go/no go 评估准则进行最佳簇或单一想法的选择。在最佳想法的基础上，进一步进行系统图构建，需要定义参与者的交互（物流、信息流、金融流）、产品与服务的概念等。

完成系统图后，接着完成供给图（offering diagram）。

第二个过程是描述用户与系统之间的交互以及参与者之间的交互。交互故事版用于分析当前的交互，展示设计中的交互如何发生。应用图像描述动作，用相同的颜色、序号等罗列相应的参与者。

第三个过程是应用 SDO Toolkit 的概念检查表进行方案的可持续性评估，并评估可持续性交互故事版可视化改进情况。

8.3.4 系统详细设计

系统详细设计阶段的目的是将最佳系统概念转变为可实施的详细设计，具体流程如表 8-6 所示。

表 8-6 系统详细设计流程

过程	子过程	结果	工具
系统详细设计	定义(主要及次要)参与者之间具体的交互	主要及次要参与者之间的详细明细图，以及它们之间的关系(物流、信息流和金融流)	系统图
	详细定义产品和服务的功能	主要和次要功能的图文描述	供给图(offering diagram)
	定义具体的服务和其他参与者之间的交互	在生产和提供服务的过程中所有交互序列的描述	交互故事版、系统概念可视化
	指定每个参与者的角色、贡献和动机	每个参与者的贡献、利益、潜在冲突等构成的矩阵	动机矩阵(motivation matrix)
	定义材料和非材料元素(如设计、生产、运输人员等)	系统元素蓝图和参与者在设计、生产和运输中的角色	方案元素简介(solution element brief)

续表

过程	子过程	结果	工具
环境、社会、经济可持续性评估	定义期望的环境、社会、经济改进空间	定义每个可持续性尺度的改进潜力	SDO Toolkit——检查列表概念（checklist concept）
	结果可视化	雷达图 交互可视化	SDO Toolkit——雷达 可持续性交互故事版

在系统详细设计阶段，首先对上一阶段形成的系统图进一步完善，主要包括其他参与者的识别以及它们之间的物流、信息流和金融流。接着完善供给图（offering diagram）、交互故事版、动画、系统概念设计等。然后创建动机矩阵，明确每个参与者的贡献、利益、潜在冲突等。

动机矩阵是一个共创设计可视化工具。所有参与者均位于矩阵的行和列，每个参与者对应四行，分别是动机、所做贡献、接受的贡献、冲突。

最后进行方案元素简介，这是一个核心设计和可视化工具，其目的是描述材料元素和非材料这些系统参与者必须设计、生产或传输的元素。该工具有助于定义单个参与者在提出方案时的角色。

在水平轴上表示出系统所有的材料和非材料元素，材料元素可能是产品、设备等，非材料元素是信息、服务、金融等。执行该解决方案的所有元素可视化地显示在水平轴上，可以用图表示。纵轴是系统的所有参与者。由此可以构建参与者与所有元素之间的联系。

执行完上述系统详细设计步骤，接着，填充检查表和完善雷达图。

8.3.5 交流

交流的目的是起草报告，以交流系统设计的可持续特征。具体过程见表 8-7 所示。

表 8-7　交流过程

过程	子过程	结果	工具
起草可持续性交流的文档	交流面向可持续方案的设计优先级	指定可持续性尺度优先级的文档	SDO Toolkit——雷达图
	交流产品服务系统的一般特征	创新参与者构建系统及交互的一般特征的文档 构成系统用户和提供者之间交互的所有产品和服务集 提供各种系统开发过程的视听文档	系统图、供给图（offering diagram）、交互故事版、动画系统概念、视听微文档
	交流产品服务系统的可持续特征	方案的可持续特征文档 环境、社会和经济改进 系统元素的改进	SDO Toolkit——雷达、可持续性交互故事版

8.4 服务系统案例分析

8.4.1 应用于分布式食物生产的可持续产品服务系统

下面以盒马鲜生可持续产品服务系统为例，分析其设计思路。

盒马鲜生（简称盒马）围绕“吃”构建了菜市场、餐饮店、物流中心三个应用场景。盒马鲜生区别于传统超市与线上生鲜，其生鲜品类的销售采用线上（盒马 App）＋线下（盒马实体店）＋冷链物流的产品服务系统模式，利用大数据、互联网、自动化、云计算、数字化等先进技术和设备融合重构线上、线下及物流，通过覆盖全国的生鲜物流网络，实现全渠道数字化运营。其产品服务系统如图 8-4 所示。

盒马鲜生每天从原产地直采，经过质检、包装、冷链运输进入盒马鲜生超市冷柜售卖。配送联合流水化的分拣装箱系统形成冷链物流配送服务网。盒马鲜生采用小型包装，用于消费者一餐所需，包括成品与半成品。通过线上收集客户数据汇总到企业营销系统数据库，根据深度分析挖掘用户需求和偏好，制定营销策略，减少库存品剩余。

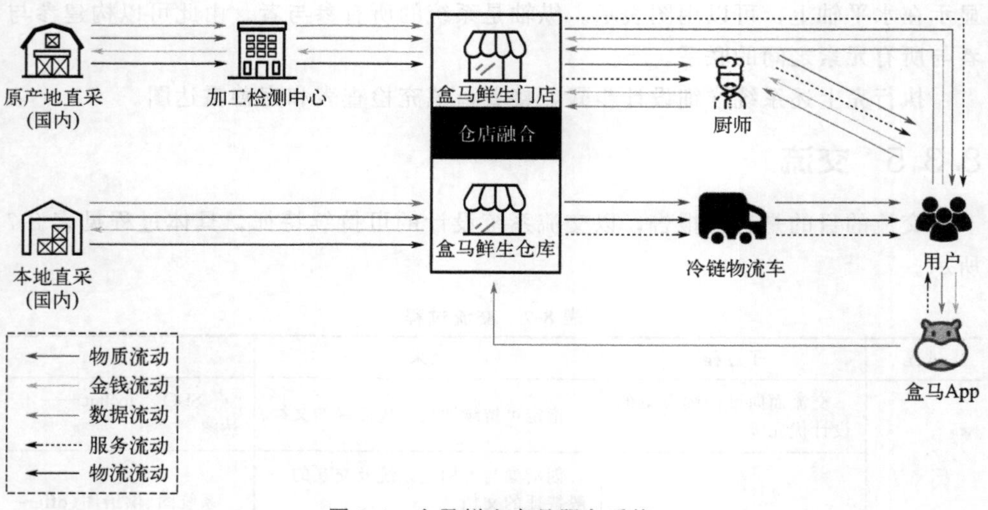

图 8-4 盒马鲜生产品服务系统

盒马鲜生产品服务系统的可持续特征体现在应用场景、结构、生命周期本地化三个方面。

应用场景为中国社区，构建了社区食物体验中心，满足社区用户日常需求，用户按满意度付费。盒马鲜生采用去中心网络结构布局，以社区为中心，门店为社区服务中心，承载了线下生鲜卖场、餐饮店、盒马App的存储仓库和线上订单商品分发中心等功能。盒马门店采用货架即仓储的仓店一体化模式，每个门店可以独立运营，也可以连接共享各种生鲜食品。这些相同的区域网络逐层联合成为网络中的网络。该网络结构灵活，从全球资源开采、生产和受益转向本地用户直接访问本地食物资源，激发了当地用户的环境保护意识，有效减少了食物浪费，体现了环境可持续性。

盒马鲜生提供了生鲜食品的全生命周期服务，由本地生鲜食品基地就近向本地食物体验中心货仓进行规模化冷链配送，用户按地理位置就近到本地食物体验中心购买生鲜食品、在店内购买烹饪服务就餐或通过智能物流运送到家。这种智能服务模式可以尽可能减少运输、处理、烹饪等运行成本，避免了食物的中断，使个人和当地社区获取食物资源的机会更加平等，体现了社会可持续性。

盒马鲜生产品服务系统运用了线上＋线下＋冷链物流和大数据、云计算、数字化、新金融、物联网、人工智能、AR、VR等新技术，实现了食物采购和运营的精准化，在保证用户需求的同时实现了库存不积压，降低了食物的损耗，节约了成本，具有经济可持续性。

8.4.2　微型电动汽车可持续产品服务系统

微型电动汽车租赁服务系统为用户的出行提供了一种健康、低碳、舒适的方式，下面以我国微型电动汽车产品服务系统为例，分析其可持续设计思路。

微型电动汽车租赁服务系统涉及的利益相关者包括用户、汽车生产商、服务机构、设计人员、项目经理、地图提供方、管理人员等。由于微型电动汽车续航能力差，适合用户短距离高效出行。按照用户使用情景，需要满足的用户需求包括寻找车辆快速、开锁简单、收费合理、行驶安全、电量充足、充电方便、救援及时、归还便捷等，具体需求如图8-5所示。

我们通过利益相关者需求分析，发现微型电动汽车租赁服务系统的设计需求为提高车辆使用率、降低租赁成本、提供便捷的服务等。

微型电动汽车租赁服务系统包括微型电动汽车及充电桩、停车场、服务App、共享、电池更换服务、导航、停车服务、维修、事故处理服务系统等设计要素，构建了新能源汽车＋共享服务模式的可持续产品服务系统，具体系统如图8-6所示。

由于微型电动汽车为新能源汽车，具有完善的回收再利用体系，延长了电池使用寿命，减少了资源的浪费与环境污染，具有环境可持续性；共享服务模式提高了汽车的利用率，降低了用户的出行成本，具有经济可持续性；服务费用合理，方便了市区用户的高品质便捷出行，具有社会可持续性。

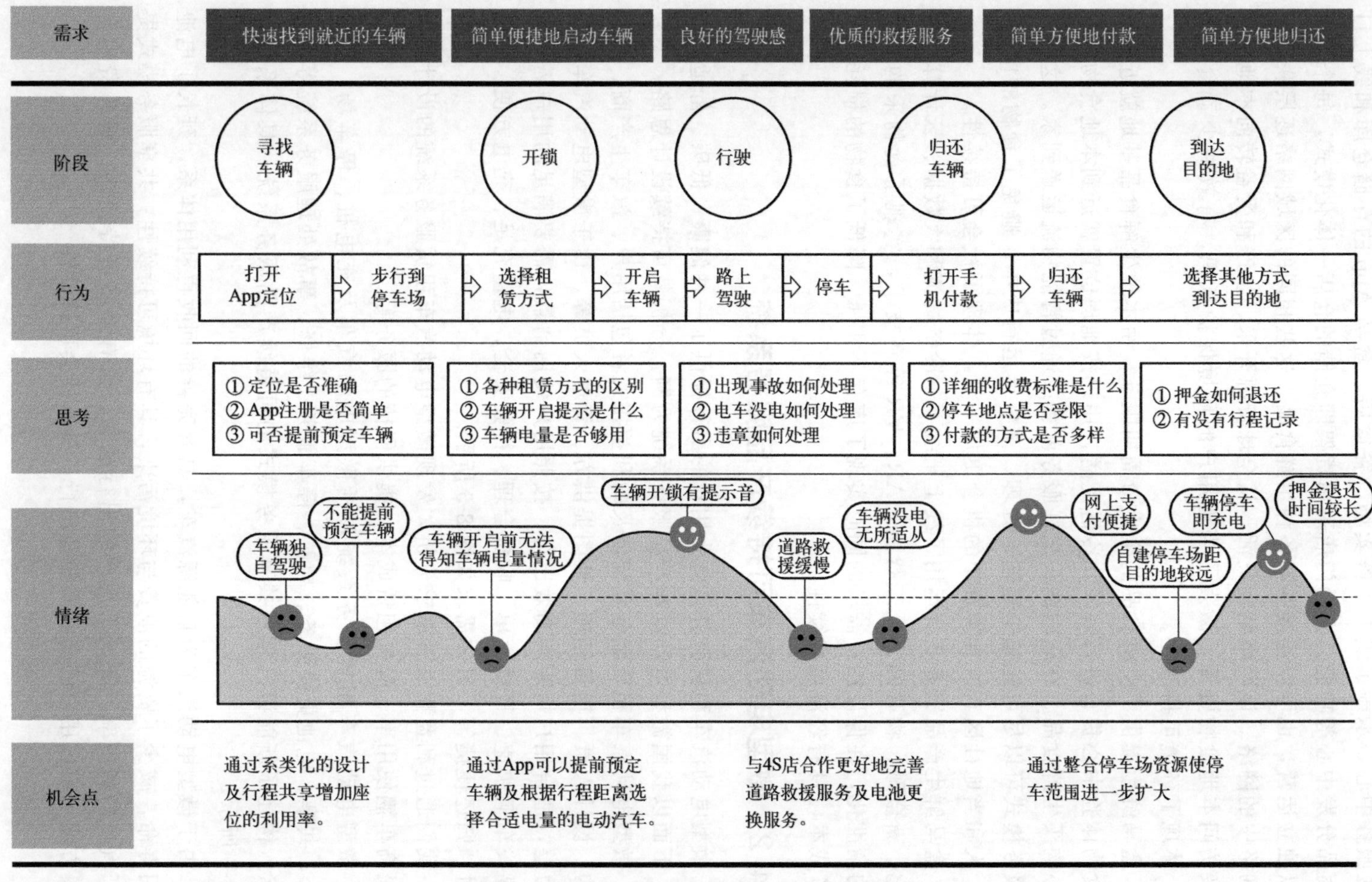

图 8-5 微型电动汽车租赁系统的用户旅行地图

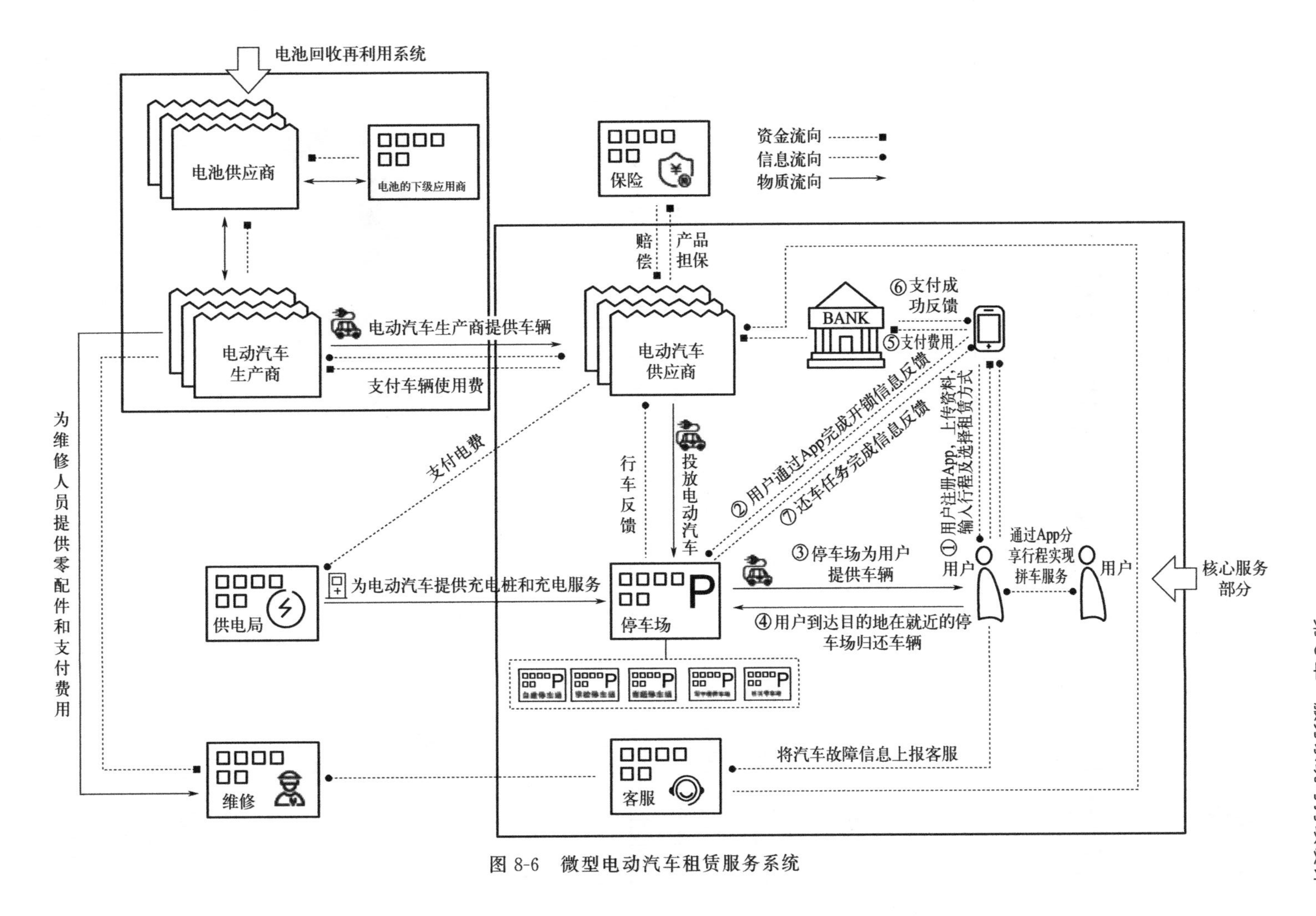

图 8-6　微型电动汽车租赁服务系统

第9章

可持续设计案例赏析

9.1 可持续设计案例

9.1.1 涡流自清洁水管

水流的连续运动在水中形成持续的涡流，旋涡中心的压力会逐步增大，所形成的纳米尺寸的涡流产生的剪力足以破坏细菌膜。卢森堡的 POLAAR Energy 公司创立于 2018 年，该公司推出了一款基于涡流处理技术（vortex processing technology，VPT）的水管自清洁装置，如图 9-1 所示。该装置直接放置在水管上，不包含任何移动部件，也不需要连接任何额外的电源，仅使用水压对水垢产生影响，是一款名副其实的可持续设计产品。

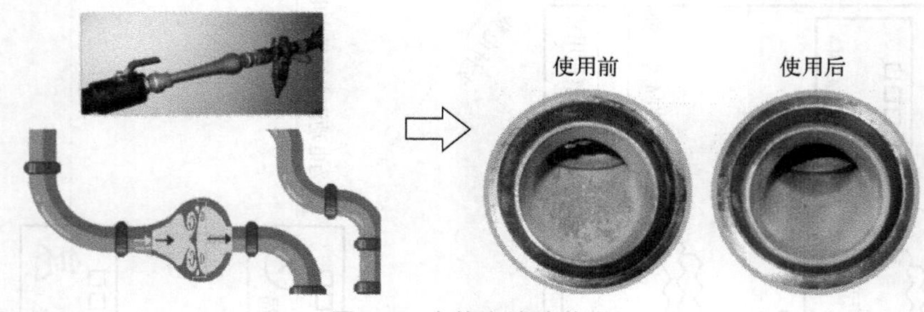

图 9-1 水管自清洁装置

该装置的核心是一款专利产品——水涡流发生器（watre vortex generator）（图 9-2），在一定的低压下即可产生涡流，其成形过程包括三个阶段。

① 预成形室（preformer）。水涡流发生器的入口使水流平稳向外以环形运动通过一组设计好的通道。

② 通道。预成形后，液体被引导通过一组通道，每个通道都具有涡流成形

的几何形状，这些通道将涡旋流射入涡流室。

③ 涡流室。来自通道的涡旋流就像毛线一样在涡流室汇集缠绕在一起，形成强劲稳定的涡流，沿旋涡轴产生一个强减压。

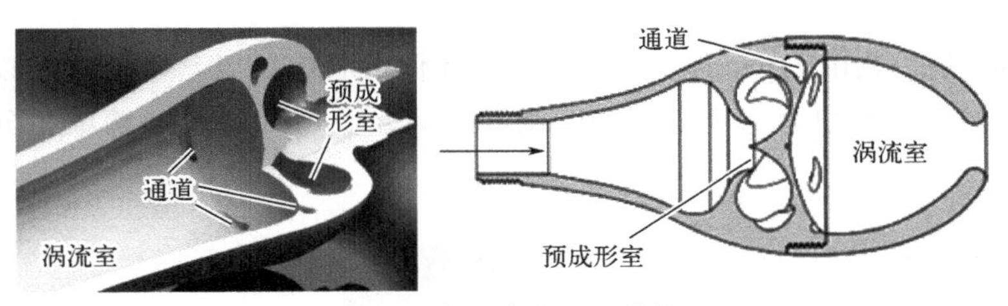

图 9-2　水涡流发生器结构

该水涡流发生器利用涡流室的独特设计与水的压力使其进行自组织的有序的涡流运动，当富含水垢的水通过涡流室时，水的快速旋转运动会对水中的石灰晶体产生影响，将方解石变成文石，将其原有容易附着在其他物体表面（以及彼此之间）的角形状变得光滑，导致石灰晶体不再容易相互附着或附着在管道或锅炉内部等表面上，此外，该装置中强大的流体动力产生气蚀，消除气泡可杀死军团菌。

9.1.2　蚕丝剃须刀

下面的案例引自 Gunter Pauli 的《蓝色经济》一书。传统剃须刀的刀片一般用耐腐蚀合金钢或钛制造。钢的硬度必须足以保持刀片的形状，还要柔韧到可以加工。符合要求的首选材料就是碳、硅、镁、铬和钼制成的马氏体钢，外加一层钛，其制造工艺是：先将混合金属加热到 1100℃，放入水中淬火至 35℃硬化，再加热到 350℃回火，随后压成薄片并以 800～1200 次/min 的频率锻造成合适的刀刃。因为刀片非常小，所以必须用专用的金属和塑料支架将刀片固定在基座内。这种剃须刀的生产制造工艺复杂，然而，使用几次后就进了垃圾填埋场。每年约有 100 亿把一次性剃须刀进了垃圾掩埋场，相当于把 25 万吨昂贵金属变成了废弃物。

牛津大学教授弗利兹·沃拉斯（Fritz Vollrath）研究家蚕、蜘蛛和昆虫时发现，它们可以精准控制水分及腹部压力来折叠蚕丝，所以蚕丝本身具有超强的韧性和弹性，利用这些特性将蚕丝运用几何结构制成相当于“钛”的金属，再制成刮胡刀片。

蚕丝剃须刀是一种可持续的概念产品，能解决环境问题，其性能更好、价格只有不锈钢或钛等昂贵金属的 1/6 左右。蚕丝剃须刀数百根微细丝线滚过皮肤表面，能切断角蛋白的毛发，但不会划伤皮肤，恰似一台迷你版的手持割草机。

蚕丝工业的永续模式既可再生表土，又能削减碳排放量。过去 10 年，10 万吨蚕丝把 625 万英亩[1]的旱地转变成沃土。同时因为减少矿石的开采，避免采矿、矿石加工与化肥所产生的氧化亚氮，可减少 10 亿吨二氧化碳的排放！

9.1.3 环保回收小工具

图 9-3 是一款由 Hyeonsu Kim 设计的环保回收小工具，可以对难以拆卸的标签、薄膜等进行快速剥离、撕裂、割开，满足了回收材料的精细化分类收集需求。

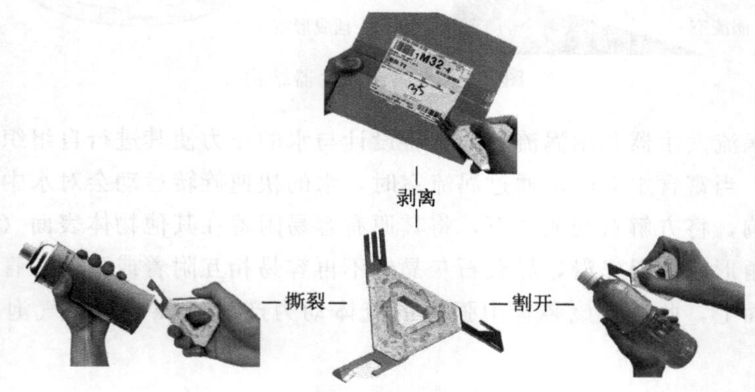

图 9-3 环保回收小工具及功能

9.1.4 环保塔楼积木

图 9-4 是由 Hida Intops 设计的一款环保塔楼积木，该积木由 540g 废弃塑料和 143g 废弃木材制成，包装采用由 100% 甘蔗渣制成的环保纸和大豆油油墨，比普通塑料材料减少 81% 的二氧化碳，降低了成本，促进了循环经济。

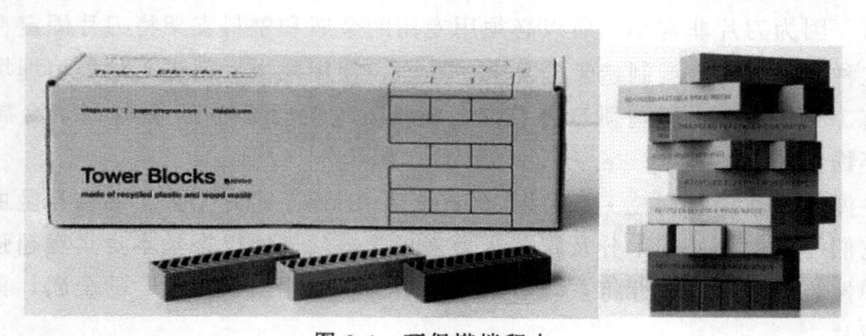

图 9-4 环保塔楼积木

[1] 1 英亩 $=4046.864798\text{m}^2$。

9.1.5 REBORN

REBORN 提倡将废弃衣物重新制作为新产品，由 Younghyun Kim、Dasom Lee 和 Younghoo Kim 设计。图 9-5 是用两件皮夹克制成的椅子，用皮夹克的拉链和纽扣制作了可拆卸靠垫，通过裁剪和组合衣服创造随机图案为椅子增添了美感。

图 9-5 再生制品

9.1.6 AQUS 系统

家庭中大部分水冲进了厕所，AQUS 系统将洗菜池的水收集起来并转移到马桶（图 9-6），每人每天节约了 7 加仑[1]水。

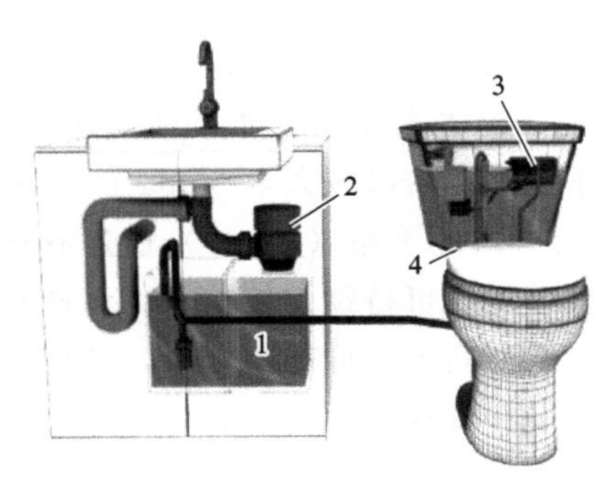

图 9-6 AQUS 污水系统

1—罐；2—分配器；3—填充控件；4—管

AQUS 系统的工作原理如下：水槽下面的 P 形夹子将水槽的污水导入 5.5 加仑罐 1，水槽的水通过含有溴和氯片的分配器 2 进行杀菌。填充控件 3 卡在厕所控制箱保持阀提起，将污水注入水箱。污水通过两个管 4 进入水箱。

9.1.7 健康电能健身自行车

这款由 Cao Yuan、WuHao 等多位设计师联手设计的健身自行车（图 9-7）获得了 2011 年 liteon 奖入围奖，它可以将运动的动能转化为电能，并通过特定的蓄电池存储起来。健身 1h，产生的电能可以让 1 只节能灯泡照明 1h。

9.1.8 海洋废物收集器

大量废塑料持续进入全球河流、湖泊和海洋，为海洋生物带来毁灭性影响。人类生产塑料的速度远远超过收集或处置废塑料的速度。由启明大学 Sang Ju Lee、Myeong Heum Jo 设计的这款产品可以过滤海水以收集废物和碎屑，随后即可处理或回收，有望妥善解决目前人类面临的最大环境挑战——废塑料不断在海洋环境中扩散，如图 9-8 所示。

[1] 1 加仑（美）=3.785412 升，1 加仑（英）=4.546092 升。

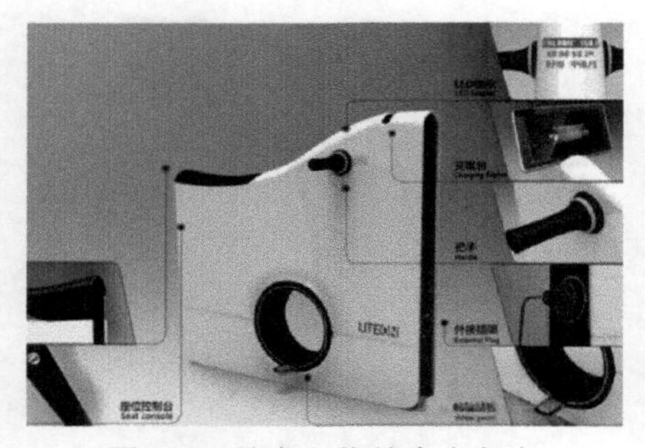

图 9-7　健康电能健身自行车

图 9-8　海洋废物收集器

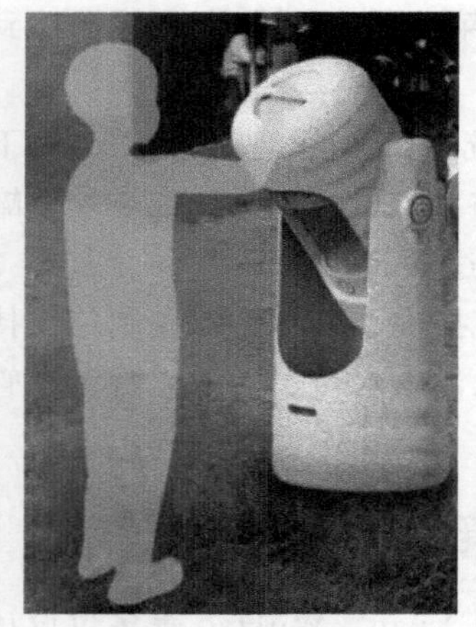

图 9-9　洗手站

9.1.9　洗手站

洗手在对抗病毒细菌感染和其他传染病蔓延至关重要，但是许多发展中国家的农村缺乏洁净的自来水，在许多情况下，水车是清洁水的主要来源，但并不能保证洗手用水。由汉城大学 Yuna Jung 和 Jihyun Kim 设计的这款洗手站（图 9-9）通过有机过滤和循环利用能够提供可持续的清洁水。该产品巧妙的旋转沙漏形式使其无需仰赖电动泵，从而使洗手站可以简单架设在没有电力供应的地方。

9.1.10　可持续性外墙 Wind Digester

高层建筑物承受的风力较大，由台湾科技大学的 Lang Wenma 等设计的 Wind Digester（图 9-10）可以转移和降低高层建筑表

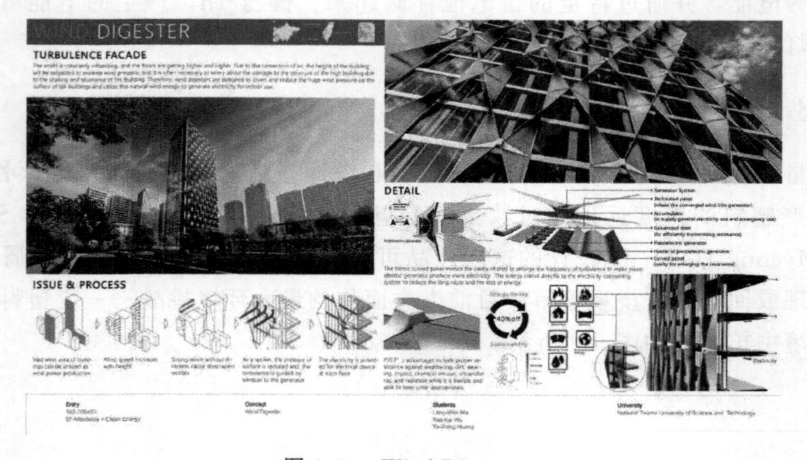

图 9-10　Wind Digester

面的风压，并利用这种自然风能为室内发电。Wind Digester 是一款经过深思熟虑的清洁能源解决方案，可以应用在建筑结构中。暴露在强风下的建筑高层更容易遭受结构破坏，但这款设计将其高度缺陷转变为优势，并节省了能源成本，也为外墙增添了有趣和具有吸引力的设计元素。

9.1.11　电动船舶充电站 E-HARBOUR

这款 E-HARBOUR 充电站由巴塞尔艺术设计学院 Yigang Shen 等设计（图 9-11），能在水上提供可持续能源，可为各种电动船舶提供充足的清洁能源。模块化设计可用于沿海社区中的单个浮岛或集群。

图 9-11　E-HARBOUR 充电站

9.2　服务系统可持续设计作品

9.2.1　工业灯具的可持续服务系统

下面案例的目的是开发一款可持续的工业照明服务系统，具体包括可持续照明设备设计与服务系统设计两部分。

工业照明产品具有大功率（大于 100W）和高发光效率（大于 120lm/W）等特点，广泛应用于仓库、工厂、制造区、库房等安装高度在 4～12m 的场景中。图 9-12 是新设计的照明设备 Arcus-Ⅱ，该设备具有应急模块和感应器两个可选附件。该设备具有高的适应性，其照明效率为 123lm/W，具有可选应急功能模块、微波传感器、辅助调光、昼光阈值导管和线槽（表面安装）。

为了提高能源效率和节约贵金属材料的使用，改进了电力驱动控制系统，设计使用高效率的灯罩，并基于模块化设计延长了产品生命周期，减少了外壳材料和产品尺寸，使用了由 80％消费后的卡纸板和 50％回收塑料组成的回收包装材料，产品的可持续设计的关键特征具体内容如表 9-1 所示，产品的物料清单数据如表 9-2 所示。

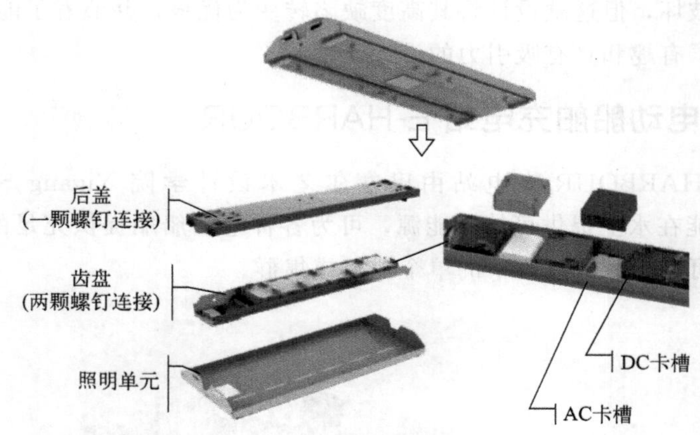

图 9-12 Arcus-Ⅱ的可持续设计

表 9-1 可持续设计的关键特征

可持续设计特征	受益的生命周期阶段	可持续性
模块化设计	生产、使用和维护(安装)、退役处理	可升级,易于装拆、生产、安装、维护和退役回收处理,易于替换故障件,降低维修时间和成本
LED 驱动器的创新设计	使用维护阶段	能够延长产品服务时间,新驱动器小而可靠性高,控制系统包括多个驱动器,冗余设计用于减少操作风险,此外,通过传感器实现的调光功能也可以减少驱动器故障发生率
高能源效率设计	使用维护阶段	使用了 2 个独立的镜头和 LED 面板,偏光透镜可提供不同光束角度和适当的 LED 排列选择,从而降低成本,提高效率
小型化设计	生产和分销(运输)	减少包装材料使用量,采用可回收的钢材作为包装材料,且简化了制造过程
延长寿命和高可靠性设计	使用维护阶段	提供了可选的应急功能,以检测潜在的驱动器缺陷,并自动调节灯光明暗以防止设备过热损坏

表 9-2 Arcus-Ⅱ的物料清单数据

装配组件	材料	数量	单位
电子控制单元	LED 光学器件	0.25	kg
	铝	0.035	kg

续表

装配组件	材料	数量	单位
电子控制单元	塑料(连接板)	0.013	kg
	钢(基本模块)	0.545	kg
	线路板	0.42	kg
	塑料(LED 驱动器)	0.033	kg
紧固件	镀镍铁	0.0734	kg
外壳	钢板	1.525	kg
	塑料板	0.2212	kg
	塑料镜片	0.4	kg
包装	印刷纸板箱	0.96	kg
	塑料薄膜	0.0003	kg
	纸	0.0004	kg
	塑料泡沫	0.054	kg
电能		4000	kW・h
运输		52896	kg・km
回收	钢	2.07	kg
	塑料	0.6212	kg
电气装置		1.1	kg
一般废弃物		0.099	kg

可持续照明设备服务系统是一个照明设备的租赁服务系统，其系统图如图 9-13 所示。批发商出租服务给用户，制造商提供照明设备和组件，承包商负责安装，维修公司负责维护设备。此外，制造商使用废弃电子电气设备

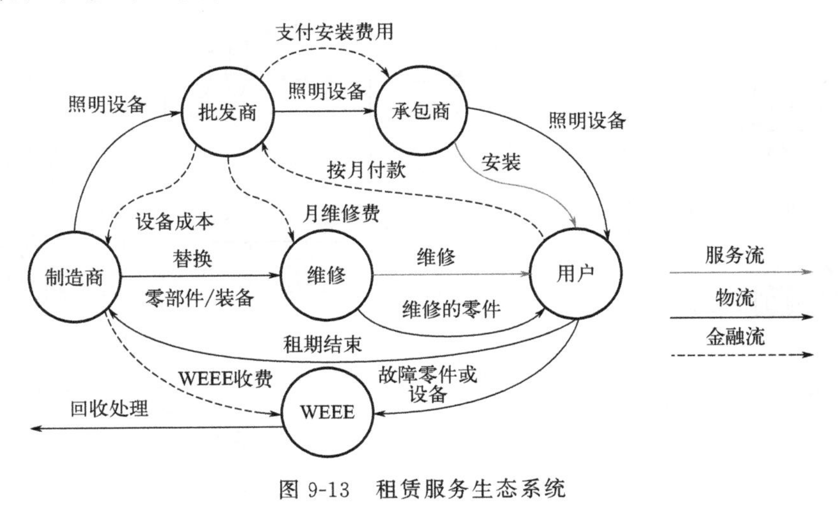

图 9-13　租赁服务生态系统

（WEEE）服务回收和处理故障和退役产品。该 PSS 包括照明规划，提供了照明设备、安装、维修和退役回收处理服务。制造商利用技术专家开发定制计划，生产最适合应用、符合所有基本需求和规范的照明设备。批发商负责挖掘商业机会。各方签订租赁合同后，批发商与其他合作商合作运输设备和提供服务。批发商汇集安装费用并支付给其他商业伙伴。Kosnic 公司负责召回退役照明设备，模块化结构设计使大量组件可以回收、重用或再制造。此外，少量照明设备的组件处理减少了 WEEE 费用。

9.2.2 “租衣吧”可持续服务系统

租赁特殊衣物的服务系统是针对特殊场合服装（例如婚纱）长期闲置的问题而设计的，通过智能手机应用程序，提供在线出租、试穿、下单、查询物流等功能。下面案例的产品设计为智能手机应用程序，包括闪屏、首页、搜索、出租、购物车、租品、登录、个人新型、结算、物流、收件人等各个节点界面设计。用户 A 有出租闲置服装的需求，登录“租衣吧”App，拍照上传服装图片，发布出租信息。租赁店通过“租衣吧”App 租下并收集大量特殊场合服装，送到洗衣店进行清洁消毒，当地企业为洗衣店提供环保洗衣液和洗衣机，并提供专业衣物洗护知识和技巧培训。当地某摄影和模特公司提供专业的摄影师和模特，展示衣物试穿效果，并拍照上传到“租衣吧”。用户 B 有租衣需求，通过“租衣吧”下单租赁服装，物流公司负责配送。该产品服务系统的主要参与方包括“租衣吧”App、衣物租赁店、洗衣店、运送公司等，次要参与方包括洗衣液制造商、洗衣机制造商、衣物洗护培训机构、摄影和模特公司等。各参与方之间的物质流、劳力流、现金流、信息流等如图 9-14 所示。

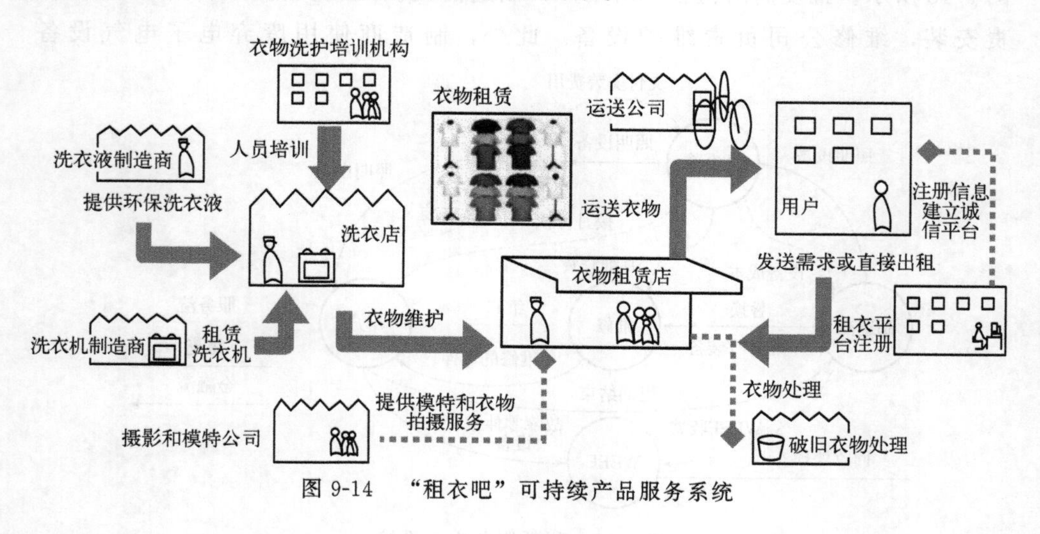

图 9-14 “租衣吧”可持续产品服务系统

该产品服务系统的经济可持续性体现在闲置的特殊场合服装的循环使用，具有较强的市场竞争力，为用户带来经济收益，为摄影机构、租赁店、运送公司、洗衣店等提供业务和收益，促进了经济可持续发展。

该衣物循环利用服务系统的社会可持续性体现在帮助人们形成可持续消费意识和健康的生活方式，提高了社会凝聚力。

该衣物循环利用服务系统的环境可持续性体现在延长了特殊衣物的使用寿命，避免消耗大量资源，最少化废弃物。

附录

新TRIZ矛盾矩阵

解		恶化参数											
		1	2	3	4	5	6	7	8	9	10	11	12
改善参数	1	35,28,31,8,2,3,10	3,19,35,40,1,26,2	17,15,8,35,34,28,29,30,40	15,17,28,12,35,29,30	28,17,29,35,1,31,4	17,28,1,29,35,15,31,4	28,29,7,40,35,31,2	40,35,2,4,7	3,35,14,17,4,7	31,28,26,7,2,3,5,40	2,5,7,4,34,10	10,5,34,16,2
	2	35,3,40,2,31,1,26	35,31,3,13,17,2,40,28	17,4,30,35,3,5	17,35,9,31,13,3,5	17,3,30,7,35,4,14	17,14,3,35,30,4,9,40,13	14,13,3,40,35,5,30	31,35,7,3,13,30	13,7,3,30,35,31,29,10	35,31,5,18,25,2	28,13,7,26,2,17	3,35,10,12,4,17,14
	3	31,4,17,15,34,8,29,30,1	1,2,17,15,30,4,5	17,1,3,35,14,4,15	1,17,15,24,13,30	15,17,4,14,1,3,29,30,35	17,3,7,15,1,4,29	17,14,7,4,3,35,13,1,30,2	17,31,3,19,14,4,30	1,35,29,3,30,10,17,14,12	35,3,4,1,40,30,31	28,1,10,32,17,13,15	19,17,10,1,2,3,28
	4	35,30,31,8,28,29,40,1	35,31,40,2,28,29,4,3	3,1,4,19,17,35	17,35,3,28,14,4,1	3,4,19,17,35,1	17,40,35,10,31,14,4,7	35,30,14,7,15,17	14,35,17,2,4,7,3	13,14,15,7,17,3,30	4,3,31,25,17,14	7,17,2,22,28,13	35,3,29,2,31,7,19
	5	31,17,3,4,1,18,40,14,30	17,15,3,31,2,4,29,1	14,15,4,18,1,17,30,13	14,17,15,4,13	5,3,15,14,1,4,35,13	17,1,4,3,24,5,2	14,17,7,4,13,1,31,3,18	14,17,7,13,4,31,3,1,18	35,4,14,17,15,34,29,13,1	31,30,3,13,6,29,1,5,19	17,15,14,32,1,3	3,19,18,1,6,5,2

续表

解		恶化参数											
		1	2	3	4	5	6	7	8	9	10	11	12
改善参数	6	14,31,17,19,4,13,3,12	35,14,31,30,17,4,18	17,19,3,13,1,14	17,14,3,4,7,9,24,13,26	4,31,7,19,15,14,3,13	17,35,3,14,4,1,28,13	17,18,14,7,30,13,26	14,28,26,13,4,35,17	17,5,4,7,28,26,14	35,26,1,4,17,18,40	26,17,2,13,30,35,7,24	13,19,37,10,35,14,5
	7	31,35,40,2,30,29,26,19	31,40,35,26,2,13,30	1,7,4,35,3,29,15,13,30	7,15,4,3,1,35,19,10	17,4,7,1,31,5,24,36,35	17,14,4,3,31,7,35	35,3,28,1,7,15,10	35,14,28,2,3,24,13	15,1,14,19,29,14,38,25	30,31,7,4,29,36	10,2,28,7,32,3,15,26	4,36,35,31,6,1,30,28,5
	8	31,30,40,35,3,2,4,19	35,40,31,9,14,13,3,4,26	14,30,15,3,4,35,2,19	35,2,30,4,14,8,19,28,26	15,14,4,30,13,3,7,28	14,3,7,4,30,13,15,26,17	14,35,3,13,28,2,30,7	35,3,2,28,31,1,14,4	7,35,2,30,31,13	35,3,31,40,5,13,17	10,7,24,28,3,26,2	35,19,1,38,15,34,28
	9	29,30,3,10,40,8,31,35	15,3,10,31,26,35,40	4,14,29,5,15,13,2,7	17,14,4,13,5,7,31	4,17,5,2,14,32	17,14,5,28,2,32,4	14,4,15,3,7,29,5,13	14,4,7,1,2,35,5,32	3,35,28,14,17,4,7,2	3,31,30,36,5,4,22	17,7,3,32,24,1	14,28,25,30,26,31,9
	10	35,40,6,18,9,2,31,18	35,40,18,5,2,8	29,3,17,35,14,2,18,36,31	35,31,3,17,14,2,40	15,14,17,31,35,4,30,29,18	17,31,4,18,14,2,40	2,15,28,18,38,24	35,2,38,25,30,31,1	35,7,14,3,31,38	35,3,31,1,10,17,28,30	15,2,35,5,21,3,13	35,40,34,10,3,7,18,19
	11	28,17,13,7,1,35,2	28,26,35,3,2	7,32,13,17,2,3,14	7,32,17,3,2,14	7,17,32,2,24,3,28	32,2,3,24,17,28	7,19,26,3,32,24,28,2	26,32,3,2,24,28	7,17,3,32,26,28,13	17,7,32,3,13,28,35	2,7,3,10,24,17,25,32	7,3,2,10,13,12,24,19
	12	15,19,5,8,31,34,35	35,3,31,34,8,4,2	17,8,19,9,35,2,12,24	3,17,12,9,35,2,19,13	17,19,7,8,9,24,13	3,17,9,24,12,19,13	19,10,30,7,14,2,13	10,30,35,12,13,4,2,3	17,14,28,10,1,26,25	3,40,17,35,6,10,13	7,2,32,3,24,10,25	3,10,35,19,28,2,13,24
	13	35,31,8,19,4,15,34	35,6,2,31,19,3,34	17,40,19,2,35,3,8	40,35,1,9,17,2,13	3,35,18,19,14,2	35,17,3,30,7,14	35,19,18,3,13,17,4	35,40,31,3,34,38,19,13	17,3,40,14,33,13,10,7	35,31,3,40,17,13,6	24,7,10,25,3,2,32	35,24,28,4,3,25,29,34
	14	13,14,8,28,1,17,2,38	1,13,2,10,35,3	13,17,28,2,29,14,1	17,15,30,2,14,1	17,14,4,1,29,30,3,5,34	14,5,3,17,1,4,13	28,2,7,34,35,5,14,4	28,5,2,35,7,9,1,18	17,7,15,18,35,3,4,2	2,35,19,5,10,38,9	7,2,10,5,37,28,3	35,40,19,3,5,13

续表

解		恶化参数											
		1	2	3	4	5	6	7	8	9	10	11	12
改善参数	15	8,1,9,13,37,28,31,35,18	9,13,28,1,35,40,18	17,35,9,3,14,19,28,36,29	35,28,17,9,40,10,37	15,17,10,14,19,3,29,39,40	1,3,17,40,37,18,9,35	12,15,9,35,37,14,4	1,18,37,35,3,2,10,36	35,10,3,40,31,34,4,14	14,18,29,28,35,3,1,8,36	13,17,37,3,1	19,10,2,12,28
	16	28,35,19,12,31,18,5	28,35,5,12,18,31,13	28,12,15,35,17,19	35,2,19,15,28	15,19,4,3,25,14	35,2,17,14,15,3	13,35,18,29,2,17,25	3,25,34,38,35,7,2	29,2,3,12,19,15,28	35,2,34,19,18,16,38,30	7,2,25,24,3,37	18,28,35,6,15,12,10
	17	35,28,13,8,3,19	19,13,35,9,28,6	17,4,12,3,24,14	4,17,9,19,3,16	3,4,13,5,12,24	4,17,3,14,16,19	2,35,13,19,13,18,28,4	35,39,19,2,18,28,4,9	7,35,24,30,13,5,10,36	35,31,3,24,28,13,4,9	2,19,17,20,7	40,35,3,19,4,28,24
	18	8,38,2,25,31,19,28,35	19,2,35,31,26,28,29,17,27	1,17,35,10,37,36,28,30,29	17,14,1,35,4,10,28,29,30	19,38,35,2,25,3,15,4	17,19,38,13,3,15,25,32,2	19,38,2,35,25,6,15,4,14	19,35,25,36,6,30,15,3,14	29,14,15,1,35,40,4,3,36	35,19,38,4,3,40,18,24,30	10,28,19,12,24,37	19,35,10,38,4,28,1,21
	19	40,35,31,10,36,37,2,17	35,10,13,31,29,40,2,17	35,9,40,17,3,14,4,13	3,14,17,35,40,4,9,1	10,35,40,14,17,28,15,3	40,14,35,10,37,17,3	35,10,40,3,15,14,4,17	35,17,4,40,3,30,24,14	35,4,40,3,30,14,31,15	35,10,25,31,14,13,12,5	28,2,26,7,24	19,3,35,4,13,14,2
	20	40,31,17,8,1,35,3,4	40,31,2,1,17,26,35,3	17,35,40,1,4,15,8	17,35,9,37,14,4,40,15	14,17,3,7,19,4,40,5	14,17,9,40,3,4,13	4,7,17,14,35,10,15,31	14,9,17,4,31,13,35	40,4,9,35,7,17,30,25	30,17,31,9,13,29,3	17,2,32,3,28,26	35,40,3,26,17,4,13
	21	40,35,31,5,2,39,17,24,8	40,35,31,17,39,1,24,4	17,1,35,13,15,28,4,25	17,4,35,37,13,1,40	31,13,35,17,4,3,2,12	35,31,4,3,39,13,17	24,5,39,35,10,19,28,25	35,40,24,31,25,14,5	1,4,35,17,7,3,18,21	1,4,35,17,7,3,18,21	2,7,10,35,24,5	10,13,5,35,4,19,7,40
	22	36,31,6,35,38,30,22,19,40	31,35,3,32,36,22,40,4,17	15,19,9,3,35,31,4,1	19,3,15,31,9,35,4,1	3,35,40,19,18,17,39,31	35,3,31,40,19,38,30,24,17	35,40,31,4,18,39,2,34	35,40,31,3,4,6,30	14,19,32,39,3,22,31	30,31,3,35,39,17,15,19	5,37,7,10,26,19,32	19,15,13,39,1,18,30,9,3
	23	19,1,24,32,31,39,35	35,32,2,19,31,1,5,30	14,19,32,35,17,24,1	14,17,32,35,24,19,1	14,17,24,35,19,32,26,4,1	14,17,4,35,24,32,19,1,26	14,24,13,10,19,2,32,35,4	14,13,24,35,10,19,2,32	3,30,13,24,32,35,5,14,1	1,19,35,14,24,28,3	2,25,19,32,7,6,3	19,2,6,35,28,4,25

续表

解		恶化参数											
		1	2	3	4	5	6	7	8	9	10	11	12
改善参数	24	3,30,31,8,40,1,7,35	31,3,35,40,7,30,1	17,3,4,15,14,30,35	17,4,13,14,7,5	15,30,17,3,4,35,14	14,17,4,3,7,28,26	15,19,14,4,3,13	28,4,37,35,13,12	4,14,3,30,19,31,17	31,3,30,19,18,4,1	2,37,3,17,4,13,19	10,4,3,18,28,9,36,1
	25	28,35,40,8,6,31,17,4	35,4,31,6,13,2,40	14,12,10,24,17,4	17,28,24,10,4,3	10,17,30,12,5,31,2,35	18,10,5,30,4,13,17,34,24	30,1,29,36,12,13,3,4	3,18,30,39,30,9,12,13	35,5,29,3,28,30,7,36	24,3,10,6,35,12	28,24,10,1,37,25,4	3,15,19,28,18,35,17
	26	10,20,8,14,35,37,5	10,20,26,35,5	17,13,15,29,14,7,2	5,14,17,24,13,30,2	17,15,16,5,26,4,13	35,17,4,10,5,12,16	20,10,5,18,34,2	35,5,10,12,16,3,7	7,28,17,4,10,34,9,37	35,10,5,18,16,19,38,4	2,3,10,25,5,7	3,17,28,18,15,10
	27	8,15,28,19,6,31,14	19,7,6,31,18,14	3,4,13,17,7,28,6	4,13,7,25,17,38,6	15,17,30,28,26,4,12	17,14,7,38,18,30,12,25	7,5,28,4,18,19,3	7,5,3,4,19,28,12	4,3,24,19,28,13,17,5	7,25,15,18,3,12,23	2,10,24,25,1,7	21,35,34,14,3,19,18
	28	13,35,7,10,17,24	13,35,31,5,24,10	28,25,10,37,1,26,16	28,25,17,26,37,32	28,26,17,25,30,16,1,37,7	28,25,26,16,37,30,17,32	28,25,17,32,7,31,1,2	28,25,32,1,35,31,7,2	25,14,24,3,4,32	17,28,24,7,33,31,32	2,7,24,3,32,5	10,28,37,3,7,4
	29	31,9,3,22,13,14,4	31,9,14,39,4,35	17,3,14,9,1,35,13	3,17,14,35,9,1	3,14,17,35,1,13,9	17,3,9,14,1,35	3,14,35,1,13,4,9,17	3,9,14,4,35,1	4,35,28,2,14,22,31,3	31,9,14,35,4,1,10,15,39	3,10,23,31,34,2	10,1,35,19,4,21
	30	28,35,20,21,19,5,18	28,31,13,5,2,36,35	14,18,4,19,17,36,15,13	17,18,21,14,4,1,36,13	4,14,19,15,18,13,3,36	4,14,13,24,17,18,36,3	13,15,3,19,18,4,1	13,4,3,15,18,36,24,35	35,36,3,31,38,15,13	35,10,19,18,24,13,7	10,23,37,1,13,4	1,10,21,3,36,18,15
	31	35,30,31,15,19,40,39	40,35,31,9,1,4,30	15,17,40,24,16,35,12,3	17,4,35,40,14,24	4,17,12,3,19,7,24	3,4,1,35,5,40,17,18	17,30,14,2,40,28,1	4,14,30,18,35,5,24	1,35,4,3,7,24,2	1,3,24,35,39,5,9	10,7,32,4,3,17	15,3,12,21,33,35
	32	35,1,8,31,30,6,14,13,29	35,17,12,1,31,13,16	17,30,15,26,19,29,4,24	17,4,26,28,1,31	13,29,17,31,28,14,16,3	31,6,26,24,1,3	30,35,31,6,3,24,4	24,15,31,16,1,3,35,7,30	15,2,24,30,5,7,30,17,13	30,31,35,3,15,24,25	2,19,7,16,37,4,1	28,29,35,13,1,24,19,12

续表

解		恶化参数											
		1	2	3	4	5	6	7	8	9	10	11	12
改善参数	33	1,8,15,28,26,13	1,28,15,26,13	24,4,28,17,3,15,2	24,28,17,4,3,2	28,17,13,1,4,35,2	28,13,17,1,4,2	2,24,28,3,26,1	2,26,24,28,1	13,28,7,24,17	28,31,2,13,26,35,5,17	10,24,3,2,37,6	2,10,7,5,40,19
	34	28,35,25,15,13,2,26,8	28,35,25,26,13,1	17,13,1,12,3,4,15	17,1,13,4,28,3	28,26,13,17,1,3,4,16	28,26,17,1,4,3,16,15	1,15,35,7,16,4,13,28	28,31,2,4,19,39,17	28,7,2,3,35,32,4,13	35,1,13,17,14,4,12,2	1,7,2,10,4,17,32	19,25,3,35,5,12,7
	35	40,5,3,12,8,28,35,31	3,35,14,28,10,8,5,40	14,17,15,4,35,9,40,3	28,24,3,35,7,4,17	17,14,15,10,4,3,35,7,9	35,3,14,4,5,10,40,28,17	14,7,15,24,35,3,10,1	5,35,3,17,14,24,7,31,2	35,1,40,4,30,2,17,24	3,28,40,31,5,25,4,2	10,24,32,3,25,5,2	35,3,2,40,25,19,13
	36	8,35,13,17,28,30	35,17,13,28,2,4,7	17,1,28,29,13,10,3,18	17,3,1,18,13,28,31,25	13,15,17,1,18,32	13,17,1,25,16,3	15,35,30,2,13,1	1,13,25,2,16,34,3	4,7,13,15,17,2,1	3,25,1,35,10,2,24	24,9,2,37,26,1	28,34,35,3,11,1,25
	37	28,30,3,22,13,35,26	3,31,35,28,26,22	17,13,28,4,30	17,28,14,29,26	17,28,1,4,13	17,7,28,39,4,13	13,28,30,1,17	13,28,15,39,1,17	3,2,17,13,24,40,26	13,28,35,37,2	3,28,32,24,13,2	13,14,10,37,35,17,18
	38	8,31,30,13,12,40,26	31,30,13,12,40,1,26	3,17,14,4,2,31,30,37	3,17,2,31,14,4,30,13	17,15,13,4,30,14,3	17,14,13,4,2,3	13,31,15,17,35	13,35,31,17,2	4,13,7,14,15,30,35	35,31,13,9,5,30	10,25,3,2,5,24,22	10,13,5,15,19,2,35
	39	30,40,3,35,29,8	35,40,3,8,17	17,14,3,32,1,15,7	17,14,15,3,32	14,17,4,15,7,30,32	14,17,1,4,3,32,24	14,15,7,28,32,3,2	28,14,3,32,7,24,2	15,2,32,31,13,5,1	30,31,40,3,35,29,1,28,2	7,24,17,10,28,32,2,3	3,2,6,32,11,28
	40	35,31,8,21,3,30,40	35,2,31,13,40,24,3,17	1,17,4,24,13,14,35,33,3	35,17,18,1,14,10,3	1,28,4,3,33,35,17,14	17,2,35,14,3,24,4,39	3,24,15,37,35,7,17,19	5,17,39,19,2,4,35	30,24,32,1,35,17,13	31,30,35,28,4,17,26,40,2	2,26,3,40,25,17	15,28,35,24,21,4,3
	41	28,1,8,15,5,3,29,13	1,13,14,8,26,24,10,27,36	14,13,1,17,15,10,2,29,5	13,17,14,15,4,29,2,27,37	13,1,26,17,12,4,2,16,30	1,3,16,26,13,40,18,30	13,1,7,30,3,35,40,29	1,35,15,38,36,2,3	29,13,1,16,28,30,24,27,35	35,16,1,31,24,30,27,29,23	6,2,10,7,15,13,1	10,1,37,4,21,12,27,13

续表

解		恶化参数											
		1	2	3	4	5	6	7	8	9	10	11	12
改善参数	42	13,8,18,28,16,24,26	35,28,9,17,31,26	3,17,28,10,29,37,24	17,1,10,32,24,37,2	29,28,37,32,24,33	29,18,36,37,32,2	28,37,1,25,18,20,24	35,28,25,10,18,20,1	30,13,10,32,12,21,40	30,25,32,9,13,12,3,31	37,3,4,32,13,17	5,40,16,3,20,19
	43	28,13,12,35,18,14,31	28,12,35,10,13,26	17,28,13,12,14,4,25	17,28,13,4,12,6	17,28,13,4,12,6	13,26,17,4,12,5	26,13,35,16,7,24	26,13,35,31,16,24	13,24,10,15,16,1,28	26,31,35,13,3,23	37,4,5,24,10	19,9,16,6,13,10,37
	44	35,24,8,13,2,37,30,31	35,13,28,1,8,3,15	17,4,18,35,28,14,38	14,7,17,19,3,1,35,30	35,1,10,31,26,17,34,16	10,7,35,17,3,4,30	3,12,10,2,6,34,19,24	35,10,1,2,13,5,37,24,3	13,1,17,36,10,30,16	35,3,2,25,9,19,13	2,24,25,7,23,13,10	10,3,5,18,2,35,13,17
	45	35,40,30,9,5,34,26,31,2	35,2,9,5,26,31,40,39	1,19,26,13,2,24,4	9,26,28,13,2,35,24,4	9,26,28,13,2,35,24,4	19,6,17,2,13,35,14,36	35,26,34,30,5,40,6,13	2,13,35,1,28,5	29,13,2,28,15,30,1	2,10,13,3,35,31,24	25,7,24,13,32,3,2,37	10,28,15,4,12,9,13,29
	46	10,1,6,20,31,35,7	10,1,13,6,35,7	35,17,14,10,4,28,12,1	28,10,25,20,17,13,1,5	10,13,37,5,28,35,31,25	10,28,2,13,17,37,25,4	28,37,10,25,19,3,5,1	28,1,10,3,5,2,13,25	5,25,28,10,13,29,37,1	10,25,7,6,35,37,3,19	25,10,37,7,3,6,13,4	3,10,37,2,5,6,7,12,4
	47	28,26,13,5,3,8,35,24	28,26,1,13,3,35,6,24	26,24,28,5,17,3,37,16,13	28,26,10,24,32,2,39	26,28,13,2,17,32,24,18	26,28,2,17,39,32,24,13,9	28,24,18,1,32,4,13,25,26	28,26,2,24,13,31,32,4	13,28,3,1,17,26,39,24,4	3,28,18,27,24,13,29,4,32	19,3,32,7,10,13,25,4	19,26,2,13,4,25,39,32
	48	35,26,32,1,12,8,25	26,25,1,35,8,12,10	5,26,28,1,10,24	26,28,10,24,3,32	26,24,5,3,28,35,10	26,24,5,28,3,35,10	5,24,28,13,26,10,3,1	28,24,13,3,35,18	28,3,10,13,24,1,37	2,13,1,37,6,24	25,2,7,32,4,3,37,10	10,28,6,5,34,26,24,27

解		恶化参数											
		13	14	15	16	17	18	19	20	21	22	23	24
改善参数	1	10,5,28,35,16,2	15,2,25,19,38,18	10,30,35,28,8,37,18	35,10,19,3,34,31,12	35,15,1,28,7,14,34,39	19,30,36,31,12,18,14,25,1	10,40,30,36,37,31,4,3,12	28,31,40,35,10,30,18,14,4	35,1,30,39,29,21,7,19,12	2,40,6,31,36,29,4,38,32	1,35,32,38,13,19,23	1,2,28,3,35,25

续表

解		恶化参数											
		13	14	15	16	17	18	19	20	21	22	23	24
改善参数	2	40,35,31,6,19,27,2	3,35,17,30,36,2	35,9,8,3,40,13	3,17,14,19,18,30	12,13,1,28,19,3,35	13,35,19,3,18,15	35,8,3,13,40,17,4,12,5	35,31,8,40,17,4,29,13,5	15,5,17,30,4,31,12	35,3,36,19,32,30,25	19,35,24,32,31,7	35,31,7,3,13,40
	3	10,35,1,3,19,2	14,1,13,4,17,12,4,3	17,4,14,10,7,12,2	1,35,17,14,3,25,8,24,22	35,17,14,3,1,24,15	1,35,14,3,38,29,19,4	1,35,3,14,12,8,17,29	35,29,40,8,34,3,31,15,30	1,15,3,14,17,34,12,35,40	10,15,35,19,3,36	19,1,32,5,24	17,35,19,3,4,1,13,28
	4	35,10,1,3,2,25,4,5	3,14,4,13,18,31,9	10,17,35,3,28,4,12	35,19,24,28,21,30,13	35,3,30,31,12,14,4,13	17,19,35,12,13,8,3,31	35,17,3,14,5,7,30	14,40,3,35,15,17,30	35,3,15,17,4,14,37,39	35,36,10,24,32,3,15,17	35,24,28,3,25,1,14	3,35,28,30,15,24,19
	5	1,3,19,2,6,5	14,3,34,29,28,30,13	3,2,35,19,30,17,1	19,3,17,1,36,4,32,5,38	3,17,19,36,5,1,38	19,40,18,1,30,10,32	15,30,10,40,28,36,1,2,13	3,15,40,14,5,1,4,35,11	2,11,13,35,1,39,24,40,26	3,15,19,36,1,24,32,31,16	19,13,15,32,30,1,35	3,17,1,15,19,3,24
	6	10,2,30,25,13,37,26,5	26,28,17,13,14,5,2,35,3	14,1,35,3,18,17,36	35,19,13,28,1	35,40,17,13,2,28	35,17,13,19,28,32,37,2	15,35,9,17,14,3,40,37,36	40,2,17,35,3,14,8,36	35,24,29,10,14,38,2	35,24,39,32,3,36,4	1,40,24,35,17,3,32	28,3,13,12,1,14,4,15,19
	7	30,31,1,35,4,28,38,5	29,4,28,1,35,38,3,13,14	15,1,35,3,36,4,14,37,19	35,13,19,38,33,25,10	35,38,33,19,10,25	35,19,6,10,13,24,18,31,1	35,9,3,40,1,10,36,37	14,15,7,4,9,31,30,40,1	28,10,1,3,39,19,35,33,30	10,39,18,31,34,1,2,3,24	35,2,28,25,13,10,30,19	28,10,13,25,34,2,5,35,1
	8	35,38,15,31,3,1,34	35,40,2,38,28	37,9,18,12,2,29,5	35,19,2,40,31,13	35,2,40,36,13,12	35,28,6,30,2,40,24	35,28,24,40,2,12	13,14,9,17,40,5,12	40,35,31,34,30,2,5,28	3,26,4,35,15,6,19	35,24,28,5,7,38	1,7,28,5,2,19,12,37
	9	3,30,28,35,13,5,22	15,35,10,3,18,4,1	14,17,35,9,2,3,12	3,14,28,2,24,35,6,34	35,14,15,31,3,7,24,1	4,6,2,30,1,3,14,7	3,14,9,15,2,4,35	35,7,40,14,9,30,3	35,40,24,31,1,18,33,4	31,19,2,32,24,15,1	35,15,28,32,13,24,1	2,29,28,5,40,3,31
	10	35,30,31,3,12,2	28,35,29,24,34,3,38	35,14,40,3,12,13,5	19,3,34,35,16,13,2,18	35,18,3,2,13,31	35,19,18,3,12,5,2	40,9,35,14,17,3,13,4,36	14,17,9,35,40,3,12,13	35,24,9,40,15,17,2	35,31,1,17,3,14,39	35,28,30,3,31,17	3,30,1,35,38,24,18

续表

解		恶化参数											
		13	14	15	16	17	18	19	20	21	22	23	24
改善参数	11	7,3,10,12,2,13,24	10,7,13,37,3,28,12,5	26,17,12,1,28	7,10,3,12,2,6,24	10,6,3,2,24	7,10,3,2,6,24,12	2,17,7,24,12,1,26	2,17,7,12,1,26,24	24,37,3,10,2,13,25	2,13,10,19,17	15,19,4,32	2,7,19,28,3,13
	12	10,2,24,20,13,4,17,6	3,35,5,13,17,4,37,9	19,2,16,13,15,12,9	18,28,35,6,15,12	35,6,18,28,19,12	19,18,35,10,38,13,12	12,19,40,3,17,14,4,12	35,3,17,14,12,27,4,19	35,24,40,13,3,33,12,19	19,35,13,3,36,17,39	35,19,24,4,13,2,7	13,1,19,12,3,29,28,15
	13	35,3,10,2,40,24,1,4	35,28,29,3,4,14,13	17,40,35,9,7,5	13,25,40,24,3,27,35	35,40,13,2,19,7,2,30	35,2,13,16,40	17,4,40,12,14,13	35,3,9,17,14,4,19,27	5,35,39,3,12,24,31	19,24,35,40,36,15,16	35,40,24,2,19,7,13	3,19,12,15,13,1
	14	3,13,35,5,2,24	28,35,13,3,10,2,19,24	19,13,15,28,29,3,18,5,17	35,28,38,19,12,15	35,19,28,12,38	19,35,13,36,2,28,38	28,14,6,40,38,18,12,35	28,8,3,14,5,40,26	28,2,3,5,33,18	28,36,31,3,40,2,30	19,35,13,10,24,32,26	35,13,10,24,19,3,4,1,20
	15	2,10,13,3,12,19,26	13,15,9,28,12,2	35,3,13,10,17,19,28	19,17,35,10,2,8,3,24	1,35,10,19,8,17,37	19,35,37,17,1,28,18	21,18,9,40,12,2,24,17,3	35,14,9,3,17,5,27,7	35,10,24,21,1,13,12,37	35,36,21,10,24,31	13,2,19,35,24,5,3	19,35,6,13,34,15
	16	28,2,35,13,6,12,10,19	35,28,13,19,5,8	21,2,19,35,26,16,18,24,3	35,19,28,3,2,10,24,13	15,28,13,2,35	19,6,34,37,18,7,15	14,25,15,17,28,37,7,3,19	19,35,5,9,29,28,12	13,19,24,17,5,39,35	24,19,36,2,3,14,4	35,19,24,5,14,3,25	2,13,28,12,10,15,3,6
	17	40,35,3,17,28,26,24	1,3,28,19,13,25	9,36,37,35,5,17	2,19,3,13,5	35,3,19,2,13,1,10,28	2,5,19,13,35	17,9,4,19,35,40,14	35,40,14,3,2,13,17	35,4,24,40,17,14,18,1	3,2,35,19,21,36	19,35,2,32,5,24	2,19,15,13,12,28,25
	18	38,35,10,4,28,19,16	15,2,19,35,3,14,24,1,13	2,19,15,35,36,1,3,13,14	19,6,37,36,15,3,2,16,4,1	19,15,3,2,6,16,37,1	35,19,2,10,28,1,3,15	35,10,3,30,14,4,2,28,27	28,40,31,10,35,26,13	35,31,1,15,40,32,19,10,3	19,5,3,2,36,25,14,32,13	19,35,25,28,7,31,3,16,23	2,28,14,15,3,6,24
	19	3,14,35,9,2,5,12	35,17,24,13,6,14,29,36	35,17,14,9,12,4,36	10,17,14,24,12,37,29,35	17,14,10,35,4,12,24,37	35,29,10,17,14,28,4,1	35,3,40,17,10,2,9,4	3,17,40,9,35,19,1,36	35,5,40,2,33,31,12	35,3,19,2,39,31,36	24,12,22,35,2,19	2,40,13,17,5,18,8

续表

解		恶化参数											
		13	14	15	16	17	18	19	20	21	22	23	24
改善参数	20	35,3,5,24,26,4,13,40	14,28,8,13,12,26,2	40,9,35,25,14,3,24	35,17,10,19,14,4,13	35,14,17,4,13	40,35,3,4,10,28,26	35,40,24,3,9,4,17,25,18	35,40,3,17,9,2,28,14	40,35,13,3,17,24,31,5	35,40,9,31,24,30,3	35,19,24,28,4,13,1	1,19,17,13,31,40
	21	10,40,3,39,23,6,13,7	40,28,25,13,24,10,33,15,18	24,21,10,16,1,35,17	13,35,19,18,9,24	35,18,9,24,13,1	35,31,18,24,13,27,32	40,3,35,31,18,2,13,4	40,17,9,35,14,4,5	35,24,3,40,10,2,5	35,40,3,1,24,18	35,3,13,32,24,7,1,19	10,3,12,24,5,15
	22	19,36,40,3,9,1,13,2,35	28,14,36,2,30,19,13,3	2,35,3,19,21,24,10	19,15,3,35,21,36,1,24	35,3,19,32,36,5,9	31,3,2,17,25,35,1,14	35,19,39,2,15,3,26	2,9,5,35,30,31,40,9,3	24,35,32,3,36,33,12,15	35,3,19,2,31,24,36,28	35,19,32,5,40,4,14,3	3,24,10,15,19,13,4
	23	2,6,10,35,28,4	19,10,13,28,35,4,5	10,19,6,26,4,3,36	19,10,3,24,15,17	19,10,24,3,5,26	35,25,19,17,14,28,2,4	30,35,12,9,40,14,28	35,19,12,28,9,40,14	28,32,35,3,27,40	19,35,32,1,40,28,4,5	35,19,32,24,13,28,1,2	35,13,1,19,24,6
	24	35,24,28,10,3,30,18	3,4,15,30,29,28,13	35,40,17,13,3,9,19,7	2,4,15,3,19,35,17	3,35,19,15,17,14,4	35,3,15,19,17,4,38	3,17,35,31,19,12,40,15,9	35,40,3,4,19,12,15,9	35,2,19,30,9,17,38,15,3	19,35,3,31,28,21,37,24	19,3,35,28,32,5,31,17	3,2,19,28,35,4,15,13
	25	24,15,18,38,17,35,28	28,19,13,25,10,38,3,24	14,15,9,18,40,35,17,4	18,35,5,3,19,12,28	12,18,28,35,30,24,31,19	28,18,38,25,13,3	3,37,10,1,17,36,9,12	35,28,3,40,17,31,4,34	1,30,19,24,29,36,18	36,37,21,39,31,24,2	2,13,35,28,6,1,24	28,10,3,13,4,1,18,15
	26	5,28,24,7,16	28,26,3,10,4,5	5,17,10,37,36,3	18,35,38,3,4,19	35,10,1,19,38,3,4	35,6,10,1,20,12,24	35,17,4,20,36,37,9	35,24,3,9,28,18,4,29	24,5,3,35,17,31,28	21,18,24,35,31,3	26,1,32,17,13,19,2	5,19,3,20,16,34
	27	17,31,35,34,14,3,19	3,35,14,28,10,13	19,17,2,36,4,38	35,19,3,4,37,2	35,19,4,2,12,34,3	19,4,37,34,38,21	2,25,4,13,12,19	28,35,17,26,31,40,9,37	10,6,14,12,2,19,28	35,7,31,34,19,21,1	19,24,5,13,35,32,15	1,13,19,4,12,37,16
	28	10,19,28,3,4,37	12,13,24,26,37,32	13,17,24,37,1,36	1,24,25,20,10,19	10,1,24,36,25	10,19,24,25,7,13,3,37	24,22,25,35,7,14,31	35,24,3,31,14,40	35,30,10,26,24,5,40	28,22,1,25,26,24	19,32,24,28,3,5	10,5,37,12,32,25

续表

解		恶化参数											
		13	14	15	16	17	18	19	20	21	22	23	24
改善参数	29	10,4,1,13,24,3,35	3,1,14,31,39,24,4	3,14,17,4,1,31	19,28,4,35,14,24,23,9,3	19,23,28,4,24,14,9,3,35	28,23,25,24,3,13,14,35,39	3,14,9,2,23,24,39,25	3,35,26,40,4,28,30,10	23,25,2,10,13,5,29,39,12	35,12,2,3,13	35,2,9,40,17,13	17,15,31,3,25,4,35,28
	30	1,3,10,15,18,36	35,28,13,21,3,18,36	10,3,15,35,28	35,28,10,3,20,4	35,3,20,10,28,4	35,28,10,3,4,18,20	10,12,9,35,15,28,17,13	10,35,15,28,17,4,5	15,4,19,3,1	19,18,36,20,3,1,35	32,24,35,2,5,19	10,35,28,15,12,3
	31	21,16,17,14,13,9,35	3,35,29,31,28,4,12,17	28,35,15,29,40,1,3,4	35,6,12,26,4,3	35,24,19,3,4,22	3,35,18,4,14,13	1,17,30,27,9,37,36	35,40,17,5,30,2,15	40,4,35,14,24,3,39	35,24,1,7,5,13,10,3,22	19,35,32,24,39,28,1	35,28,25,2,15,19,3,4,13
	32	15,13,16,2,17,3,35	10,14,35,24,15,28,12,29	35,15,17,14,6,7,13	29,13,19,35,15,16,12,1	35,16,1,19,3,12,17	19,1,24,35,29,28,12	15,29,13,28,24,12,4,16	35,40,3,17,13,24,9,19	35,40,4,14,30,31,24,3	35,5,19,36,2,3,15,24	1,35,32,19,17,24,28,26	19,3,13,25,4,37,35
	33	2,10,7,5,40,3	1,2,10,6,5,4	6,24,29,12,3,15	29,28,12,3,25,2,13	2,24,25,19,5,13	6,29,25,28,12,16,2	24,40,3,12,9,5,13,29	2,35,29,30,17,9,33	35,24,33,27,3,10	21,39,35,9,22,7	25,28,2,6,13	12,3,19,37,2,15
	34	1,16,25,3,5,35,12	13,25,5,2,24,35,28	28,13,24,31,35,4,17	24,1,13,28,12,19,3	24,28,12,3,1,13,15	10,28,35,2,1,21,36,37	12,23,4,29,2,9,35	19,3,12,16,1,4,7	25,1,30,24,40,19,3	31,13,24,26,35,19	19,13,24,1,17,32	25,10,2,37,19,3,32
	35	35,3,12,25,2,23,5	35,28,24,4,5,10	8,28,3,4,1,17,14,9	35,19,3,14,1,21,37	35,19,3,1,13,12	35,1,4,10,40,16,3	35,10,19,24,40,3,5,12	35,40,3,4,12,1,24,28	40,35,3,1,39,24,2	3,35,15,10,30,37,36,1	35,37,24,13,32,3,11,5	15,3,19,35,13,28,23
	36	3,35,1,11,4,16,25	34,9,5,15,3	1,10,7,15,13,3	28,1,15,13,3,16	28,13,3,1,16	15,10,2,13,1,4	1,3,13,25,31,4,40,9	1,4,17,9,24,29,3,37	2,35,7,19,24,25	24,13,4,37,10,29,25,36	15,13,32,1,3	2,17,27,19,4,7
	37	35,10,37,17,18,12	28,37,4,17,3,18	2,3,17,14,13,9,29	32,12,13,25,4,9	32,12,4,9,13	12,13,9,35,37,32,25	37,17,4,3,9,14	28,2,13,17,40,14	13,12,5,24,3,17	1,31,37,19,4,3,7	28,37,26,32,3,1	2,1,17,3,10,25

续表

解		恶化参数											
		13	14	15	16	17	18	19	20	21	22	23	24
改善参数	38	19,10,13,5,37,2,35	14,31,13,3,17,19,7	17,13,19,3,14,7,31,24	35,12,19,1,39,24,5	39,35,24,12,1,19	1,19,34,11,13,24,23	35,40,3,9,31,4,5	35,31,40,3,9,7,4,5	35,5,40,31,9,3,39	31,35,36,3,19,2,13,4	28,19,24,2,13,35	12,13,1,7,31,35,19,2
	39	2,28,6,32,15,1,5	15,3,14,19,26	3,28,7,31,4,15,19,14	15,3,19,28,7,4,14,1	3,28,19,14,1,8,38	15,4,14,32,1,19,24	40,9,17,7,5,2,26,35	9,17,40,2,35,7,5,3	3,40,10,35,4,31,29,17	35,31,3,15,2,36,40	32,3,35,19,1,5,15,4	2,13,28,5,27,4,15,29
	40	35,5,40,3,1,24,33	24,35,28,21,13,3,19,1	3,13,35,18,17,24,33,39	6,24,1,26,15,14,17,3	1,35,24,6,26,17,3,14	19,2,31,10,24,6,1	1,35,40,2,14,12,4,30	35,1,40,17,12,3,5,14,24	35,24,4,40,30,3,39,28	35,31,33,17,12,40,2,5	35,1,13,32,19,5,40,28,25	2,3,35,28,10,19,5,4
	41	10,1,16,35,37,3,13,38	35,13,1,28,2,8,15,4	35,12,28,29,1,10,3,13,2	28,1,10,26,35,39,19	28,1,10,26,4,19,35	28,12,24,19,1,21,10	35,10,1,19,21,12,13,22	3,35,1,24,33,10,30	1,11,3,13,39,33,24,9	10,24,35,18,2,36,26	32,24,1,35,28,2,27,25	1,10,15,16,3,6,25
	42	5,4,17,18,3,30,24	10,32,28,3,17,4,19	12,19,28,29,3,10,13	2,26,32,3,19,21,13	2,26,21,13,19,3,17	2,32,21,16,3,19	35,3,12,13,17,29,32	3,17,7,35,29,32	24,35,33,18,3,16	26,3,24,19,2,9	32,19,3,2,5,13	3,10,14,40,7,13
	43	25,10,16,2,37,13,24	10,28,25,19,3,37	12,35,8,4,13,10,1	1,13,30,2,35,4	1,2,35,13,38	2,12,26,28,8,6	35,1,12,13,24,17,4	13,35,9,1,17,7	1,13,3,39,18,17,24	2,19,26,35,22,36,34	19,13,32,2,24	17,3,2,28,19,29,15
	44	1,35,18,9,3,16,24,20,38	35,3,24,5,4,12,13,19	10,15,12,22,40,35,28,36	19,5,35,38,9,13,3	1,19,3,5,35,13,4	10,35,28,38,19,15,24,5	3,14,9,37,1,28,13	3,35,5,10,40,28,29,18	24,35,3,4,39,12,25	35,28,21,36,10,3,40,31	1,24,19,31,26,17,32	2,13,10,3,29,28,24
	45	35,10,13,6,4	28,10,13,34,18,19,4	3,9,29,17,26,2,16	28,5,2,29,35,10,13,27	28,10,5,13,35,2	19,28,2,30,35,20,34	19,35,4,9,2,40,1	40,28,13,2,9,35,29	24,2,9,25,5,16,39,36,19	24,13,36,2,17,35,28,9	35,24,13,17,14,4,28,9	10,28,2,13,9,35,3,12
	46	10,25,2,13,37,28,24,7	25,28,7,10,4,37,5,24,19	10,35,37,23,25,26,7,24,4	35,25,10,7,19,5,1	35,37,1,10,7,5	24,37,10,5,25,35,28,1,4	3,40,10,35,2,25,5	3,10,35,5,24,28,2,17	25,9,2,13,24,28,5,1	35,19,2,36,10,13,28,3	25,35,2,13,5,24,39,3,4	10,2,23,35,13,1,4,7,24

续表

解		恶化参数											
		13	14	15	16	17	18	19	20	21	22	23	24
改善参数	47	26,2,35,25,3,6,13,24,34	3,28,1,24,37,25,4,16,35	28,15,19,37,3,24,40,30	2,35,38,37,24,31,19,4,28	35,19,2,24,28,13,16,4	19,1,35,24,28,16,18,10,3	35,37,24,1,32,10,3,36,30	28,3,24,27,15,32,37,1	28,39,2,10,30,24,35,22	35,3,28,32,24,13,2,16	28,26,24,2,13,3,5	35,10,24,13,1,6,28,37
	48	10,26,28,24,5,34,27	28,13,24,5,32,35,37	24,28,37,2,32,35,1,9	24,10,3,28,6,37,19,35	10,24,5,3,28,13,20	3,5,10,24,13,28	24,5,2,13,10,28,3,32	28,24,2,6,10,5,3,32	35,39,2,37,13,24,12,1	28,24,6,19,2,10,32,3	32,1,35,24,6,10,2,31	28,10,2,6,7,24,25

解		恶化参数											
		25	26	27	28	29	30	31	32	33	34	35	36
改善参数	1	5,35,31,24,3,4,7,40	10,19,28,20,35,1,2,3,16	19,6,3,10,2,13,34,12	10,24,11,35,25	35,2,25,13,3,5,39,14	2,30,39,25,10,21,31,35,27	2,35,10,39,3,31,22,24,27	29,28,15,2,12,5,7,34	10,15,13,5,24,25,26	2,15,3,11,25,23,35,24,1	3,17,1,35,27,14,11,4,31	2,28,17,27,3,30,33,11,14
	2	13,14,5,3,17,12	10,35,19,25,28,26,20	28,35,7,31,13,32,39	10,15,35,3,32,7,26	14,35,31,1,9	30,40,13,19,21,24	40,3,39,2,31,28,8,15	35,3,15,19,1,2,28,40	2,13,24,3,17,39	13,1,32,14,4,26,6	10,2,14,40,28,29,25	2,17,13,27,11
	3	1,4,35,29,28,3,10,23	15,19,2,10,29,4,3	2,35,14,1,7,3,39,19	1,24,25,2,3,32	17,3,13,1,19,28,35	10,35,38,7,19,24,30	3,17,15,2,19,25,33,39	15,1,14,17,25,16,13,3,19	23,28,17,3,10,1	15,29,35,10,1,4,7,13	35,10,14,17,40,3,29,2,1	1,28,10,17,27,2,13,25
	4	28,24,35,12,10,3,4,17	14,5,30,28,29,10,17,37,18	1,17,28,3,6,19,14,4	28,24,13,3,26,14,15,17	14,1,3,35,17,31	1,3,21,18,13,14,2,4	35,17,11,5,18,12,31,2	1,19,35,15,17,31,24,14	1,7,17,3,31,35	10,25,26,2,12,37	35,17,31,29,28,12,40	3,10,17,1,37,35,16
	5	2,17,35,3,10,24,28,36,34	2,26,35,39,4,24	17,15,30,2,1,26,24,28,19	3,2,17,24,26,30,13,14	3,35,1,14,25,31,9	2,19,31,25,18,34,35,36,38	17,2,18,15,39,31,3	15,3,35,1,30,40,2,25	28,3,17,10,23,15,4,2	15,17,25,13,1,16,19	17,3,28,35,29,5,2,9	35,15,10,25,1,28,2
	6	17,14,12,10,18,39,13,34	14,1,10,35,17,18,3,25	17,12,30,35,7,28,26	2,16,7,17,32,3,24	14,28,1,4,23,17,31	35,31,17,1,7,18	40,1,7,24,15,12,9,18,28	15,4,28,29,32,35,37,3	24,2,17,5,15,35	10,4,24,25,26,16	35,40,4,5,25,28,7,32	1,16,32,17,13

续表

解		恶化参数											
		25	26	27	28	29	30	31	32	33	34	35	36
改善参数	7	35,10,34,2,36,39,31,5,13	10,19,2,6,34,38,30,31	28,15,4,38,7,3,19,13,9	28,3,2,10,22,35,26,32	31,1,3,23,13,14,4,1,35	35,30,24,1,31,38	2,30,40,36,25,22,31	15,29,30,35,1,13,4,19	13,15,6,10,33,1,3,28	15,3,26,25,31,13,30,12,1	1,28,3,14,40,11,35,25,33	10,3,30,25,29,28,35
	8	35,10,39,40,24,34,1,12	10,35,18,1,26,32,16	3,35,40,5,30,7	7,32,14,24,17,26,3	31,39,14,3,17,35,4,13	1,31,35,5,36,2	12,18,13,35,4,30,2,21,31	31,28,6,29,2,13,32	28,24,7,1,17,40	7,26,24,17,1,15,28	40,28,35,2,1,13,12,39	17,1,3,35,27,25,32,13
	9	29,35,30,3,5,24,2	10,28,5,34,24,17,26	4,14,15,3,5,31,25	17,2,7,15,28,32	9,4,31,35,14,3,28	35,1,17,7,19,24	1,35,30,31,22,13,5,12	35,1,28,29,15,3,31	28,3,31,10,24	32,26,25,37,15,3,29	40,3,35,10,2,1,16	17,13,1,2,35,22
	10	24,4,10,34,3,12,6,17	3,25,19,1,16,38,18	35,7,18,19,24,38	15,28,35,24,7,37	31,10,9,1,4,3	1,35,21,24,22	35,40,3,12,10,19,36,39,25	1,15,17,29,24,3	35,2,24,13,21,30	3,10,25,35,7,2,32	40,3,35,16,33,18,10	25,10,2,32,17,4
	11	2,3,7,28,13,17	2,7,3,19,13,28,17	2,10,3,6,28,13	15,19,7,32,4,37,1	3,4,2,9,37,10	28,2,10,5,3	2,10,13,17,31,28,32	3,24,4,1,29,25,31	6,25,10,24,13	25,10,17,6,19,13	10,24,13,25,31	25,1,24,13,17
	12	18,13,14,28,3,34,10,38	28,3,19,10,24,5,16	10,24,35,23,5,3	10,24,25,3,7,5	17,7,18,9,3,16,24	1,4,14,18,3,7	40,3,37,6,11,30,4,39,14	7,13,30,35,1,17,4,40	28,35,24,3,7,11,33,13	10,25,24,12,1,26,37	35,12,13,40,3,1	3,10,17,19,7,34,13
	13	35,10,17,4,7,18,16,4	3,24,10,14,5,28,16	10,12,35,40,34,24,19	10,7,2,24,25,19,35	31,35,24,14,5,30	1,3,14,18,4,17,7	35,14,40,3,39,13,33	13,5,4,17,2,35,40	10,24,17,28,11,3	25,1,3,10,37,13,24	35,3,9,40,13,30,36	3,10,19,1,28,13
	14	28,35,13,10,1,3,38	13,5,10,3,1,25,19	19,1,35,14,20,5,13	10,7,6,24,26,37,3	3,14,28,9,5,17,24	19,18,1,24,3,35	35,21,2,24,33,28,11,16,34	15,10,28,26,1,30,35	7,19,6,24,3,2	28,37,13,25,32,15,17	35,28,23,24,2,11,40	28,2,34,13,23,27,1
	15	3,35,40,12,17,5,28	10,3,23,37,25,5	19,15,2,5,14,35,34	37,32,7,24,1,13,10	13,9,24,12,10,5,7,14	15,2,35,5,21,3,13	3,13,24,14,17,29,23,40,12	15,17,3,19,29,35,4,18,24	28,5,6,25,24	1,28,25,4,3,19,29,17,10	14,35,1,13,24,3,40	15,17,1,13,2

续表

解		恶化参数											
		25	26	27	28	29	30	31	32	33	34	35	36
改善参数	16	28,35,5,3,18,24	10,18,28,5,35,38,20	19,15,12,28,24,21,34,13	13,24,7,22,37,2	17,14,4,7,5,9,31	1,24,19,21,4,15,2	35,2,11,16,6,39,25,3	24,15,13,29,28,17,30,7	10,24,28,1,13	28,3,35,1,26,19	13,21,10,35,15,28	1,17,28,10,15,13
	17	31,28,18,12,4,9,34	4,10,40,7,9,17	35,31,1,4,24,34,36	2,10,7,13,3	31,14,25,17,3,4,1	21,35,24,3,1,18,13	19,3,15,18,4,24,28,12	35,15,13,17,1	24,3,35,12,33,13,28	13,15,24,10,11,3	35,10,13,25,3,2,36	35,17,1,27,3
	18	30,1,28,29,12,34,38,18,27	10,15,35,6,19,20,4,12	15,35,1,38,10,14,3,24	10,19,24,28,1,3,25	24,28,13,3,14,39,5,25	1,3,35,15,19,2,14,10,25	1,18,2,35,28,13,15,3,39	15,28,19,35,3,34,17,37,12	24,28,15,13,12,11,7,2	26,10,35,25,24,2,37,12	35,2,3,24,28,12,37,19,31	10,2,35,1,27,34,3,12,15
	19	10,25,3,4,17,37,24,36	1,4,37,13,10,26	3,25,2,35,12,17,30	37,28,2,7,24	31,35,40,14,4,29,9	35,24,2,1,21,31,19	2,33,25,35,18,17,31,24	15,35,17,13,3,30,31	25,10,6,28,4,17	17,3,19,28,26,1,14	40,13,35,19,4,25,9,12,28	2,17,10,25,27
	20	40,31,24,35,3,28,9,1	19,3,10,5,28,40,4	35,31,40,1,34,24,7	37,32,28,26,10,7	17,3,2,5,9,4,31	2,40,15,19,4,18,5,24	35,40,3,10,25,31,37,30	40,35,1,4,17,15,3,24	6,12,28,13,7,14,24	17,35,40,2,25,24,1,10	40,35,5,17,14,3,24,31	1,2,35,13,24,25
	21	40,2,14,3,7,19,30,31,12	35,24,10,16,5,29,28	5,24,3,15,4,17,13	24,10,32,7,31,3,40	18,31,24,9,7,14	1,15,24,21,12,35	24,35,40,1,39,13,30,27	40,35,15,30,31,29,2,10	1,6,13,2,10,28	24,3,35,4,19,13,25,17	35,40,24,31,3,10,5	2,10,24,16,35,15,17,13
	22	29,21,3,36,31,34,13,37	19,9,35,3,21,28,37	35,21,24,38,3,5,19	35,9,24,7,32,26	35,13,39,18,24,31	3,19,15,2,18,35	35,2,25,22,10,3,12,20	2,3,19,15,4,12,35	24,2,13,30,15,17,3	28,24,26,2,23,15,35,3	35,40,3,12,20,33,1,4	10,3,4,37,28,26,27,2
	23	13,1,5,35,10,28	19,1,26,35,17,4	19,1,35,24,13,6,16,14	32,13,4,1,14,6,25	35,28,39,2,9	35,19,40,2,15,24	35,32,19,3,39,40,13,37,17	15,35,4,40,3,32,23,6,1	32,35,1,13,6,10	28,4,35,24,19,12,5,26	35,1,4,32,17,28,5	17,13,1,15,10,27
	24	4,12,17,34,2,24,30,3	3,14,28,15,24,12,1	3,4,31,19,15,28,2,38	3,4,19,15,32,17,13,31	14,9,3,4,1,2,15	35,24,18,28,22,13,4	19,15,4,33,3,37,30,39	15,19,3,28,4,30,16	1,4,14,7,2,24	25,10,1,13,3,19	35,30,40,27,15,28,1	2,27,17,1,16,4

续表

解		恶化参数											
		25	26	27	28	29	30	31	32	33	34	35	36
改善参数	25	35,10,3,28,24,2,13	35,15,2,18,28,10,24,36	19,38,35,27,34,36,5,4	32,40,1,10,3	35,17,7,2,28,4	13,2,24,35,28,21	3,1,15,14,29,13,12,9	2,15,28,27,12,3	34,2,33,24,13,5,15	3,15,32,2,1,14,24,34	10,12,35,24,17,36,40,8	2,14,27,35,4,34,24
	26	24,10,35,18,4,12,17,13	10,35,28,3,5,24,2,18	5,18,35,19,1,4,13	24,28,32,2,26,5	9,31,14,18,19,4,24	1,35,21,18,5	35,24,14,39,22,18,6	28,35,40,13,17,4	17,10,28,2,24,1	10,25,4,26,28,1	35,10,3,14,4,30,28	17,24,32,1,10,27
	27	28,35,37,2,27,3,4	10,18,7,4,32,15	35,19,3,2,28,15,4,13	19,10,4,37,1,7	28,35,14,25,2,9	2,1,21,19,3,35	40,35,21,24,2,28,4,5	15,5,14,13,31,35,3	21,35,12,13,17,4,24	13,1,35,25,10,32,4	35,40,17,11,10,39,37,36	1,19,30,2,29,4,13
	28	7,17,2,3,13,25	25,22,10,24,26,28,32,23	24,34,19,10,7,13	24,10,7,25,3,28,2,32	2,37,3,10,25	7,1,13,21,35	7,10,31,27,21,40,6	24,5,25,9,40,35,19	2,24,37,4,1,13	7,1,3,10,5,13	13,24,10,26,6,4,3,40,17	2,10,17,13,28
	29	35,31,2,9,13,24,34	35,28,19,25,37,15,13	3,15,9,31,35,39,24,13	10,23,2,3,26	3,9,35,14,2,31,1,28	5,2,35,19,9,25,15,7	28,2,18,29,3,9,25,31	28,10,1,15,3,25	2,35,9,17,28,3	28,26,25,1,24	35,9,13,16,5,21,3	5,9,31,2,17,3
	30	10,12,18,14,13,1,3,4,35	2,10,35,36,21,3	10,18,13,2,21,35,3,1	9,16,13,2,4,23	18,35,28,14,31,16	35,1,2,10,3,19,24,18	21,23,33,1,34,40,12,11	18,35,10,13,15,1,4	2,35,16,19,5,3,4	25,10,13,26,1	2,35,40,3,4,17,14	18,28,1,23,27,30
	31	34,35,24,15,36,10,1,12	10,25,9,23,5,35,1,3	10,3,35,12,36,25,4	4,7,10,32,21,3,37	14,31,13,15,18,9,1,35	1,24,21,13,15,40,12	35,3,25,1,2,4,17	1,15,29,14,3,17,4,24	5,17,1,29,23,24,3	10,15,23,5,4,24,14,6,3	40,24,35,4,12,17,7,39,33	1,24,27,17,30,12,40
	32	13,10,3,15,19,40,24	28,15,29,35,4,24,6,10	15,19,3,1,18,35,34	7,3,10,26,37,13,24	31,9,30,14,18,29,3	31,9,30,14,18,29,3	24,25,4,30,35,17,12,11	15,35,28,1,3,13,29,24	1,5,3,28,2,25,13	15,24,3,4,28,14,13,26,10	35,40,24,30,10,36,17,31	1,7,4,3,28,2,23
	33	13,3,17,22,4,9,12	2,10,13,25,5	2,13,9,12,5	5,2,7,24,13,4	2,10,24,37,25,31	24,35,12,1,21	3,11,32,33,24,16,30	28,10,24,6,15,7	2,24,28,13,10,17,3,25	10,25,2,22,28	9,35,24,10,37,12	28,10,17,13,9,2

续表

解		恶化参数											
		25	26	27	28	29	30	31	32	33	34	35	36
改善参数	34	24,2,3,4,34,28,12	23,10,4,32,28,5,25	19,25,13,3,2,28,16	10,37,1,24,32,4,26	2,3,31,9,35,28,18,17	25,19,2,1,20,3,37	35,31,24,4,32,25,27,1	10,25,1,26,5,24,4,29,28	25,1,24,6,28,4	25,1,28,3,2,10,24,13	40,35,2,17,12,29,23	1,17,13,24,26,3,27,19
	35	35,15,10,12,3,4,39,2	10,2,25,5,4,30,3	10,19,35,23,28,3,40	35,13,25,4,9,28,24	35,13,25,4,9,28,24	3,24,13,35,19,31,21,1	2,26,35,40,33,7,4,19,3	35,28,13,12,24,29,19,3,4	1,25,10,3,5,35,13	28,1,40,29,3,19,13	35,3,40,10,1,13,28,4	1,11,15,27,25,7
	36	2,35,34,4,12,24,36	5,10,24,25,2,1,31	19,15,13,1,12,32,3	3,9,13,26,1,37,32	14,17,31,3,5,35	2,10,1,13,3,19	35,15,39,12,28,40,33	1,7,15,16,4,24,14	2,10,13,4,17,24	1,15,26,25,10	35,10,5,7,11,30	1,13,10,17,2,3,35,28
	37	35,31,5,7,24	26,28,25,2,9,17	26,32,13,25,4,9	2,37,4,16,13	37,4,2,13,35,3	2,1,10,35,19	3,5,27,25,21,15,19,11	1,28,24,32,17,13	15,17,24,4,6,37,1	25,10,13,3,22	35,37,13,4,2	13,4,3,2,27
	38	34,12,13,3,31,24	10,5,13,12,19	19,13,12,35,1,24,3	3,24,28,5,7,13	28,19,24,39,13,10	1,35,24,39,19,13	35,31,1,33,16,21,11	30,13,15,28,17,29,5	24,28,2,13,6	2,4,26,19,13,16	28,35,25,36,40,37,5	17,1,28,13,3
	39	28,17,3,4,1,34,12	7,10,6,2,9,12,24,15	28,3,15,31,24,35,1	3,7,32,10,4,24,19	3,14,35,31,13,9,4	4,28,15,29,35,1,10,7	35,2,13,29,19,22,34,15,31	28,7,15,29,13,1,3,2	28,5,17,3,32,7	28,6,7,17,3,24	2,28,35,3,4,40,13	3,7,13,17,28,24,27
	40	40,3,4,24,12,34,33,35	18,3,24,23,35,40,10,12,32	35,24,21,2,30,17,3,4	32,10,25,2,7,3,31	31,1,17,14,35,3,7	24,35,18,1,32,40	35,3,13,24,17,4,32,40,18	35,15,31,30,4,11,16,40	17,24,2,5,7,3	25,28,3,15,10,4,6,2,31	35,4,24,17,40,2,28,5,14	10,3,14,25,27,5,4
	41	19,34,33,9,15,2,12,13	3,4,35,15,20,28	19,35,2,13,10,24,16,15	25,24,16,10,2,22,37,6	24,9,2,39,13,25,5	35,10,5,36,21,24	35,10,5,21,24,39,29,7	1,3,25,13,15,30,19,29	28,3,6,2,13,15	2,5,28,13,16,25,15	2,3,35,9,28,27,33	1,35,13,23,25,27
	42	10,31,35,24,36,37,3	28,15,5,18,32,26	2,16,13,32,35,29,3,31	13,10,2,34,7,1,24	2,13,7,37,35,9,18	3,10,40,24,19	10,17,35,4,23,34,26,33	35,7,13,1,4,17,12	13,4,9,28,15,2,1	19,3,1,32,35,2,25	28,25,13,1,5,11	3,10,1,25,30,29

续表

解		恶化参数											
		25	26	27	28	29	30	31	32	33	34	35	36
改善参数	43	10,4,24,5,35,3,12,18	15,28,35,24,29,31,2,5	28,21,3,13,34,24	5,3,28,33,35,24,25	31,14,9,12,24,13,3	1,24,23,35,21,13,3,4	24,2,11,3,23,19,7	28,1,29,10,12,4,14,35	6,13,2,3,17,10	5,25,21,10,23,17,3,12,1	12,28,23,7,35,31	13,35,4,2,28,37,17
	44	35,12,2,34,14,3,24,9,5	10,3,6,24,34,1,7	28,35,15,14,9,5,19,24	10,2,3,24,25,13,4,37	9,14,1,2,31,4,17	35,25,13,2,34,21	24,39,13,35,3,40,5,17,18	28,15,29,35,1,10,17,40,36	10,2,13,28,24,1	28,7,26,24,10,1,35,25,15	3,1,35,10,14,24,39,9	1,25,9,2,13,17,32
	45	35,28,10,13,9,29,2,24	3,25,6,29,24,38	35,28,13,10,2,24,38,34	25,7,6,24,19,32,1	24,9,2,13,3,6,25	5,24,15,2,21,13,35	1,12,19,35,36,21,29,22	29,28,1,24,15,25,37	6,28,13,35,4,24,32	26,24,6,25,9,28	35,1,13,40,2,33,6	3,13,28,1,27,2
	46	35,15,30,13,2,29,34,4	15,3,13,7,2,4,19,10,25	35,15,13,3,19,2,4,25	25,10,7,3,4,26,24,1,32	10,3,7,15,25,9,2,4,26	10,15,1,5,13,39,4,24,38	19,12,16,22,9,28,37,34,27	1,7,28,25,26,22,35,10	6,10,13,1,2,24	2,10,24,25,7,22,1,13	23,3,13,1,2,10,35	13,25,1,7,10,24,28,35
	47	1,10,24,18,37,28,26,31	28,9,18,32,37,26,13	35,3,19,15,13,37,28,2	7,26,35,24,2,22,5,33	3,25,23,9,4,37,18	28,2,25,37,13,35,7,24	2,10,34,21,38,6,12,37,7	1,26,13,15,35,19	25,1,13,15,35,28	2,5,13,25,15,35,7	28,1,40,26,35,2,8,10	26,2,5,12,10,27,1
	48	28,10,13,2,35,24,34,31,16	24,28,2,10,6,32,37,26,34	26,10,24,37,35,27,6,1	24,7,25,37,1,6	9,24,2,37,25,7,13	35,2,24,9,7,13,39	10,3,24,39,22,13,36,16,26	35,2,10,13,24,6,1	2,6,10,15,19,24	25,13,1,15,6,24	24,5,23,13,11,25,35,1	28,24,13,32,1,2,11

解		恶化参数											
		37	38	39	40	41	42	43	44	45	46	47	48
改善参数	1	2,5,6,23,24,28	26,10,17,13,35,2,5,28	3,1,31,14,40,30	5,24,27,21,2,25,18,31,35	1,5,36,25,16,14,27,24,3	28,5,26,35,25,1,18,24,3	35,26,2,10,25,24,1,19,18	35,24,10,28,12,1,37,3,16	26,35,40,30,36,2,10,25,28	10,12,2,19,15,5	26,28,32,5,20,36,32,37	28,26,35,10,2,37
	2	28,2,17,30,4,13,14	40,9,31,3,7,14	7,31,3,4,32,1	17,37,31,3,19,9,4,34	35,8,9,1,10,28,3,40	10,35,17,29,7,16,25	2,26,30,12,23,13	28,35,15,4,29,1,3,19,25	13,4,17,14,26,10,1,9	17,25,13,19,10,3,2	17,25,37,32,28,15,18	26,28,18,37,4,3

续表

解		恶化参数											
		37	38	39	40	41	42	43	44	45	46	47	48
改善参数	3	1,28,35,19,5,2	3,14,35,17,29,28,19,30	17,14,3,32,4,5	1,17,15,25,24,10,35,28,19	1,24,4,10,29,37,25	10,28,1,25,37,29,35,2	17,3,24,26,5,16,25,2	17,4,14,28,1,29,25,3,5	1,19,24,26,2,5,28,29	35,1,3,28,25,13,5,2	26,35,1,24,32,40	10,32,1,37,28,39
	4	17,7,3,28,13,24	17,14,30,35,31,39,7,24	3,17,32,7,35,22	1,18,9,16,35,40,39	17,3,15,13,4,31,10	30,32,10,3,2,29,28,24	10,24,15,13,35,37,16,17	3,14,7,30,37,35,16	28,2,5,26,35,13	25,10,37,24,28,3	28,32,26,3,25,2	28,10,26,32,3,30,24
	5	1,28,10,35,2,19	3,35,14,29,19,1,5	17,3,14,15,13,4,5,7,1	28,1,3,2,33,13,22,27,35	3,1,13,24,26,35,16,20	35,2,13,25,14,32,1,5	14,28,1,5,30,23,3,2	10,2,26,17,15,19,34,38	14,17,5,7,35,1,29,16,10	35,3,5,25,1,28	2,26,19,3,32,36,18,31	3,32,26,25,1,10,37
	6	17,35,28,2,24	35,7,14,3,32,28	14,3,32,26,4,1	35,39,24,1,2,33,37,12,3	16,17,40,13,10,5,36,32	35,2,29,36,18,32,24,25	25,10,3,28,13,15	10,17,7,15,25,29	1,26,28,18,36,13,17	25,10,3,19,15,13	32,35,18,2,30,24,28	28,3,32,26,37,18
	7	28,10,15,1,3,5,26	1,35,31,39,28,24,13,30	3,32,15,4,14,24,5,13,9	35,9,21,22,27,2,8,31,34	1,10,3,24,40,29,34,13	25,28,3,16,2,30,23,15	24,3,35,34,16,10,31,30,13	2,10,35,34,6,13,15,17,20	1,2,35,26,15,29,5	28,1,25,10,2,23,5,24	26,24,5,4,29,35,28	26,28,24,13,35,5
	8	28,1,17,6,13,10,7	5,40,12,7,31,24,39	14,32,3,22,5,30	39,24,19,27,22,40,2,4	35,30,13,10,1,24,37	25,35,10,3,24,26,1,9,16	10,1,13,24,25,17	10,2,35,31,37,30,3,33	1,5,28,31,3,35	28,37,2,12,10,32	17,26,28,32,31,2	10,32,35,25,2,24,26
	9	28,5,9,26,17	40,17,13,31,30,3	32,3,35,22,9,17	35,24,2,33,39,40,16	17,32,1,28,25,35	30,32,40,22,2,25,35	1,29,32,2,25,35	13,17,10,26,12,35,1	29,2,5,22,28,16	28,37,24,7,31,2,25	28,37,13,31,15,24,7	28,1,37,32,26,3
	10	28,30,10,31,40,35	35,24,3,12,31,39	30,17,28,14,32,5	35,3,31,33,24,29,23,11	10,2,35,1,27,24,17,4,39	30,3,33,25,28,13,37	35,1,10,8,9,39	1,13,3,35,36,4,29,28	13,1,10,27,6,3,17	25,28,37,1,3,4	28,18,32,24,37,4,19	4,24,37,13,19,2,28
	11	7,10,17,24,3,19	2,37,10,13,1,24,19	7,3,32,19,25,17	1,11,28,15,2,27,13,31	25,13,10,1,7,2,33	13,3,10,37,2	25,1,6,13,26	2,25,19,3,10,13,37	10,25,5,13,3,2,40	25,40,10,3,7,2,4,5	3,4,37,25,40,2	37,3,17,28,24,4,13

续表

解		恶化参数											
		37	38	39	40	41	42	43	44	45	46	47	48
改善参数	12	28,2,10,26,13	10,37,3,24,19,12	35,2,7,3,24,30	21,28,15,24,33,10,30,39	35,4,10,3,2,5,40	3,16,40,10,37,12,25	10,30,17,6,24,31,1,13	10,35,19,3,14,17,15,40	5,15,10,4,2,28,29,25	5,28,26,20,37,4	10,37,4,32,19,35,39,28	3,17,24,10,26
	13	28,26,10,2,24	10,37,24,3,12	35,2,3,24,30	1,35,33,39,40,24,10,17	35,10,40,5,13,2	40,37,25,3,16,13	1,17,13,24,6,31	10,40,38,16,3,20,35	5,10,2,25,4,17,14	28,37,4,20,5,6	32,35,25,6,4,37,39,28	10,26,24,37,4,3
	14	28,24,10,2,19,32	31,35,11,13,3,7,40	14,3,32,22,17,4	28,35,19,4,11,22,18,21	35,13,28,1,8,29,17	28,10,25,12,16,35,24	10,28,2,13,17,24	2,3,28,10,13,35,24	5,28,4,10,13,34,40,30	25,10,19,1,4,13	3,26,24,16,28,34,27	28,25,24,32,1,13,17,26
	15	10,28,3,13,15,1	2,12,31,39,11,17,24	14,3,7,12,35,31,30	10,35,40,22,17,15,33,21,39	15,18,35,6,37,16,10	28,29,5,37,36,12,13,17,25	2,10,35,13,25	35,28,3,10,37,25,5	5,10,35,4,28,18,14,26	37,10,28,25,3,13,2	37,10,19,3,28,29,36	24,37,32,3,28,10
	16	10,28,5,24,13	12,39,35,31,30,11,24	17,7,4,3,32	2,10,3,22,37,34,9,7	28,5,30,10,40,26,8,2	10,25,12,24,26,3	2,10,13,5,17,15,3,32	35,28,24,25,12,10,1	5,2,28,27,12,13	3,5,25,10,37,13,1	10,37,3,25,13,7	37,3,5,28,8,30,32
	17	28,10,23,2,13,30	24,3,16,30,26,39,25	17,4,3,7,32,30	2,9,3,37,19,7,37,4,36	4,8,1,10,2	37,10,3,2,13,17	10,2,8,34,35	1,10,6,35,34,7	35,28,4,3,13,16,34	2,25,18,10,30,28	28,19,35,25,4,17	28,37,4,18,24
	18	10,28,1,23,5	35,19,11,25,31,30,17,12,8	28,15,14,22,4,32,24	39,2,19,31,22,9,16,12,36	10,28,26,21,34,25,24,29,8	2,3,10,14,32,15,12	28,2,13,24,27,17	28,1,35,14,34,2,3	35,30,19,20,2,34,13,28	2,25,15,26,28,20	28,35,19,3,16,32,37,25,2	2,37,15,25,10,32
	19	2,28,24,10,1	31,40,35,4,24,37	17,7,4,40,3	3,12,4,25,33,10,13	2,1,35,17,16,31,8	3,25,2,35,12,32	10,35,25,12,2,40	10,40,25,24,14,35,37	17,5,2,24,35,19	28,32,4,37,6,3	37,17,4,32,2,3,36,28	37,25,17,28,3,6,4
	20	13,28,2,22,24,17,1	40,31,3,24,4,11	7,17,22,3,24,4,19	31,35,40,9,15,13,3,6	35,10,3,40,14,4,37,24	3,6,23,2,29,28,25	15,2,35,10,17,13	15,35,17,10,14,29,5,3,25	2,5,15,13,18,17	15,25,1,3,10,28,7	2,40,32,28,13,15,18	3,37,28,25,32,23

续表

解		恶化参数											
		37	38	39	40	41	42	43	44	45	46	47	48
改善参数	21	2,24,28,17,10,13	35,2,10,24,5,18,31	17,4,3,31,22,13,5	40,35,31,17,11,24,18,30	25,35,24,3,15,5,19	3,25,2,12,5,15,30	24,1,10,16,8,14	5,24,40,3,35,12,13	13,31,2,10,40,35,26,17	25,10,24,4,28,5,37	7,24,17,35,9,37,32,28	25,13,37,4,17,26,24
	22	24,1,3,35,28	24,9,39,28,2,7	31,3,15,2,35,36,40,19	35,33,2,18,22,27,30,12	35,3,26,30,16,21,37,5	23,25,3,12,24	2,26,3,19,16,12	3,15,35,28,40,12,1,24	2,3,19,35,16,17,5	35,25,1,19,32,40,4	32,28,35,3,26,7,31,37	32,19,28,26,35,37,10,3
	23	28,5,23,13,2,3	35,3,1,24,11,32	32,3,5,10,22,26,24	28,12,6,4,13,1,39,25,33	35,28,20,33,16,26	3,35,32,39,37,24	10,2,26,13,24	2,3,15,5,28,37	5,15,13,6,25,17,4	15,3,37,4,5	32,15,1,9,37	32,10,37,4,3,15
	24	28,2,1,24,25,7,23	31,30,2,24,23,35	22,2,32,3,4	35,13,18,31,33,17,32,12	3,35,1,25,28,29,2	3,2,15,28,4,37,24	2,25,19,3,15	1,3,15,4,2,25	2,15,19,28,35,30,4,17	25,1,37,4,10	32,4,18,28,2,3	37,4,28,32,18,3
	25	2,17,12,28,7,14	24,19,31,5,10,30	13,28,17,4,35,7	35,30,40,24,1,22,12,32,28	15,5,34,33,10,17,13	24,31,10,3,17,35	10,35,18,25,5,29	5,25,28,24,10,35,19,3,34	28,5,2,10,24,4,31	3,25,14,34,10,37	28,24,3,17,10,35,13,33,18	24,10,14,3,31,35,4
	26	2,28,26,9,25,13,24,15	25,12,13,11,24,31	17,10,4,28,32,7,19	35,18,1,34,3,30,31,33	10,35,4,19,34,28,3	26,25,24,18,28,4,13	10,2,24,30,5,25,12	10,3,24,5,4,13	28,21,6,10,2,12	10,37,4,5,2,3,19	37,10,18,32,28,4	25,26,32,28,24,34,4
	27	28,3,2,26,24,1	19,4,35,31,1,16,13	4,7,28,17,3,13	21,35,33,15,19,6,30,37,36	10,14,35,1,29,30	30,37,9,25,3,35,29	28,1,10,2,12	3,10,35,28,29,6,2	25,7,40,30,37,4	25,37,4,2,16,12	1,3,35,15,28,37,4	3,37,24,26,32,28
	28	26,24,25,1,17,28	10,28,24,7,30,4	32,3,17,7,5	10,24,11,3,25,22,17,7,6	25,29,28,40,37	25,17,37,1,32,4	5,24,35,10,25	5,10,13,24,25,15	6,25,13,24,4,28	10,6,25,2,3,19	28,32,1,10,37,7	37,4,32,10,7
	29	28,2,24,1	5,28,24,18,22,13	9,7,31,14,4,2,35	2,35,31,22,40,13,16,5,19	35,5,6,13,21,18	15,3,10,2,28,1	15,28,10,1,3,13	3,15,10,2,28	6,13,1,24,15,25	23,10,28,3,2,25,6,9,1	24,3,14,30,28,37,13,39	5,10,24,22,3,25,23

续表

解		恶化参数											
		37	38	39	40	41	42	43	44	45	46	47	48
改善参数	30	28,10,2,17,13,1	15,28,23,35,31	17,7,10,5,19	2,30,37,38,40,12,22	30,13,31,5,40,10	2,18,15,25,12	10,2,36,7,14	10,2,1,19,25	21,28,35,6,2	10,23,37,1,4	24,10,28,25,4,37	28,10,37,4,3
	31	28,35,1,17,12,30	31,30,35,39,16,24,10,3,5	2,17,28,24,40,3,26,35	35,1,24,9,3,25,7,13,12	28,4,40,24,7,3,1	17,26,4,10,35,1,34	2,10,3,17,13,30,19	28,2,25,35,18,5,40,39	19,31,1,35,2,17,3	10,26,19,23,17,13,1	1,37,32,31,40,5,24,17	4,17,26,10,37,34,24
	32	28,24,18,10,4,17,1	3,16,13,30,31,12,24,5	29,28,2,32,3,7,24	35,24,31,3,40,11,19,14,17	10,13,29,31,1,28,24,5	40,35,29,16,25,3,37,4	6,10,28,29,15,35,2	1,15,25,2,10,24,13,17	6,28,29,31,35,40,17,25	28,25,37,19,3,4,1	25,28,32,40,37,4,29	1,10,35,4,37,3,12,13
	33	24,10,28,25,1,15	17,25,9,3,31,19	28,7,13,17,3	1,4,35,12,24,3,5,28	2,16,17,30,35,28	2,10,9,35,13,17,4,14	10,17,16,13,5,37	3,17,14,10,5,25	28,24,13,12,5,17,4	10,2,25,5,13	25,10,37,17,28,13	25,37,17,4,28,12
	34	3,28,5,23,24,13,25	2,25,28,4,5,24,13,17	28,29,22,32,3,7,24	35,2,25,11,39,16,5,30	29,36,24,5,12,2,10,1	15,29,35,2,1,28,13	10,1,12,3,34,13,28	1,5,28,15,25,13,17	28,29,5,12,32,17,26	1,25,37,5,3,10	28,5,32,16,10,9	25,13,1,32,2,24,37
	35	10,13,2,24,4,20,17	28,35,2,11,31,3,19	3,14,31,29,7,32	40,2,5,12,33,25,37,19,3	28,10,35,4,40	1,3,13,10,4,32,39,12	35,10,1,13,17,27,28	35,1,10,28,29,32,33	5,35,13,33,15,29,3,17	1,19,25,37,10	28,40,25,32,37,18,3	3,10,37,32,7,4
	36	1,28,3,10,4	4,10,2,22,13,28	17,7,13,30,37	10,3,40,16,30,21,2,39	10,7,35,32,9,2,30	10,35,2,1,25	10,13,34,7,35,25,1	2,10,1,32,25,17,13	35,30,28,17,6,13,1	2,35,4,10,1,17,13	25,10,3,32,37,24	37,10,13,25,2,24
	37	28,2,10,13,24,17,3,1	15,23,1,31,26,30	7,28,3,1,24,17	2,10,40,35,33,30,39	10,1,12,13,17,2,35	16,10,24,3,4,13	2,10,17,12,6,25	28,17,10,4,2,19,3,32	2,6,4,17,13,26	25,37,9,26,4	37,17,4,28,13,31	37,4,26,3,12,25,2
	38	2,13,7,22,17,31	31,35,13,3,10,24,2,28	2,7,30,19,3,15,9	31,33,9,4,16,3,24	30,31,10,3,36,18,13	10,3,25,16,13	10,3,25,13,24,15,29	10,13,1,15,8	5,31,10,27,30,40	25,7,10,1,24,28	28,32,37,17,3,13,26	28,37,3,7,25,4

续表

解		恶化参数											
		37	38	39	40	41	42	43	44	45	46	47	48
改善参数	39	28,7,24,9,31,13,32	2,28,31,40,17,26,4,30	3,7,28,32,17,2,4,14	2,12,5,19,40,31,30,29	16,10,2,6,22,1,25,13	3,22,10,24,32,13,30	10,29,28,1,35,17	28,10,35,1,2,17,3	28,2,13,24,7,5,14,17	7,13,2,32,19,37,26	32,26,31,28,17,13,6,15,30	26,10,32,37,3,17,7,28
	40	3,24,7,14,2,5,13,17	3,15,19,32,9,14,35,5,24	30,24,32,17,13,3,2	35,24,3,2,1,40,31	35,24,1,40,3,39,4,13,17	28,1,10,18,26,23,12	10,3,34,4,23,33,1	35,24,13,3,2,40,4,9,6	4,40,2,5,17,19,29,28	1,25,37,24,9,28,26	5,1,17,18,32,40,28,39	5,37,18,32,4,28
	41	1,24,10,13,5	6,35,28,9,1,24	30,24,16,32,3	35,39,2,29,22,21,19,11,8	1,35,10,13,28,3,24,2	3,16,25,12,24	1,10,28,8,13,25	1,13,15,14,5	27,26,1,5,10,9	25,3,19,13,6,32,39	6,28,1,13,11,10	35,12,1,6,28,13,15,29
	42	2,10,24,3,25	4,3,31,35,30	2,3,17,32,7	10,28,9,23,2,24,33,35	25,13,24,15,19,26,28	3,10,2,25,28,35,13,32	25,15,24,13,17,28,26	2,10,39,18,32,16,5,26	2,16,18,26,3,4,28	28,25,37,10,26,7	28,26,32,18,9,25	28,32,18,9,3,25
	43	25,13,28,2,10,7	31,30,16,39,24,40,5	3,16,22,35,9,2	2,25,1,23,33,13,24,29,3	1,13,12,26,21,10	25,28,26,3,17,12,18,4	10,13,2,28,35,1,3,24	12,26,2,5,35,15,10	15,24,28,10,13,4,17	28,3,4,17,37	25,17,1,27,28	13,24,28,25,10,32
	44	10,24,1,28,7	10,39,1,18,31,24	2,13,22,1,17,7	35,13,24,33,40,2,11,14	1,10,24,35,28,6,19	3,32,26,18,1,25,35	10,5,12,26,35,4,13	10,35,2,1,3,28,24,13	6,12,10,1,28,27,17,31	25,1,19,7,24,16	4,32,37,25,28,18,35,24,13	1,28,19,37,4,13,24,3
	45	28,5,24,10,19,13	24,10,26,35,4,13,14	5,32,35,22,24,33,3	40,19,15,39,2,7,29,4,36	3,13,1,28,26,35,10,6	2,24,13,3,35,26,32	28,3,1,24,10,13,17	26,12,29,8,17,1	28,2,13,35,10,5,24	3,37,25,26,7,28	28,10,32,37,15,24	28,26,10,2,34,7,37
	46	24,2,13,10,7,4,26,5	10,25,11,39,2,7,24,37,35	7,10,37,5,13,2,25	1,19,27,9,12,37,5,2,39	13,2,35,10,28,21	25,2,24,13,10,39	1,28,25,10,21,34	35,1,10,21,28,15,13,25	28,15,37,7,2,13,35,29	10,25,37,3,1,2,28,7	13,37,10,7,3,28,32,25	10,26,2,37,7,28,3,4,32
	47	1,10,3,32,23,13	24,2,10,26,9,12,13	2,28,26,24,13,7,31,3	19,28,22,3,30,29,24,9	5,28,37,11,2,13,29,24	28,10,25,2,5,13	10,2,28,25,5,26,37,1,21	2,28,10,35,25,5,18,26,37	28,37,10,15,3,24,25,32	28,32,37,3,7,10,6,24	28,32,26,3,24,37,10,1	28,26,32,24,3,13,37,10,18
	48	13,27,24,2,6,11	12,24,9,23,13,10,28	28,35,7,31,13,24	28,24,26,22,2,13,35,39,29	3,25,28,13,35,24,1	28,26,24,23,25,1	28,24,26,2,10,1,3,24	28,26,10,3,13,24	3,35,10,27,1,13,28,26	3,25,10,7,13,1,23,19	26,28,24,10,13,1	28,24,10,37,26,3,32

参考文献

[1] Apple. Apple adds earth day donations to trade-in and recycling program [R/OL]. [2018-04-19]. https://www.apple.com/newsroom/2018/04/apple-adds-earth-day-donations-to-trade in-and-recycling-program/.

[2] Abuzied H, Senbel H, Awad M, et al. A review of advances in design for disassembly with active disassembly applications [J]. Engineering Science and Technology, an International Journal, 2020, 23 (3): 618-624.

[3] ASTM F2792-12a. Standard terminology for additive manufacturing technologies [S]. ASTM International: West Conshohocken, PA, USA, 2013.

[4] Briard T, Segonds F, Zamariola N. G-DfAM: A methodological proposal of generative design for additive manufacturing in the automotive industry [J]. International Journal on Interactive Design and Manufacturing (IJIDeM), 2020, 14: 875-886.

[5] 鲍军鹏，张选平．人工智能导论 [M]. 2版．北京：机械工业出版社，2020.

[6] 鲍宏，胡迪，张城，等．基于进化潜力分析的产品低碳创新设计 [J]. 计算机集成制造系统，2018，(8)：2053-2060.

[7] Carrell J, Zhang H C, Tate D, et al. Review and future of active disassembly [J]. International Journal of Sustainable Engineering, 2009, 2 (4): 252-264.

[8] Chantzis D, Liu X, Politis D J, et al. Design for additive manufacturing (DfAM) of hot stamping dies with improved cooling performance under cyclic loading conditions [J]. Additive Manufacturing, 2021, 37: 101720.

[9] Ciaburro G, Venkateswaran B. 神经网络：R语言实现 [M] 李洪成译．北京：机械工业出版社，2018.

[10] 崔秀梅，张清锋，张靖．面向再制造的某型手持军用红外热像仪的设计研究 [J]. 机械设计与制造，2007，(5)：40-41.

[11] Diegel O, Nordin A, Motte D. A practical guide to design for additive manufacturing [M]. Springer Nature Singapore Pte Ltd, 2020.

[12] 杜彦斌，曹华军，刘飞，等．面向生命周期的机床再制造过程模型 [J]. 计算机集成制造系统，2010，(10)：2073-2077.

[13] 邓南圣，王小兵．生命周期评价 [M]. 北京：化学工业出版社，2003.

[14] Ercolini E, Calignano F, Galati M, et al. Redesigning a flexural joint for metal-based additive manufacturing [J]. Procedia CIRP, 2021, 100: 469-475.

[15] Farag MM. Quantitative methods of materials substitution: application to automotive components [J]. Materials and Design, 2008, 29: 374-380.

[16] 费凡，仲梁维．基于TRIZ的绿色创新设计 [J]. 精密制造与自动化，2008 (2)：47-50，56.

[17] Flynn J M, Shokrani A, Newman S T, et al. Hybrid additive and subtractive machine tools-research and industrial developments [J]. International Journal of Machine Tools and Manufacture, 2016, 101: 79-101.

[18] 高全杰．DFD技术及其在静电涂油机结构设计中的应用 [J]. 湖北工学院学报，2002 (2)：168-169.

[19] 高岳林，杨钦文，王晓峰，等．新型群体智能优化算法综述 [J]. 郑州大学学报：工学版，2022

(3)：21-30.

[20] 高洋．基于 TRIZ 的产品绿色创新设计方法研究 [D]. 合肥：合肥工业大学，2012.

[21] 耿秀丽．产品服务系统设计理论与方法 [M]. 北京：科学出版社，2018.

[22] 官德娟，朵丽霞，陶泽光．机械结构轻量化设计的研究 [J]. 昆明理工大学学报：理工版，1997，(4)：62-67.

[23] Guo Lei，Zhang Xiufen. Multi-granularity feasibility evaluation method of the partial destructive disassembly for an end-of-life product [J]. The International Journal of Advanced Manufacturing，2021，116：3751-3764.

[24] 郭磊，张秀芬．多重故障驱动的再制造并行拆卸序列规划方法 [J]. 浙江大学学报：工学版，2020 (11)：2233-2246.

[25] 郭磊．考虑失效特征的退役产品再制造拆卸关键技术研究 [D]. 呼和浩特：内蒙古工业大学，2021.

[26] 韩少华．可持续产品服务系统设计及其创新转移研究 [D]. 武汉：武汉理工大学，2016.

[27] 何滨．电梯工程常用图表手册 [M]. 北京：机械工业出版社，2013.

[28] 侯亮，唐任仲，徐燕申．产品模块化设计理论、技术与应用研究进展 [J]. 机械工程学报，2004 (1)：56-61.

[29] Ijomah WL，McMahon CA，Hammond GP，et al. Development of design for remanufacturing guidelines to support sustainable manufacturing [J]. Robotics and Computer-Integrated，2007，23 (6)：712-719.

[30] Jahan A，Ismail MY，Sapuan SM，et al. Material screening and choosing methods-a review [J]. Materials and Design，2010，31 (2)：696-705.

[31] 姜星月．汽车座椅的绿色模块化设计方法研究 [D]. 呼和浩特：内蒙古工业大学，2019.

[32] 姜星月，张秀芬．一种改进的绿色模块化设计方法研究 [J]. 机电工程，2019 (5)：451-457.

[33] Jiang J，Xu X，Stringer J. Support structures for additive manufacturing：A review [J/OL]. Journal of Manufacturing and Materials Processing，2018，2 (4). https：//max. book 118. com/html/2020/1211/7035066100003030. shtm.

[34] Karl T R，Melillo J M，Peterson T C，et al. Global climate change impacts in the united states：A state of knowledge report from the U. S. Global change research program [M]. Cambridge，UK：Cambridge University Press，2009.

[35] Laverne F，Segonds F，Anwer N，et al. Assembly based methods to support product innovation in design for additive manufacturing：an exploratory case study [J]. Journal of Mechanical Design，2015，137 (12)：1701.

[36] Leary M. Design for additive manufacturing [EB/OL]. https：//www. sciencedirect. com/book/9780128167212/design-for-additive-manufacturing # book-description，2020.

[37] 雷德明，严新平．多目标智能优化算法及其应用 [M]. 北京：科学出版社，2009.

[38] Lily H Shu，Woodie C Flowers. Application of a design-for-remanufacture framework to the selection of product life-cycle fastening and joining methods [J]. Robotics and Computer Integrated，1999，15 (3)：179-190.

[39] 李一邨．人工智能算法大全：基于 MATLAB [M]. 北京：机械工业出版社，2021.

[40] Lund R，Denny W. Opportunities and implications of extending Product life [J]. Symp on Product Durability and Life，Gaithersburg，MD，1977：1-11.

[41] 卢建鑫．基于“碳足迹”评估的产品“低碳设计”研究 [D]. 无锡：江南大学，2012.
[42] 刘涛，刘光复，宋守许，等．面向主动再制造的产品可持续设计框架 [J]. 计算机集成制造系统，2011 (11)：2317-2323.
[43] 刘志峰．绿色设计方法、技术及其应用 [M]. 北京：国防工业出版社，2008.
[44] 刘志峰，柯庆镝，宋守许，等．基于拆卸分析的再制造设计研究 [J]. 数字制造科学，2008 (1)：40-56.
[45] 刘志峰，张磊，顾国刚．基于绿色设计的洗碗机内胆材料选择方法研究 [J]. 合肥工业大学学报：自然科学版，2011 (10)：1446-1451.
[46] Meng K，Xu G，Peng X，et al. Intelligent disassembly of electric-vehicle batteries：A forward-looking overview [J]. Resources，Conservation and Recycling，2022，182：106207.
[47] 马可，何人可，张军，等．应用于分布式食物生产的可持续产品服务系统设计研究 [J]. 包装工程，2021 (14)：164-170，200.
[48] 马帅，刘建伟，左信．图神经网络综述 [J]. 计算机研究与发展，2022 (1)：47-80.
[49] Nathan S. 设计反思：可持续设计策略与实践 [M]. 刘新，覃京燕，译．北京：清华大学出版社，2011.
[50] 彭鑫，李方义，王黎明，等．产品低碳设计方法研究进展 [J]. 计算机集成制造系统，2018 (11)：2846-2856.
[51] Poschmann H，Brüggemann H，Goldmann D. Fostering end-of-life utilization by information-driven robotic disassembly [J]. Procedia CIRP，2021，98：282-287.
[52] Gunter Pauli. 蓝色经济 [M]. 程一恒译．上海：复旦大学出版社，2012.
[53] 邱越．可持续导向的产品-服务系统设计 [M]. 北京：北京理工大学出版社，2019.
[54] Rao RV. A decision making methodology for material selection using an improved compromise ranking method [J]. Materials and Design，2008，29 (10)：1949-1954.
[55] 单乐．增材制造液压阀块生命周期评价研究 [D]. 杭州：浙江大学，2022.
[56] 石全．维修性设计技术案例汇编 [M]. 北京：国防工业出版社，2001.
[57] Shu L，Flowers W. Considering remanufacture and other end-of-life options in selection of fastening and joining methods [J]. A IEEE Int Symp on Electronics and the Environment，Orlando，F L：IEEE，1995：1-6.
[58] Shu L H，Flowers W C. Application of a design-for-remanufacture framework to the selection of product life-cycle fastening and joining methods [J]. Robotics and Computer Integrated，1999，15 (3)：179-190.
[59] Song J S，Lee KM. Development of a low-carbon product design system based on embedded GHG emissions [J]. Resources，Conservation and Recycling，2010，54 (9)：547-556.
[60] 宋冬冬，芮执元，刘军，等．机床床身结构优化的轻量化技术 [J]. 机械制造，2012 (5)：65-69.
[61] 宋小文，潘兴兴．部分破坏模式下的机电产品拆卸序列规划 [J]. 计算机集成制造系统，2012 (5)：927-931.
[62] 宋守许，刘明，柯庆镝，等．基于强度冗余的零部件再制造优化设计方法 [J]. 机械工程学报，2013 (9)：121-127.
[63] 孙凌玉．车身结构轻量化设计理论、方法与工程实例 [M]. 北京：国防工业出版社，2011.
[64] 孙光晨，柯胜海，王松．网购包装获取附加价值的非物质化设计 [J]. 包装工程，2015 (2)：127-131.

[65] Takeuchi S, Saitou K. Design for product embedded disassembly [J]. Studies in Computational Intelligence, 2008, 88: 9-39.

[66] 谭玉珍，李向洲．微型电动汽车产品服务系统设计的可持续性研究 [J]. 包装工程，2020 (14): 43-48.

[67] Tian Y, Zhang X, Liu Z. et al. Product cooperative disassembly sequence and task planning based on genetic algorithm [J]. Int J Adv Manuf Technol, 2019, 105: 2103-2120.

[68] Vezzoli C, Kohtala C, Srinivasan A, et al. Product-service system design for sustainability [M]. Sheffield, UK, Greenleaf Publishing, 2014.

[69] Wang S, Su D, Ma M, et al. Sustainable product development and service approach for application in industrial lighting products [J]. Sustainable Production and Consumption, 2021, 27: 1808-1821.

[70] Wang W, Zheng C, Tang F, et al. A practical redesign method for functional additive manufacturing [J]. Procedia CIRP, 2021, 100: 566-570.

[71] 肖建庄，夏冰，肖绪文，et al. 混凝土结构低碳设计理论前瞻 [J/OL]. 科学通报：1-14 [2022-10-06]. http://kns. cnki. net/kcms/detail/11. 1784. N. 20220426. 1608. 004. html.

[72] Yang S S, Ong S K, Nee A Y C. Handbook of manufacturing engineering and technology [M]. London: Spring-Verlag London, 2015.

[73] Yang S, Zhao Y F. Additive manufacturing-enabled design theory and methodology: a critical review [J]. The International Journal of Advanced Manufacturing, 2015, 80 (1-4): 327-342.

[74] 杨晨，张秀芬，张树有，等．基于 TRIZ 理论的螺丝刀创新设计 [J]. 机床与液压，2022 (6): 71-74.

[75] 姚巨坤，朱胜，时小军，等．再制造设计的创新理论与方法 [J]. 中国表面工程，2014 (2): 1-5.

[76] 阳斌．变速箱再制造设计冲突解决方法研究 [D]. 合肥：合肥工业大学，2010.

[77] 赵港，王千阁，姚烽，等．大规模图神经网络系统综述 [J]. 软件学报，2022 (1): 150-170.

[78] 赵岭，陈五一，马建峰．高速机床工作台筋板的结构仿生设计 [J]. 机械科学与技术，2008 (7): 871-875.

[79] 赵燕伟，洪欢欢，周建强，等．产品低碳设计研究综述与展望 [J]. 计算机集成制造系统，2013 (5): 897-908.

[80] 翟晓雅．增材制造中的结构设计与路径规划问题 [D]. 合肥：中国科学技术大学，2021.

[81] 张凯．TRIZ 问题解决工具——物理矛盾应用探讨 [J]. 科学技术创新，2020 (31): 150-151.

[82] 张明魁．再制造产品智能拆卸和评估系统 [D]. 南昌：南昌大学，2007.

[83] 张晓璐．简化生命周期评价方法及其案例研究 [D]. 广州：广东工业大学，2013.

[84] Zhang Xiufen, Zhang Shuyou. Product cooperative disassembly sequence planning based on branch-and-bound algorithm [J]. The International Journal of Advanced Manufacturing, 2010, 51: 1139-1147.

[85] Zhang Xiufen, Zhang Shuyou, Hu Zhiyong, et al. Identification of connection units with high GHG emissions for low-carbon product structure design [J]. Journal of Cleaner Production, 2012, 27: 118-125.

[86] Zhang Xiufen, Zhang Shuyou, Zhang Lichun, et al. Identification of product's design characteristics for remanufacturing using failure modes feedback and quality function deployment [J]. Journal of Cleaner Production, 2019, 239: 117967.

[87] Zhang Xiufen, Zhang Shuyou, Zhang Lichun, et al. Reverse design for remanufacture based on fail-

ure feedback and polychromatic sets [J]. Journal of Cleaner Production，2021，295：126355.
[88] 张秀芬，张树有，伊国栋，等．面向复杂机械产品的目标选择性拆卸序列规划方法 [J]. 机械工程学报，2010（11）：172-178.
[89] 张秀芬，胡志勇，蔚刚，等．基于连接元的复杂产品拆卸模型构建方法 [J]. 机械工程学报，2014（9）：122-130.
[90] 张秀芬．复杂产品可拆卸性分析与低碳结构进化设计技术研究 [D]. 杭州：浙江大学，2011.
[91] 张秀芬，张树有，伊国栋．产品多粒度层次可拆卸性评价模型与方法 [J]. 浙江大学学报：工学版，2010（3）：581-588.
[92] 张琦，张秀芬，蔚刚．基于图像三维重建的退役零件表面失效特征表征方法 [J]. 中国表面工程，2021（3）：149-158.
[93] 张秀芬，张树有．基于粒子群算法的产品拆卸序列规划方法 [J]. 计算机集成制造系统，2009（3）：508-514.
[94] 张秀芬，张树有，伊国栋．产品可拆卸结构单元图谱构建与演化 [J]. 机械工程学报，2011（3）：95-102.
[95] 周春锋．基于LCA的船舶环境影响评价方法研究与应用 [D]. 武汉：武汉理工大学，2009.
[96] 周淑芳．绿色设计中材料选择决策方案的模糊综合评价 [J]. 机械制造与自动化，2008（5）：7-9，11.
[97] 朱胜，姚巨坤．再制造设计理论及应用 [M]. 北京：机械工业出版社，2009.